高等职业教育扩招系列教材

U0821234

畜禽疾病防治技术

高月林　主编

中国农业大学出版社
·北京·

内 容 简 介

本教材以畜种作为分类标准，按照不同种类畜禽常发的传染病、寄生虫病和普通病进行分类介绍。全书共分七个模块，每个模块下设3～4个项目，项目下分设不同的任务，任务按照不同的畜种疾病进行介绍，具体包括病原、流行病学、临床症状、病理变化、诊断与防治等内容。本教材按照高职教育规律和岗位专业知识技能的需要，阐述了多种动物共患疾病、牛羊疾病、猪的疾病、家禽疾病、马的疾病、犬猫疾病和兔的疾病特点及其防治手段。教材内容翔实，通俗易懂，具有系统性、科学性、先进性和实用性的特点，力求反映当前动物疾病发生规律和防治的新知识、新技术、新方法，其中许多防治方法是作者多年临床有效经验的总结。本教材既可以作为高等职业院校畜牧兽医相关专业的教学用书以及岗位培训、行业资格培训、专业技术人员学习的参考书，也可作为畜牧兽医类专业在现代学徒制人才培养模式下经过专门畜种学习之后的补充资料。

图书在版编目(CIP)数据

畜禽疾病防治技术/高月林主编. --北京：中国农业大学出版社，2023.4
ISBN 978-7-5655-2521-6

Ⅰ.①畜… Ⅱ.①高… Ⅲ.①畜禽－动物疾病－防治－高等职业教育－教材 Ⅳ.①S851.3

中国版本图书馆CIP数据核字(2021)第002950号

书　　名 畜禽疾病防治技术
作　　者 高月林 主编

策划编辑 康昊婷 张 玉 张 蕊　　**责任编辑** 石 华
封面设计 郑 川
出版发行 中国农业大学出版社
社　　址 北京市海淀区圆明园西路2号　　**邮政编码** 100193
电　　话 发行部 010-62733489,1190　　读者服务部 010-62732336
编辑部 010-62732617,2618　　出 版 部 010-62733440
网　　址 http://www.caupress.cn　　**E-mail** cbsszs @ cau.edu.cn
经　　销 新华书店
印　　刷 运河(唐山)印务有限公司
版　　次 2023年4月第1版　2023年4月第1次印刷
规　　格 185 mm×260 mm　16开本　17.25印张　430千字
定　　价 50.00元

教材编审委员会

编审人员

主　编　高月林　黑龙江农业职业技术学院

副主编　车有权　黑龙江农业职业技术学院
　　　　邬立刚　黑龙江农业职业技术学院
　　　　王　浩　黑龙江农业职业技术学院

参　编　张佳韧　黑龙江农业职业技术学院
　　　　葛全兴　佳木斯市农业农村局
　　　　朱占涛　铁力市金新农生态农牧有限公司
　　　　李　睿　东北农业大学
　　　　王　皓　佳木斯万达家合动物医院
　　　　于金龙　佳木斯爱宠汇宠物医院
　　　　夏昌佰　谷实生物集团股份有限公司
　　　　李桂菊　谷实生物集团股份有限公司
　　　　陆江宁　黑龙江农业职业技术学院

主　审　刘　云　黑龙江农业职业技术学院
　　　　李继昌　东北农业大学

总序

黑龙江是农业大省。黑龙江农业职业技术学院是三江平原上唯一一所农业类高职院校，也是与区域社会经济发展联系非常紧密的农业类高职院校，具有服务国家“乡村振兴”战略的地缘优势。在过去70多年的办学历程中，涉农专业办学历史悠久，培养了大批工作在农业战线上的优秀人才。在长期培养实用人才、服务区域经济的实践中，学院形成了“大力发展农业职业教育不动摇、根植三江沃土不动摇和为‘三农’服务不动摇”的办学理念。20世纪90年代初，学院在农业职业教育领域率先实施模块式教学，在全国农业职业教育教学改革中走在前列。学院不断深化改革，努力服务经济社会发展；不断创新办学模式，努力提升人才培养质量。近年来学院先后晋升为省级骨干院校、省级现代学徒制试点院校，在服务区域经济社会方面成效显著。

学院涉农专业是省级重点专业，有国家财政重点支持的实训基地。拥有黑龙江三江农牧职教集团，校企合作办学成效显著，有实践经验丰富的“双师”队伍，有省级领军人才梯队，师资力量雄厚。

2019年，学院深入贯彻落实教育部等六部门关于印发《高职扩招专项工作实施方案》的通知、教育部办公厅《关于做好扩招后高职教育教学管理工作的指导意见》和国务院关于印发《国家职业教育改革实施方案》等文件精神，创新性地完成高职扩招任务，招生人数位居全省首位。学院针对扩招学生的实际情况和特点，实施弹性学制，采用灵活多样的教学模式，积极推进“三教”改革。依托农学系和动物科技系的专业优势，结合区域经济发展的特点，针对高职扩招生源的特点，出版了种植类和畜牧类高职扩招系列特色教材。

种植类专业核心课程系列教材包括《植物生长与环境》《配方施肥技术》《作物生产与管理》《经济作物生产与管理》《作物病虫草害防治》《作物病害防治》《农业害虫防治》《农田杂草及防除》共计8本，教材在内容方面，本着深浅适宜、实用够用的原则，突出科学性、实践性和针对性；在内容组织形式方面，以图文并茂为基础，附加实物照片等相应的信息化教学资源，突出教材的直观性、真实性、多样性和时代性，激发学生的学习兴趣。

畜牧类专业教材包括《动物病理》《动物药理》《动物微生物与免疫》《畜禽环境控制技术》《畜牧场经营与管理》《动物营养与饲料》《动物繁育技术》《动物临床诊疗技术》《畜禽疾病防治技术》《养禽与禽病防治》《养猪与猪病防治》《牛羊生产与疾病防治》《中兽医》《宠物内科》《宠物传染病与公共卫生》《宠物外科与产科》共计16本。教材注重还原畜禽生产实际，坚持以够用、实用及适用为原则，着力反映现代畜禽生产及疾病防控前沿的新技术新技能，突出解决寒地畜禽生产中的关键问题。

本系列教材内容紧贴企业生产实际，紧跟行业变化，理论联系实际，突出实用性、前沿性。教材语言阐述通俗易懂，理论适度由浅入深、技能训练注重实用，教材均由具有丰富实践经验的教师和企业一线工作人员编写。

本系列教材将素质教育、技能培养和创新实践有机地融为一体。希望通过它的出版不仅很好地满足我院及兄弟院校相关专业的高职扩招教学需要，而且积极推动北方种植业和畜牧业的生产、专业和课程建设与改革以及教学质量等提高。

院长：

前言

为进一步深化高等职业院校人才培养模式改革，提高培育高技能人才的水平，推进高等职业教育教学发展，以党的二十大“科教兴国战略，强化现代化建设人才支撑”精神为指引，黑龙江农业职业技术学院和企业贯彻全国高校思想政治会议和教育部《高等学校课程思政建设指导纲要》精神，根据黑龙江省首批畜牧兽医专业现代学徒制试点工作的创新与实施，按照“三段四结合、双轮顶岗三维驱动”的人才培养模式，结合高职扩招畜牧兽医类专业的学习要求，合作开发了现代学徒制校本系列教材。

本教材既是研究动物的传染病、寄生虫病和普通病的综合性教材，又是畜牧兽医专业的必修课程和主干课程教材。畜禽疾病防治技术在专业培养目标中有着重要的地位，是职业技能鉴定动物疫病防治员、动物检疫检验员必考的专业基础知识和临床综合技能之一，也是高等职业教育畜牧兽医类专业人才培养的重要组成部分。本教材根据畜牧兽医专业人才培养规格与要求以及教育教学规律，以社会需求为目标，技术应用能力培养为主线，以理论知识“够用”“实用”，重视生产实践为原则，在编写中，用发展的观点审视和重新组织传统的教材内容，注重多学科的有机结合。

第一，所选编的动物疾病种类充分考虑了我国不同地域的动物种类有所差异的生产实际，动物疾病与人类健康的密切关系以及动物进出口贸易的需要等，尽可能满足不同类型的学校和更多的专业以及人员层次的需要。本教材强调基础理论在生产实践中的应用。

第二，除了在内容的编排和阐述上注重项目之间的有机衔接、结构的合理性之外，本教材更适合现代行业发展的要求，突出重点，摒弃陈旧的内容，增添学科的最新进展，适当增加一些临床实践中的常见病、多发病和新发病，力求反映国内外动物疾病防治的新知识、新方法和新技术，以增强学生的实践能力及岗位适应能力，让学生在毕业后能尽快适应应职岗位。

本教材共分七个模块，内容包括多种动物共患疾病、牛羊疾病、猪的疾病、家禽疾病、马的疾病、犬猫疾病、兔的疾病。具体编写任务分工如下：黑龙江农业技术学院的高月林负责编写绪论、模块一、模块二；黑龙江农业职业技术学院的车有权负责编写模块三中的项目一；黑龙江农业职业技术学院的郛立刚负责编写模块二中的项目二；黑龙江农业职业技术学院的王浩负责编写模块四中的项目一；黑龙江农业职业技术学院的张佳韧负责编写模块四中的项目二、项目三；铁力市金新农生态农牧有限公司的朱占涛负责编写模块三中的项目三；谷实生物集团股份有限公司的夏昌佰、李桂菊负责编写模块三中的项目四；佳木斯市农业农村局的葛全兴负责编写模块五；东北农业大学的李睿负责模块七中的项目一、项目二；佳木斯爱宠汇宠物医院的于金龙负责编写模块六中的项目一、佳木斯万达家合动物医院的王皓负责编写模块六中的项目二、项目三；黑龙江农业职业技术学院的陆江宁负责编写模块七中的项目三。全书由黑龙江农业职业技术学院的刘云教授、东北农业大学的李继昌教授审定。

由于编者水平有限，书中难免有错误和不当之处，恳请广大读者提出宝贵意见和建议，以便进一步修订和完善。

编者

2022 年 12 月

目　录

绪论…… 1

模块一　多种动物共患疾病…… 9
项目一　共患性病毒病…… 9
项目二　共患性细菌病…… 27
项目三　共患性寄生虫病…… 55
项目四　其他共患性疾病…… 65

模块二　牛羊疾病…… 77
项目一　牛羊传染病…… 77
项目二　牛羊寄生虫病…… 94
项目三　牛羊普通病…… 109

模块三　猪的疾病…… 135
项目一　猪的病毒性传染病…… 135
项目二　猪的细菌性疾病…… 148
项目三　猪的寄生虫病…… 158
项目四　猪的其他疾病…… 164

模块四　家禽疾病…… 172
项目一　家禽传染病…… 172
项目二　家禽寄生虫病…… 192
项目三　家禽普通病…… 199

模块五　马的疾病…… 215
项目一　马传染性贫血…… 215
项目二　马的寄生虫病…… 217
项目三　马的普通病…… 220

模块六　犬猫疾病…… 228
项目一　犬猫传染病…… 228

项目二　犬猫寄生虫病…………………………………………………………………………… 236
项目三　犬猫普通病………………………………………………………………………………… 242

模块七　兔的疾病……………………………………………………………………………………… 252
项目一　兔的传染病………………………………………………………………………………… 252
项目二　兔的癣病…………………………………………………………………………………… 258
项目三　兔的普通病………………………………………………………………………………… 260

参考文献…………………………………………………………………………………………………… 263

绪　论

一、疾病的概念

动物疾病是指动物机体受到内在或外界致病因素及不利因素的影响而产生的一系列损伤与抗损伤的复杂过程。其表现为局部组织、器官、系统或全身的形态变化和(或)生理功能障碍。在健康状态时，动物机体与其所处环境保持着物质与能量交换的动态平衡，即健康状态的机体结构和功能处于正常的生理状态，疾病则使这种平衡受到破坏。在这个过程中，若机体的损伤大于机体的防御能力，则疾病会恶化，甚至死亡，反之，则疾病痊愈，机体康复，也可能会留下某些后遗症。从广义上讲，动物疾病的研究对象涉及与人类有关的一切动物，但兽医工作者通常以与人类关系最密切、经济价值较大的家畜疾病为研究和防治的主要对象。动物疾病通常具有如下特点。

1. 动物疾病是病因在一定条件下与动物机体作用而产生的结果。如猪的腹泻有多种原因，包括细菌感染、病毒感染、寄生虫感染、消化不良和中毒等。其所采取的防治措施也不一样。只有尽快查找出病因，针对其病因采取合适的治疗方式，才能取得更好的治疗效果。

2. 动物疾病是整个动物机体对致病因素产生的完整反应，局部发生的病变一定会反映到相关部位乃至整个机体，从而引起发病动物局部或全身出现一定的疾病表现，可以根据这些疾病表现帮助我们确定病因，诊断疾病。如关于犬传染性肝炎，发病犬会出现体温升高，体温曲线呈马鞍形，黏膜苍白黄染，腹部肝区触诊敏感，角膜混浊呈白色或蓝色。动物临床出现的症状对诊断犬传染性肝炎提供了临床依据。

3. 当动物发生疾病时，发病动物的生产性能(使役性能、膘情、产蛋、泌乳、繁殖力等)下降，这是动物发生疾病的显著特点。如布鲁氏菌病会引起妊娠母畜流产，公畜发生睾丸炎、附睾炎、关节炎，体温出现波状热，会严重影响其繁殖性能。又如蛋鸡产蛋下降综合征表现为群体突然产蛋下降，蛋壳色泽变淡，蛋壳易碎，产蛋的数量受到严重影响。

二、疾病的分类

根据动物疾病的性质、引起疾病的原因，动物疾病可以分为传染病、寄生虫病、普通病；按照动物疾病发生的范围，动物疾病可以分为群发病和偶发病。

(一)传染病

凡是由病原微生物引起，具有一定的潜伏期和临诊表现，并具有传染性的疾病，称之为传染病。

1. 传染病的特征

虽然传染病的表现多种多样，但也具有一些共同特征。根据这些特征可与其他非传染病相区别。传染病的特征包括以下几个方面。

(1)传染病是在一定环境条件下由病原微生物与机体相互作用所引起的　每一种传染病都有其特异的致病性微生物存在。如猪瘟是由猪瘟病毒引起的，没有猪瘟病毒就不会发生猪瘟。

(2)传染病具有传染性和流行性　从患传染病的动物体内排出的病原微生物侵入另一个易感动物体内能引起同样症状的疾病。能使疾病从患病动物传染给健康动物的现象是传染病与非传染病相区别的一个重要特征。当环境条件适宜时，在一定时间内，某一地区的易感动物群中可能有许多动物被感染，致使传染病蔓延散播，形成流行。

(3)被感染的机体发生特异性反应　在传染发展过程中，病原微生物的抗原刺激作用导致机体发生免疫学的改变，产生特异性抗体和变态反应等。这种改变可以用血清学方法等特异性反应检查出来。

(4)耐过动物能获得特异性免疫　在大多数情况下，动物耐过传染病后均能产生特异性免疫，从而使机体在一定时期内或终生不再患该种传染病。

(5)具有特征性的临诊表现　大多数传染病都具有该种病特征性的综合症状、一定的潜伏期和病程经过。

2. 传染病发生的必要条件

任何传染病都由其特异病原体引起。病原微生物的入侵是传染发生的先决条件。如霍乱由霍乱弧菌引起，口蹄疫由口蹄疫病毒引起等。传染病的发生与传播则是由病原体与宿主相互联系，相互作用而产生的结果。病原体的存在并不意味着一定会发生传染病，其必须具备下列 3 个条件才能发生传染病。

(1)病原微生物必须具备一定的数量和足够的毒力以及适宜的侵入门户　病原微生物必须具备一定的数量和毒力，通过适宜的传播途径(感染门户)侵入动物机体，才能引起感染。

(2)必须有对该传染病易感的动物　病原微生物只有侵入易感动物机体才能引起传染病。同等毒力和数量的病原微生物侵入抵抗力不同的同一种动物，可产生不同的结果。有的动物临诊症状严重，有的动物临诊症状轻微，有的无任何临床表现。

(3)必须有可促使病原微生物侵入易感动物机体的外界环境　外界环境能影响病原微生物的生命力和毒力，以及动物机体的易感性。外界环境对病原微生物接触和侵入易感动物的可能及侵害程度也会产生影响。如果没有适宜的外界环境条件，传染病就不可能发生。

传染病发生的过程是病原微生物的致病作用与机体的防御功能在一定的传播途径和外界环境中不断相互作用的过程。只有具备一定数量和毒力的病原微生物以适当的侵入门户、易感动物和适宜的外界环境这三个条件，传染病才能发生。了解传染病在动物个体中发生的条件，对控制和消灭传染病具有重要的意义。

3. 传染病的发病经过

动物传染病的发病经过，在多数情况下都表现出一定的规律性。其一般分为潜伏期、前驱期、明显期(发病期)和转归期。

(1)潜伏期　由病原微生物侵入动物机体并进行繁殖时起，直到疾病最初的临诊症状出现为止，这段时间叫作潜伏期。传染病之所以出现潜伏期是因为病原微生物进入动物机体后要进行一个生长繁殖的数量积累过程，即移行到靶器官，到适合的部位定居产生致病因素，然后作用于器官、组织，引起病理反应，才会出现症状。这些过程都需要一定的时间。

传染病表现出一定的潜伏期是区别于非传染病的一个特征。不同传染病的潜伏期长短也不同。即使是同一种传染病，它潜伏期的长短也有很大不同。这是因为不同动物种属、品种或个体的易感性不同，其病原微生物的种类、数量、毒力以及侵入途径、部位等也有所不同。例如，猪瘟的潜伏期为 2～20 d；炭疽的潜伏期为 1～14 d。在一般情况下，急性传染病的潜伏期较短，潜伏期差异范围也比较小；慢性传染病、非典型性传染病潜伏期差异较大，潜伏期也长。当同一种传染病的潜伏期短促时，其疾病经过常较严重；当同一种传染病的潜伏期延长时，其病程通常也较轻缓。处于潜伏期的动物可能会排出病原体，这个病原体可成为传染源。了解各种传染病的潜伏期有利于我们进一步认识疾病，为诊断提供参考，同时，也是进行隔离检疫，确定封锁期限的主要依据。

(2)前驱期　从出现疾病的最初症状开始到特征性症状出现为止，这段时期叫作前驱期，这是疾病的征兆阶段。多数传染病呈现体温升高，食欲减退，精神不振，呼吸、脉搏增数，生产性能降低等一般症状，但此期特征性症状不明显，难以确诊。

(3)明显期(发病期)　在前驱期之后，发病动物表现出特征性症状的阶段，是疾病发展的高峰阶段。在这个阶段出现的许多具有代表性特征症状具有诊断价值。

(4)转归期　从特征性症状出现的到该传染病的结局是传染病发展的最后时期。其可以表现为痊愈(康复或免疫)或死亡。如病原体的致病力强，或动物机体的抵抗力弱，则其传染过程以动物死亡为转归。如果动物机体抵抗力逐渐增强，则临床症状逐渐消退，病理变化逐渐减弱直至消失，动物机体机能逐步恢复。

应当注意的是，康复期的动物在一定时间内还带有菌(毒)和排毒，这些动物可能成为传染源，因此，要多加注意。

4.传染病流行过程的表现形式

在动物传染病的流行过程中，根据一定时间内发病率的高低和传染范围的大小(即流行强度)可将动物群体中的疾病表现分为下列 4 种形式。

(1)散发性　当疾病随机发生，无规律性，局部地区病例零星散在发生，各病例在发病时间与发病地点上没有明显关系，称之为散发。传染病之所以出现这种散发的形式，究其原因可能有如下几种情况。

①动物群体对某病的免疫水平较高。如猪瘟原本是一种流行性很强的传染病，每年在进行全面防疫后，易感动物对该病的免疫水平就能得到提高。如果平时预防工作不够细致，防疫密度不够高，散发病例还有可能出现。

②某病的隐性感染比例较大。如动物钩端螺旋体病、流行性乙型脑炎等在动物群体中主要表现为隐性感染，仅有一部分动物偶尔表现出感染症状。

③某病的传播需要一定的条件。破伤风的发病需要有破伤风梭菌和厌氧深创同时存在，因此，在一般情况下，它常常只能零散发生。

(2)地方流行性　在一定的地区和动物群中，虽然发病动物数量比较多，但传播范围局限于一定地区，并且是比较小规模流行的动物传染病，带有局限性的传播特征，这种情况可称为地方流行性，或该病的发生有一定的地区性。如猪丹毒、猪气喘病等常表现为地方流行性。

(3)流行性　流行性是指在一定时间内一定动物群出现比正常多的病例。它没有一个病例的绝对数界限,而仅仅是指疾病发生频率较高的一个相对名词。因此,当任何一种病被称为流行疾病时,不同地域的动物群体所出现的病例数可能不一致。传播范围广、发病率高的流行性疾病如不加防治常可传播到几个乡镇、县市,甚至更大范围。这些疾病病原的毒力较强,并能以多种方式传播,动物群体的易感性较高,如口蹄疫、猪瘟、新城疫等重要疫病可能会表现为流行性。

"暴发"是一个不太确切的名词,大致可作为流行性的同义词。一般认为,某种传染病在一个动物群单位或一定地区范围内,在短期间(该病的最长潜伏期内)突然出现很多病例时,可称之为暴发。

(4)大流行　大流行是一种规模非常大的流行。其流行范围可扩大至全国,甚至可涉及几个国家或整个大陆。如口蹄疫、牛瘟和流感等都曾出现过大流行。

上述几种流行形式之间的界限是相对的,并且不是固定不变的,在一定情况下可以相互转换。

5.度量传染病发生的几个重要指标

(1)发病率　发病率是指一定时期内某动物群中发生某病新病例的频率。发病率能较全面地反映传染病的流行情况,但不能说明传染病的整个流行过程,因为有许多动物常常呈隐性感染,而同时又是传染源。

$$发病率=\frac{一定时期内的某动物群体的新病例数}{同期内的该群动物平均数}\times 100\%$$

(2)死亡率　死亡率有两种情况:一是指某动物群体在一定时间内死亡总数与该群体同期动物平均数的百分比;另一情况是按疾病种类计算,则是指某病死亡数占某种动物总数的百分比。

$$死亡率=\frac{某动物在一定时期内因某病死亡的数量}{同期内的该群动物总数}\times 100\%$$

(3)病死率　病死率是指一定时期内患某病的动物中因该病而死亡的比例。病死率能表示某病在临诊上的严重程度。因此它比死亡率能更为精确地反映传染病的流行过程。

$$病死率=\frac{某时期内因某病死亡的动物数}{同时期患该病的动物数}\times 100\%$$

(4)患病率(流行率、病例率)　患病率是在某一指定时间动物群中存在某病的病例数的比例。病例数包括该时间内的新老病例,但不包括此时间前已死亡或痊愈的病例。

$$患病率=\frac{在某一指定时间动物群中存在的病例数}{在同一指定时间该群动物总数}\times 100\%$$

(5)感染率　感染率是指所有感染动物的总数(含隐性感染)占被检查动物总数的百分比。虽然有些动物在感染传染病后不一定发病,但可以用临床诊断和各种检验方法(微生物学、血清学、变态反应等)进行检查测定。

$$感染率=\frac{感染某种传染病的动物总数}{被检查的动物总数}\times 100\%$$

(6)携带率　携带率与感染率相近，是指群体中携带某病原体的动物数占被检动物总数的百分比。根据其病原体的不同又可分为带菌率、带毒率等。

$$携带率=\frac{携带某病原体的动物数}{被检查的动物总数}\times 100\%$$

(二)寄生虫病

寄生虫病是指由暂时或永久地在宿主体内或体表寄生，并从宿主身上取得它们所需营养物质的动物所引起的疾病。

1. 寄生虫类型

(1)内寄生虫与外寄生虫　从寄生部位来分，寄生在宿主体内的寄生虫，称为内寄生虫，如寄生于消化道的线虫、绦虫、吸虫等；寄生在宿主体表的寄生虫，称为外寄生虫，如寄生于皮肤表面的蜱、螨、虱等。

(2)单宿主寄生虫与多宿主寄生虫　从寄生虫的发育过程来分，在发育过程中仅需要一个宿主的寄生虫，称为单宿主寄生虫(土源性寄生虫)，如钩虫等；在发育过程中需要多个宿主的寄生虫，称为多宿主寄生虫(生物源性寄生虫)，如多种绦虫和吸虫等。

(3)长久性寄生虫与暂时性寄生虫　从寄生时间来分，长久性寄生虫是指寄生虫的某一个生活阶段不能离开宿主，否则难以存活的寄生虫，如吸虫、绦虫等。暂时性寄生虫(间歇性寄生虫)是指只在采食时才与宿主接触的寄生虫，如蚊子等。

(4)专一宿主寄生虫与非专一宿主寄生虫　从寄生虫寄生的宿主范围来分，有些寄生虫只寄生于一种特定的宿主，对宿主有严格的选择性，这种寄生虫称为专一宿主寄生虫。例如，人的体虱只寄生于人，鸡球虫只感染鸡等；有些寄生虫能够寄生于多种宿主，这种寄生虫称为非专一宿主寄生虫。如肝片形吸虫可以寄生于牛、羊等多种动物和人。一般来说，对宿主最缺乏选择性的寄生虫是最具有流行性的，其危害性也最为广泛，防治难度也大为增加。非专一宿主寄生虫包括既能寄生于动物，也能寄生于人的寄生虫——人畜共患寄生虫，如日本血吸虫、弓形虫、旋毛虫等。

2. 宿主与宿主类型

凡是体内或体表有寄生虫暂时或长期寄生的动物都被称为宿主。宿生的类型主要包括终末宿主、中间宿主、补充宿主(第二中间宿主)、贮藏宿主(转续宿主)、保虫宿主和带虫宿主(带虫者)等。

(1)终末宿主　终末宿主是指寄生虫成虫(性成熟阶段)或有性生殖阶段虫体所寄生的动物。如猪带绦虫(成虫)寄生于人的小肠内，人是猪带绦虫的终末宿主；弓形虫的有性生殖阶段(配子生殖)寄生于猫的小肠内，猫是弓形虫的终末宿主。

(2)中间宿主　中间宿主是指寄生虫幼虫期或无性生殖阶段所寄生的动物体。如猪带绦虫的中绦期(猪囊尾蚴)寄生于猪体内，所以猪是猪带绦虫的中间宿主；弓形虫的无性生殖阶段(速殖子、慢殖子和包囊)寄生于猪、羊等动物体内，所以猪、羊等动物是弓形虫的中间宿主。

(3)补充宿主(第二中间宿主)　某些种类的寄生虫在发育过程中需要两个中间宿主，后一个中间宿主(第二个中间宿主)被称为补充宿主。如双腔吸虫在发育过程中依次需要在蜗牛和蚂蚁体内发育，其补充宿主是蚂蚁。

(4)贮藏宿主(转续宿主、转运宿主) 宿主体内有寄生虫虫卵或幼虫发育繁殖,保持着对易感动物的感染力,这种宿主称为贮藏宿主或转续宿主。它在流行病学研究上有着重要意义。如鸡异刺线虫的虫卵被蚯蚓吞食后,在蚯蚓体内不发育但保留其感染性,鸡吞食含有异刺线虫的蚯蚓可感染异刺线虫,所以蚯蚓是鸡异刺线虫的贮藏宿主。

(5)保虫宿主 有时某些通常寄生于某种宿主的寄生虫也可寄生于其他一些宿主,但寄生不普遍,寄生数量少,无明显危害,通常把这种通常不被寄生的宿主称为保虫宿主。如牛是日本血吸虫的保虫宿主。保虫宿主在流行上起一定作用。

(6)带虫宿主(带虫者) 被寄生虫感染后,动物机体的抵抗力增强或进行药物治疗,使其处于隐性感染状态,体内仍存留一定数量的虫体,这种宿主称为带虫宿主。它在临诊上不表现症状,对同种寄生虫再感染具有一定的免疫力,如牛的巴贝斯虫。

(7)传播媒介 传播媒介通常是指在脊椎动物宿主间传播寄生虫病的一类动物,多指吸血的节肢动物。例如,蚊子在人与人之间传播疟原虫;蜱在牛与牛之间传播巴贝斯虫等。

3.寄生虫的致病机理

寄生虫对宿主的危害既表现在局部组织器官,也表现在全身,其中包括侵入门户、移行路径和寄生部位。寄生虫种类不同,其致病作用也往往不同。

(1)掠夺宿主营养 消化道寄生虫(如蛔虫、绦虫)多数以宿主体内的消化或半消化的食物营养为食。有的寄生虫还可直接吸取宿主血液(如蜱、血虱)和某些线虫(如捻转血矛线虫、钩虫),也有的寄生虫(如巴贝斯虫、球虫)可破坏红细胞或其他组织细胞,以血红蛋白、组织液等为食。绝大部分寄生虫在宿主体内生长、发育及大量繁殖所需的营养物质来自宿主。这些营养还包括宿主不易获得而又必需的物质,如维生素 B_2、铁及其他微量元素等。寄生虫对宿主营养的这种掠夺可使宿主长期处于贫血、消瘦和营养不良的状态。

(2)机械性损伤 虫体以吸盘、小钩、口囊、吻突等器官附着在宿主的寄生部位,可造成局部损伤。幼虫在移行过程中形成虫道,导致出血、炎症。虫体在肠管或其他组织腔道(胆管、支气管、血管等)内寄生聚集,引起堵塞和其他后果(梗阻、破裂)。另外,某些寄生虫在生长过程中还可刺激和压迫周围组织脏器,可导致一系列继发症,造成严重的后果。如多量蛔虫积聚在小肠所造成的肠堵塞;个别蛔虫误入胆管所造成的胆管堵塞等;由钩虫幼虫侵入皮肤时引起的钩蚴性皮炎;细粒棘球蚴在肝脏中压迫肝组织。

(3)虫体毒素和免疫损伤 寄生虫在寄生生活期间排出的代谢产物、分泌的物质及虫体崩解后的物质对宿主有害,可引起宿主局部或全身性的中毒或免疫病理反应,导致宿主组织及机能的损害。如蜱可产生用于防止宿主血液凝固的抗凝血物质;寄生于胆管系统的华支睾吸虫分泌物、代谢产物可引起胆管上皮增生、肝实质萎缩、胆管局限性扩张及管壁增厚,进一步发展可致上皮瘤样增生;血吸虫虫卵分泌的可溶性抗原与宿主抗体结合可形成抗原-抗体复合物,引起肾小球基底膜损伤;形成的虫卵肉芽肿是血吸虫病的病理基础;当犬患恶丝虫病时,常发生肾小球基底膜增厚和部分内皮细胞增生,其临诊症状为蛋白尿。

(4)继发感染 某些寄生虫在侵入宿主体时可以把一些其他病原体(细菌、病毒等)携带入体内。另外,寄生虫感染宿主体后,破坏了动物机体组织的屏障,降低了动物机体的抵抗力,也使得宿主易继发感染其他一些疾病。如许多种寄生虫在宿主的皮肤或黏膜等造成的损伤为其他病原体的侵入创造了条件;一些寄生虫本身就是另一些微生物或寄生虫的传播者。例如,某些蚊虫传播猪、马等家畜的日本乙型脑炎;某些蚤传播鼠疫;蜱传播巴贝期虫病等。由于寄生虫的种类、数量、寄生部位和致病作用的不同，其对宿主的危害和影响也各有差异。

4.寄生虫病发生机理

某种寄生虫病在一个地区流行必须具备三个基本环节，即感染来源、感染途径和易感动物。如果这三个环节在某一地区同时存在并相互关联，寄生虫病的流行条件就会构成。寄生虫病的流行过程在数量上可表现为散发、暴发、流行或大流行；在地域上可表现为地方性；在时间上可表现出季节性。生物因素、自然因素和社会因素等都会对寄生虫病的流行产生影响。

(1)感染来源　感染来源通常是指某种寄生虫的终末宿主、中间宿主、补充宿主、保虫宿主、带虫宿主及贮藏宿主等。病原体(虫卵、幼虫、虫体)通过这些宿主的粪、尿、痰、血液以及其他分泌物、排泄物不断被排出体外，污染外界环境，然后经过发育，经一定的感染方式或途径转移给易感动物，造成感染。

(2)感染途径　感染途径是指病原从感染来源感染给易感动物所需要的方式。其可以是某种单一途径，也可以是由一系列途径所构成。寄生虫的感染途径随其种类的不同而异，主要有以下几种。

①经口感染。寄生虫通过易感动物的采食、饮水，经口腔进入宿主体的方式。多数寄生虫属于这种感染方式。

②经皮肤感染。寄生虫通过易感动物的皮肤进入宿主体的方式。例如，钩虫、血吸虫的感染方式。

③接触感染。寄生虫通过宿主的直接接触或用具、人员等的间接接触在易感动物之间传播流行。属于这种传播方式的主要是一些外寄生虫，如螨虫等。

④经节肢动物感染。寄生虫通过节肢动物的叮咬、吸血，传给易感动物的方式。这类寄生虫主要是一些血液原虫和丝虫。

⑤经胎盘感染。寄生虫通过胎盘由母体传给胎儿的方式。如弓形虫等寄生虫可有这种感染途径。

⑥自身感染。某些寄生虫产生的虫卵或幼虫不需要排出宿主体外，在某些条件下也可使原宿主再次遭受感染。例如，猪带绦虫的患者在呕吐时，可使孕卵节片或虫卵从宿主小肠逆行入胃，再次使原患者遭受感染。

5.寄生虫病的诊断

寄生虫病的确诊应是在对流行病学资料调查的基础上，通过实验室检查，查出虫卵、虫体或幼虫等。病原体检查是寄生虫病最可靠的诊断方法。无论粪便中的虫卵，还是组织内不同阶段的虫体，只要能够发现其一，便可确诊。应注意的是，在动物体内发现的寄生虫并不一定是引起目前疾病的主要原因，有些条件性、致病性寄生虫在动物机体免疫功能正常的情况下也不致病。因此，在判断某种疾病是否由该寄生虫感染所引起时，除了检查病原体外，还应结合流行病学资料、临诊症状、病理变化等进行综合考虑。

6.寄生虫病的控制措施

寄生虫病的控制主要是采取综合性防治措施。根据寄生虫病的种类和流行情况不同，防治措施的侧重点也有所不同。寄生虫病的防治是一项极其复杂的工作。某些寄生虫病的流行与人类的卫生习惯、经济状况、畜牧业的饲养条件、牲畜屠宰管理措施、畜产品贸易中的检疫情况等有着密切的关系。寄生虫的防治工作必须以流行病学的研究为基础，实施综合性防治措施，才能收到较好成效。综合防治措施的制定应以寄生虫的发育史、流行病学与生态学特征为基础。

（三）普通病

普通病是指除由微生物和寄生虫所引起的传染病和寄生虫病以外的非传染性疾病。其主要包括内科疾病、外科疾病和产科疾病三类。内科疾病有消化、呼吸、泌尿、神经、心血管、血液、造血器官、内分泌、皮肤、肌肉、骨骼等系统以及营养代谢、中毒、遗传、免疫、幼畜疾病等，其病因和表现多种多样。外科疾病主要有外伤、四肢病、蹄病、眼病、皮肤病、疝、风湿病、肿瘤等。产科疾病根据其发生时期可分为妊娠期疾病（流产、死胎等）、分娩期疾病（难产）、产后期疾病（胎衣不下、子宫内膜炎、生产瘫痪）以及乳房疾病、新生幼畜疾病等。随着畜牧业对家畜繁殖率和家畜品质要求的提高，产科学的领域已扩展到人工授精、胚胎移植以及交配和输精感染及不育症的防治等。

但上述分类并非绝对。有些原虫所致的疾病由于传播、流行和表现方式与传染病非常相似，有些学者也将其归入传染病。如球虫病、弓形虫病、梨形虫病和锥虫病等。由蟠尾丝虫侵害马项韧带所致的鬐甲瘘既是一种寄生虫病，又可归属于外科病。肿瘤能用手术切除者属于外科疾病，非手术所能达到者为内科疾病。因重视幼畜的培育及强调幼畜的解剖生理特点而设置的幼畜病分支，其内容则可分为传染病、寄生虫病和普通病。分类为便于叙述和应用，并无不可逾越的界限。

（四）群发病

一般传染病、寄生虫病、中毒和营养缺乏病多为群发，也有例外，如破伤风虽为一种传染病，但必须有破伤风梭菌存在于缺氧的深创伤中才能发生，故仅散发。有些传染病多属散发，仅偶有群发。如钩端螺旋体病以及部分寄生虫病、弓形虫病和血吸虫病在畜群中常表现为隐性感染。

（五）散发病

群发疾病根据其流行方式又可分为地方性、流行性和大流行性疾病。虽普通病多为散发，但某些中毒疾病和营养缺乏，特别是微量元素缺乏疾病的病因多与某一地区饲料和土壤的特性有关，也常呈地方性流行。在传染病和寄生虫病中，有的因其病原（如炭疽杆菌、恶性水肿梭菌及其芽孢）常存在于某一地区的土壤中，或者其中间宿主（如含血吸虫尾蚴的螺、带梨形虫的蜱）只限于某一水域或者地区，所以只呈地方性流行。大多数烈性传染病常同时在广大地区蔓延发生，以流行性疾病著称，如口蹄疫、猪瘟、鸡新城疫等。其中部分烈性传染病可同时迅速在洲际散播，构成大流行或世界性流行。

模块一

多种动物共患疾病

【模块概要】

多种动物共患疾病是给养殖生产造成巨大损失的主要疾病之一。其疫病的危害会造成大批动物死亡和生产性能的下降。一些人畜共患疾病还能危害公共安全,给人类生产和生活带来严重的威胁。因此,做好共患疾病的预防控制工作是畜禽生产过程中不可忽视的问题。本模块主要介绍常见的共患性病毒病的防控、常见的共患性细菌病的防控、常见的共患性寄生虫病和其他共患性疾病的防控。

项目一　共患性病毒病

【项目简介】

共患性病毒病是危害畜禽生产和公共卫生安全的重要因素。共患性病毒病是指由病毒引起的,有一定的潜伏期和临床症状,并能被传染的疾病。目前共患性病毒病的发生率逐年升高,其原因各有差异。我们应该具体掌握发病原因及其应对措施,以控制和消灭共患性病毒病。本项目主要介绍了共患性病毒病的防控,包括痘病、口蹄疫、流行性感冒、禽流感、狂犬病、伪狂犬病 6 个任务。

任务一　痘　　病

【任务目标】

1. 了解痘病的病原特点。
2. 描述痘病的流行特点。
3. 识记痘病的临床症状和病理变化,能够准确描述典型图片代表的症状和病变。
4. 会用本课学习的内容对痘病进行诊断和防治。

痘病是指由痘病毒引起的人和多种动物共患的一种急性、热性、高度接触性传染病。哺乳动物痘病的主要特征是在皮肤和黏膜发生痘疹。禽痘的主要特征是在皮肤产生增生性和肿瘤样病变,在口腔和咽喉黏膜发生痘疹。痘病在人体中可引起天花。我国于 1961 年宣布消灭此病,但在动物中时有发生。痘病毒可引起绵羊痘、山羊痘、猪痘、牛痘和禽痘,马痘发生较少。

痘病毒属痘病毒科脊椎动物痘病毒亚科,为双股 DNA 病毒,其形状呈砖形或卵圆形,有囊膜。痘病毒可在感染动物的细胞核内或细胞质内形成嗜酸性的包涵体。

痘病毒分为正痘病毒属、山羊痘病毒属、禽痘病毒属、兔痘病毒属、猪痘病毒属和副痘病毒属6个属。各种动物的痘病毒分属于各个属。各种禽痘病毒与哺乳动物痘病毒不形成交叉感染和交叉免疫，各种禽痘病毒在抗原性上极为相似，都具有血细胞凝集性。其他属的同属病毒各成员之间存在许多共同抗原和广泛的交叉中和反应。

痘病毒为亲上皮性病毒，大量存在于感染动物皮肤和黏膜的丘疹、水疱、脓疱及痂皮内。各种痘病毒均可在其易感动物的肾脏、胚胎组织细胞上生长，并引起细胞病变或空斑；也可在鸡胚绒毛尿膜上生长，产生痘斑病灶。

痘病毒的抵抗力不强，对热、直射阳光、碱和大多数消毒剂均较敏感，在温度为58 ℃的条件下，经过5 min即可杀死。常用的消毒药数分钟可将其杀死，如0.5%甲醛。痘病毒对低温和干燥的抵抗力较强，在干燥的痂皮中能存活6～8周。

一、绵羊痘

绵羊痘是指由绵羊痘病毒引起的危害最严重的一种接触性传染病。其主要特征是在皮肤和黏膜上发生特征性痘疹，可见斑疹、丘疹、水疱、脓疱和结痂的病理过程。

(一)病原

其病原为绵羊痘病毒，能在绵羊、山羊、犊牛的皮肤、肾脏和组织细胞上复制，并引起细胞病变。

(二)流行病学

绵羊痘多发生于冬末春初。气候恶劣、饲草缺乏、饲养管理不良等因素都可促进本病的发生。不同品种、性别和年龄的绵羊均易感。细毛羊比粗毛羊易感，羔羊比成羊易感，病死率也高。怀孕母羊易发生流产。因此，在产羔季节前流行羊痘可导致很大损失发生。

病羊和带毒羊是主要的传染源。痘病既可通过呼吸道感染，也可通过损伤的皮肤、黏膜感染。饲养管理人员、护理用具、皮毛产品、饲料、垫草和外寄生虫等都可以成为传播媒介。

(三)临床症状

潜伏期平均为6～8 d。病初体温升高到41～42 ℃，食欲减少，精神沉郁，结膜潮红，流浆液性、黏液性或脓性鼻液。呼吸、脉搏增数，经1～4 d后在眼周围、鼻、唇、颊、四肢、尾内侧、阴唇、阴囊及包皮等无毛或少毛的皮肤上出现痘疹。痘疹初期为平滑的圆形红斑，这种圆形红斑被称为“蔷薇疹”，1～2 d后发展为淡红色或灰白色突出于皮肤表面的半球状隆起的结节，这种结节被称为丘疹。丘疹经5～7 d变为灰白色内含透明浆液的水泡，即痘浆。此时，病畜体温稍下降，再经2～3 d，化脓菌的侵入以及白细胞浸润变为脓疱。如无继发感染，脓疱逐渐干涸结痂，痂皮脱落后遗留红斑并逐渐痊愈。整个病程一般为2～3周。

在痘病的流行过程中，还常见非典型病例。良性者仅见体温升高和黏膜的卡他性炎症或仅出现少量痘疹，并在几天内干燥后脱落，不形成水疱和脓疱，这种情况称为“石痘”。有的恶性经过者全身出痘，痘疹互相融合成边缘不整的大脓疱，且全身症状也比较严重。当有坏死杆菌感染时，痘疱发生化脓和坏疽，形成较深的溃疡，发出恶臭，称为“臭痘”或“坏疽痘”。当痘疹内有出血时，痘疹变为黑红色，称为“出血痘”或“黑痘”。

(四)病理变化

死亡病例会在前胃或真胃黏膜上出现大小不等的圆形或半球形结节，单个或融合存在，有的还形成糜烂或溃疡，咽和支气管黏膜也有痘疹，肺有干酪样结节或卡他性肺炎病变。有的病例还有肝脂肪变性、心肌变性、淋巴结急性肿胀等败血症变化。

(五)诊断

典型病例可根据临床症状、病理变化和流行情况做出诊断。非典型病例可结合群体的不同个体发病情况和实验室检验做出诊断。取痘疱组织涂片，经镀银染色观察有深褐色的球菌样小颗粒(原生小体)，吉姆萨染色或苏木精-伊红染色，观察到病毒形成的细胞质内包涵体，即可确诊。此外，也可进行痘病毒的鸡红细胞吸附试验、红细胞凝集抑制试验和琼脂扩散试验等。

(六)防治

加强饲养管理，抓好秋膘，注意防寒保暖、补饲，防止天气变化、雨淋等应激刺激，注意保持圈舍清洁卫生和干燥。在疫区，每年定期预防接种可有效预防本病。使用的疫苗有弱毒苗和灭活苗。羊痘鸡胚化弱毒疫苗适用于任何年龄的羊。在其尾部或股内侧皮内接种 0.5 mL，注射后 4～6 d 产生免疫力，免疫期为 1 年；羊痘氢氧化铝甲醛灭活苗适用于成年羊、孕母羊和羔羊，免疫期为 8 个月。发病后，应立即隔离病羊，封锁疫点，深埋病死尸体，对圈舍及用具进行严格彻底消毒。对疫区内其他尚未发病的羊或受威胁的羊群进行紧急接种。

痘病尚无特效药。在病初可注射免疫血清，痘疹局部在用 0.1%高锰酸钾溶液洗涤后，涂布紫药水或碘甘油等。虽然抗菌药物治疗无效，但为防止继发感染，可根据实际情况合理应用。

二、山羊痘

山羊痘是指由山羊痘病毒引起的一种急性热性传染病。其特征是在皮肤和黏膜上形成痘疹。该病传染性强，在未免疫的山羊群中可呈暴发性流行，发病率高。

(一)病原

病原为山羊痘病毒。该病毒能在羔羊肾细胞、睾丸细胞以及犊牛睾丸细胞内复制，可出现细胞病变，可在细胞质内产生包涵体，还可在鸡胚绒毛尿囊膜上产生痘斑。病毒的原生小体能被免疫血清所凝集。山羊痘病毒对羊传染性脓疱具有免疫性，羊传染性脓疱病毒对山羊痘却无免疫性。

(二)症状与病变

山羊痘的临床症状和病理变化与绵羊痘相似，主要在皮肤和黏膜上形成痘疹，但病情较轻。

(三)诊断

根据临床症状、病理变化和流行情况做出诊断。应注意山羊痘与羊传染性脓疱的区别:后者发生于绵羊和山羊,主要在口唇和鼻周围皮肤上形成水疱和脓疱,以后结成厚而硬的痂。一般无全身反应。

(四)防治

在预防时,可用山羊痘细胞弱毒疫苗免疫山羊,以 0.5 mL 皮内接种或 1 mL 皮下接种,效果显著。其他治疗方法与绵羊痘相同。

三、牛痘

牛痘是指由牛痘病毒和痘苗病毒引起的一种急性热性传染病。此病主要危害奶牛和人类。

(一)病原

牛痘病毒与痘苗病毒同为痘病毒科正痘病毒属,性状相似,也有同样范围的易感宿主。病毒能感染多种动物,如家兔、豚鼠和猴等,接种于鸡胚绒毛尿囊膜上,形成特殊的痘斑。病毒能在鸡胚、牛、绵羊及人胚细胞上生长并产生细胞病变,在被感染细胞质内形成包涵体。此两种病毒在牛症状相似。

(二)流行病学

病牛和新接种牛痘苗的人都是本病传染源,一般通过挤奶工人的手或挤奶机而传染。此外,通过呼吸道的吸入和节肢动物机械传递也能传播本病。

(三)临床症状

潜伏期为 4～8 d。病初体温升高,食欲减退,反刍停止。挤奶时,乳头和乳房敏感,不久会在乳房和乳头(公牛在皮肤)上出现红色丘疹,1～2 d 后丘疹形成豌豆大小的水疱,顶部有一个凹窝,内含透明浆液,以后转为脓性,然后结痂,10～15 d 后痂块脱落而痊愈。若病毒侵入乳腺,则可引起乳腺炎。

(四)诊断

根据临诊症状和流行病学可做出初步诊断。确诊可取病变组织做包涵体检查。鉴别牛痘病毒和痘苗病毒可进行鸡的皮肤试验。痘苗病毒可在接种处发生典型的原发性痘疹,而牛痘病毒则无接种反应。

(五)防治

平时加强饲养管理,新引进的牛要隔离观察,加强检疫,无异常症状时方可合群。要特别注意做好挤奶时的消毒工作,在接触病牛时应做好个人防护;发现病牛,及时隔离治疗。对牛舍、场地及用具等可用 1%～2%火碱水或 10%石灰乳消毒。病牛可用氧化锌、磺胺类、硼酸或抗生素等软膏涂抹其患处,促使愈合和防止继发感染。

（六）公共卫生

牛痘可传染人，引起人的皮肤病变。特别是与病牛接触的挤奶工人常可在其手、臂，甚至脸部发生痘疹，但通常都能自愈。

四、禽痘

禽痘是指由禽痘病毒引起禽类的一种急性热性高度接触性传染病。其特征是在家禽无毛或少毛部位的皮肤上发生痘疹（皮肤型），或在禽口腔、咽喉部黏膜上形成纤维素性坏死性假膜（黏膜型），也可两者同时发生。

（一）病原

禽痘病毒包括鸡、鸭、鸽、火鸡、金丝雀、鹌鹑、麻雀等痘病毒。在自然条件下，每一种病毒对同种宿主有易感性。通过人工感染也可传给异种宿主，然而致病性很不相同。不同的禽痘之间有交叉保护。

（二）流行病学

家禽中以鸡最为易感。不同品种、年龄、性别的鸡均易感，其中雏鸡和中鸡的易感性最高。该病可引起雏鸡的大批死亡。火鸡、鸭、鹅等家禽也可发生，但症状轻微。鸟类也常发病，但病毒类型不同，一般不交叉感染，偶有例外，如鸽、金丝雀、燕雀、麻雀、椋鸟等。病禽和带毒禽为本病的传染源，主要通过皮肤、黏膜的伤口接触传染或经蚊虫叮咬传播。

禽痘一年四季均可发生，以春秋两季最易流行，一般在秋季和夏季发生皮肤型痘较多，在冬季以黏膜型（白喉型）痘较多。

（三）临床症状

鸡痘的潜伏期为4～8 d。根据发病部位的不同，鸡痘可以分为皮肤型、黏膜型和混合型三种病型。

1. 皮肤型

皮肤型主要发生在鸡体无毛或毛稀少的部分，特别是在鸡冠、眼睑、耳、喙角、肉髯、翼下、泄殖腔周围和腿部等皮肤上形成特异的痘疹。起初出现细薄的灰色麸皮状覆盖物，迅速形成小结节，并逐渐增大、融合，形成表面粗糙、坚硬、凹凸不平的灰褐色厚痂，内含黄脂状物。随病程发展，痘痂逐渐变干燥，痂皮脱落而愈。若眼睑结节数量较多时，互相融合可将眼睑封闭。病鸡精神沉郁，食欲减退或消失，产蛋鸡产蛋减少或停止，病死率不高。

2. 黏膜型

黏膜型（又称白喉型）的病变主要出现在口腔、咽喉和气管等黏膜表面，多见于小鸡，病死率较高。在病初呈鼻炎症状，流浆液或黏液性鼻液，后转为脓性。2～3 d后在口腔、咽喉等处黏膜发生圆形黄白色结节，逐渐扩大，互相融合而形成假膜，不易剥落，刮落后呈出血性溃疡。如痘疹蔓延至喉部，病鸡表现呼吸、吞咽困难，严重时窒息死亡。病死率达50%。如痘疹发生在眼及眶下窦，则眼睑肿胀，结膜上有多量脓性或纤维素性渗出物，严重时可引起由角膜炎而导致的失明。

3.混合型

皮肤和黏膜均被侵害，病情严重，死亡率高，多见于幼禽。

(四)诊断

皮肤型根据特殊性痘疹可做出诊断。黏膜型可采病料制成(1∶5)～(1∶10)的悬液擦入划破的鸡冠、肉髯、皮肤或拔去羽毛的毛囊内，被接种鸡在5～7 d出现典型痘疹，则可做出诊断。此外，还可采用琼脂扩散试验、血凝试验、中和试验等进行诊断。

(五)防治

加强饲养管理，搞好卫生消毒，定期驱除蚊蝇、避免机体受到机械损伤。平时做好鸡痘鹌鹑化弱毒疫苗的免疫接种。一般2～3周龄首免，4～5月龄二免。

二维码1-1 痘病

在发病时，应立即隔离病禽，轻者治疗，重者淘汰；也可对发病鸡群进行紧急接种，数天后可控制病情。皮肤痘疹一般不需治疗。若进行治疗，可先用1%高锰酸钾溶液冲洗痘痂，再用镊子剥离，伤口涂布碘酊、红汞或龙胆紫。黏膜型鸡痘可用镊子剥去假膜后，涂擦碘甘油或鱼肝油，以减少由窒息而导致的死亡；也可在饮水中加入抗生素对防止继发感染有一定作用。

任务二 口 蹄 疫

【任务目标】

1.了解口蹄疫的病原特点。

2.描述口蹄疫的流行特点。

3.识记口蹄疫的临床症状和病理变化，能够准确描述典型图片代表的症状和病变。

4.会用本课学习的内容对口蹄疫进行诊断和防治。

口蹄疫，俗名"口疮""蹄癀"，是指由口蹄疫病毒引起的偶蹄动物(如猪、牛、羊、鹿等)的一种急性、热性、高度接触性传染病。其临床以发热、口腔黏膜及蹄部和乳房皮肤发生水疱和溃烂为特征，易通过空气传播，传染性强，流行迅速，偶尔感染人。其主要发生于与患畜密切接触的人员，多为亚临床感染。该病在世界范围内对畜牧业及相关产业造成较大的影响，是国际兽医局规定的A类传染病。

(一)病原

口蹄疫病毒(FMDV)属小核糖核酸(RNA)病毒科，口蹄疫病毒属。病毒粒子呈球形或六角形，20面体立体对称，无囊膜，核酸类型为单股正链RNA，约有8 500个核苷酸。病毒衣壳由4种结构蛋白(即VP1～VP4)组成，其中VP1和VP3是主要免疫性抗原。

目前，已知口蹄疫病毒在全世界有7个主型，即A型、O型、C型、SAT1型(南非1型)、SAT2型(南非2型)、SAT3型(南非3型)和Asia Ⅰ型(亚洲1型)；65个以上亚型，其中A型有35个亚型、O型15个亚型、C型5个亚型，南非1型7个亚型、南非2型3个亚型、南非3型3个亚型和亚洲1型3个亚型，O型口蹄疫为全世界流行最广的一个血清型。我国流行的口蹄疫主要为O型、A型、C型三型及ZB型(云南保山型)。各主型之间几乎没有交叉免疫保护性，同主型各亚型之间有一定的交叉免疫保护性。同亚型内各毒株之间也有明显的抗原差异。口蹄疫病毒在疾病流行，甚至在制苗时的致弱或传代过程中均易发生变异，因此常有新的亚型出现，这给本病的检疫和防疫造成很大困难。当动物耐过某一型病毒所致的口蹄疫后，其对其他型病毒仍有感受性。与疫苗株不同亚型的野毒也可引起一定数量的动物发病。当预防接种时，只有使用的疫苗与当地流行的病毒型相一致，才能达到预防的目的。

口蹄疫病毒对外界环境的抵抗力很强，耐干燥。在冰冻情况下，血液及粪便中的病毒可存活 120～170 d。病毒对热敏感，阳光直射 60 min 即可杀死；在温度为 85 ℃下，维持 15 min，煮沸 3 min 即可杀死。病毒对化学消毒剂抵抗力也很强，3％的来苏儿 6 h 不能杀灭，在 1％的苯酚中可存活 5 个月，70％酒精中可存活 2～3 d。该病毒对酸碱敏感，故 1％～2％氢氧化钠、30％热草木灰混悬液、1％～2％甲醛等都是良好的消毒液。

（二）流行病学

口蹄疫病毒能侵害多种偶蹄动物，以牛（奶牛、黄牛）最为易感；水牛和猪次之，绵羊、山羊再次之。以幼畜感染最为严重，且死亡率也较高。本病具有流行快、传播广、发病急、危害大等特点，疫区发病率可达 50％～100％，犊牛死亡率较高，其他则较低。本病较易从一种动物传染给另一种动物。当本病在牛羊中严重流行时，猪很少被感染；当本病在猪中严重流行时，牛羊很少发病。

病畜和隐性带毒动物是最危险的传染源。病畜的水疱液、乳汁、尿液、口涎、泪液和粪便中均含有病毒。该病入侵途径主要是消化道，也可经呼吸道传染。当该病病愈后，动物的带毒现象可能具有重要的流行病学及生态学意义。病愈后动物的带毒期长短不一，一般为 2～3 个月。大约 50％的牛可带毒 4～6 个月，甚至将康复后一年的牛运到非疫区也可引起口蹄疫的流行。病羊因症状轻微，仅引起短期跛行，发病时间短，易被忽视，可在羊群中成为长期带毒的传染源。病猪经呼吸道排至空气中的病毒量相当于牛的 20 倍，因此认为猪在口蹄疫的流行上起着决定性的作用。近年来的研究发现，大多数分离的毒株与疫苗毒株有关，据此认为疫苗毒株的散毒和变异是近年来口蹄疫暴发的主要根源。

口蹄疫传播虽无明显的季节性，但春秋两季较多，尤其是早春季节。其传播方式有蔓延式和跳跃式两种。一旦发生往往就呈流行性。口蹄疫的暴发还具有周期性的特点，每隔一两年或三五年流行一次。风和鸟类也是远距离传播的因素之一。

（三）临床症状

1. 牛

潜伏期平均 2～4 d，最短潜伏期为 24 h，最长潜伏期为 14 d。病牛体温升高到 40～41 ℃，稽留 8～48 h，食欲不振，精神沉郁，流涎，开口时有吸吮声。发病 1～2 d 后，病牛齿龈、舌面、唇内面可见蚕豆至核桃大的水疱，涎液增多并呈白色泡沫状挂于嘴边。约经一昼夜，水泡破溃，形成边缘整齐、浅表红色的糜烂。此时，病牛的体温下降。在口腔发生水疱的同时或稍后，在趾间及蹄冠皮肤上迅速出现水疱，并很快破溃形成糜烂，以后干燥结痂逐渐愈合。有时在乳头皮肤上也可见到水疱。本病一般呈良性经过，经一周左右即可自愈。若蹄部有病变，则可延至 2～3 周或更久，死亡率 1％～2％，该病型称为良性口蹄疫。当水疱病变逐渐痊愈，趋向恢复时，有些病牛突然恶化，表现为全身虚弱，战栗发抖，步态不稳，心跳加快，节律不齐，因心脏停搏而突然倒地死亡，病死率可达20%～50%，此型称为恶性口蹄疫。犊牛感染主要表现为出血性胃肠炎和心肌炎，水疱病变不明显，病死率可高达60%～90%。

2. 羊

潜伏期为1周左右。发病率较低且症状较轻。绵羊水疱以蹄部为主。山羊多发生于口腔，呈弥漫性口炎，但不常流涎。羔羊也可发生由出血性胃肠炎和心肌炎而导致的死亡。

3. 鹿

鹿的口蹄疫具有与牛相同的临诊症状。

(四)病理变化

患病动物除口腔和蹄部的水疱和烂斑外，有时病牛可见咽喉、气管、食道以及前胃黏膜发生圆形烂斑和溃疡。真胃和大小肠黏膜呈出血性炎症。具有诊断意义的是心脏病变，心外膜有弥漫性或点状出血，心外膜和心肌切面有灰白色或淡黄色斑点或条纹，被称为“虎斑心”。心肌松软似煮肉样，左心室充满血凝块。有时病猪可见血性肠炎和“虎斑心”变化。

(五)诊断

根据本病的流行特点、临床症状和病理变化多可做出初步诊断，确诊需进行实验室诊断。

1. 被检材料的采集

应选择上皮组织或水疱液，最好是未破裂或刚破裂的水疱皮进行实验室诊断。在被检材料送检时，采样应至少1 g，除血清外，其他病料应放在等量甘油，pH为7.2～7.6，0.04 mol/L的磷酸缓冲液中，最好添加抗生素(青霉素1 000 IU、硫酸新霉素100 IU、多黏菌素B 50 IU、制霉菌素100 IU)，经密封包装运送。样品在送达实验室以前应冷冻或冷藏。如果不能采到上皮组织的反刍动物在感染前期或康复期，或无临床症状，可对其用食道探杯(猪用喉拭子)采集食道-咽部黏液，送实验室做病毒分离。

2. 病毒鉴定

(1)病毒分离　取出送检的组织样品置于无菌研钵中，加入少量组织培养液和抗生素，制备成悬液，再加入组织培养液，最终使其为20%组织悬液，以2 000 r/min离心10 min，取上清液。将经过处理的怀疑含FMDV的样品接种细胞培养物或未断奶乳鼠。敏感的细胞培养系统包括原代牛甲状腺细胞和原代猪、犊牛和羔羊肾细胞。当细胞培养分离时，48 h应该检查致敏细胞病变(CPE)。如果没有CPE出现，细胞培养物应该冻融，再接种到新鲜细胞培养物，培养48 h检查CPE；也可用未断奶乳鼠代替细胞培养，但必须是2～7日龄的纯系小鼠。

(2)免疫学方法　检测FMDV抗原和鉴定病毒血清型的优选方法是ELISA方法。ELISA方法已逐步取代补体结合试验(CFT)。它不仅更敏感，并且不受前补体和抗补体因子的影响，直接鉴定病毒的亚型，同时检测水疱性口炎病毒和猪水疱病病毒。

(3)分子生物学方法　聚合酶链式反应(PCR)可用于扩增诊断材料FMDV的基因组片段。已设计出区别7个血清型的特异引物；已建立原位杂交技术检测组织样品中FMDV的RNA。这种技术只能在专门的实验室中应用。

3. 血清学试验

通过检测特异性抗体应答反应，可诊断 FMDV 感染。国际贸易中指定使用的方法是 ELISA 法和病毒中和试验方法。ELISA 法是指利用血清型专一的单或多克隆抗体的阻断或竞争 ELISA。该方法具有敏感性高、型特异性、定量、快捷、稳定性高和不需要组织培养等优点。病毒中和试验方法具有型特异性，需要较好的实验室和细胞培养设施，2～3 d 才能获得结果。FMDV 非结构(NS)蛋白抗体测定已用于鉴别 7 个血清型病毒(既往或当前)感染和动物是否接种疫苗。

(六)防治

不同国家和地区对口蹄疫的防制采取了不同的政策，可归纳为 3 种：扑杀政策、扑杀与疫苗接种相结合政策和疫苗接种政策。无口蹄疫国家一旦发现口蹄疾病例，扑杀所有患病及疫区易感动物就可以根除本病。我国防治口蹄疫的基本政策是扑杀与疫苗接种相结合政策，即以免疫接种为主，配合以扑杀、流行病学监测、流通检测、进口检疫以及生物安全控制等辅助措施。平时加强检疫，禁止从疫区引进敏感动物、饲料、动物产品、生物制品等；引进动物时必须隔离观察，确认健康方可混群；常发地区定期应用相应毒型的口蹄疫疫苗做好预防接种，防止本病发生。口蹄疫的预防遵照“早、快、严、小”的原则，采取综合防疫措施。

①在未发生口蹄疫的地区，应做好平时的预防性免疫接种，并强化兽医卫生监督，加强防疫检测，禁止从疫区引进易感动物及畜产品。接种时，要弄清当地流行的口蹄疫病毒型，注射相应型的疫苗。疫苗接种仅限于未感染口蹄疫病毒的畜群。

②及时发现和报告疫情。当发现牛、羊、猪等偶蹄动物的口腔、蹄部和乳房等处皮肤有水疱和溃烂，出现流涎和跛行或怀疑有口蹄疫时，应立即报告所在地区的兽医部门。口蹄疫传播很快，兽医人员要做到早发现，及时诊断，并立即上报疫情。经济价值较大的种畜可对其用高免血清并配合用消炎镇痛类药物治疗。

③划定疫点疫区，严格封锁。禁止封锁区的易感牲畜及畜产品流动，疫点疫区内的病畜及同群牲畜要以最快的速度扑杀。其产品及被污染或可疑污染的一切物品按国家规定标准进行无害化处理。对在发病前 14 d 被售出的家畜及其产品进行追踪，并做扑杀和无害化处理。进出封锁区内的车辆要对其进行消毒。疫点疫区内最后一头病畜处理或死亡后 14 d 内不再出现疫情，经过彻底消毒和检查验收合格后才能解除封锁。

④受威胁区内的易感动物要紧急接种相应毒型的疫苗，以增强机体抵抗力。在实际生产中，使用的口蹄疫疫苗是常规灭活疫苗。疫苗免疫持续期为 6 个月，当遇强毒攻击时，仍可发病。2005 年复旦大学研制的“猪口蹄疫 O 型基因工程疫苗”成为目前世界上唯一的猪口蹄疫基因工程疫苗。据试验发现，即使动物在注射此疫苗后受到比自然病毒强数百倍的病毒攻击，也会安然无恙。

(七)公共卫生

人因接触患病动物及其污染的毛皮或饮食病畜的奶及其肉制品而感染。人被感染后出现眩晕、四肢和背部疼痛、胃肠痉挛、呕吐、咽喉疼、吞咽困难、腹泻等症状，有时也见于手掌、足趾、鼻翼和面部出现水泡。小儿多发生卡他性胃肠炎，严重者可因心肌麻痹而死亡。

二维码 1-2　口蹄疫

任务三 流行性感冒

【任务目标】

1. 了解流行性感冒的病原特点。
2. 描述流行性感冒的流行特点。
3. 识记流行性感冒的临床症状和病理变化，能够准确描述典型图片代表的症状和病变。
4. 会用本课学习的内容对流行性感冒进行诊断和防治。

流行性感冒是指由流行性感冒病毒引起的急性高度接触性传染病，传播迅速，呈流行性或大流行性。家畜主要以发热和伴有急性呼吸道症状为特征；禽类则可有急性败血症、呼吸道感染以及隐性经过等多种临诊表现。

（一）病原

流感病毒分为A型、B型、C型，其分别属于正黏病毒科A型流感病毒属、B型流感病毒属和C型流感病毒属。

A型和B型流感病毒粒子呈多形性，如球形、椭圆形及长丝状等，直径为20～120 nm，含有由8个节段组成的单股RNA。核衣壳呈螺旋对称，外有囊膜，囊膜上有呈辐射状密集排列的两种纤突，分别是血凝素（HA）和神经氨酸酶（NA）。前者可使病毒吸附于易感细胞的表面受体上，诱导病毒囊膜与细胞膜的融合；后者可水解细胞表面受体特异性糖蛋白末端的N-乙酰基神经氨酸，当病毒在细胞表面成熟时，NA可以移去细胞膜出芽点上的神经氨酸。

培养病毒首选SPF鸡胚。马、猴、犊牛、雏鸡胚胎肾细胞的感受性虽也很高，但不产生细胞病变仅可形成蚀斑。流感病毒对外界环境的抵抗力相对较弱，对热、酸、碱、有机溶剂、紫外线等均敏感；对干燥和低温的抵抗力强，在温度为－70 ℃时稳定，冻干可保存数年。一般消毒剂对该病毒均有作用，对碘蒸气和碘溶液特别敏感；在温度为60 ℃，维持15 min可使病毒灭活。

（二）流行病学

A型流感病毒可感染猪、马、禽类、貂、海豹、鲸等。其常突然发生，传播迅速，呈流行性或大流行性。当猪患流感时，常能分离到H_1N_1、H_3N_2亚型；马流感仅由H_7N_7和H_3N_8两个亚型（以前称为马甲1型和马甲2型）引起；禽流感可由所有HA和NA不同组合的亚型引起，其中大多数类型对鸡的致病性低，只有H_5和H_7中的少数亚型曾在世界各地引发过高致病性的禽流感；人的流感主要由H_1N_1、H_2N_2、H_3N_2和H_5N_1引起。

病畜是主要的传染源，康复动物和隐性感染者，在一定时间内也可带毒排毒。本病在动物中以空气飞沫传播为主。禽类的病毒可从呼吸道、结膜和粪便中排出，因此，除空气飞沫外，禽类的传播方式还可能与接触了被病毒污染的物体有关。

流行性感冒一年四季均可发生，但多发生于天气骤变的晚秋、早春以及寒冷的冬季。阴暗、潮湿、拥挤、营养不良和内外寄生虫侵袭等均可促进本病的发生和流行。

（三）发病机理

流感病毒为一种泛嗜性病毒，可以侵害各系统组织器官。病毒侵入机体后首先在呼吸道和消化道黏膜上皮细胞内繁殖，并引起轻微初期症状，如精神沉郁、咳嗽、食欲减退等。病毒在感染细胞中大量繁殖，细胞破裂释放，引起其他黏膜细胞感染，当病毒增殖到一定浓度时，可引起组织病变和相应症状。随后病毒经淋巴液侵入血液，形成病毒血症，并随着血流侵入全身各组织器官，引起组织细胞肿胀、变性和坏死，从而出现高热、咳嗽、流鼻涕、呼吸困难、精神极度沉郁、腹泻、全身肌肉及关节酸疼等一系列症状。

任务四　禽　流　感

（一）病原

禽流感是指由 A 型流感病毒引起的家禽和野生禽类感染的高度接触性传染病，又称真性鸡瘟、欧洲鸡瘟、流行性感冒。因流感病毒株不同，感染后的禽类可表现出不同的临床类型。其可呈无症状感染，或不同程度的呼吸道症状、产蛋率下降，甚至引起鸡冠和肉髯紫黑色、呼吸困难、下痢、腺胃乳头和肌胃角质膜下等器官组织广泛性出血、胰脏坏死、纤维素性腹膜炎和100%死亡率的急性败血症等表现。近年来，野禽作为流感病毒天然贮毒库，禽流感在全球不断暴发。在欧洲、亚洲、南美洲和非洲等养禽发达地区的流行越来越广，它已经成为全球性的问题，特别是已证实流感病毒可以由家禽直接感染人，引起人类的发病和死亡，禽流感对于公共卫生的意义更加重要。

禽流感常见的血清型 H_5N_1、H_5N_2、H_7N_1、H_9N_2 和 H_7N_9 等。在自然条件下，存在于鼻腔分泌物和粪便中的病毒具有较强的抵抗力。

（二）流行病学

在自然状态下，禽流感在禽类中以鸡和火鸡的易感性最高，其次是珍珠鸡、野鸡和孔雀。鸭、鹅、鸽、鹧鸪也能感染。

感染禽从呼吸道、结膜和粪便中排出病毒，因此，可能的传播方式有感染禽与易感禽的直接接触和包括气溶胶或暴露于病毒污染环境的间接接触两种。这两种方式通过消化道、呼吸道和皮肤黏膜传播。因为感染禽能从粪便中排出大量病毒，带病毒的候鸟和野生水禽在迁徙的沿途可散播病毒。观赏鸟及其他参加展览的鸟类都可直接或间接将病毒散播到敏感禽群内。另外，与带毒的人或猪的接触也有引起病毒传播的可能，所以被病毒污染的任何物品，如鸟粪和哺乳动物、饲料、水、设备、物资、笼具、衣物、运输车辆和昆虫等都易传播疾病。

禽流感一年四季均能发生，以冬春季节多发，尤其是秋冬交替、气温变化大的季节。夏秋季节零星发生。天气突变、寒冷刺激、饲料中营养物质缺乏均能促进本病的发生。本病能否垂直传播，现在还没有充分的证据证实。当母鸡被感染后，鸡蛋的内部和表面可存有病毒。被人工感染的母鸡在感染 3～4 d 后所产的鸡蛋几乎都含有病毒，因此，不排除其可以垂直感染。

(三)临床症状

禽流感的潜伏期较短,从几小时到 4～5 d 不等。因感染禽的品种、日龄、性别、环境因素、病毒的毒力不同,病禽的表现症状各异,病变轻重有所不同。

1. 高致病性禽流感

高致病性禽流感是指由高致病力流感病毒毒株引起的疾病,一般是 H_5 型和 H_7 型。近年流行的是 H_5N_1 毒株。其临床症状多为急性经过。

最急性病禽不出现前驱症状,发病后急性死亡,可在感染后 10 多个小时内死亡。死亡率可达 90%～100%。

急性型是目前常见的一种病型。病禽表现为突然发病,体温升高,可达 42 ℃以上。精神沉郁,肿头,眼睑周围浮肿,鸡冠和肉髯肿胀、出血,甚至坏死,鸡冠发紫。采食量急剧下降。下痢,粪便呈黄绿色并带多量的黏液或血液。病禽呼吸困难,咳嗽,打喷嚏,张口呼吸,突然尖叫。眼肿胀流泪,初期流浆液性带泡沫的眼泪,后期流黄白色脓性分泌物,眼睑肿胀,两眼突出,肉髯增厚变硬,向两侧开张,呈"金鱼头"状。有的病禽也出现抽搐,头颈后扭,运动失调,瘫痪等神经症状。产蛋率急剧下降或几乎完全停止,蛋壳变薄、褪色,无壳蛋、畸形蛋增多,受精率和受精蛋的孵化率明显下降;脚鳞下呈紫红色或紫黑色。在发病后 5～7 d 内的死亡率几乎达到 100%。少数病程较长或耐过未死的病鸡出现神经症状,包括转圈、前冲、后退、颈部扭歪或后仰观星等。

2. 温和型禽流感

产蛋鸡在感染 H_9N_2 等低致病力病毒后最常见的症状是产蛋率下降,但下降程度不一。有时产蛋率可以从 90%在几天之内下降到 10%以下,要经过 1 个多月才逐渐恢复接近正常水平,但无法达到正常水平。有时产蛋率仅下降 10%～30%,1 周至半个月左右即回升到基本正常水平。产蛋率受影响较严重的鸡群的蛋壳可能褪色、变薄。在产蛋受影响时,鸡群的采食、精神状况及死亡率可能正常,也可见少数病鸡的眼角分泌物增多,有小气泡,或在夜间安静时可听到一些轻度的呼吸啰音,个别病鸡有颜面肿胀,但鸡群死亡数仍在正常范围。一些再严重的病例则可见少数病鸡呼吸困难,张口呼吸,呼吸啰音,精神不振,下痢,鸡群采食量下降,死亡数增多。如饲养管理条件良好并适当使用抗菌药物控制细菌感染,则不会造成重大的死亡损失,但产蛋率和孵化率会降低。发病率高、死亡率低、母鸡孵雏欲增强是重要特征。

3. 隐性感染型禽流感

隐性感染型禽流感是指由一些无致病力的毒株感染野禽、水禽及家禽后引起的疾病,多见野禽。被感染的病禽无任何临床症状和病理变化,只有在检测抗体时才发现已被感染,但它们可能不断地排毒,是危险的传染源。

(四)病理变化

最急性死亡的病鸡常无眼观变化。对病程稍长者进行剖检可见其头颈部皮下充血、出血,有胶冻样浸润。胸、腹部脂肪有紫红色出血斑点。心包积水,心外膜有点状或条纹状坏死,心肌软化。腿部肌肉有出血点或出血斑。腿部鳞片有紫色的出血斑。大部分内脏器官都有数量不等的出血点和灰白色坏死灶。消化道变化表现为腺胃乳头水肿、出血,肌胃角质膜下出血,肌胃与腺胃交界处呈带状或环状出血。十二指肠、盲肠扁桃体、泄殖腔充血、出血。肝、脾、肾脏淤血肿大，有白色小块坏死。呼吸道有大量炎性分泌物或黄白色干酪样坏死。肺充血水肿，气囊、腹膜、输卵管内也有灰黄色的纤维素性渗出物，胸腺萎缩，有程度不同的点、斑状出血。法氏囊萎缩或呈黄色水肿，有充血、出血。母鸡卵泡充血、出血，卵黄液变稀薄。严重者卵泡破裂，卵黄散落到腹腔中，形成卵黄性腹膜炎，腹腔中充满稀薄的卵黄。输卵管水肿、充血，内有浆液性、黏液性或干酪样物质。公鸡睾丸变性坏死，内脏有尿酸盐沉积。

温和型禽流感表现不典型，一般表现为腹部脂肪有点状出血。腺胃无明显病变，肌胃有轻微出血，幽门口有出血，肌胃表层脂肪有出血点。十二指肠和小肠有绿豆大小的出血斑。胰腺潮红肿胀，回肠系部有枣核状凸起，一般不出血，盲肠扁桃体水肿，点状出血，泄殖腔有弥漫性出血或条纹状出血。气管潮红或暗红有出血，有多量淡黄色痰液，支气管分叉处有出血和分泌物。肺部充血逐步发展到肺部出血，淤血，最后坏死，气囊和腹膜一般无明显变化。法氏囊正常或充血呈暗红色。心肌冠状脂肪有点状出血，胸腺点状出血或坏死或暗红色。死亡鸡只皮肤发紫。

除 A 型病毒的 H_5 和 H_7 亚型中的强毒感染可引起高度致死性疾病外，其他亚型多引起轻微的呼吸道症状，病死率低，或取隐性经过。

(五)诊断

由于禽流感的临床症状和病理变化差异较大，所以确诊必须依靠病毒的分离、鉴定和血清学试验。此外，RT-PCR、荧光抗体技术、中和试验、酶联免疫吸附试验、补体结合反应和免疫放射试验等均可用于禽流感的诊断。

(六)防治

平时应做好常规的卫生防疫工作，定期消毒。免疫接种虽然可以避免养禽业的严重损失，但不能防止家禽的带毒和排毒。目前，哈尔滨兽医研究所已成功研制出禽流感（H_5/H_9）疫苗，有灭活苗和弱毒活苗两种。自然界 A 型流感病毒的亚型众多，可能经常发生变异，各亚型之间无交叉免疫力，因此依靠少数几个亚型的疫苗往往不能起到全面的保护。防治本病的主要手段是采取综合性防治措施，必要时可对疫区实行封锁措施。

治疗本病尚无特效药物。一旦发现高致病性禽流感可疑病例，应立即向当地兽医部门报告，同时对病鸡群（场）进行封锁和隔离。确诊后，立即在有关兽医部门指导下，划定疫点、疫区和受威胁区。坚决彻底销毁疫点的禽只及有关物品，执行严格的封锁、隔离和无害化处理措施。处理禽群后，禽场要全面清扫、清洗、消毒、空舍至少 3 个月。国外也采用“冷处理”的方法，即在严格隔离的条件下，对症治疗，以减少损失。可选用一些抗病毒的中药，配合一些广谱的抗生素以防继发感染。

(七)公共卫生

高致病性禽流感病毒 H_5N_1 亚型有感染人的报道，人被感染后有体温升高、咽喉疼痛、肌肉酸痛和肺炎等症状。禁止乱宰、乱屠病禽，病死禽不能食用。在接触病禽或尸体剖检时要做好个人防护，注意穿隔离服和带乳胶手套，并严格消毒。

二维码 1-3　禽流感

任务五 狂 犬 病

【任务目标】

1. 了解狂犬病的病原特点。
2. 描述狂犬病的流行特点。
3. 识记狂犬病的临床症状和病理变化，能够准确描述典型图片代表的症状和病变。
4. 会用本课学习的内容对狂犬病进行诊断和防治。

狂犬病，俗称“疯狗病”，是指由狂犬病病毒引起的人畜共患的一种急性致死性传染病。其主要侵害中枢神经系统。以极度兴奋和意识紊乱，继之出现局部或全身麻痹为其临床特征。狂犬病是一种古老的自然疫源性疫病，广泛分布于除大洋洲岛国以外的世界六大洲。在大多数发展中国家，狂犬病是一种严重的传染病，能感染人及所有的温血动物，包括鸟类。

(一)病原

狂犬病病毒属弹状病毒科狂犬病毒属的成员。病毒一端钝圆，另一端平凹，呈子弹形，有囊膜和纤突，核酸型为单股RNA。病毒主要存在于患病动物的中枢神经组织、唾液腺和唾液中，其他脏器、血液、乳汁中也有少量病毒存在。在中枢神经（尤其在海马角、大脑皮层、小脑）和唾液腺细胞的细胞质内常形成狂犬病特有的圆形或卵圆形的嗜酸性包涵体又称内基氏小体。

病毒能抵抗组织自溶和腐败，室温条件不稳定，反复冻融可使病毒灭活。病毒对酸、碱、苯酚、福尔马林、升汞等消毒药物敏感。各种脂溶性溶剂、70%酒精、0.01%碘液和丙酮、乙醚都能使之灭活。病毒不耐日光和X射线，在温度为50 ℃的条件下，维持15 min；在温度为100 ℃的条件下，维持2 min均能灭活，在冷冻或冻干状态下可长期保存病毒。在50%甘油缓冲液中或者4 ℃的温度下，病毒可存活数月到1年。

(二)流行病学

人和各种动物对本病都有易感性。在自然界中，主要的易感动物是犬科和猫科动物。这些动物也是人类感染狂犬病病毒的主要传染来源。在我国的流行区，外观健康的犬血清阳性率达8.3%～25%。此外，吸血蝙蝠和某些啮齿类动物也能作为狂犬病病毒的保毒宿主，其唾液腺中带有狂犬病病毒，在传播本病方面起着重要作用。

狂犬病常散发，主要通过咬伤、损伤的皮肤黏膜、消化道、呼吸道等途径传播，具有明显的连锁性。一年四季均发，春夏季发生较多。感染不分性别、年龄。各种动物的发病比例不同：犬72%、牛18.4%、鹿5.5%、马4.2%、猪3%。

(三)临床症状

动物发病后的潜伏期因感染病毒的数量、毒力、伤口距中枢神经的距离及动物的易感性的不同而长短不一。潜伏期一般为15 d，长者可达数月或一年以上。犬、猫、猪的潜伏期一般为10～60 d，人的潜伏期为30～60 d。

1. 犬

临诊表现分两种类型：狂暴型和麻痹型或沉郁型。

(1)狂暴型　分前驱期、兴奋期和麻痹期。

①前驱期。表现出精神不振，常躲在暗处，不听呼唤，不愿和人接近，瞳孔发散，对刺激的反应性增高。食欲反常，喜食异物，吞咽时伸颈，唾液分泌增多，后躯软弱，性格改变。此期为1～2 d。

②兴奋期。表现出狂暴，常主动攻击人畜，高度兴奋。狂暴之后出现沉郁、喜卧、疲劳不动，一会儿又立起，眼斜视，精神恐慌。稍受刺激就出现新的发作，疯狂攻击，或自咬四肢、尾及阴部，病犬常在外游荡，不归家，叫声嘶哑，下颌麻痹，流涎。此期为2～4 d。

③麻痹期。由于三叉神经麻痹出现下颌下垂，舌脱出，流涎，很快后躯及四肢麻痹，卧地不起，抽搐，最后因呼吸中枢麻痹或衰竭而死。病程为1～2 d。

(2)麻痹型或沉郁型　病犬只经过短期兴奋即进入麻痹期。其表现为喉头、下颌、后躯麻痹，流涎，张口，吞咽困难。一般经2～4 d死亡。

2. 猫

多发狂暴型，症状与犬相似，但病程较短。病猫喜躲避暗处，并发出刺耳的粗粝叫声，继而出现狂暴症状，可凶猛地攻击其他猫、动物，对人危害较大，在出现症状后2～4 d死亡。

3. 牛

多为狂暴型。病初食欲下降，精神沉郁，然后表现出起卧不安，四蹄刨地，间歇性地高声吼叫，用角冲撞墙壁，磨牙，流涎等。随后逐渐出现麻痹症状，如吞咽麻痹、流涎，不能饮水，反刍停止、瘤胃臌气等病症。经2～4 d，病牛倒地不起，最后衰竭死亡。

4. 猪

病猪兴奋不安，横冲直撞，反复用鼻掘地，攻击其他牲畜等。叫声嘶哑、大量流涎，在发作间歇期常钻入垫草中，稍有音响即一跃而起，无目的乱跑，最后发生麻痹症状，经2～4 d死亡。

5. 马和骡

马和骡发病后极度兴奋，出现与疝痛时一样的打滚症状。与其他动物一样，病马和病骡恶意地咬或攻击其他动物。由于体力强，发病后难于管束，可出现一些自我伤害性外伤。

(四)病理变化

尸体消瘦，皮肤可见咬伤和撕裂。口腔、咽喉黏膜充血、糜烂，胃内空虚或有异物，胃肠黏膜充血、出血，脑膜及实质中可见充血、出血。

病理组织学检查可见脑呈非化脓性脑脊髓炎变化，病变以脑干和海马角最明显。其特征变化是在多种神经细胞的细胞质内出现嗜酸性包涵体。

(五)诊断

根据动物出现的典型症状和病程、病史可做出初步诊断。对可疑病犬应拘禁观察或扑杀以进行实验室诊断。实验室诊断包括下列内容。

1. 病理组织学检查

取大脑海马、脑干和小脑等组织制成的切片，经苏木精-伊红染色，观察内基氏小体，如在神经细胞的细胞质内见有圆形或椭圆形的红色小体即可确诊。

2. 荧光抗体法

取可疑病畜脑组织或唾液腺制成冰冻切片或触片，用荧光抗体染色镜检，在胞浆内出现黄绿色荧光颗粒者即为阳性。荧光抗体法是一种快速、稳定而且特异性很强的诊断方法。该方法具有高度的敏感性，对新鲜样本特别敏感，并适用于经胰蛋白酶或其他酶治疗后的组织。

3. 小鼠接种法

用 30 日龄的小鼠经脑内接种，如在接种后 1～2 周内小鼠出现麻痹症状与脑膜脑炎变化，则有狂犬病毒；也可于接种后 3 d 捕杀小鼠，取脑制涂片，用荧光抗体法检查；也可应用 ELISA 检测技术和基因探针位点杂交技术诊断狂犬病。

（六）防治

目前狂犬病尚无有效的治疗措施，加强预防是控制本病的关键。

首先，规范犬只管理。对饲养的猎犬、警犬、实验用犬及宠物犬实行登记许可制度，定期为犬只接种疫苗，避免犬只与其他来源不明的动物接触；看管好自家犬只，避免咬伤他人。当人被可疑病犬咬伤时，应尽量挤出伤口的血，用肥皂水彻底清洗，并用 3%碘酊处理，接种狂犬病疫苗，最好同时注射免疫血清，可降低发病率。家畜在被病犬或可疑病犬咬伤后应尽量挤出伤口的血，然后用肥皂水或 0.1%升汞、酒精、醋酸、3%苯酚、碘酊、硝酸银等消毒药和防腐剂处理，并用狂犬病疫苗紧急接种，使被咬动物在疾病的潜伏期内就产生主动免疫，可免于发病。

其次，加强产地检疫和流通环节的检疫监管，严格限制病犬进入非疫区。及时捕杀、处理病犬，对被病犬咬伤的动物也应该捕杀并做无害化处理。免疫的犬在已知的免疫期内若接触病犬或被咬伤，应彻底治疗创伤，再给动物注射疫苗，并将其关养，至少观察 30 d。

（七）公共卫生

狂犬病是一种人畜共患的传染病。人患本病多是由被病犬咬伤所致。病初表现为头痛、乏力、食欲不振、恶心、呕吐等。被咬伤部位发痒，似虫爬样感觉。脉快、瞳孔大、多泪、流涎、出汗，有时呼吸肌和咽部痉挛，出现呼吸困难，见到水就恐惧，故名恐水症（恐水症只发生于人）。有时也出现狂暴，不能自制。通常在发病 3～4 d 后，因全身麻痹而死亡。人的潜伏期一般为 20～90 d。早期感觉不适、发热或头痛，感染部位经常出现疼痛或麻木。在兴奋期时，表现为极度兴奋、痉挛、肌肉衰弱和麻痹；吞咽困难和恐水，面部表情急躁。其死亡率可达 100%。

二维码 1-4　狂犬病

任务六　伪狂犬病

【任务目标】

1. 了解伪狂犬病的病原特点。
2. 描述伪狂犬病的流行特点。
3. 识记伪狂犬病的临床症状和病理变化，能够准确描述典型图片代表的症状和病变。
4. 会用本课学习的内容对伪狂犬病进行诊断和防治。

伪狂犬病是指由伪狂犬病病毒引起的多种家畜和野生动物的一种急性热性传染病。其临床特征是发热、奇痒(除猪外)和脑脊髓炎,妊娠母猪发生流产、死胎,哺乳仔猪呈脑脊髓炎和败血症的综合症状,成年猪多呈隐性感染。家畜中以猪发生较多。当猪场猪群暴发本病时,犬常先于猪或与猪同时发病。

(一)病原

伪狂犬病病毒属于疱疹病毒科疱疹病毒亚科伪狂犬病病毒属,病毒粒子呈球形,20 面体立体对称,双股 DNA,有囊膜和纤突。该病毒能在多种哺乳动物细胞内及鸡胚和鸡胚成纤维细胞上增殖,并产生核内包涵体。

该病毒对外界环境抵抗力很强。在病畜舍内的干草上夏季能存活 30 d 以上,冬季能存活 46 d 以上。对热、甲醛、乙醚和紫外线敏感,在 55～60 ℃温度下,经 30～50 min 灭活;在 80 ℃温度下,经 3 min 灭活。常用的消毒药如 0.5%石灰乳、0.5%盐酸、0.5%～1%氢氧化钠、福尔马林等都能很快将其杀死。该病毒对苯酚有抵抗力,0.3%苯酚溶液或 50%甘油缓冲液可保存病毒。

(二)流行病学

牛、羊、猪、犬、猫、兔、鼠及野生动物均可感染。在家畜中以猪、牛最为易感,马属动物和家禽发病率较低。在实验动物中以兔最为易感。人偶尔可以感染。

病猪、带毒猪及带毒鼠是本病主要的传染源。从鼻分泌物、唾液中排出的病毒可在空气中形成溶胶,并随气流迅速传至邻近易感猪群。该病毒具有持续感染特性。任何年龄的猪在耐过病毒的急性感染后都能在体内形成潜伏感染。一旦病毒被激活,则会引起复发性感染并向外散毒,有的带毒猪可持续排毒 1 年。该病毒也可经胎盘、阴道黏膜、乳汁和精液传播。其他家畜多因食入病尸及病畜污染的饲料、饮水经消化道感染,也可经呼吸道、损伤的皮肤及交配而感染。此外,昆虫刺蛰也是本病的传播媒介。牛常因接触带毒猪和老鼠而发病,在感染发病后几乎 100%死亡。牛也可传染给猪。

(三)发病机理

伪狂犬病毒对猪的致病作用因感染猪的年龄、毒株、感染剂量及感染途径等的不同而不同。通过鼻内、气管、口腔、胃内、脑和肌肉等途径接触病毒,均可导致发病,其中以胃内接触,猪的敏感度最低。感染后的病毒首先在鼻咽部和扁桃体中增殖,再经嗅神经、吞咽神经、三叉神经到达脑和脊髓,也可由鼻黏膜经呼吸道侵入肺泡。

未断奶的仔猪在感染后病毒最早在口咽部和呼吸道组织内复制,再经神经纤维到达中枢神经系统,也可随血液到达肝、脾等内脏器官引起病变;新生仔猪因神经系统功能紊乱而很快死亡,症状不明显;生长肥育猪常在最初增殖部位引起病变,如扁桃体坏死、肺炎等。即使是老龄猪也可能出现神经症状。胎盘感染常引发胎盘病变和死胎。

(四)临床症状

潜伏期一般为 3～6 d,少数潜伏期达 10 d。

1. 猪

各种年龄的猪均易感。在哺乳仔猪感染本病时,病情极为严重,常导致大批死亡。15 日龄以内的仔猪表现为最急性,仔猪在出生后 1～3 d 内一切正常,随后突然发病,体温升高到

41～42 ℃，精神沉郁，嗜睡，流涎，间有呕吐或腹泻。随后病猪表现出精神紧张，兴奋不安，两眼发直，眼球震颤，肌肉发抖，叫声嘶哑，共济失调，有时不自主地前进、后退，做圆圈运动或倒地抽搐，呈间歇性痉挛。有的后躯麻痹，有的角弓反张，头颈歪斜，有的四肢完全麻痹，不能站立，头向后仰，侧卧作游泳样划动，最后昏迷死亡。3～4 周龄猪的主要症状同上，病程略长，多便秘，死亡率可达 40%～60%。2 月龄以上猪的症状轻微或隐性感染，表现为一过性发热，咳嗽，呼吸困难，便秘，有时出现呕吐和腹泻，多在 3～4 d 恢复。如当体温持续升高时，病猪又会出现神经症状，震颤、共济失调，头向上抬，背弓起，倒地后四肢痉挛，间歇性发作，个别猪因出现神经症状而往往预后不良或死亡。成年猪多为隐性感染，症状不明显或仅表现轻微的体温升高、精神沉郁、呕吐、咳嗽等症状，一般于 4～8 d 内完全恢复。怀孕母猪被感染后的主要表现为繁殖障碍、流产、木乃伊胎、死胎和弱仔。这些弱仔猪在 1～2 d 内出现呕吐和腹泻，运动失调，痉挛，角弓反张，通常在 2～3 d 内死亡。

2. 牛

对本病高度敏感，主要表现为身体某处皮肤剧痒，不停地舔咬或摩擦痒部，甚至皮肤擦伤、出血，同时体温升高，狂躁不训，颈部、咬肌痉挛，出现咽麻痹、流涎，间或磨牙、哞叫、用力踏地等，但不攻击其他牲畜。后期因延髓受害，呼吸促迫、心律不齐和痉挛等，常于发病 2～3 d 后死亡。有的病例也在出现症状后数小时死亡，无瘙痒症状。

3. 羊、犬和猫

羊、犬和猫的症状与牛大致相似，有剧痒和脑脊髓炎症状，但均不攻击其他牲畜，呈急性经过，多在 1～2 d 内死亡；死前有知觉。

(五)病理变化

剖检可见鼻黏膜呈卡他性或化脓性炎症，扁桃体及咽喉黏膜水肿，并常有纤维素性坏死性假膜覆盖。肺水肿，可见气管和支气管内含有大量泡沫样的水肿液。淋巴结充血、肿大、间有出血。心肌松软，心外膜有出血，肾有点状出血，胃底部可见大面积出血，小肠黏膜充血、水肿并附有黏液，大肠呈斑块状出血。具有诊断意义的病变是淋巴结、扁桃体、心脏、肝脏、脾脏、肾脏等器官可见灰白色坏死灶。肝、肾的坏死灶最具特征，中央为黄白或灰白，周围有红色晕圈。另外，肾和心脏的坏死灶在其他疫病极少被发现。有剧痒症状的家畜皮肤常有擦伤和撕裂，皮下水肿严重，肺常充血、水肿，心外膜出血，心包积水。神经症状明显的病例可见脑膜明显充血、水肿，脑脊液增多，脑实质内有点状出血。组织学检查有非化脓性脑炎的变化。

(六)诊断

根据病畜临床症状以及流行病学资料分析，可初步诊断本病。确诊必须进行实验室检查，如病原分离鉴定、动物接种试验及血清学试验等。生前取患部组织检查其黏膜上皮中有无包涵体，如扁桃体或咽喉黏膜。死后取脑、脊髓等做组织学检查。

(七)防治

加强饲养管理，做好灭鼠工作，定期消毒，严格将猪与牛或其他动物分开饲养。此外，对猪群进行血清中和试验，隔离阳性母猪所生仔猪，逐步有计划淘汰阳性种猪。严格引种检疫与隔离。对病死动物尸体、污物及场地等要严格消毒，做好无害化处理工作。

伪狂犬病尚无特效治疗药物。发病时应立即隔离治疗，在紧急情况下用高免血清治疗，可降低死亡率。对疫区未发病的动物可用基因缺失弱毒苗进行紧急预防接种与治疗。伪狂犬病的发病机理也决定了本病不能完全依赖接种活苗或死苗来防止免疫后的感染猪发生潜伏感染。虽然疫苗接种不能完全阻止强毒的感染、排毒以及潜伏感染的建立，但是可以阻止疾病的发生，减少病毒扩散，从而将损失减少到最低程度。

二维码 1-5
伪狂犬病

项目二　共患性细菌病

【项目简介】

共患性细菌病是指由病原菌引起的人和动物都可感染的细菌性疾病，有一定的潜伏期和临床症状，并能传染的疾病。目前共患性细菌病的发生率逐年升高，原因各有差异，应该具体掌握发病原因及应对措施，以控制和消灭共患性细菌病。本项目主要介绍了共患细菌性病的防控，包括炭疽病、布鲁氏菌病、巴氏杆菌病、大肠杆菌病、沙门菌病、结核病 6 个任务。

任务一　炭　疽　病

【任务目标】

1. 了解炭疽病的病原特点。
2. 描述炭疽病的流行特点。
3. 识记炭疽病的临床症状和病理变化，能够准确描述典型图片代表的症状和病变。
4. 会用本课学习的内容对炭疽病进行诊断和防治。

炭疽病是指由炭疽杆菌引起人畜共患的一种急性、热性、败血性传染病。其发病特征是突然高热，可视黏膜发绀，尸僵不全，尸体极易腐败膨胀，天然孔出血，血液凝固不良呈煤焦油样，脾显著肿大，皮下和浆膜下有出血性胶冻样浸润。本病对人类健康和畜牧业发展危害极大。

（一）病原

炭疽杆菌为革兰氏染色阳性大杆菌，菌体两端平直，常单在或 2～5 个连在一起呈竹节状，无鞭毛、不运动、有荚膜。本菌为兼性需氧菌，在病畜体内不形成芽孢。当细菌暴露于空气中或遇到充足的自由氧时则易形成芽孢，芽孢一般位于菌体中央，直径多不超过菌体。在普通琼脂平板上长成灰白色、不透明、表面粗糙、边缘不整齐的扁平菌落，在低倍镜下观察菌落边缘呈卷发状。在 22 ℃的温度下，可以进行明胶穿刺培养，沿穿刺线生长出许多白色侧枝，如倒立的松树状，经 2～3 d 后明胶液化，呈漏斗状。在普通肉汤中培养可产生絮状沉淀，液体澄清并悬浮有菌丝或菌团。

炭疽杆菌繁殖体对理化因素抵抗力不强。腐败尸体内的菌体在夏季 1～4 d 即死亡，对热和一般的消毒剂均敏感，形成芽孢后则有极强的抵抗力。在干燥状态下，炭疽杆菌可存活 32～50 年，在污染的皮革中存活 4～5 年；在 121 ℃的温度下，经 15 min；在 150 ℃的温度下，干热 60 min 才能杀死全部芽孢。常用的消毒剂是 10％热氢氧化钠、0.5％过氧乙酸、2％～

4%甲醛、20%漂白粉或石灰乳和5%碘酊等，而苯酚、来苏儿等季铵盐类、酒精等杀灭效果差。炭疽杆菌对青霉素、四环素和磺胺类药物等敏感。

(二)流行病学

各种动物和人对炭疽病均有易感性，以羊、牛、马和鹿最易感，其次是水牛和骆驼；猪易感性较低，犬和猫更低，家禽一般不感染。实验动物小鼠、豚鼠最易感，兔次之。人也易感。病畜是本病的主要传染源，病原体可通过患病动物的排泄物、分泌物、出血的天然孔及处理不当的尸体等向外散播。一旦形成的芽孢在污染土壤、水源、牧场等后，则可在土壤中长期存活成为长久疫源地。本病主要经消化道感染，常因采食污染的饲草、饲料、水源而感染；也可经损伤皮肤、黏膜及吸血昆虫的叮咬而引起家畜发病；还可经呼吸道感染。

炭疽病常呈地方流行性，一年四季均发，但以炎热的夏秋季节多发，这与雨水冲刷，吸血昆虫增多，病原体容易散播有关。有些地区暴发本病是由从疫区输入病畜产品引起的，如骨粉、皮张、羊毛等。

(三)临床症状

潜伏期一般为1～5 d，最长的潜伏期为14 d。根据病程长短分为最急性、急性、亚急性和慢性4种类型。

1. 最急性

最急性常发生于绵羊和山羊，偶尔也见于牛、马。动物突然发病，意识丧失，全身战栗，呼吸极度困难，心跳急速，可视黏膜发绀，天然孔流出泡沫样的暗红色血液，尸僵不全。常在数分钟内死亡。

2. 急性

急性多见于牛、马。病牛体温升高至42 ℃，初期表现为兴奋不安、哞叫、顶撞人畜或物体，以后变为沉郁，食欲和反刍减少或停止，常伴有中度臌气。呼吸困难，黏膜发绀并有点状出血，初便秘，后腹泻带血，尿暗红，孕牛迅速流产，一般1～2 d死亡。马的急性与牛相似，还常伴有剧烈的腹痛。

3. 亚急性

亚急性也多见于牛、马。其症状与急性型相似，但病情较缓和，病程较长，为2～5 d。常在喉部、颈部、胸前、肩胛、腹下、乳房等皮肤松软的部位以及直肠、口腔黏膜发生局限性肿胀，初期硬固，有热痛，以后变冷而无痛，且中央部发生坏死，有时形成溃疡，称炭疽痈。如炭疽痈发生在肠道，动物还表现出剧烈腹痛及下痢。

4. 慢性

慢性主要见于猪，临床症状多不明显，仅在屠宰后发现有病变，主要侵害咽喉部和颈部淋巴结。病猪在初期体温升高，精神沉郁，食欲不振。有的病猪咽喉部显著肿胀，并可蔓延至颈部，头颈转动不灵活。当症状严重时，可见黏膜发绀，呼吸困难，最后窒息而死。

(四)病理变化

患有炭疽病或疑为炭疽病的病畜原则上禁止剖检。如果必须解剖检查，应先做涂片检查，在严密消毒和防护，并具有就地深埋或焚烧的条件下方可进行。急性炭疽病呈败血症病变。

尸僵不全，尸体极易腐败膨胀，肛门突出，天然孔流出暗红色血液，黏膜发绀并有出血点；血凝固不良，呈黑红色如酱油样；全身淋巴结肿大、出血，呈黑色或黑红色；皮下、肌间、浆膜下以及肠系膜和肾脂肪囊等结缔组织疏松部位，呈黄色出血性胶冻样浸润；脾肿大 2～5 倍，脾髓黑红色软化如泥状；胃肠道呈出血性坏死性炎症，心肌质脆，其他实质器官变性、充血、出血和水肿。

亚急性炭疽病和慢性炭疽病多为局部病变，常见于肺、肠、咽等处。肺炭疽的局部，呈出血性肺红色肝变，周围水肿；肠炭疽为出血性肠炎，有的局部水肿，尤以十二指肠和空肠明显；患咽炭疽病的猪出现咽、喉及颈部淋巴结肿胀、出血，切面呈樱桃红色，中央有稍凹陷的黑色坏死灶，扁桃体充血、肿胀、出血和坏死，并有黄色假膜覆盖。病程长的病例可见在病变组织附近的淋巴结出血，切面干燥，有散在坏死灶。

（五）诊断

临床症状为发病急剧，突然死亡，尸僵不全，天然孔出血，血液凝固不良呈紫黑色，尸体迅速腐败膨胀及皮肤发生痈性肿胀、腹痛和病理变化，并结合当地病史，发病动物种类，发病季节等情况可做出初步诊断。确诊应做细菌学和血清学诊断。

（六）防治

对疫区的人群和家畜，每年实施预防接种。我国应用于畜群人工免疫的疫苗有三种，即无毒炭疽芽孢苗、炭疽Ⅱ号芽孢苗和炭疽保护性抗原佐剂疫苗。炭疽Ⅱ号芽孢苗在使用中，各种家畜均皮下接种 1 mL，接种 14 d 后产生免疫力，免疫期为 1 年以上。连续 3 年无新疫情发生则可停止接种，但其后应实行长期监测。发现炭疽病后，立即上报疫情，划定疫点、疫区，采取隔离、封锁、全面消毒等措施，防止疫情扩大。

对疫区内的病畜或体温升高者及早应用青霉素或磺胺类药物等抗生素进行治疗。对病畜尸体连同粪便、垫草一起焚烧后就近深埋。发病早期用抗炭疽血清治疗可获得更好的效果，血清与抗生素并用效果更佳。对皮肤痈不宜做手术切开或穿刺放水消肿，可用高锰酸钾洗涤并涂无刺激的抗菌软膏治疗。体表炭疽痈可用抗炭疽血清在其周围分点注射。

（七）公共卫生

当人感染炭疽病时，潜伏期为 1～5 d，最长的潜伏期可达 12 d，多见皮肤炭疽，主要表现为红色斑疹、丘疹、水泡、坏死出血、溃疡，分泌物形成黑色痂皮。如患者表现为高热、腹痛、水泻、血便、渗出性腹膜炎，有严重的毒血症症状，则为肠炭疽；如患者表现为高热、发绀、寒战、气喘、胸痛、肺部啰音、胸腔积液，则为肺炭疽。

二维码 1-6　炭疽

任务二　布鲁氏菌病

【任务目标】

1. 了解布鲁氏菌病的病原特点。
2. 描述布鲁氏菌病的流行特点。
3. 识记布鲁氏菌病的临床症状和病理变化，能够准确描述典型图片代表的症状和病变。

4.会用本课学习的内容对布鲁氏菌病进行诊断和防治。

布鲁氏菌病是指由布鲁氏杆菌引起的急性或慢性的人畜共患的传染病。其临床特征是生殖器官受侵害。母畜表现出胎膜发炎、流产、不育,公畜出现睾丸炎。

(一)病原

布鲁氏菌为革兰氏染色阴性的细小球杆菌,无鞭毛,不能运动,不形成芽孢,S 型菌有荚膜。布鲁氏菌属共有 6 个种 20 个生物型,即马耳他布鲁氏菌(3 个生物型)、流产布鲁氏菌(9 个生物型)、猪布鲁氏菌(5 个生物型)、沙林鼠布鲁氏菌(1 个生物型)、绵羊布鲁氏菌(1 个生物型)和犬布鲁氏菌(1 个生物型)。习惯上称马耳他布鲁氏菌为羊布鲁氏菌,流产布鲁氏菌为牛布鲁氏菌。各个种与生物型菌株之间在形态及染色特性等方面无明显差别。

布鲁氏菌为需氧菌或微需氧菌,但在初代培养时需 5%～10%的 CO_2。本菌营养要求高,在初代分离培养时,在含有血液、血清、肝汤、马铃薯浸液和葡萄糖的培养基中才能较好的发育。经多次传代后,对营养要求降低,在普通琼脂上也能生长。菌落有光滑型(S)和粗糙型(R)。在不利的生长环境中,本菌易由光滑型变为粗糙型。

布鲁氏菌为细胞内寄生菌,对外界因素的抵抗力较强,在污染的土壤、水、粪尿、饲料等或冷暗处的胎儿体内可存活 1 个月至数月,对热和消毒药的抵抗力不强,如使用巴氏灭菌法经 10～15 min 杀死,0.1%升汞经数分钟,1%来苏儿或 2%福尔马林或 5%生石灰乳经 15 min,而日光直射需要 0.5～4 h。本菌对四环素最为敏感,其次是链霉素和土霉素,但对杆菌肽、多黏菌素 B 及林可霉素有很强的抵抗力。

(二)流行病学

布鲁氏菌病的易感动物种类很多。家畜中以羊、牛、猪最易感,其次是水牛、野牛、牦牛、羚羊、鹿、骆驼、野猪、马、犬、猫、狐、狼、猴、鸡、鸭以及一些啮齿动物等都可被感染。流产布鲁氏菌主要感染牛,而羊、猴、豚鼠等也有一定的易感性;马耳他布鲁氏菌主要感染山羊和绵羊,而牛、猪、鹿、骆驼等也有一定的易感性;猪布鲁氏菌主要感染猪,而鹿、牛、羊等也有一定的易感性。除感染本属动物外,其他三种布鲁氏菌对其他动物致病力很弱或基本无致病力。

布鲁氏菌病的传染源是病畜及带菌者,特别是受感染的妊娠母畜。它们在流产或分娩时将大量布鲁氏菌随着胎儿、胎水和胎衣排出,流产后的阴道分泌物以及乳汁中也含有布鲁氏菌。本病的主要传播途径是消化道,也可通过结膜、交媾、损伤的皮肤等传播本病。此外,吸血昆虫也可以传播本病。动物的易感性似是随接近性成熟年龄而增高。

布鲁氏菌病呈地方流行,无明显的季节性。疫区内大多数处女牛在第一胎流产后则多不再流产,但也有连续几胎流产者。性别对易感性并无显著差别,但公牛似有一定抵抗力。

人的传染源主要是患病动物,一般不人传染人。在我国,人布鲁氏菌病最多的地区是羊布鲁氏菌病严重流行的地区。大多数从人体分离的布鲁氏菌是羊布鲁氏菌,患者有明显的职业特征,一般牧区人的感染率要高于农区。

(三)临床症状

1.牛

潜伏期为 2 周至 6 个月。母牛最显著的症状是流产。流产可以发生在妊娠的任何时期,常发生于妊娠的第 6～8 个月。已经流产过的母牛如果再流产，一般比第一次流产时间要迟。流产前会出现分娩预兆，如阴唇、乳房肿大，荐部与肋部下陷，流出的乳汁呈初乳性状，阴道黏膜有粟粒大红色结节，由阴道流出灰白色或灰色黏性分泌液。在流产时，胎水多清朗，有时混浊中含有脓样絮片；流产胎儿多为死胎或弱胎；妊娠晚期的流产者常见胎衣滞留。流产后常排出污灰色或棕红色分泌液，有时恶臭，分泌液直至 1～2 周后消失。有时公牛可见阴茎潮红肿胀，并有睾丸炎及附睾炎。急性病例则出现睾丸肿胀、疼痛，还可能有中度发热与食欲不振，以后疼痛逐渐减退，约 3 周后，通常只见睾丸和附睾肿大，触之坚硬。临诊上常见的症状还有关节炎，常发生于膝关节和腕关节，甚至可以见于未曾流产的牛只关节肿胀疼痛，有时持续躺卧。腱鞘炎比较少见。滑液囊炎，特别是膝滑液囊炎则较常见。有时有轻微的乳腺炎症状。

病牛如胎衣不滞留，则可迅速康复，又能受孕，以后可能再度流产；如胎衣未能及时排出，则可能发生慢性子宫炎，引起长期不孕。大多数流产牛在两个月后可以再次受孕。

在初次感染的牛群中，大多数母牛都将流产一次。如果牛群不更新，一般流产过 1～2 次的母牛可以正常生产，疫情似是静止，有半数病牛也可能自愈。这种牛群绝非健康牛群，一旦新牛只的加入增多，还可引起大批流产。如在牛群中不断加入新牛，则疫情可能会长期持续存在。

2. 羊

其主要症状是流产，通常发生在妊娠后的第 3～4 个月。有的病羊在流产前表现出精神委顿，食欲减退，口渴，阴道流出黄色黏液等。流产胎儿多死亡或成活的胎儿表现为极度衰弱和发育不良。此外，可能还有乳腺炎、关节炎和滑液囊炎等。公羊可见睾丸炎、附睾炎、睾丸肿大，触诊局部发热，有疼痛感。

3. 猪

最明显的症状也是流产，多发生在妊娠的第 4～12 周。有的病猪在妊娠的第 2～3 周即流产，有的病猪接近妊娠期满即早产。在流产前，病猪体温升高，精神沉郁，阴唇和乳房肿胀，阴道流出黏性或黏脓性分泌物。在流产后，病猪很少发生胎衣滞留，恶露一般在 8 d 后消失。少数病猪因胎衣滞留，引起子宫炎和不育。公猪常见睾丸炎和附睾炎。较少见的症状还有皮下脓肿、关节炎、腱鞘炎等。如椎骨中有病变，还可能发生后肢麻痹。

4. 禽

鸡、鸭等家禽通常表现出腹泻和虚脱，有时只见产蛋量下降，间或有麻痹症状。

(四)病理变化

牛、羊的病变基本相似，胎衣水肿增厚，呈黄色胶冻样浸润，并有出血，表面覆有纤维蛋白絮片和脓液。子宫绒毛膜的绒毛有坏死病灶，表面覆有黄色的坏死物。胎儿多呈败血症变化。胎儿胃，特别是在第四胃中有淡黄色或白色黏液絮状物，肠胃和膀胱的浆膜下可能见有点状或线状出血，皮下及肌间结缔组织呈出血性浆液性浸润，胸腹腔有淡红色液体。肝、脾和淋巴结不同程度的肿大，有时有散在的坏死灶。脐带常呈浆液性浸润、肥厚。有时在公畜的睾丸和附睾及精囊内有炎性坏死灶或化脓灶。

不管母猪子宫妊娠与否，其黏膜上都有许多黄白色高粱粒大小的结节，质地硬实，内含脓样或干酪样物。小结节多时可互相融合，形成斑块，从而使子宫壁增厚和内腔狭窄，这种症状被称为子宫粟粒性布鲁氏菌病。输卵管也有类似子宫的结节性病变。其他病变与牛羊相似。

(五)诊断

根据流行病学资料,流产、胎儿胎衣的病理损害、胎衣滞留以及不育等可做出布鲁氏菌病的初步诊断,确诊需做实验诊断。

(六)防治

布鲁氏菌病的防治应坚持“预防为主”的方针。最好的办法是坚持自繁自养。如果必须引进种畜或补充畜群,就要严格执行隔离、检疫。隔离观察期一般为 2 个月,且在此期间全群需进行 2 次血清学检查,均为阴性者才可与原畜群接触。即使是健康畜群,也应进行定期检疫(至少 1 年 1 次),一经发现阳性者,立即淘汰。

如果畜群中发现流产,除隔离流产家畜和消毒环境及流产胎儿、胎衣外,应尽快做出诊断。消灭布鲁氏菌病的措施是检疫、隔离、控制传染源、切断传播途径、培养健康畜群及主动免疫接种。通过免疫生物学检查方法在畜群中反复进行检查淘汰(屠宰),可以净化畜群;也可将查出的阳性牲畜隔离饲养,继续利用,阴性者作为假定健康畜继续观察检疫,经 1 年以上无阳性者出现(初期 1 个月检查 1 次,2~3 次后可 6 个月检查 1 次),且已正常分娩,即可认为是无病畜群。

培养健康畜群从幼畜着手,即病牛所产犊牛应立刻隔离,用母牛初乳人工饲喂 5~10 d 以后,喂以健康牛乳或巴氏灭菌乳,在第 5 个月及第 9 个月各进行 1 次血清学检查,全部阴性即可认定为健康犊牛;羔羊则在断乳后隔离饲养,1 个月内做 2 次血清学试验,如有阳性病例,除淘汰外,再继续检疫 1 个月直至全群阴性,则可认定为健康羔群;仔猪在断乳后即隔离饲养,在 2 月龄及在 4 月龄时各检验 1 次,如全为阴性即可视为健康仔猪。

疫苗接种是控制本病的有效措施。布鲁氏菌病的免疫机理是细胞免疫。国际上多采用活疫苗,如牛流产布鲁氏菌 19 号苗、马耳他布鲁氏菌 Rev Ⅰ苗;也使用灭活苗,如牛流产布鲁氏菌 45/20 苗和马耳他布鲁氏菌 53H38 苗等。我国主要使用猪布鲁氏菌 2 号弱毒活苗和马耳他布鲁氏菌 5 号弱毒活苗。

猪 2 号菌苗对山羊、绵羊、猪和牛均有较好的免疫效力,可供预防羊、猪、牛布鲁氏菌病之用。猪 2 号菌苗的毒力稳定,使用安全,免疫力好,可用于口服、皮下注射、肌内注射及气雾免疫等接种,最适于怀孕家畜口服。免疫期为牛 2 年,羊 3 年,猪 1 年。

马耳他布鲁氏菌 5 号弱毒活苗(简称 M5 苗)是我国选育的一种布鲁氏菌苗,可用于绵羊、山羊、牛和鹿的免疫,对猪无效,可用于气雾、皮下注射、肌内注射及口服免疫等接种,其中气雾免疫最适用于羊群,但不能用于怀孕家畜。牛的免疫期为 2~3 年。

在消灭布鲁氏菌病过程中,要做好消毒工作,以切断传播途径。疫区的生皮、羊毛等畜产品及饲草饲料等也应进行消毒或放置 2 个月以上才能利用。布鲁氏菌是兼性细胞内寄生菌,化疗药剂不易生效。因此,对病畜一般不做治疗,应淘汰。

此外,动物养殖场、屠宰场、畜产品加工厂的工作者以及兽医、实验室工作人员等易受布鲁氏菌的威胁,因此,这些工作人员必须严守防疫制度(即穿着防护服装,做好消毒工作),尤其在仔畜大批生产的季节更要特别注意。必要时可用疫苗(如 Ba-19 苗)皮上划痕接种。接种前应进行变态反应试验,阴性反应者才能接种。

(七)公共卫生

二维码 1-7　布鲁氏菌病

人感染布鲁氏菌病的潜伏期为 2～3 周，最短的潜伏期为 3 d，长的潜伏期可达数月。临诊有急性、亚急性和慢性之分。急性和亚急性者呈菌血症，表现为体温呈波形热或长期低热、寒战、盗汗和肌肉酸痛等，还可表现为全身不适、食欲减退、头痛和失眠、淋巴结炎、肝脾肿大、睾丸炎、附睾炎及体重减轻等，孕妇可能出现流产。有些病例经过短期急性发作后可恢复健康，有的病例则反复发作。慢性者常无菌血症，但感染可持续数年。

任务三　巴氏杆菌病

【任务目标】

1. 了解巴氏杆菌病的病原特点。
2. 描述巴氏杆菌病的流行特点。
3. 识记巴氏杆菌病的临床症状和病理变化，能够准确描述典型图片代表的症状和病变。
4. 会用本课学习的内容对巴氏杆菌病进行诊断和防治。

巴氏杆菌病是指由多杀性巴氏杆菌引起的多种畜禽和野生动物的急性热性传染病。急性病例以败血症和炎性出血过程为主要特征，故常称为出血性败血症，简称“出败”。慢性病例表现为皮下、关节以及各脏器的局灶性化脓性炎症。

(一)病原

多杀性巴氏杆菌是两端钝圆，中央微凸，无芽孢，无鞭毛的革兰氏染色阴性短杆菌。病料组织或体液涂片染色镜检可见菌体多呈卵圆形，两极着色深，中央部分着色浅，如同并列的两个球菌，故称两极杆菌。用培养物所做的涂片，两极着色不明显。用印度墨汁等染料染色，可看到清晰的荚膜。

巴氏杆菌为需氧或兼性厌氧菌，最适宜的生长温度为 37 ℃，普通培养基上生长不旺盛。在加有血清的固体培养基上，37 ℃培养 18～24 h，可形成圆形、隆起、光滑、湿润、边缘整齐、灰白色的中等大小菌落，并有荧光性。根据菌落表面有无荧光及荧光的色彩，其可分为三型，即蓝色荧光型、橘红色荧光型和无荧光型。在一定条件下，橘红色荧光型和无荧光型可以发生相互转变。

巴氏杆菌依据荚膜抗原(K)吸附于红细胞上做被动血凝试验，将本菌分为 A 型、B 型、D 型、E 型和 F 型 5 个血清型。我国对巴氏杆菌的血清学鉴定表明，有 A、B、D 三个血清群，没有 E 血清群；依据菌体抗原(O)作凝集反应，将本菌分为 12 个血清型。利用耐热抗原作琼脂扩散试验，则将本菌分为 16 个菌型。一般将 O 抗原和耐热抗原用阿拉伯数字表示，将 K 抗原用英文大写字母表示。如 5：A，6：B，2：D 等(即 O 抗原：K 抗原)，或 A：1，B：2、6，D：2 等(即 K 抗原：耐热抗原)。各型之间多无交叉保护性或保护力不强。

巴氏杆菌根据菌落形态可分为黏液型(M)、平滑型(S)和粗糙型(R)。M 型和 S 型含有荚膜物质。

巴氏杆菌对理化因素抵抗力较弱，在干燥和直射阳光下，很快死亡。在 60 ℃的温度下，经过 10 min 可被杀死。普通消毒药的常用浓度对本菌都有良好的消毒力，但克辽林对本菌的杀菌力很差。

(二)流行病学

多杀性巴氏杆菌对多种动物和人均有致病性，家畜中以牛、猪发病最为常见，绵羊次之，山羊、鹿、骆驼和马也可发病，但较少见。家禽中以鸡、鸭最为常见，鹅、鸽少有发生。各种品种、年龄的动物都可感染发病，幼龄动物发病较严重。

病畜禽和带菌者是主要传染源。病畜由其排泄物、分泌物不断排出有毒力的细菌，污染饲料、饮水、用具和外界环境，经消化道感染，或由咳嗽、喷嚏排出细菌，通过飞沫经呼吸道而感染。当畜群中发生巴氏杆菌病时，往往查不出传染源。一般认为家畜在发病前已经带菌；当畜禽饲养管理不良或其他诱因存在时，机体抵抗力降低，病原菌即可乘机侵入体内，发生内源性感染。

巴氏杆菌病一般无明显的季节性，但在冷热交替、气候骤变、闷热、潮湿、多雨的时期发生较多。此外，营养不良、寄生虫、长途运输、饲养管理不当等诱因可促进巴氏杆菌病发生。巴氏杆菌病一般为散发性。当家禽中的鸭群发病时，其多呈流行性。

一、牛巴氏杆菌病

牛巴氏杆菌病(又称牛出血性败血病)是指由多杀性巴氏杆菌 6∶B 和 6∶E 特异血清亚型引起的牛和水牛的一种高度致死性疾病。其特征为高热、肺炎、急性胃肠炎以及内脏器官广泛出血。本病多见于犊牛。

(一)临床症状

败血型潜伏期一般为 2～5 d。其临床症状可分败血型、水肿型和肺炎型三种。

1. 败血型

败血型多见于水牛。在发病初期，高热达 41～42 ℃，继而出现全身症状，如精神沉郁、结膜潮红、鼻镜干燥、不食、泌乳和反刍停止。随后出现腹痛、腹泻、粪便恶臭并混有黏液、脱落的肠黏膜，甚至血液。体温随之下降，迅速死亡。病期多为 12～24 h。

2. 水肿型

水肿型以牦牛常见。除呈现全身症状外，病牛胸前及头颈部水肿，严重者可波及下腹部。肿胀部初有热痛、坚硬，而后变冷，疼痛减轻。舌、咽高度肿胀，流涎，眼流泪、红肿，呼吸困难，皮肤、黏膜发绀，常因窒息或下痢虚脱致死，病程多为 12～36 h。

3. 肺炎型

肺炎型表现为急性纤维素性胸膜炎、肺炎症状。病牛呼吸高度困难，痛性干咳，流泡沫样鼻液。胸部叩诊有实音区并有痛感，听诊有湿啰音，有时有摩擦音。初期便秘，后期下痢，粪便带血或黏膜，味恶臭。

(二)病理变化

1. 败血型

败血型呈现败血症变化。其内脏器官出血，在黏膜、浆膜以及肺、舌、皮下组织和肌肉都有出血点。淋巴结充血、肿胀，其他脏器也有不同程度的出血或质变。胸腹腔内有大量渗出液。

2. 水肿型

水肿型肿胀部的皮下结缔组织呈胶样浸润，切开流出黄色透明液体，淋巴结肿大。此外，其他组织器官也有不同程度的败血症变化。

3. 肺炎型

肺炎型表现为纤维素性肺炎和胸膜炎，肺脏有不同程度的肝变区，切面呈大理石样变。严重时，肺出血、坏死，呈污灰色或暗褐色，通常无光泽。有时有纤维素性心包炎和腹膜炎，心包与胸膜粘连，内含有干酪样坏死物。

(三)诊断

根据临床症状和病理变化可做出初步诊断，确诊需进一步做细菌学检查和小鼠感染验证。此外，也可用一种或多种血清学方法进行特异血清型鉴定。

(四)防治

牛巴氏杆菌病的发生和各种应激因素有关。平时应加强饲养管理，增强机体抵抗力，避免应激。在发病的地区，应重视对病畜的及时隔离、治疗和环境的消毒，对健康牛群应采取保护措施。

经常发生本病的疫区可以定期接种牛出血性败血症疫苗。青霉素、链霉素等抗生素药物均有一定疗效。

二、羊巴氏杆菌病

羊巴氏杆菌病，也称羊出血性败血症，是指由多杀性巴氏杆菌和溶血性巴氏杆菌引起的一种传染性疾病。羊巴氏杆菌病多发于在绵羊，尤以幼龄羊和羔羊多发。山羊不易感染。

(一)临床症状

本病根据病程可分为最急性、急性和慢性三种类型。

1. 最急性

多见于哺乳羔羊。羔羊往往突然发病，呈现寒战、虚弱、呼吸困难等症状。常于数分钟至数小时内死亡。

2. 急性

精神沉郁，食欲废绝，体温升高至 41～42 ℃。呼吸急促，咳嗽，鼻孔常流出混有血液的黏性分泌物，眼结膜潮红，有黏性分泌物。初期便秘，后期腹泻，有时粪便全部变为血水样。颈部、胸下部发生水肿。病羊常在严重腹泻后虚脱而死。病期为 2～5 d。

3. 慢性

病羊消瘦、食欲不振、流黏液脓性鼻液、咳嗽、呼吸困难。有时颈部和胸下部发生水肿。病羊腹泻，粪便恶臭，临死前极度衰弱，四肢厥冷，体温下降。其病程可达 3 周。

当山羊感染本病时，其主要呈纤维素性肺炎症状，病程急促，病程平均为 10 d。存活者仍有长期咳嗽的表现。与绵羊相比，山羊发病少见。

(二)病理变化

一般在皮下有浆液浸润和点状出血。胸腔内有黄色渗出物。肺淤血,有小点状出血和肝变,偶见有黄豆至胡桃大的化脓灶。胃肠道黏膜出血。其他脏器呈水肿和淤血,间有小出血点,脾脏肿大。病期较长者表现为消瘦,皮下胶样浸润,常有纤维素性胸膜肺炎和心包炎,肝有坏死灶。

(三)诊断

参考牛巴氏杆菌病

(四)防治

参考牛巴氏杆菌病

三、禽巴氏杆菌病

禽巴氏杆菌病,又名禽出血性败血症或禽霍乱,是一种侵害家禽和野禽的接触性传染病。急性病例以败血症和剧烈下痢为特征;慢性病例则表现肉髯水肿、关节炎和鼻窦炎。引发禽霍乱的血清型为5∶A、8∶A和9∶A。我国的主要血清型是8∶A,占72%。各种家禽和野禽都可感染发病,对养禽业危害很大。

(一)临床症状

自然感染的潜伏期一般为2～9 d或更长。人工感染通常在24～48 h发病。家禽的机体抵抗力和病菌的致病力强弱不同,所表现的病症也有差异。其一般分为最急性、急性和慢性三种病型。

1. 最急性

最急性常见于流行初期,以产蛋率高、身体肥壮的鸡最常见。病鸡无前期症状,晚间一切正常,吃得很饱,但翌日早晨就发现其病死在鸡舍内。

2. 急性

此型最为常见。病鸡主要表现为精神沉郁,羽毛松乱,缩颈闭眼,头缩在翅下,不愿走动,离群呆立。病鸡常有腹泻,排出黄色、灰白色或绿色的稀粪。体温升高到43～44 ℃,食欲减少或废绝,渴欲增加。呼吸困难,口、鼻分泌物增加。鸡冠和肉髯变青紫色,有的病鸡肉髯肿胀,有热痛感。产蛋鸡停止产蛋。最后发生衰竭,昏迷而死亡。短的病程约为半天,长的病程为1～3 d。

3. 慢性

慢性由急性转变而来,多见于流行后期。以慢性肺炎、慢性呼吸道炎和慢性胃肠炎较多见。病鸡鼻孔有黏性分泌物流出,鼻窦肿大,喉头积有分泌物而影响呼吸,经常腹泻。病鸡消瘦,精神委顿,冠苍白。有些病鸡一侧或两侧肉髯显著肿大,其中可能有脓性干酪样物质,随后或干结,或坏死,或脱落。有的病鸡有关节炎,常局限于脚或翼关节和腱鞘处,表现为关节肿大、疼痛,脚趾麻痹,因而发生跛行。其病程可拖至一个月以上,但生长发育和产蛋长期不能恢复。

鸭发生慢性霍乱的症状与鸡基本相似,常以病程短促的急性为主。病鸭精神委顿,不愿下水游泳,即使下水,行动缓慢,常落于鸭群的后面或独蹲一隅,闭目瞌睡。羽毛松乱,两翅下垂,缩头弯颈,食欲减少或不食,渴欲增加,嗉囊内积食不化。口和鼻有黏液流出,呼吸困难,常张口呼吸，并常常摇头，试图排出积在喉头的黏液，故有“摇头瘟”之称。病鸭排出腥臭的白色或铜绿色稀粪，有的粪便混有血液。有的病鸭发生气囊炎。病程稍长者可见局部关节肿胀。病鸭发生跛行或完全不能行走，还有可见掌部肿如核桃大，切开见有脓性和干酪样坏死。

成年鹅的症状与鸭相似，仔鹅发病和死亡比成年鹅严重，常以急性为主，精神委顿，食欲废绝，拉稀，喉头有黏稠的分泌物。喙和蹼发紫，翻开眼结膜有出血斑点。其病程为 1～2 d 即死亡。

（二）病理变化

1. 最急性

最急性的病变不明显，有时仅能看见心外膜有少许出血点。

2. 急性

腹膜、皮下组织及腹部脂肪常见小点出血；心包变厚，心包内积有大量不透明淡黄色液体，有的含纤维素絮状液体，心外膜、心冠脂肪出血尤为明显；肺有充血或出血点；肝脏的病变具有特征性，肝稍肿，质脆，呈棕色或黄棕色，表面有许多灰白色、针头大的坏死点；脾脏无明显变化，或稍微肿大；肌胃出血显著；肠道，尤其是十二指肠呈卡他性和出血性肠炎，肠内容物含有血液。

3. 慢性

慢性型因侵害的器官不同而有差异，仅见局限性病灶。如出现呼吸道症状时，见到鼻腔和鼻窦内有大量黏性分泌物，肺脏有黄白色干酪样的坏死灶，某些病例见肺硬变。出现关节炎和腱鞘炎时，见关节肿大变形，有炎性渗出物和干酪样坏死。此外，还常见公鸡的肉髯肿大，内有干酪样的渗出物；母鸡的卵巢明显出血，有时卵泡变形，似半煮熟样。

鸭、鹅的病变与鸡基本相似。患多发性关节炎的雏鸭可见关节面粗糙，附着黄色的干酪样物质或红色的肉芽组织。关节囊增厚，内含有红色浆液或灰黄色、混浊的黏稠液体。肝脏发生脂肪变性和局部坏死。

（三）诊断

根据病鸡流行病学、临床症状、剖检特征可以初步诊断，确诊应在实验室进行细菌学检查，必要时进一步做生化特性鉴定及动物接种试验。

（四）防治

加强鸡群的饲养管理，平时严格执行鸡场兽医卫生防疫措施，以栋舍为单位采取全进全出的饲养制度。不从有疫情的地区引进种禽，如引进则必须隔离观察饲养 2 周以上，确认健康后方可转入场内。一般尚未发生过本病的鸡场不进行疫苗接种。常发地区或鸡场可考虑应用疫苗进行预防。由于疫苗免疫期短，防治效果不理想。在有条件的地方可在本场分离细菌，经鉴定合格后，制作自家灭活苗，定期对鸡群进行注射。经实践证明，通过 1～2 年的免疫，本病可得到有效控制。现在国内有较好的禽霍乱蜂胶灭活疫苗安全可靠，可在 0 ℃的温度下，保存 2 年，易于注射，不影响产蛋，无毒副作用，可有效防制该病。1 月龄以上的禽皮下注射 1 mL/只，注射后 5～7 d 产生免疫力，免疫期为 6 个月。

二维码 1-8　巴氏杆菌病

一旦鸡群发病，应及时封锁。发病禽舍，立即采取治疗措施，有条件的地方应通过药敏试验选择有效药物全群给药。同时，对病禽接触过的禽舍、场地、用具进行严格的消毒，并严格处理病死禽的尸体、羽毛等以防致病菌扩散。磺胺类药物、氟苯尼考、红霉素、庆大霉素、环丙沙星、恩诺沙星等均有较好的疗效。

任务四　大肠杆菌病

【任务目标】

1. 了解大肠杆菌病的病原特点。
2. 描述大肠杆菌病的流行特点。
3. 识记大肠杆菌病的临床症状和病理变化，能够准确描述典型图片代表的症状和病变。
4. 会用本课学习的内容对大肠杆菌病进行诊断和防治。

大肠杆菌病是指由致病性大肠埃希氏菌引起的人和多种动物共患的传染病。本病尤其对幼龄动物损伤严重，常引起严重腹泻、败血症和毒血症等。大肠杆菌是中等大小、两端钝圆的革兰氏染色阴性杆菌，无明显的荚膜，周身鞭毛，能运动，无芽孢。本菌为需氧菌或微厌氧菌，在普通琼脂培养基上生长良好，形成中等大小，表面光滑、湿润、凸起的白色菌落。在血液琼脂平板上，一些致病菌株可形成β溶血；在伊红亚甲蓝琼脂平板上，形成紫黑色带金属光泽的菌落；在麦康凯琼脂上，形成红色菌落；在远滕氏培养基上，形成红色带金属光泽的菌落。大肠杆菌能发酵多种糖类，产酸、产气，是人和动物肠道中的正常栖居菌。

致病性和非致病性大肠杆菌在形态、培养特性、生化反应及染色反应等方面没有区别，但抗原构造不同。迄今，已确定其抗原结构的有菌体(O)抗原171种，表面(K)抗原103种，鞭毛(H)抗原64种及菌毛(F)抗原，它们之间可组合成几千个血清型，如O_8∶K_{88}、O_8∶K_{88}∶H_9、O_{166}∶H_{27}等。

按其对人和动物的致病性，分为产肠毒性大肠杆菌(ETEC)、肠侵袭性大肠杆菌(EIEC)、肠致病性大肠杆菌(EPEC)、肠败血性大肠杆菌(SEPEC)、肠出血性大肠杆菌(EHEC)。其中EHEC是近年来新发现的一种大肠杆菌，其主型为O_{157}∶H_7，能产生志贺氏毒素样细胞毒素，引起人出血性肠炎。

大肠杆菌对外界抵抗力不强，常规浓度的消毒药均易将其杀死。但该菌对抗生素也易产生耐药性。

一、禽大肠杆菌病

禽大肠杆菌病是指由大肠埃希氏菌引起的禽类的急性或慢性疾病的总称，包括急性败血症、气囊炎、肝周炎、心包炎、卵黄性腹膜炎、输卵管炎、脐炎、滑膜炎、眼炎、关节炎、肉芽肿及肺炎等疾病。该疾病对养禽业危害严重。

（一）病原

常见的血清型鸡主要为O_1∶K_1、O_2∶K_1，其次为O_8∶K_1、O_{15}、O_{18}、O_{35}、O_{78}等；鸭主要为O_{119}、O_{78}、O_{14}、O_{138}、O_2、O_{147}等；鹅主要为O_{141}∶K_{85}、O_7∶K_1、O_2∶K_{89}、O_2∶K_1等。

（二）流行病学

禽大肠杆菌病一年四季均发，以多雨、闷热、潮湿、寒冷季节多发。各种年龄的家禽都能感染大肠杆菌。这种情况多发生于幼雏和中雏，特别是幼雏的发病率和死亡率均较高，常呈急性败血症经过，成禽则以亚急性或慢性感染为主。鸭和火鸡的发病率较低，多呈散发。本病主要通过种蛋、空气中的尘埃、污染的饲料和饮水传播。大肠杆菌是条件性致病菌。若禽群的环境卫生和饲养管理不良，气候阴冷潮湿，卫生条件差，或在鸡群中混有传染性法氏囊病、新城疫及其他病原体，其感染就会更为严重。

(三)临床症状

1. 雏鸡卵黄炎和脐炎

鸡胚的卵黄囊是受感染的部位，鸡胚在孵化后期、出壳之前死亡。若被感染的鸡胚不死，则多数在出壳后表现出大肚与脐炎，俗称“大肚脐”。病雏精神沉郁，少食或不食，腹部大，脐孔及其周围皮肤发红、水肿，多在 1 周内死亡或淘汰，死亡一直延续 3 周。有的病雏表现出下痢，排出泥土样粪便，1～2 d 内死亡。

2. 气囊炎

气囊炎常为大肠杆菌与禽败血支原体等呼吸道病合并感染而致，一般表现出明显的呼吸音，咳嗽、呼吸困难并发异常音，食欲明显减少，病禽逐渐消瘦，死亡率可达 20%～30%。剖检可见气囊壁增厚，变混浊，有时可见数量不等的纤维性渗出物或干酪样物。有些病鸡若心包炎严重，则常可突然死亡。

3. 卵黄性腹膜炎及输卵管炎

炎症产物使输卵管伞部粘连，漏斗部的喇叭口在排卵时不能打开，使卵泡跌入腹腔而引发本病。病鸡外观腹部膨胀，呈“垂腹”现象。剖检可见腹腔中有大量的卵黄液广泛地分布于肠道表面，肠道和脏器间互相粘连，并可产生大量毒素，引起发病母鸡死亡。

4. 肠炎

病鸡肛门下方羽毛潮湿，污秽，粘连，这是由大肠杆菌引起腹泻的特征性症状。剖检可见肠黏膜出血，严重时浆膜面可见密集的出血点，心肌及肝脏多有出血，甲状腺及胸腺肿大出血，小肠黏膜呈密集充血、出血。

5. 关节炎

幼雏和中雏感染居多。一般呈慢性经过，病鸡关节肿胀，跛行。其剖检可见关节液混浊，有时关节腔内出现脓汁或干酪物。

6. 肉芽肿

部分成鸡感染后常在肠道，偶尔在肝、脾、心脏等处产生结节状灰白色及至黄白色的大肠杆菌性肉芽肿。病变可从很小的结节到大块组织坏死。

7. 全眼球炎

在鸡群发生败血症的后期，临床表现为眼前房积脓，失明。大部分鸡以死亡或淘汰而告终，临床上不常见。

8. 生殖器官病

患病母鸡卵泡膜充血，卵泡变形，呈红褐色或黑褐色，有的变硬；公鸡睾丸膜充血，交媾器充血、肿胀。

(四)病理变化

急性败血型的大肠杆菌病可发生于任何年龄的鸡，多发生于幼雏和中雏，表现为精神委顿，食欲减退，排黄白色稀粪，发病率、死亡率较高。剖检可见纤维素性心包炎，表现为心包积液，心包膜混浊、增厚、不透明，甚至内有纤维素性渗出物与心肌粘连，常伴有肝包膜炎、肝肿大、包膜肥厚混浊、纤维素沉着，甚至整个肝脏为一层纤维素性薄膜所包裹。脾脏充血、肿胀，有小的坏死点。有时还可见纤维素性腹膜炎，腹腔内有数量不等的腹水，混有纤维素性渗出物。有的出现肺炎的变化。

鸭大肠杆菌主要表现为败血型和生殖道感染等；鹅主要表现为生殖器官感染、卵黄性腹膜炎等；其他禽类也多表现为败血型。

(五)诊断

根据临床症状、流行病学及病理剖检变化可做出初步诊断，但确诊必须进行细菌学检查。

(六)防治

改善饲养管理，消除发病诱因是控制本病的首要措施。国内已研制大肠杆菌灭活疫苗，其中鸡大肠杆菌多价氢氧化铝苗和多价油佐剂苗均有一定的防治效果。此外，在育雏期间的饲料或饮水中添加抗生素进行药物预防，对控制本病的发生也有较好的效果。

对发病鸡群可选用多种抗生素进行治疗，如卡那霉素、新霉素、磺胺类和喹诺酮类等药物。大肠杆菌极易产生耐药性。在感染早期，最好能将新分离的大肠杆菌进行药物敏感试验，选用敏感的药物将会收到较好的效果。若在大肠杆菌病的后期出现了气囊炎、肝周炎、卵黄性腹膜炎等较为严重的病理变化，使用抗生素的疗效往往不显著，甚至没有效果。

二、猪大肠杆菌病

猪大肠杆菌病按发病日龄和临诊特征分为仔猪黄痢、仔猪白痢和猪水肿病等。产肠毒素性大肠杆菌(ETEE)是引起初生仔猪和断奶仔猪腹泻的最常见和最重要的病原菌。

(一)仔猪黄痢

仔猪黄痢，又称早发性大肠杆菌病，是新生仔猪的一种急性高度致死性传染病。其特征是剧烈腹泻，排出黄色或黄白色水样粪便，并迅速脱水死亡。

1. 病原

引起仔猪黄痢的血清型很多，如 $O_8:K_{87}$、$O_{138}:K_{81}$、$O_{115}:K_{99}$、$O_{139}:K_{82}$、K_{88}、$O_{157}:K_{88}$ 等。其致病力主要由黏附性的纤毛和肠毒素(ST 和 LT)两类毒力因子构成。

2. 流行病学

仔猪黄痢无明显季节性，主要感染出生 1 周龄以内的仔猪，以 1～3 日龄的仔猪多见，7 日龄以上的仔猪很少发生，同窝仔猪的发病率在 90%以上，病死率较高，严重时病死率可达 100%。传染源主要是带菌母猪，其次是感染过本病的断乳小猪。本病主要经消化道传播。猪群一旦发生此病，则经久不断。如不采取适当的防治措施，经济将造成严重损失。

3. 临床症状

短的潜伏期为 12 h，长的潜伏期可达 1～3 d。仔猪在出生时体况正常，于 12 h 后，一窝仔猪中突然有 1～2 头表现出全身衰弱死亡，以后其他仔猪相继发生腹泻，粪便呈黄色浆状，内含凝乳片，有腥臭味，肛门呈红色松弛。病猪迅速消瘦、脱水，昏迷死亡。

4.病理变化

死亡仔猪严重脱水,颈部和腹部皮下常有水肿,肠黏膜呈急性卡他性炎症变化,肠壁变薄,肠腔内充满腥臭的黄色、黄白色稀薄内容物,有时混有血液、凝乳块和气泡,尤以十二指肠为重。胃膨胀,内充满酸臭的凝乳块,胃底黏膜充血发红,少数病例有出血斑点。肠系膜淋巴结充血、肿大,切面多汁。有时可见肝、肾有凝固性的小坏死灶。

(二)仔猪白痢

仔猪白痢,又称迟发性大肠杆菌病,是10～30日龄仔猪的一种急性肠道传染病。其特征是排出腥臭的灰白色黏稠稀粪。

1.病原

引起仔猪白痢的血清型以 O_8 ∶ K_{88}、K_{99} 较多见,还有一部分与仔猪黄痢和猪水肿病相同。

2.流行病学

仔猪白痢多发生于10～30日龄的仔猪,6～12日龄仔猪最为易感,3日龄以内或30日龄以上的仔猪很少发生。本病的发病率约为50%,而死亡率较低。本病的发生与饲养管理和环境条件密切相关,气候不好、冷热不定、阴雨潮湿、卫生条件差、饲料品质不良或母猪饲料突然改变、母乳品质的好坏等均能引起或增加本病的发生和流行。病猪和带菌猪是主要传染源。

3.临床症状

病猪突然发生腹泻,排出乳白色或灰黄色糨糊状的粪便,排便次数不等,有特异的腥臭味。体温、食欲无明显变化。病猪消瘦、弓背,行动缓慢,被毛粗糙无光,发育迟缓。如不及时治疗,排除发病诱因,则病情加剧,严重的病猪经过5～6 d死亡,或拖延2～3周以上死亡。仔猪白痢的病程一般为2～3 d,长的病程可达1周,绝大多数病猪能够康复。

4.病理变化

尸体外表不洁、苍白、消瘦。胃内有少量凝乳块,胃黏膜充血、出血、水肿,表面附有黏液。肠黏膜呈卡他性炎症,肠壁变薄、半透明状,肠内容物空虚,含有大量的气体和少量稀薄、黄白色带酸臭味的液体。肠系膜淋巴结轻度肿胀。

(三)猪水肿病

猪水肿病是指由产类志贺毒素大肠杆菌引起的断奶前后仔猪多发的一种急性肠毒血症。其特征是突然发病、头部水肿、共济失调、惊厥和麻痹。剖检明显可见胃壁和肠系膜水肿。

1.病原

常见的血清型有 O_8、O_{15}、O_{45}、O_{138}、O_{139}、O_{141}、O_{147} 等。此外,还有一部分病原与仔猪黄痢的病原相同。

2.病理变化

本病呈地方流行,常年散发。多发于断奶后不久的仔猪,尤以生长快、体格健壮的仔猪最为常见,肥育猪和10日龄以下的仔猪很少见。发病率为10%～35%,病死率为90%以上。本病多由饲料和饲养方式的突然变更、气候突变等因素诱发。带菌母猪和感染仔猪为主要传染源。

3. 临床症状

体格健壮的仔猪突然发病。有的病猪很快死亡。一般病猪在发病前 1～2 d 常有轻度腹泻，随后表现出便秘、精神沉郁、食欲减少或废绝、口流泡沫、呼吸加快、心跳急速；站立时背弓起、全身发抖、站立不稳；行走时四肢无力、共济失调、盲目运动或做圆圈运动；静卧时肌肉震颤、不时抽搐，四肢划动如游泳状；触之敏感，继而前肢或后躯麻痹，不能起立；体温变化不明显。常见眼睑和前额部发生水肿，有时波及颈部和腹部皮下，有些病猪水肿不明显。病程一般为 1～2 d，个别病程可达 7 d 以上，多数以死亡转归。

4. 病理变化

其主要病变是水肿，以胃壁和肠系膜水肿最为常见。胃大弯和贲门部的黏膜层与肌层显著增宽。其中充满淡黄色透明的胶冻样水肿液，厚度可达 2～3 cm；肠系膜以结肠系膜水肿明显，呈透明的胶冻样。全身淋巴结水肿并伴有不同程度的充血、出血。切开水肿的眼睑和前额有淡黄色胶冻样液体流出。此外，喉头、肺、脑回也有水肿，胸、腹腔和心包积腔有多量淡黄色液体。有的病例以出血性肠炎为主，水肿不明显。

5. 诊断

根据流行病学、临床症状和病理变化，即可做出初步诊断。确诊需要进行实验室检查，包括革兰氏染色阴性细菌的检出、细菌分离鉴定、肠毒素和黏附素抗原的测定等。

6. 防治

加强仔猪的饲养管理，保证及时获得足够的初乳。接产时，用 0.1%高锰酸钾擦拭乳头和乳房，并挤掉乳头中的少量乳汁，这样可以使仔猪及早吃上充足的初乳。同时，产房应经常消毒，保持干燥、洁净、温暖及通风的良好，防止有害气体产生，尽可能降低环境中的细菌数量，让母猪及仔猪有一个舒适的生活环境。此外，断奶时不要突然改变饲养条件和饲料，饲料喂量应逐渐增加，避免饲料单一和饲料中蛋白质含量过高。

加强疫苗的免疫接种，在母猪产前 30 天、前 15 天各注射一次大肠杆菌菌苗，仔猪可通过初乳获得母源抗体，得到很好的保护。目前应用的疫苗有新生仔猪腹泻大肠杆菌 K_{88}、K_{99} 双价基因工程苗，仔猪大肠杆菌腹泻 K_{88}、K_{99}、987P 三价基因工程苗，大肠杆菌 K_{88}ac-LTB 双价基因工程苗和以 MM-3 工程苗；也可在仔猪出生后可先灌服调痢生、促苗生等微生态制剂，然后再令其吮乳，有较好的预防效果。

一旦有病猪出现，应立即全窝给予抗菌药物。有条件的地方最好做药敏试验，选用敏感药物。常用的药物有庆大霉素、卡那霉素、痢菌净、小檗碱、磺胺脒、喹诺酮类药物等。如发生水肿病，还应立即调整饲料，降低能量和蛋白质饲料，增加一些含维生素丰富、低蛋白、高纤维饲料，以抑制细菌定居，并配合利尿剂和盐类缓泻剂进行治疗，可收到一定的效果。

三、犊牛大肠杆菌病

犊牛大肠杆菌病，又名大肠杆菌性腹泻，或称犊牛白痢，是指由致病性大肠杆菌引起的一种幼犊的急性传染病。其特征为发热、败血症和严重腹泻、脱水，幼畜死亡。成年牛常表现为乳腺炎。

(一)病原

犊牛大肠杆菌病最常见的血清型是 O_{78}，其次是 O_{101}、O_{9}、O_{8}、O_{111}、O_{115}、O_{15}、O_{26} 等。

(二)流行病学

犊牛大肠杆菌病一年四季均可发生,但常见于冬春舍饲期间,呈地方性流行或散发,在放牧季节很少发生,主要见于 3 周龄以内的犊牛,尤其 1 周龄的犊牛最易感。犊牛主要通过消化道传染,也可通过子宫内感染和脐带感染。饲养管理不良及应激均可诱发本病,如母牛在分娩前后营养不良,饲料中缺乏维生素、蛋白质,畜舍阴冷潮湿、通风不良,气候突变、环境不卫生和犊牛不能及时吃到初乳等因素都能导致本病的发生和流行。

(三)临床症状

犊牛大肠杆菌病潜伏期很短,仅为数小时。其临床常以败血型、肠毒血型、肠型(白痢)三种形式表现。成年牛主要引起乳腺炎。

1. 败血型

败血型常见于出生 3 d 以内的犊牛。病犊体温升高到 41 ℃以上,精神委顿,卧地不起,腹泻,脱水。其多于发病后数小时至 1 d 内出现急性败血症而死亡。

2. 肠毒血型

肠毒血型见于生后 7 d 内吃过初乳的犊牛。病犊肠道内大肠杆菌大量繁殖,产生毒素,进入犊牛血液,引起突然死亡。病程稍长的病犊呈中毒性神经症状,先兴奋后沉郁,较少见腹泻,最后昏迷死亡。

3. 肠型(白痢)

肠型(白痢)见于 7～10 d 吃过初乳的犊牛。病初体温升高达 39.4～40 ℃,食欲减退,喜卧,水样下痢。粪便开始为黄色,后变为灰白色,混有凝乳块、血丝或气泡;病的后期出现排便失禁,尾及后躯被稀粪污染,体温正常或下降,脱水而死亡;病程稍长的病犊出现肺炎、关节炎、脑膜炎,有的犊牛结膜充血、出血,个别的犊牛眼球突出。患病犊牛在痊愈后发育迟缓。

(四)病理变化

败血症或肠毒血症的尸体常无特征病变。腹泻病死的犊牛的尸体极度消瘦,眼窝下陷,可视黏膜苍白,肛门周围有稀粪沾污。消化道的病变最为明显,真胃内有大量凝乳块,黏膜充血、水肿,间有出血,表面被覆大量的黏液;肠内容物混有血液,含有气泡,味酸臭。肠系膜淋巴结肿大,切面多汁,有时充血。此外,脾肿大,肝与肾被膜下出血,心内膜有小点出血。病程长的病犊有肺炎和关节炎的病变。成年牛的急性乳腺炎表现为乳房充血、肿大,切面可见明显的炎性充血、出血区。如为亚急性,则在乳腺中有大小不等的坏死灶。

(五)诊断

根据症状、病理变化及流行病学可初步诊断此病。确诊需进行实验室细菌分离鉴定。生前可采取粪便,死后可采取肠系膜淋巴结、肝、脾及肠内容物。应当注意的是,不仅正常动物的消化道中存在大肠杆菌,而且大肠杆菌在动物死亡后又容易侵入组织,故根据从动物组织,尤其是从肠内容物中分离出的大肠杆菌是不能做出确诊的,尚应结合其他情况,必要时还应进一步鉴定分离出的大肠杆菌的血清型,综合判定。本病还应和犊牛副伤寒、炭疽、巴氏杆菌病等疾病相区别。

(六)防治

加强妊娠母牛和犊牛的饲养管理，保持牛舍干燥和清洁卫生。母牛在分娩前要将母畜的乳房洗净，犊牛在出生后应尽早哺足初乳。坚持环境及用具的日常消毒，防止犊牛受潮和寒风侵袭及饮用脏水。发现病牛及时隔离治疗，即通过人工哺乳、加强护理和抗菌药物治疗。对腹泻严重的犊牛还应采取强心、补液、预防酸中毒等措施，减少犊牛的死亡。可通过妊娠母牛的疫苗免疫接种进行预防。

在犊牛发病时，应以抗菌、补液、调节胃肠机能为治疗原则，常用的药物有庆大霉素、卡那霉素、痢菌净、小檗碱、硫酸新霉素、诺氟沙星、多西环素、杆菌肽、恩诺沙星等，磺胺脒、喹诺酮类药物等。对脱水严重的犊牛应及早补液，静脉滴注复方氯化钠、生理盐水或葡萄糖盐水，必要时加入碳酸氢钠、维生素 C 和 10%安钠咖。粪便带血严重的病犊可以肌注维生素 K_3、卡巴克洛等药物。

四、羔羊大肠杆菌病

羔羊大肠杆菌病，又称羔羊大肠杆菌性腹泻或羔羊白痢，是指由致病性大肠杆菌所致羔羊的一种急性传染病。其特征为剧烈腹泻或败血症。

(一)病原

常见的血清型是 O_{78}，其次是 O_1、O_{13}、O_{27}、O_{37}、O_{39}、O_{42}、O_{48}、O_{55} 等。

(二)流行病学

羔羊大肠杆菌病多发于 6 周龄以内的羔羊，有时 3～8 月龄的绵羊羔与山羊羔也有发病，并呈急性经过。本病多在冬春季舍饲期间发生，主要经消化道感染。气候多变、初乳不足、圈舍潮湿等都会导致本病的发生。

(三)临床症状

潜伏期数小时至 1～2 d。根据临诊表现常分为败血型和肠型。

1. 败血型

败血型多发生于 2～6 周龄的羔羊。病初体温升高至 41.5～42 ℃，病羔羊精神委顿、结膜充血、潮红，呼吸浅表，随后出现神经症状表现，病羊口吐白沫，四肢僵硬、运步失调、视力障碍、卧地磨牙、一肢或数肢做划水动作等神经症状，有的关节肿胀、疼痛，多于 24 h 内死亡。

2. 肠型

肠型多见于 2～8 d 的幼羔，主要表现为病初体温升高至 40.5～41 ℃，随之出现下痢，体温下降。病羔腹痛、弓背、委顿，粪便先呈半液状，色黄灰，后呈液状，含气泡，有时混有血液。如治疗不及时，可于 24～36 h 死亡，病死率为 15%～75%。偶见关节肿胀。

(四)病理变化

1. 败血型

败血型胸腔、腹腔和心包腔积液，内混有纤维素。某些关节，尤其是肘关节、腕关节等肿大，滑液混浊，关节囊内有纤维素脓性渗出物。脑膜充血、出血，大脑沟常有脓性渗出物。

2. 肠型

肠型尸体严重脱水，肛门附近及后肢内侧被粪便污染。胃肠呈卡他型或出血型炎症变化，皱胃、小肠与大肠黏膜充血、出血、水肿。皱胃有半凝固的乳汁，小肠与大肠内容物呈灰黄色半液状。肠浆膜淤血，色暗红。肠系膜淋巴结肿大，切面多汁。有时见纤维素化脓性关节炎。肺淤血或有轻度炎症。

（五）诊断

根据流行病学、症状和主要病理变化，可做出初步诊断。确诊需从血液、内脏、肠壁黏膜取材进行细菌学检查。

（六）防治

加强饲养管理，改善羊舍环境卫生，保持母羊乳头清洁，及时吮吸初乳，同时应注意羔羊的保暖。对病羔要立即隔离，及早治疗。对污染的环境、用具要用3%～5%来苏儿消毒，也可用本地流行的大肠杆菌血清型制备的活苗或灭活苗接种妊娠母羊，以使羔羊获得被动免疫。发病羔羊可用土霉素、新霉素、磺胺类药物进行治疗，并配合护理和对症疗法。

二维码1-9　大肠杆菌病

任务五　沙门菌病

【任务目标】

1. 了解沙门菌病的病原特点。
2. 描述沙门菌病的流行特点。
3. 识记沙门菌病的临床症状和病理变化，能够准确描述典型图片代表的症状和病变。
4. 会用本课学习的内容对沙门菌病进行诊断和防治。

沙门菌病，又称副伤寒，是指由沙门菌属细菌引起的畜禽和野生动物疾病的总称。其临诊上多表现为败血症和肠炎，也会出现母畜流产。许多类型的沙门菌可使人感染和发生食物中毒。

（一）病原

沙门菌为两端钝圆中等大小的革兰氏染色阴性直杆菌，无芽孢，一般无荚膜，除鸡白痢和鸡伤寒沙门菌外，都有周身鞭毛，能运动。沙门菌在普通培养基上生长成直径为1～3 mm、圆形、边缘整齐、半透明、光滑的菌落，能在含有乳糖、胆盐和中性红指示剂的麦康凯或SS琼脂培养基上生长。由于不分解乳糖，产生与培养基颜色一致的菌落是其与大肠杆菌等发酵乳糖的肠道杆菌的鉴别点之一。

沙门菌属依据不同的O(菌体)抗原、Vi(荚膜)抗原和H(鞭毛)抗原分为许多血清型。在已知2 500种以上的血清型中，除了不到10个罕见的血清型属于帮戈尔沙门菌外，其余血清型都属于肠道沙门菌。虽然沙门菌的血清型很多，但常见的危害人畜的非宿主适应血清型只有20多种，加上宿主适应血清型，也仅30余种。

本属细菌对干燥、腐败、日光等具有一定抵抗力，在外界环境中能生存数周或数月。对化学消毒剂的抵抗力不强，常用的消毒剂均能将其杀死。

（二）流行病学

各种年龄的畜禽均可感染，但幼年畜禽比成年者更易感。病畜和带菌者是本病的主要传染源。由粪便、尿、乳汁以及流产的胎儿、胎衣和羊水排出病菌，污染水源和饲料等经消化道感染健康畜禽。病畜与健康畜禽交配或用病畜的精液人工授精也可发生感染。此外，子宫内感染也有可能。研究表明，鼠类可传播本病。在临诊上，健康畜禽的消化道、淋巴组织和胆囊内常有病菌存在（特别是鼠伤寒沙门菌）。当外界不良因素使动物抵抗力降低时，细菌可活化而发生内源感染。病菌连续通过若干易感家畜，毒力增强而扩大传染。沙门菌病一年四季均可发生，一般呈散发性或地方流行性。

一、猪沙门菌病

猪沙门菌病，又称仔猪副伤寒，是由多种沙门菌引起 1～4 月龄仔猪的常见传染病。急性呈败血症变化，慢性以顽固性腹泻和大肠发生坏死性肠炎为特征。

（一）病原

病原主要由猪霍乱沙门菌及其变种、猪伤寒沙门菌及其变种、鼠伤寒沙门菌、德尔俾沙门菌、肠道沙门菌等引起。

（二）流行病学

各种日龄的猪均可感染，主要发生于 6 月龄以下的仔猪，以 1～4 月龄者发生较多。在多雨潮湿季节发生较多。一般呈散发或地方流行。另外，气候突变、长途运输、环境阴冷潮湿、畜舍拥挤、饲料品质不良、营养缺乏等可诱发猪沙门菌病。

（三）临床症状

潜伏期为 2 d 至数周不等，临床分急性、亚急性和慢性三种。

1. 急性

急性多见于断奶前后的仔猪，体温突然升高至 41～42 ℃，精神不振，食欲废绝。后期间有下痢，呼吸困难。濒死期耳根、胸腹部皮肤呈蓝紫色或有紫红色斑点，有的在出现症状后 24 h 死亡，多数病程为 2～4 d，病死率很高。

2. 亚急性和慢性

亚急性和慢性是临诊上较为常见的类型。病猪的体温升高至 40.5～41.5 ℃，精神不振，食欲减退，畏寒，怕冷，扎堆。眼有黏液性或脓性分泌物，少数角膜混浊，严重者发展为角膜溃疡。初期便秘，后期腹泻，粪便呈淡黄色或灰绿色的粥状或水样，恶臭。病猪很快脱水、消瘦、虚弱。有的病猪在病程中后期会出现皮肤弥漫性湿疹，尤以腹部皮肤最为严重；有的病猪还咳嗽。病程为 2～3 周或更长，多因极度消瘦、衰弱而死。耐过猪的生长发育不良，可带菌数个月。

（四）病理变化

急性型呈败血症变化。脾肿大，呈暗蓝色或紫红色，质地较硬，似橡皮样，切面可见白髓周围有红晕环绕。肠系膜淋巴结肿大、充血，呈索状。其他淋巴结也有不同程度肿大、充血。肝、肾也有不同程度的肿大、充血、出血。肝实质可见大小不等的灰白色或黄色的坏死灶。全身黏膜和浆膜均有不同程度的出血斑点。胃肠黏膜呈急性卡他性炎症，严重者为出血性肠炎。肺淤血、水肿。

亚急性和慢性以纤维素性坏死性肠炎为主，多发生于盲肠、结肠和回肠后段，渗出的纤维素互相凝结形成弥漫性糠麸样假膜。假膜不易剥离，强行剥离后留有边缘不整的红色溃疡面，溃疡周围呈堤状。少数病例滤泡周围黏膜坏死，稍突出于表面，并有纤维蛋白渗出物积聚，形成隐约可见的轮环状。扁桃体肿胀、潮红，隐窝内充满黄灰色坏死物。肝、脾及肠系膜淋巴结常散有针尖大小的灰黄色或灰白色坏死灶或大块的干酪样的坏死物。肺常有卡他性肺炎病灶。

(五)诊断

慢性病例根据流行病学、临床症状和病理变化(多发生于 2～4 月龄仔猪。其临床上以慢性腹泻为主，生长发育不良，耳、尾、蹄等处皮肤呈蓝紫色。病理变化以大肠发生弥漫性纤维素性坏死性肠炎变化，肝、脾和淋巴结有小坏死灶或灰白色结节)可做出初步诊断。急性病例诊断较困难，确诊需要进行细菌学检查。病料一般采集病畜的肝、脾、心血和骨髓等样品。

(六)防治

加强饲养管理，实行全进全出的饲养方式，控制饲料污染。消除发病诱因是预防本病的重要环节。此外，预防接种也可有效控制本病发生。仔猪在 35 日龄时注射仔猪副伤寒弱毒冻干苗，用 20%铝胶生理盐水稀释为每头份 1 mL。

当发生本病时，病猪立即隔离治疗，对污染的圈舍、场地和用具彻底消毒。尸体做无害化处理，防止扩大传染和人食物中毒。有条件的地区可通过药敏试验选择合适的抗菌药物治疗，防止疫病传播和复发。可应用庆大霉素、喹诺酮类、土霉素、磺胺类等药物进行防治。

二、牛沙门菌病

牛沙门菌病，又称牛副伤寒。本病以病畜败血症、毒素血症或胃肠炎、腹泻、孕畜流产为特征。

(一)病原

病原主要由鼠伤寒沙门菌、都柏林沙门菌或纽波特沙门菌所致。

(二)流行病学

成年牛多发于夏季放牧时期，多呈散发性，一个牛群仅有 1～2 头发病。当第一个病例出现后，往往相隔 2～3 周再出现第二个病例。犊牛在发病后传播迅速，往往呈流行性。犊牛以 10～14 日龄以上最易感。本病往往是其他疾病的继发症或并发症。各种不良的因素可以促进本病的发生，如应激、营养不足、长途运输等。

(三)临床症状

发病的成年牛的体温高达 40～41 ℃、沉郁、减食、减奶、咳嗽、呼吸困难。在发病后 12～

24 h，多数病牛粪中带血，随后下痢，粪恶臭，含有纤维素絮片，间杂有黏膜。下痢开始后体温降至正常或略高于正常。病牛可于 1～5 d 内死亡。病期延长者可见迅速脱水和消瘦，眼窝下陷，黏膜(尤其是眼结膜)充血和发黄，剧烈腹痛，常用后肢蹬踢腹部。怀孕母牛多数发生流产，在流产胎儿体内可发现病原菌。成年牛有时呈顿挫型经过，病牛发热、不食、精神委顿，产奶下降，但经过 24 h 后这些症状即可减退。还有些牛感染后取隐性经过，仅从粪中排菌，但数天后即停止排菌。

犊牛发病的病程可分为最急性、急性和慢性三种。最急性多发于出生后 48 h 内，表现为拒食、卧地、迅速衰竭等症状，常于 2～3 d 内死亡。急性多于 10～14 日龄后发病，病初体温升高至 40～41 ℃，精神沉郁，食欲减退，24 h 后排出灰黄色液状粪便，混有黏液和血丝，有时表现咳嗽和呼吸困难，一般于病状出现后 5～7 d 内死亡，病死率有时可达 50%。慢性除个别有急性表现外，其可见关节肿大或耳朵、尾部、蹄部发生贫血性坏死，有的还有支气管炎和肺炎症状。病程为数周至 3 个月。

(四)病理变化

成年牛的病变主要呈急性出血性肠炎变化。小肠黏膜弥漫性充血潮红，间有出血；大肠黏膜脱落，有局限性坏死区。真胃黏膜有时也有充血潮红。肠系膜淋巴结呈不同程度的水肿、出血。肝有坏死。胆囊壁有时增厚，胆汁混浊，黄褐色。病程长者还有肺炎病变。脾常充血、肿大。

犊牛急性病例在心壁、腹膜以及真胃、小肠和膀胱黏膜有小出血点，肠道中有覆盖着痂膜的溃疡。脾充血、肿胀最明显，一般为正常的 2～3 倍，呈紫红色。肠系膜淋巴结水肿，有时出血。病程长者还可见肝色泽变淡，胆汁黏稠而混浊；有时肝、脾和肾会发现坏死灶。肺与胸肋膜粘连，腱鞘和关节腔含有胶样液体。

(五)诊断

根据流行病学、临床症状和病理变化可做出初步诊断。确诊需进行细菌学检查。采取病死牛的肝、脾、淋巴结、子宫胎膜、流产胎儿的胃肠等进行沙门菌的分离培养和鉴定。

(六)防治

可参照猪沙门菌病的防治，对病牛要及时隔离、治疗或淘汰，病死牛的尸体要做深埋或焚烧。严重下痢的病牛要补液，防止脱水。发病的犊牛可喂服发酵初乳，4～5 d 后即可康复。必要时可使用敏感抗生素治疗。对污染的圈舍和用具要彻底消毒。

三、羊沙门菌病

羊沙门菌病是指由多种沙门菌引起羊的一种传染病。以羊发生下痢，孕羊流产为特征。

(一)病原

病原主要由鼠伤寒沙门菌、羊流产沙门菌、都柏林沙门菌等。

(二)流行病学

各种年龄的羊均可发生，尤以断乳前后的羊最易感，无季节性。各种不良因素均可促使本病发生。

(三)临床症状

根据临诊表现，本病分为下痢型和流产型两种。

1. 下痢型

病羊体温升高达 40～41 ℃，食欲减退，腹泻，排黏性带血稀粪，有恶臭。病羊精神委顿、虚弱、憔悴、低头、弓背，继而卧地，经 1～5 d 死亡。有的病羊在两周后可康复。发病率为 30%，病死率为 25%。

2. 流产型

怀孕绵羊于怀孕的后 1/3 期间发生流产或死产。在此之前，病羊体温上升至 40～41 ℃，部分羊有腹泻症状。在流产前和流产后数天，阴道有分泌物流出。病羊产下的活羔表现为衰弱，不吮乳，不能站立，并有腹泻，往往于 1～7 d 内死亡。病母羊也可在流产后或无流产的情况下死亡。一般每次在羊群中暴发该疾病的持续时间为 10～15 d，流产率和病死率可达 60%。其他羔羊的病死率达 10%，流产母羊的死亡率一般为 5%～7%。

(四)病理变化

1. 下痢型

下痢型可见病羊真胃和肠道空虚，黏膜充血，水肿，附大量黏液；肠内容物呈半液状，并含有小的血块，胆囊黏膜水肿。肠系膜淋巴结充血、肿大。心内外膜下有小出血点。

2. 流产型

流产型可见流产的死胎或在生后 1 周内死亡的羔羊呈败血症病变。死亡母羊有急性子宫炎。流产或死产者的子宫肿胀，常含有坏死组织、浆液性渗出物和滞留的胎盘。

(五)诊断

根据流行病学、临床症状和病理变化可做出初步诊断。确诊需进行细菌学检查。采取病死羊的肠系膜淋巴结、子宫胎膜、流产胎儿组织、母羊阴道分泌物、心血、胆囊、脾等进行沙门菌的分离培养和鉴定。

(六)防治

参照牛沙门菌病。

四、禽沙门菌病

禽沙门菌病依病原体的抗原结构不同可分为三种：由鸡白痢沙门菌所引起的疾病称为鸡白痢；由鸡伤寒沙门菌引起的疾病称禽伤寒；由其他有鞭毛能运动的沙门菌所引起的禽类疾病统称为禽副伤寒。

(一)鸡白痢

鸡白痢是指由鸡白痢沙门菌引起的一种鸡的常见传染病。雏鸡表现为急性败血症经过。其临床以白色下痢为特征，个别病例有关节炎及周围滑膜鞘炎，发病率、死亡率很高。

成年鸡表现为慢性或隐性感染，主要以生殖器官受侵害为主，产出带菌的种蛋使本病得以世代相传。

1. 流行病学

不同品种、日龄的鸡对本病的易感性不同。白羽蛋鸡的易感性比褐壳蛋鸡的易感性低，年龄越小的雏鸡，其易感性越强。特别是2～3周龄以内雏鸡的发病率和病死率最高。随日龄增长，发病率和病死率逐渐降低。成鸡感染常呈慢性经过或不显症状。鸡对本病最易感，火鸡次之，鸭、雏鹅、珠鸡、鹌鹑、麻雀、欧洲莺和鸽也有自然发病的报道。

病鸡和带菌鸡是主要的传染源。本病既可水平传播，也可垂直传播。耐过本病的鸡长期带菌。成年后，其所产的蛋又带菌。当此蛋被孵化时，则可周而复始地代代相传。若不采取有力措施，则难以清除本病。

此外，如环境污染、卫生条件差、育雏室温度变化剧烈或温度偏低、潮湿、鸡群过大而拥挤、饲料不足或营养成分不平衡以及其他疾病的混合感染等均可导致本病的发病率和死亡率增高。

2. 临床症状

潜伏期为4～5 d。卵内感染的鸡胚通常在孵化过程中出现死胚、弱胚。出壳的雏鸡在出壳后表现为衰弱，嗜睡，腹部膨大，食欲丧失。绝大部分雏鸡在1～4日龄时发病，在3～5日龄时达死亡高峰，不死的雏鸡则成为"小老鸡"。出壳后被感染的雏鸡多在出壳后4～5 d陆续发病，2～3周发病和死亡达到高峰。病程一般为4～5 d，短的病程为1 d。最急性者呈败血症表现，无明显症状，迅速死亡，有的病例见有呼吸困难和气喘。病程稍长者表现为典型的临诊症状，精神委顿、缩颈、闭眼、绒毛松乱、两翅下垂，怕冷，常聚堆或拥挤在热源处，食欲不振或废绝，多数出现软囊嗉症状，同时出现腹泻，排白色糨糊状粪便，并黏附于肛门周围的绒毛上。当肛门被糨糊封闭时，排粪受到影响。由肛门炎症引起的疼痛使病雏在排粪时常发出"叽叽"的叫声。如肺部有感染，则表现出呼吸困难，伸颈张口，最后因呼吸困难及心力衰竭而死。有的病雏眼呈云雾状混浊、失明，还有的病雏后肢关节肿大，跛行。

成年鸡感染一般不呈急性经过，常无临床症状，母鸡产蛋量与受精率降低。少数母鸡出现停产，精神沉郁，头颈下垂，厌食，排白色稀便，鸡冠萎缩，贫血。有的鸡因卵黄性腹膜炎而腹部下垂。

3. 病理变化

急性死亡者的病变不明显。病程稍长者的剖检可见死雏卵黄吸收不良，呈油脂状或干酪样。肝脏、心肌、肺脏、肌胃有灰白色或黄白色坏死点或结节。盲肠内积有干酪样渗出物，有时混有血液，阻塞肠腔。输尿管扩张，充满灰白色尿酸盐。肝、脾肿大，胆囊充盈。有时还有出血性肺炎症状。

青年鸡的典型病变是肝淤血、肿大，为正常的2～3倍，质地脆弱，易破裂，表面可见散在或弥漫的出血点或黄白色大小不等的坏死灶。脾脏肿大，心包增厚，心肌可见数量不一的黄色坏死灶。肠道呈卡他性炎症。

成年母鸡最常见的变化在卵巢。其表现为卵泡变形、变色、变质，无光泽，呈淡青或黑绿色，卵泡膜增厚，呈囊状或三角形，卵黄呈油脂状或干酪样。有的变性的卵泡落入腹腔，引起广泛的卵黄性腹膜炎和腹腔脏器粘连，有的以一个长蒂和卵巢相连，有的阻塞输卵管。成年公鸡常见病变是睾丸肿大或萎缩，有坏死灶。输精管扩张，充满黏稠渗出物。

4. 诊断

根据流行病学、临诊症状和病理变化可做出初步诊断。确诊需采取肝、脾、心肌、肺、卵黄等样品接种选择性培养基进行细菌分离与鉴定，此外，还可用血清学诊断方法检出阳性病鸡。

5. 防治

防控鸡白痢的原则是杜绝病原菌的传入，清除群内带菌鸡，同时严格执行卫生、消毒和隔离制度。

加强饲养管理，平时要做好育雏室的定期消毒，保持室内清洁干燥、温度恒定、通风良好、密度合理；也要做好种群的定期检疫，淘汰带菌鸡，净化种鸡群。雏鸡还可以在开食时应用一些微生态制剂或敏感药物拌料或饮水，以提高机体的抗病能力。注意二者不能同时应用，以免杀死微生态制剂中的有益菌。另外，也可在饲料中添加土霉素、喹诺酮类等药物进行预防。

一旦发现病鸡，应迅速隔离消毒。全群进行抗菌药物的预防与治疗。可选用的药物有喹诺酮类、磺胺类、庆大霉素、硫酸新霉素、土霉素等。治愈后的家禽可能长期带菌，不能作种用。有条件的地方最好进行药敏试验，以选用敏感药物进行治疗。

(二)禽伤寒

禽伤寒是指由鸡伤寒沙门菌引起的青年鸡、成年鸡的一种急性或慢性传染病。其主要特征是肝大，呈古铜色以及下痢。

1. 流行病学

禽伤寒主要侵害青年鸡和成年鸡。但若雏鸡被感染，其症状很难与白痢相区别。火鸡、鸭、珠鸡、孔雀、鹌鹑等也可感染，野鸭、鹅、鸽不易感。其主要经消化道感染，也可通过眼结膜而感染。老鼠也是机械传播的重要媒介。本病一年四季均可发生，一般呈散发。环境条件恶劣和饲养管理不善等可促使本病发生。

2. 临床症状

潜伏期一般为 4～5 d。患病的青年鸡和成年鸡常表现为采食量下降，精神委顿，羽毛松乱，体温上升 1～3 ℃，排黄绿色稀粪，饮水增加，冠和肉髯苍白而皱缩或呈暗紫色。病鸡可迅速死亡，通常在 5～10 d 死亡。病死率为 5%～30%或更高。慢性病程可达数星期之久，死亡率较低，耐过鸡可长期带菌。雏鸡的症状与鸡白痢的临床症状相似。

3. 病理变化

最急性病例通常看不到明显病变。急性死亡者常见血液稀薄，肝、脾、肾充血、肿大，肝表面有灰白色粟粒大小的坏死灶，胆囊充盈。病程稍长者肝肿大，呈青绿色或古铜色、质脆，有时也可见散在的灰白色小坏死灶，卵泡出血、变性。常见有卵黄性腹膜炎和卡他性肠炎，尤以十二指肠为重。有时心肌、肺和公鸡睾丸可见灰白色的小坏死灶。雏鸡的病变与鸡白痢的病变相似。

4. 诊断

根据流行特点、临床特征和病理变化特点只能怀疑为本病或做出初步诊断，确诊需进行细菌的分离与鉴定或血清学诊断。其具体方法参考鸡白痢。

5. 防治

参照鸡白痢。

(三)禽副伤寒

禽副伤寒是指由多种能运动的不同血清型沙门菌所引起的各种禽类疾病的总称。其主要以下痢、各实质器官的灶状坏死为特征。常见的病原有鼠沙门菌、鸭沙门菌、海得堡沙门菌、婴儿沙门菌、肠道沙门菌等。其中以鼠沙门菌最为常见。

1. 流行病学

此类菌的血清型众多。它不仅感染家禽、野禽，而且人与动物也易感，是一种人畜共患病。禽类中以鸡和火鸡最为常见，其中以 2 周龄之内的雏鸡最易感，6～10 d 达最高峰。1 月龄以上的家禽有较强的抵抗力，一般不会死亡。成年家禽往往不表现症状，但可终生带菌。禽副伤寒主要是垂直传播，也可水平传播。其水平传播方式为带菌粪便污染饲料、饮水、用具、尘埃等。鱼粉常带有许多沙门菌，因此，被污染的鱼粉为重要的媒介物。鼠的粪便常带有的鼠伤寒沙门菌为重要的传染源。

2. 临床症状

急性死亡的幼禽往往不显症状而迅速死亡。年龄较大的幼禽则常呈亚急性经过。各种幼禽副伤寒的症状大致相似，主要表现为精神不振，厌食，饮水增加，排绿色或黄色水便，黏着在肛门外，怕冷。其病程为 1～4 d。雏鸭感染本病常见颤抖、喘息及眼睑肿胀等症状，常猝然倒地而死，故又有“猝倒病”之称。成禽一般不显外部症状。

3. 病理变化

急性死亡者无病变；病程稍长者，消瘦，脱水，卵黄凝固，肝和脾淤血并有条纹状出血或针尖似的灰白色坏死灶。肾充血，心包炎，小肠出现血性炎症。盲肠膨大并有黄白色干酪样物堵塞。成年禽剖检见肠道坏死溃疡，肝、脾和肾肿大，心脏有结节。有时在肝和心脏上有一层黄色或白色的网状纤维素膜。卵巢病变不如白痢常见，有时可见卵巢脓性或坏死性病变，卵巢变形、变色、变质和输卵管有坏死性和增生性病变。

4. 诊断

根据流行特点、临床特征和病理变化特点只能怀疑为本病或做出初步诊断，确诊需进行细菌的分离与鉴定或血清学诊断。其具体方法参考鸡白痢。

二维码 1-10 沙门菌病

5. 防治

参照鸡白痢。

任务六 结 核 病

【任务目标】

1. 了解结核病的病原特点。
2. 描述结核病的流行特点。
3. 识记结核病的临床症状和病理变化，能够准确描述典型图片代表的症状和病变。
4. 会用本课学习的内容对结核病进行诊断和防治。

结核病是指由结核分枝杆菌引起的一种人畜共患的慢性传染病。其主要特征是逐渐消瘦，在多种组织器官内形成结核结节以及在结节中心形成干酪样坏死或钙化灶。

（一）病原

病原是分枝杆菌属的三个种，即结核分枝杆菌、牛分枝杆菌和禽分枝杆菌。结核分枝杆菌是直或微弯的细长杆菌，呈单独或平行相聚排列，多为棍棒状，间有分枝状；牛分枝杆菌稍短粗，且着色不均匀；禽分枝杆菌短小，为多形性。本菌无芽孢和荚膜，也不能运动，为革兰氏染色阳性菌。由于本菌能抵抗3%盐酸酒精的脱色作用，所以常用抗酸染色法来观察本菌。

分枝杆菌为专性需氧菌，生长最适的温度为37.5 ℃，但在培养基上生长缓慢。在初次分离培养时，需用牛血清或鸡蛋培养基在固体培养基上接种，3周左右开始生长，出现粟粒大的圆形菌落。禽分枝杆菌生长最快，牛分枝杆菌生长最慢。生长最适的酸碱度：牛分枝杆菌为pH 5.9～6.9，禽分枝杆菌为pH 7.2，结核分枝杆菌为pH 7.4～8.0。

分枝杆菌含有多量类脂和蜡质，所以对外界的抵抗力较强，在干燥的痰液中可存活10个月，在病变组织和尘埃中可存活2～7个月，在土壤和粪便中可存活6个月。其对热的抵抗力差，在60 ℃的温度下，经过30 min即可死亡；在直射阳光下经数小时死亡。常用消毒药经4 h可将其杀死。分枝杆菌对链霉素、异烟肼、对氨基水杨酸和环丝氨酸等敏感。

（二）流行病学

结核病可侵害多种动物。家畜中以牛最为易感，特别是奶牛，其次为黄牛、牦牛、水牛，猪和家禽的易感性也较强，羊极少患病。

患病畜禽是主要传染源。带菌的痰液、粪尿、乳汁和生殖道分泌物污染饲料、食物、饮水、空气和环境而散播病菌。本病主要经呼吸道、消化道感染。此外，饲养管理不当与本病的传播也有密切关系，如畜舍通风不良、拥挤、潮湿、阳光不足、缺乏运动等均易诱发本病。本病是一种慢性传染病，常呈散发或地方流行性。

（三）临床症状

潜伏期长短不一，短者十几天，长者数月，甚至数年。

1. 牛结核

牛结核主要由牛分枝杆菌引起。结核分枝杆菌和禽分枝杆菌对牛毒力较弱，多引起局限性病灶且缺乏肉眼变化。牛常发生肺结核。病初食欲、反刍无变化，易疲劳，常发出短而干的咳嗽，尤其当起立、运动、吸入冷空气或尘埃的空气时，易发生咳嗽。随病情发展，咳嗽加重，频繁有疼痛表现，呼吸次数增多或气喘。病牛日渐消瘦、贫血。有的牛体表淋巴结肿大，常见于肩前、股前、腹股沟、颌下、咽及颈淋巴结等。当纵隔淋巴结受侵害，肿大压迫食道时，则有慢性臌气症状。当病势恶化时，可发生全身性结核，即粟粒性结核。当胸膜腹膜发生结核病灶时，胸部听诊可听到摩擦音。当乳牛的乳房发生结核病灶时，乳房上淋巴结肿大，无热、无痛，泌乳量减少。乳汁在初期无明显变化，严重时呈稀薄水样。当发生肠道结核时，犊牛表现出消化不良，食欲不振，顽固性下痢，迅速消瘦。当生殖器官发生结核时，性机能紊乱，病牛表现发情频繁，性欲亢进，慕雄狂、不孕或孕畜流产；公畜附睾肿大，阴茎前部可发生结节、糜烂等。中枢神经系统主要是脑和脑膜发生结核病变，常由此引起神经症状，如癫痫样发作、运动障碍等。

2. 禽结核

禽结核主要危害鸡和火鸡，成年鸡多发。其表现为贫血、消瘦、鸡冠萎缩、跛行以及产蛋减少或停止。病程持续 2～3 个月，有时可达一年。病禽因衰竭或肝变性破裂而突然死亡。

3. 猪结核

猪对禽分枝杆菌、牛分枝杆菌、结核分枝杆菌都敏感，以禽分枝杆菌的易感性为最高。猪场里养鸡或鸡场里养猪都可能增加猪感染禽结核的机会。猪感染结核主要经消化道感染，在扁桃体和颌下淋巴结发生病灶，很少出现临诊症状。当肠道有病灶时，则发生腹泻、消瘦，最后衰竭而死。呼吸系统感染则表现为呼吸系统症状。

4. 水貂

水貂对各种结核菌皆易感。其临诊表现为体衰无力、活动减少、食欲不稳定、贫血，逐渐消瘦，有时咳嗽和气喘。当消化系统被感染时，其消瘦更为明显，常有消化不良和下痢，全身因恶病质而死。

(四)病理变化

结核病变随各种动物机体的反应性的不同而不同，其可分为增生性结核和渗出性结核两种，有时两种同时存在。当抵抗力强时，机体对结核菌的反应以增生性结核结节为主；当抵抗力弱时，机体对结核菌的反应则以渗出性炎症为主。

1. 牛

剖检可见在肺脏或其他器官有很多突起的白色结节，切面为干酪样坏死，有的见有钙化，切开时有沙砾感；有的坏死组织溶解和软化，被排出后有空洞。当发生粟粒性结核时，胸膜和腹膜有密集结核结节，呈粟粒大至豌豆大的半透明灰白色坚硬的结节，形似珍珠，即所谓的“珍珠病”。胃肠黏膜可能有大小不等的结核结节或溃疡。乳房结核可见乳房淋巴结肿大，剖开有大小不等的病灶，内有干酪样物质，有时呈急性渗出性乳腺炎的病变。

2. 猪

猪结核病变主要见于颌下淋巴结及腹腔淋巴结，表现为干酪样坏死和钙化。禽结核病灶多发生于肠道、肝、脾、骨骼和关节，其他部位少见。

(五)诊断

在畜(禽)群中有进行性消瘦、咳嗽、慢性乳腺炎、顽固性下痢、体表淋巴结慢性肿胀等，可疑为本病；剖检有特异性结核结节病变，可做出初步诊断；确诊需进行实验室检查。

(六)防治

畜禽结核病一般不予治疗。通常为防止疾病传入健康牛群，平时应加强防疫、检疫和消毒等综合性防疫措施。每年的春秋两季定期进行结核病检疫。检出的阳性畜禽应立即进行隔离或淘汰。

污染牛群应多次被反复检疫，阳性反应牛立即淘汰，疑似反应牛隔离观察。复检如仍可疑，按阳性牛处理。其余按假定健康牛群处理。病牛所产犊牛在出生后只吃 3～5 d 的初乳，以后则由检疫无病的母牛供养或喂消毒乳。犊牛应在出生后的 1 月龄、3～4 月龄、6 月龄进行 3 次检疫，凡呈阳性者必须淘汰。如果 3 次检疫都呈阴性反应，且无任何可疑临诊症状，可放入假定健康牛群中培育。

假定健康牛群为向健康牛群过渡的畜群，应在第一年每隔 3 个月进行一次检疫，直到没有一头阳性牛出现为止，然后再在一年至一年半的时间内连续进行 3 次检疫。如果 3 次均为阴性反应，即可被称为健康牛群。

二维码 1-11 结核病

为加强消毒工作，应每年进行 2～4 次预防性消毒。在畜群出现阳性病牛后，要进行一次大消毒，尸体要深埋或化制。常用消毒药为 5%来苏儿或克辽林、10%漂白粉、3%福尔马林或 3%苛性钠溶液。

项目三 共患性寄生虫病

【项目简介】

共患性寄生虫病是指由寄生虫引起的多种动物共患的疾病。寄生虫按照生物学分类可以分为蠕虫、原虫和昆虫，具有独特的发育周期、生活史、一定的潜伏期和临床症状，并能传染疾病。我们应该具体掌握发病原因及应对措施，以控制和消灭寄生虫及传播媒介。本项目主要介绍了共患性寄生虫病的防控，包括球虫病、弓形虫病 2 个任务。

任务一 球 虫 病

【任务目标】

1. 了解球虫病的病原特点。
2. 描述球虫病的流行特点。
3. 识记球虫病的临床症状和病理变化，能够准确描述典型图片代表的症状和病变。
4. 会用本课学习的内容对球虫病进行诊断和防治。

一、鸡球虫病

鸡球虫病是指由孢子虫纲、艾美耳科、艾美耳属的多种球虫寄生于鸡的肠道而引起的一种危害严重的寄生性原虫病。由于它分布广泛，各地普遍发生，特别是 15～50 日龄的雏鸡最易感染和发病，发病率高达 50%～70%，死亡率可达 20%～30%。病后耐过的雏鸡的生长受阻，发育停滞，长期不能康复。虽然成年鸡对球虫有抵抗力，但其成为带虫者后会使增重和产蛋量显著下降。因而鸡球虫病给养鸡业造成巨大的经济损失。

（一）病原体

全世界已记载的鸡球虫病共有 9 种，即堆型艾美耳球虫、布氏艾美耳球虫、巨型艾美耳球虫、和缓艾美耳球虫、毒害艾美耳球虫、早熟艾美耳球虫、柔嫩艾美耳球虫、哈氏艾美耳球虫和变位艾美耳球虫等。

根据资料显示，我国普遍存在有 9 种鸡艾美耳球虫。其中柔嫩艾美耳球虫、毒害艾美耳球虫、巨型艾美耳球虫、堆型艾美耳球虫、哈氏艾美耳球虫、和缓艾美耳球虫和早熟艾美耳球虫等

7种分布最广。虽有很多地区报道在鸡粪中查出等孢属球虫，由于缺乏单卵囊分离、内生性发育和交叉感染等方面的资料，尚无可靠的依据来证明它是鸡的寄生性球虫。其很可能是由麻雀等野鸟球虫混入的。只有柔嫩艾美耳球虫、毒害艾美耳球虫和巨型艾美耳球虫对鸡最为易感和致病力最强。

1. 柔嫩艾美耳球虫

柔嫩艾美耳球虫寄生于鸡的盲肠及附近区域，是致病力最强的一种，能使盲肠高度肿大，黏膜出血，它又被称为盲肠球虫。排出于外界的卵囊，为宽阔的卵圆形，虫体的一端稍尖，少数的虫体为椭圆形，虫体的大小为(19.5～26)μm×(16.5～22.8)μm。在镜下弱光观察，虫体的原生质呈淡褐色，而卵囊壁为淡绿黄色，最短孢子形成时间为18 h。孢子囊平均为11.47 μm×6.23 μm，无内外残体。

2. 毒害艾美耳球虫

毒害艾美耳球虫寄生于小肠的中1/3段，致病力强，能引起肠壁扩张、肥厚，并出现组织坏死及肠黏膜出血等严重病变。引起肠壁的特异性病变是在肠壁的浆膜层可看到圆形的白色斑点。卵囊中等大小，呈长卵圆形，大小为(13.2～22.7)μm×(11.3～18.3)μm。其平均大小为20.4 μm×17.2 μm。最短孢子化时间为18 h。

3. 巨型艾美耳球虫

巨型艾美耳球虫寄生于鸡的小肠，但以小肠中段为主。对鸡的致病力不及柔嫩艾美耳球虫强。卵囊大，呈卵圆形，大小为(21.75～40.5)μm×(17.5～33.0)μm。在弱光镜下观察，原生质呈黄褐色，卵囊壁为浅黄色，厚为0.7 μm。孢子形成的最短时间为30 h。孢子囊最大为17.5 μm×7.5 μm，最小为11.35 μm×5.75 μm，孢子囊大小平均15.6 μm×7 μm，无内外残体。

4. 堆型艾美耳球虫

堆型艾美耳球虫寄生于十二指肠及小肠前段，但主要是十二指肠。卵囊中等大小，呈卵圆形，大小为(17.7～20.2)μm×(13.7～16.3)μm，孢子囊平均大小为18.3 μm×14.6 μm。原生质无色，卵囊壁为淡绿黄色，厚为1 μm。孢子形成最早时间为17 h，一般的情况下，孢子化的时间多为24 h。孢子囊最大为10.5 μm×5 μm，最小为7.5 μm×4.5 μm，孢子囊平均大小为9.7 μm×5 μm，无内外残体。

5. 哈氏艾美耳球虫

哈氏艾美耳球虫寄生于小肠的前段，致病力较低，可引起肠黏膜卡他性炎症。卵囊中等大小，呈卵圆形，大小为(15.5～20)μm×(14.5～18.5)μm，平均大小为17.68 μm×15.78 μm。在镜下观察，原生质无色，卵囊壁厚为1 μm，呈淡绿黄色。孢子形成时间为23.5～27 h(多数)。孢子囊最大为10.5 μm×5 μm，最小为7.5 μm×5 μm，平均大小为9.1 μm×5 μm。

6. 和缓艾美耳球虫

和缓艾美耳球虫寄生于小肠前段，但致病力弱，一般无明显的症状。卵囊小，近似圆形，大小为(11.7～18.7)μm×(11.0～18.0)μm，平均大小为15.6 μm×14.2 μm。原生质无色。卵囊壁呈淡绿黄色，厚为1～1.25 μm。初排出的卵囊的原生质团呈球形，几乎充满卵囊。孢子形成的最短时间为15 h。最大孢子囊为10 μm×5 μm，最小的孢子囊为7 μm×5 μm，平均大小为8.72 μm×5 μm，无内外残体。

7. 早熟艾美耳球虫

早熟艾美耳球虫寄生于小肠前1/3段，致病力较低，一般无肉眼可见的病变。卵囊较大，多数为椭圆形，其次为卵圆形，少数为近似圆形；卵囊大小为(19.8～24.7)μm×(15.7～19.8)μm，平均大小为 21.3 μm×17.1 μm。镜下观察，原生质无色，囊壁厚为 1 μm，呈淡绿黄色。孢子形成的最短时间为 23.5 h。最大的孢子囊为 15 μm×7.5 μm，最小的孢子囊为 10 μm×5.25 μm，平均大小为 11.8 μm×6.4 μm。最短潜伏期为 83 h。

(二)生活史

艾美耳球虫的发育属直接发育，不需要中间宿主，须经 3 个阶段：第一，无性生殖阶段，虫体在寄生部位的上皮细胞内以裂殖生殖方式进行。第二，有性生殖阶段，以配子生殖方式进行。在寄生的上皮细胞内，先形成雌性细胞(大配子)和雄性细胞(小配子)，然后两性细胞融合形成合子。第三，孢子生殖阶段，合子变成卵囊后，排出体外，在卵囊内发育形成孢子囊(4 个)和子孢子(8 个)，含有成熟子孢子的卵囊为感染性卵囊。鸡随着污染的饲料，饮水吞下感染性卵囊后，在消化道内消化液的作用下，子孢子由卵囊内释出，子孢子很快侵入肠上皮细胞，变为圆形的裂殖体，然后裂殖体的核分裂成许多小核，小核连同其周围的原生质形成裂殖子。由于 1 个裂殖子可以形成许多裂殖子，上皮细胞遭到破坏，裂殖子逸出，侵入新的上皮细胞，重复进行裂殖生殖，如此反复地进行裂殖生殖，造成大量的上皮细胞破坏，即形成了病理变化，从而出现疾病症状。无性生殖进行若干世代之后，一部分裂殖子转化为大配子(雌性)和小配子(雄性)，大小配子接合(受精)变为合子，合子周围迅速地形成一层被膜即变成了卵囊。在适当的条件下，排出外界的卵囊在数日内发育成感染性卵囊，重新感染鸡只。孢子进入宿主体内，各种球虫的粪便出现卵囊的时间是不一样的，一般需要 4～7 d。

二维码 1-12　艾美耳球虫生活史

(三)流行病学

鸡球虫病分布普遍。其流行广泛的原因是卵囊在外界的抵抗力很强。一般卵囊在土壤内可保持 4～9 个月的生命力。卵囊在树荫下的土壤内生命力可达 15～18 个月。在温暖潮湿的季节和地区，卵囊发育很快，当外界气温为 20～35 ℃时，只需 18～36 h 就可以形成孢子化。在东北地区，每年的 7～8 月的气温高，并且又是多雨季节，因而是鸡球虫病的流行和发病最为严重的季节。鸡球虫病的传播方式简单，形式多样，这是造成鸡球虫病流行广泛的又一个重要因素。凡是被病鸡或带虫鸡的粪便污染的饲料、饮水、土壤或带有大量卵囊的饲养鸡的用具都能成为传播因素。同时有些鸟类(如麻雀等)、家畜和某些昆虫(如苍蝇、甲虫、步行虫等)都可以成为鸡球虫病的机械传播者，特别是饲养管理人员和不经严格控制的外来参观人员的游动。鸡球虫病对各种品系的鸡均有易感性。其主要感染和发病的对象是雏鸡，15～50 日龄的雏鸡的感染率和死亡率最高。成年鸡因有年龄免疫现象，在临床上往往不表现出症状，然而在感染后都成为带虫者。这是重要和危险的传染来源，也是鸡球虫病流行的重要原因之一。

鸡的饲养管理条件不良能促进鸡球虫病的发生和流行。管理不当、鸡舍潮湿、养鸡密度过大而拥挤、卫生条件恶劣和舍内空气污浊最易发生鸡球虫病。一旦发病，能迅速地蔓延全群，导致大批病鸡死亡，造成全群覆灭。

（四）致病作用

鸡球虫对鸡的致病作用主要表现在对寄生部位肠上皮细胞的破坏，肠上皮细胞崩解，肠黏膜的完整性遭到破坏，引起肠炎。当球虫的裂殖体和裂殖子在肠上皮细胞内大量增殖时，产生的毒性物质（破坏细胞的分解物和虫体的代谢物）被机体吸收，引起肠内中毒，加上肠壁的炎性反应和血管的破裂，大量的血液和体液流入肠内，导致病鸡的体温升高、贫血和下痢，病鸡很快消瘦。

（五）临床症状

受损伤的肠黏膜因受其他病原菌的侵入，继发感染，加重了病理过程，病鸡出现精神不振，足和翅轻瘫及昏迷现象。病鸡在临床上常表现为急性和慢性两种形式。急性多见于雏鸡，发病后 10～15 d 即可死亡。病鸡在初期表现为食欲不振，精神不佳，常呆立少动，头蜷缩，全身羽毛逆立，泄殖腔周围羽毛被排出的液状物质污染，互相粘连。当大量的肠上皮细胞被破坏及血管破裂时，则排出血样的粪便，并因机体中毒加剧，病鸡出现共济失调，两翅轻瘫，食欲废绝，嗉囊内充满液体。这时病鸡可视黏膜和鸡冠及肉垂贫血，苍白，而鸡体迅速消瘦，尔后发生痉挛和昏迷，不久死亡。慢性多发生在 6 个月以上的成年鸡，其表现的症状轻微，也有食欲不振、贫血消瘦、精神不佳等症状。病期较长，可达数月之久，因逐渐消瘦和两翅轻瘫，产卵量下降，但很少死亡。

（六）诊断

鸡球虫病的诊断必须进行流行病学资料分析，紧密结合临床症状和尸体剖检的综合性诊断方法，在检出病原体的情况下，才能做出正确的诊断。

1. 病原检查

病鸡的粪便用饱和盐水漂浮法检查卵囊。需注意的是，成年鸡往往为球虫带虫者。如果只在粪便内检查出球虫卵囊，而没有临床症状，则不能轻易地定为球虫病。只有在流行季节，雏鸡或成年鸡发生了明显的临床症状，在粪便和病变部位刮取物中检查出病原体，才可以确定为鸡球虫病，同时可以根据卵囊的特征做出患何种球虫病的初步诊断。

2. 病理诊断

种类不同的球虫对肠管侵害的部位也不同，所以在诊断上可依据剖检变化情况来确定混合感染的鸡球虫病是以哪种虫体为主要病原。柔嫩艾美耳球虫主要侵害鸡的盲肠。病鸡的两个盲肠高度肿大，有时可以比正常的盲肠肿大 3～5 倍。剖开盲肠可以见到肠腔内充满新鲜或凝固的暗红色血液。盲肠黏膜上有严重的糜烂和溃疡。如果对黏膜物涂片检查，就可以发现大量的卵囊。毒害艾美耳球虫主要侵害小肠的中段，造成肠管扩张，肠壁肥厚，在虫体（裂殖体）繁殖的地方，出现明显的浅白色斑点，这些斑点和肠黏膜上的小出血点间杂出现，凭肉眼很容易观察，并因肠壁和肠腔中有新旧凝固血液，外观呈白色和不同程度的黑色变化。巨型艾美耳球虫主要损害小肠中段，同样使肠管扩张，肠壁肥厚，肠腔内含有黏稠的内容物，内容物呈淡灰色、淡绿色或淡红色，有时也含有很小的血块。

以上这些剖检变化是诊断鸡的球虫病的重要判定依据，所以在对鸡群诊断时，必须对发病或死亡的病鸡做认真的剖检，用综合的方法才能取得正确的诊断结果。

(七)治疗

①磺胺二甲基嘧啶(SM_2),按0.1%混入饮水,连用2 d或按0.05%混入饮水,饮用4 d,休药期为10 d。

②磺胺喹恶啉(SQ),按0.1%混入饲料,喂2~3 d,停药3 d后用0.05%混入饲料,喂药2 d,停药3 d,再给药2 d,无休药期。

③氨丙啉,按0.012%~0.024%混入饮水,连用3 d,休药期5 d。

④百球清,2.5%溶液,按0.002 5%混入饮水,即1 L水中用百球清1 mL。后备母鸡群可用此剂量混饲或混饮3 d。

⑤地克珠利,拌于饲料中饲喂。添加量为0.000 1%添加拌料,无休药期。

⑥球痢灵,按0.012 5%混入饲料,休药期为5 d。

⑦莫能菌素,按0.01~0.012%混入饲料,无休药期。

⑧盐霉素,按0.005~0.006%混入饲料,无休药期。

⑨马杜拉霉素,按0.000 5~0.000 6%混入饲料,无休药期。

(八)预防

以往在球虫病的预防上建议搞好环境卫生和消毒,现在已不再认为这样做是十分有效的。这是因为卵囊对普通的消毒药有极强的抵抗力,不仅在生产上无法对鸡舍进行彻底的消毒,而且无卵囊的环境不利于平养鸡较早地建立免疫力。实践证明,采用环境卫生和消毒措施并不能控制球虫病。目前所有的肉鸡场不仅应无条件地进行药物预防,而且雏鸡从出壳后第1天就应开始使用预防药。使用的抗球虫药物有下列几种。

①盐酸氨丙啉,按0.012 5%混入饲料,从雏鸡出壳第1天用到屠宰上市为止,无休药期。

②克球粉,按0.012 5%混入饲料,无休药期;按0.025%混饲,休药期为5 d。

③地克珠利,按0.000 1%混入饲料,无休药期。

④盐霉素,按0.005%~0.006%混入饲料,无休药期。

⑤马杜拉霉素,按0.000 5%~0.000 6%混入饲料,无休药期。

经生产实践证明,各种抗球虫药在使用一段时间后都会引起虫体的耐药性,甚至产生耐药虫株,有时可对该药的同类其他药物也产生耐药性,因此,必须合理使用抗球虫药。对肉鸡生产常用以下列两种方案来防止虫体产生耐药性。

①穿梭方案,即在开始时使用一种药物,至生长期时使用另一种药物。如在1~4周龄时使用一种化药(如球痢灵或尼卡巴嗪),自4周龄至屠宰前使用一种离子载体抗生素(如盐霉素或马杜拉霉素)。

②轮换方案,即合理地变换使用抗球虫药。在春季和秋季变换药物可避免耐药性的产生,从而改善鸡群的生产性能。

一直饲养在金属网上的后备母鸡和蛋鸡无须采用药物预防。从平养移至笼养的后备母鸡在上笼之前须使用常规用量的抗球虫药进行预防,但在上笼之后就不应再使用药物预防。

为了避免药物残留对环境和食品的污染和耐药虫株的产生,数种球虫疫苗已用于免疫预防。一种是利用少量未致弱的活卵囊制成的活虫苗包装在藻珠中,混入幼雏的饲料或将活虫苗直接喷入鸡舍的饲料或饮水中服用;另一种是连续选育的早熟弱毒虫株制成弱毒虫苗。现已选育出 7 种早熟虫株并混配成疫苗，这些疫苗已在生产中推广和使用。上述两种疫苗均已在生产上取得较好的预防效果。

二、兔球虫病

兔球虫病是指由艾美耳属的多种球虫寄生于兔的小肠或胆管上皮细胞内引起的疾病。病原体是艾美耳球虫。我国已发现 7 种艾美耳球虫可寄生于兔的小肠和胆管。兔球虫卵囊在温度为 20 ℃，湿度为 55%～75%的外界环境中，经 2～3 d 即可发育成为感染性卵囊。卵囊对化学消毒药物及低温的抵抗力很强，大多数卵囊可以越冬，对日光和干燥很敏感，阳光直射在数小时内能杀死卵囊。

(一)病原

病原寄生于兔的艾美耳球虫的生活史与寄生于鸡的艾美耳球虫的生活史相同，但寄生于兔胆管的斯氏艾美耳球虫的生活史略有不同。在兔摄入斯氏艾美耳球虫的感染性卵囊后，在十二指肠内经酶的作用下，释放子孢子，然后钻入肠黏膜，再经门脉循环或淋巴循环而移行到肝脏，最后钻入胆管的上皮细胞，开始裂殖增殖。

(二)流行病学

各种品种和不同年龄的兔都可感染。1～3 月龄的兔不仅最为易感，而且病情严重，死亡率高。成年兔发病轻微，多为带虫者，这些成年兔就成为重要的传染源。本病感染途径是经口食入含孢子化卵囊的水或饲料。饲养员、工具、苍蝇等也可机械性传递球虫卵囊来传播本病。发病时间多在春暖多雨的季节。如兔舍内的温度经常保持在 10 ℃以上，就随时可能发病。本病不与其他物种交叉感染。

(三)临床症状

根据球虫的寄生部位，其可分为肠型、肝型和混合型三种。初期病兔食欲减退，精神沉郁，伏卧不动，生长停滞。眼鼻分泌物增多，体温升高，腹部胀大，臌气，下痢，肛门沾污，排粪频繁。肠球虫有顽固性下痢，甚至拉血痢，或便秘与腹泻交替发生。肝球虫病则肝脏肿大，肿区触诊疼痛，黏膜黄染。在家兔球虫病的后期，其因出现神经症状，四肢痉挛、麻痹，因极度衰竭而死亡。肠型死亡快，肝型死亡较慢。

(四)病理变化

肠型球虫病见十二指肠壁厚，内腔扩张，黏膜炎症。小肠内充满气体和大量微红色黏液，肠黏膜充血并有出血点。慢性者的肠黏膜呈灰色，有许多小而硬的白色小结节，内含卵囊。肝球虫病可见肝大，肝表面与实质内有白色或淡黄色的结节性病灶，取结节压碎镜检可见到各个发育阶段的球虫。剖检所见多数为肠球虫和肝球虫混合感染。

(五)诊断

根据流行病学、临床症状和病理变化可做出初步诊断，确诊需进一步做实验室诊断，即镜检卵囊可采取肠黏膜的白色小结节、肝脏的白色结节压片检查，或取粪便直接涂片检查，必要时采取粪便用饱和盐水漂浮法检查卵囊。

(六)防治

加强兔场管理，成年兔和小兔分开饲养，断乳后的幼兔要立即分群，单独饲养。保证饲料新鲜及清洁卫生，饲料应避免粪便污染，每天清扫兔笼及运动场上的粪便，定期消毒。可采用莫能菌素等药物预防本病。发现病兔立即隔离治疗。治疗药物可用磺胺甲氧嘧啶、呋喃唑酮等。

发现病兔应按《中华人民共和国动物防疫法》规定，采取严格控制、扑灭措施，防止扩散。病兔应隔离、治疗或扑杀，病死兔的尸体、内脏等应深埋或焚烧。兔笼、用具等应严格消毒，兔粪堆积发酵。消灭兔场内的鼠类、蝇类及其他昆虫。兔舍建筑应选择向阳、干燥的地方，并要保持环境的清洁卫生。食具要勤清洗消毒。兔笼，尤其是笼底板要定期用火焰消毒，以杀死卵囊。断奶至3月龄的兔应用药物控制球虫病的发生，且不分季节。

常用预防球虫病的药物及用法：①兔球速杀广谱类粉剂抗球虫药，按0.1%混入饲料，自由采食。②氯羟吡啶按0.02%～0.025%混入饲料。③氯苯胍按每千克体重15 mg拌料粉药，自由采食(一般会产生耐药性)。

上述药物也可用于治疗，一般用量为预防剂量的2～3倍，毒性强的药物除外。在不完全喂料时，应在料中增加用药量。在众多抗球虫药中，含有马杜霉素的各种剂型的药不能用于兔，否则会发生中毒死亡。为防止产生抗药性，可采用几种抗球虫药物轮换使用。

三、犬球虫病

犬球虫病是指由艾美耳科等孢子球虫及二联等孢子球虫引起的一种小肠和大肠黏膜出血性炎症的疾病。

(一)临床症状

临床症状主要以血便、带果冻样肠黏膜、全身衰弱、脱水为特征。

(二)流行病学

犬球虫病广泛传播于犬群，1～6月龄的幼犬对球虫病特别易感，在环境卫生不好和饲养密度大的犬场可严重流行。病犬和带菌的成年犬是本病的主要传染源。

幼犬比成年犬更易感且症状明显。幼犬发病多为急性，在犬场可很快大面积流行，有时甚至是毁灭性的。病犬表现出轻度发热、食欲减退、消化不良、腹泻、粪便稀薄混有黏液，重者血便，粪便褐色，进行性消瘦、贫血，脱水、全身衰竭而死亡。经对症治疗2～3周后，临床症状消失，部分病犬可康复。成年犬及老龄犬的抵抗力强。其在感染球虫后常以慢性经过。

(三)诊断

根据临床症状及剖检，同时结合实验室诊断可确诊。在宠物临床不能剖检，一般要采粪便做显微镜检查。如果在粪便中发现较多的球虫卵囊，便可确诊。其病理剖检可见整个小肠发生出血性肠炎、肠黏膜肥厚，黏膜上皮剥蚀。取黏膜上皮压片镜检可见有卵囊。

(四)防治

搞好犬舍及环境卫生,定期消毒是主要的预防措施。发现病犬要单独隔离饲养。

任务二 弓形虫病

【任务目标】

1. 了解弓形虫病的病原特点。
2. 描述弓形虫病的流行特点。
3. 识记弓形虫病的临床症状和病理变化,能够准确描述典型图片代表的症状和病变。
4. 会用本课学习的内容对弓形虫病进行诊断和防治。

弓形虫病,又叫弓形体病或弓浆虫病,是指由刚地弓形虫寄生于动物的细胞内而引起的多宿主原虫病。其寄生的宿主包括哺乳动物、鸟类和一些冷血动物,共计200多种。家畜中的猪、牛、绵羊、山羊、犬和猫等,实验动物中的小白鼠、天竺鼠和家兔等以及人类都能感染弓形虫病。因此,弓形虫病属于人畜共患的寄生虫病。

(一)病原

刚地弓形虫属于孢子虫纲球虫亚纲真球虫目肉孢子科弓形虫属。寄生于各种动物体内的弓形虫在形态学和生物学特性上均无任何差异,说明至今所发现的弓形虫全为一个种。寄生于动物的细胞的虫体因其发育阶段不同可分为5个类型:速殖子、包囊(组织囊)、裂殖体、配子体和卵囊。速殖子和包囊出现在中间宿主体内;裂殖体、配子体和卵囊则只出现在终末宿主体内。终末宿主为猫和其他一些野生动物,其他的动物是弓形虫的中间宿主。

1. 速殖子

速殖子呈新月形、香蕉形或弓形。虫体一端稍尖,一端钝圆。其大小为(4～7)μm×(2～4)μm,以吉姆萨染色或瑞氏法染色后,镜下观察,虫体的细胞质染成浅蓝色,有颗粒,而核染成深紫色,偏于钝圆的一端。速殖子主要发现于急性病例。如果检查腹水中的虫体,就可以找到游离于细胞外的单个虫体,这时虫体的形态多为新月形。在有核细胞(单核细胞、内皮细胞和淋巴细胞等)内的虫体中还可以发现正在裂殖的虫体。这时虫体的形态是多样的,有呈柠檬状、圆形、卵圆形和正在出芽的不规则形状等。在宿主的细胞质内,有时许多速殖子簇集在一起,形成假囊。速殖子以二分裂法增殖。

2. 包囊(组织囊)

包囊(组织囊)出现于慢性病例或无症状病例,主要寄生于动物的脑、骨骼肌、视网膜、心、肺、肝及肾等部位。包囊的形状为卵圆形,有较厚的囊膜,囊中虫体数目可有数十个至数千个。包囊的直径可达50～69 μm,可随虫体的繁殖而不断增大,达100 μm。囊内裂殖体在猫的肠上皮细胞内进行无性繁殖。成熟的裂殖体呈圆形,直径为12～15 μm。1个裂殖体可以发育成许多裂殖子。游离的裂殖子大小为(7～10)μm×(2.5～3.5)μm,前端尖,后端钝圆。

3. 配子体

配子体在猫的肠上皮细胞内进行有性繁殖。该时期的虫体有雄配子体和雌配子体。雄配子体呈圆球形,直径约为10 μm。用吉姆萨染色后,核呈淡红色而疏松,细胞质呈淡蓝色。发育成熟的雄配子体可形成 12～32 个雄配子，新月形，长约为 3 μm。雌配子体呈圆形，成熟后称雌配子，在生长过程中变化不大，仅体积增大，可达 15～20 μm。用吉姆萨染色后，核呈深红色，较小而致密，细胞质充满深蓝色颗粒。大小配子结合形成合子，合子形成卵囊。

4. 卵囊

卵囊主要是体外生活，在被排出体外之前，可以在体内存活一段时间。卵囊呈卵圆形，有双层囊壁，表面光滑。其大小为 11～14 μm×9～11 μm，平均大小为 12 μm×10 μm。每个卵囊内形成 2 个卵圆形的孢子囊，孢子囊的大小为 8.5 μm×6 μm。在每个孢子囊内含有 4 个长形弯曲的子孢子，子孢子的大小为 8 μm×2 μm，孢子囊内有残体。在检查卵囊的形态时，其与猫体内的双芽等孢球虫的卵囊极为相似，要予以区别。

(二)生活史

弓形虫生活史的全过程需要两个宿主：中间宿主和终末宿主。

中间宿主吞食了孢子化的卵囊、孢子囊、速殖子、包囊、慢殖子或经胎盘都可感染。子孢子可通过淋巴和血液循环进入有核细胞，进行二分裂增殖，形成速殖子和假囊，并引起急性疾病。当宿主很快产生免疫力时，虫体繁殖受阻，存留的虫体在一些脏器组织，特别是脑组织中形成包囊，长期存在。

猫等终末宿主吞食了卵囊、孢子囊、速殖子、慢殖子等而被感染。一部分虫体进入肠外阶段发育，另一部分虫体进入肠上皮细胞内，开始进行球虫型的发育和繁殖。裂殖生殖产生大量的裂殖子到一定阶段部分转化为配子体。大小配子，进行配子生殖，而后产生卵囊。卵囊随粪便排入外界，这个时间 3～5 d。排卵高峰在 5～8 d。卵囊在外界环境中完成孢子化过程需 1～5 d。肠内和肠外阶段可在猫体内同时进行。

(三)流行病学

弓形虫对易感动物的感染途径多，可以通过动物的口、眼、鼻、咽、呼吸道、肠道，甚至皮肤侵入。对反刍动物（如绵羊）试验证明，吃入包囊未能造成感染，因而上述感染途径对肉食及杂食动物极为重要。小的实验动物通过静脉注射、腹腔注射、脑内注射和口服的方式均能造成感染。胎盘感染现象是普遍存在。

病畜和带虫者的肉、内脏、血液及渗出物、排泄物中均可能有虫体；流产胎儿的体内、胎盘等流产物中也有大量的虫体。多种昆虫（食粪虫、蟑螂，污蝇等）和蚯蚓可以机械的传播卵囊。吸血昆虫和蜱在流行病学上也有一定的意义。

虫体的抵抗力因所处阶段有所不同。在常温的情况下，抵抗力强的卵囊就可以保持感染力达 1～1.5 年，常用的消毒药液对卵囊均无大的影响。包囊在冰冻或干燥的条件下难以生存，但在温度为 4 ℃时，可保存活力 68 d，且有抗胃液的作用。速殖子（或裂殖子）抵抗力差，其在生理盐水中，几个小时即失去感染力，各种消毒药物都能杀灭速殖子。如 1%浓度的来苏儿在 1 min 可杀死速殖子。动物的营养不良、内分泌失调、妊娠泌乳，甚至受寒等都能成为易感因素。

(四)致病作用

由于弓形虫在宿主动物的细胞内寄生与增殖，尤其是在有核细胞中的增殖会使细胞被破坏，子孢子再侵入新的细胞，如此反复循环破坏，即引起组织的炎性反应，则出现水肿，单核细胞和少数多核细胞的浸润。当宿主产生了免疫力，虫体的繁殖就受到抑制并形成包囊，成为慢性感染。如果包囊在脑部，则能逐渐被胶质细胞所代替而形成病灶。当这种病灶很多时，宿主就会出现慢性脑炎的症状。有时视网膜细胞被子孢子大量破坏，并形成许多包囊，因而引起视网膜炎，甚至失明。

（五）临床症状

当猪发生弓形虫病时，初期体温升高至 40.1～42.2 ℃，稽留热型，病猪精神委顿，食欲逐渐减退，病猪在后期食欲废绝。病猪多便秘，有时下痢。人工试验观察可见病猪呼吸困难，呈腹式呼吸，60～84 次/min。有的病猪有咳嗽和呕吐症状。有些病猪的四肢和全身肌肉强直，体表淋巴结（尤其腹股沟淋巴结）明显肿大，身体下部和耳部出现淤血斑或有较大面积的发绀。病程为 10～15 d。当绵羊发生弓形虫病时，常有神经症状，转圈运动。在病后期出现昏迷，呼吸困难，怀孕母羊多流产。当犊牛发病时，除呼吸困难、咳嗽、发热、精神沉郁、食欲减退乃至废绝外，病犊虚弱，多于病后 2～6 d 内死亡。

（六）病理变化

在对死于弓形虫病的动物进行尸体剖检时，全身脏器和组织均可看到病理变化。全身淋巴结肿大、充血、出血；肝脏有点状出血，并可见灰白色或灰黄色的坏死灶；脾脏有丘状出血点；肺脏出血，肺间质出现水肿；肾脏有出血点和坏死灶；胃底部出血并有溃疡；大肠、小肠均有点状出血；胸腔、腹腔及心包有积水；病畜体表出现紫斑。在对上述脏器和组织病变进行病理组织学检查时，其主要表现为局灶性坏死性肝炎和淋巴结炎、非化脓性脑炎及脑膜炎、肺水肿和间质性肺炎等。在肝坏死灶周围的肝细胞浆内、肺泡上和单核细胞的胞浆内、淋巴结窦内皮细胞和单细胞的胞浆内常可见单个、成双或 3～6 个不等的弓形虫。虫体的形状多呈圆形、卵圆形、弓形或新月形。这一点在对弓形虫病病原体检查定性上有重要的参考价值。

（七）诊断

由于动物在感染弓形虫而发病时，其在临床、剖检及流行病学等方面均没有典型的特征性病状和变化，所以不能单靠某一现象做出肯定性的诊断。只有在实验室诊断中查到病原性虫体和检出特异性抗体后，才能做出正确的结论。

1. 直接病原体检查法

直接病原体检查法对疑似为弓形虫病畜的活体组织或体液（或是对尸检的病料组织和体液）制作涂片、压片或切片，镜检有无弓形虫的存在。

2. 动物接种法

动物接种法检查病原虫体可以采用小白鼠、天竺鼠或家兔等实验动物做动物接种。因为这些动物对弓形虫有高度的敏感性，将可疑动物的病料接种给实验动物，然后用实验动物的组织和体液作涂片、压片或切片检查，则很容易检查出弓形虫的有无，即可做出定性诊断。

3. 血清学免疫诊断法

血清学免疫诊断法可以应用 IHA、ELISA 等方法检查。在目前情况下，兽医临床实践上尚无推广和应用。

4. PCR 法

PCR 法应用较少。

(八)治疗

在动物发生弓形虫病时,早期可以用药物进行治疗,对初期的病畜能达到满意的效果。在病程的后期,药物治疗的效果不良。有时虽能使病畜的临床症状消失,但往往不能抑制虫体在组织内形成包囊,阻止病畜成为带虫者。

常用的药物为磺胺嘧啶按每千克体重 70 mg,口服;磺胺-5-甲氧嘧啶按每千克体重 2 mg,肌内注射;磺胺-6-甲氧嘧啶按每千克体重 60～100 mg,口服等。

(九)预防

弓形虫病属于广泛性的人畜共患性寄生虫病。在虫体生活史中,几个时期的虫体均有感染性,同时对中间宿主和寄生的组织不具有严格的选择性,可以感染多种家畜,有无终末宿主都可在中间宿主中互相感染,虫体又能在宿主体内长期保存,卵囊对外界抵抗力较强,故在对弓形虫病的预防上只有采用综合措施,才能有效地防治弓形虫病的流行和发展。

1. 畜舍必须保持清洁、干燥。对畜舍要定期消毒,对动物的饲草、饲料和饮水要严格防止被猫粪及其他动物的排泄物所污染,以免动物经口感染弓形虫病。

2. 动物的流产胎儿及其他排泄物要很好地处理,同时对动物流产的场所都须严格消毒处理。弓形虫病死的畜尸要严格处理,防止污染环境或被猫及其他肉食动物吃食而扩大感染范围。

3. 弓形虫病可以通过某些昆虫机械地传播,如苍蝇、蟑螂等;又可以由鼠类传播,因此,要尽一切可能消灭畜舍内的老鼠,并且要灭蝇、防蝇等。

二维码 1-13
弓形虫病

项目四　其他共患性疾病

【项目简介】

其他共患性疾病主要学习支原体病、真菌病、钩端螺旋体病的病原特点、流行特点、临床症状、病理变化及防治措施。我们应该具体掌握其发病原因及应对措施,以控制和消灭此类疾病。重点掌握支原体病的诊断和治疗。

任务一　支 原 体 病

【任务目标】

1. 了解支原体病的病原特点。
2. 描述支原体病的流行特点。
3. 识记支原体病的临床症状和病理变化,能够准确描述典型图片代表的症状和病变。
4. 会用本课学习的内容对支原体病进行诊断和防治。

一、猪支原体肺炎

猪支原体肺炎，又称猪地方流行性肺炎，俗称猪气喘病，是指由猪肺炎支原体引起猪的一种慢性呼吸道传染病。其主要临床症状为咳嗽和气喘。病变的特征是肺的尖叶、心叶、中间叶和膈叶前下缘呈“肉样或虾肉样”实变。

(一)病原

猪肺炎支原体属于支原体科支原体属成员。因无细胞壁，故是多形态微生物，有环状、球状、点状、杆状和两极状等。本菌不易着色，可用吉姆萨或瑞氏染色。

猪肺炎支原体对自然环境抵抗力不强。圈舍、用具上的支原体一般在 2～3 d 失活。病料悬液中的支原体在 15～20 ℃的条件下放置 36 h，即丧失致病力。常用的化学消毒剂均能达到消毒目的。本菌对青霉素和磺胺类药物不敏感，对大观霉素、卡那霉素、土霉素敏感。

(二)流行病学

猪是本病的自然宿主，各种品种、年龄、性别的猪均可感染，其中以哺乳猪和幼猪最为易感，发病率和死亡率较高，妊娠后期的母猪和哺乳母猪次之，育肥猪发病较少。母猪和成年猪多呈慢性和隐性感染。病猪和带菌猪是本病的传染源。通过咳嗽、气喘和喷嚏将含病原体的分泌物喷射出来，形成飞沫，经呼吸道而传染。如给健康猪皮下、静脉、肌内注射或胃管投入病原体都不能发病。

猪支原体肺炎一年四季均可发生，但在寒冷、多雨、潮湿、拥挤、气候骤变或饲养管理和卫生条件不良时较为多见。如有继发感染，则病情更重。一旦传入本病后，如不采取严密措施，很难彻底扑灭。

(三)临床症状

潜伏期一般为 11～16 d，最长潜伏期可达 1 个月以上。根据病程大致可分为急性、慢性和隐性三个类型。

1. 急性

急性主要见于新疫区和新感染的猪群，病初精神不振，头下垂，呼吸困难，严重者张口喘气，发出喘鸣声，有明显腹式呼吸。体温一般正常，如有继发感染，则可升到 40 ℃以上。病程一般为 1～2 周，病死率也较高。

2. 慢性

急性转为慢性，也有部分病猪在开始时就呈慢性经过，常见于老疫区的架子猪、育肥猪和后备母猪。其主要表现为咳嗽和气喘。咳嗽时站立不动，背弓，颈伸直，头下垂，用力咳嗽多次，严重时呈连续痉挛性咳嗽，特别是在早晚、运动、驱赶或采食之后尤为明显。病猪的食欲变化不大，只有在病势严重时，才会减少或完全不食。病期较长的小猪的身体消瘦而衰弱，生长发育停滞。慢性支原体病的病程长，可拖延 2～3 个月，甚至长达半年以上。

3. 隐性

隐性可由急性或慢性转变而成。在较好的饲养管理条件下，病猪不表现出任何症状，但用 X 线检查或剖检可发现肺炎病变。在老疫区的猪只中，本型占相当大的比例。其可作为水平散毒和垂直传播的隐性传染源，这是造成本病流行的一个不可忽视的因素。

(四)病理变化

支原体病的主要病变在肺、肺门淋巴结和纵隔淋巴结。急性死亡见肺有不同程度的水肿和气肿。在心叶、尖叶、中间叶及部分病例的膈叶出现融合性支气管肺炎，以心叶最为显著，尖叶和中间叶次之，然后波及膈叶。病变部的颜色多为淡红色或灰红色半透明状，病变部界限明显，似鲜嫩的肌肉样，俗称“肉样变”。随着病程延长或病情加重，病变部颜色转为浅红色、灰白色或灰红色，半透明状态的程度减轻，形似胰脏，俗称“胰样变或虾肉样变”。肺门和膈淋巴结显著肿大，有的边缘轻度充血。若继发感染细菌，还可引起肺和胸膜的纤维素性、化脓性和坏死性病变及其他脏器的病变。

(五)诊断

根据流行病学、临床症状和病变的特征可做出诊断。在诊断本病时，应以一个猪场的整个猪群为单位，当猪群中发现一头病猪，就可以认为是病猪群。X 射线检查对本病的诊断有重要价值。通过对隐性或可疑患猪进行 X 线透视，如为阳性，则可做出诊断。

微量补体结合试验、免疫荧光、微量间接血凝试验、微粒凝集试验、ELISA、核酸探针和 PCR 等这些诊断方法也有助于本病的快速诊断。

(六)防治

预防和消灭本病主要是采取综合的防治措施。坚持自繁自养的原则，防止购入隐性感染猪。在确实需引进种猪时，应认真了解猪源所在地有无本病流行。健康猪在被购入后应远离生产区，隔离饲养 3 个月，经检疫确定无疫病，方可混群饲养。避免把日龄相差太大的猪只混群饲养。平时应加强猪的饲养管理，给予优质全价饲料，做好经常性的卫生防疫及消毒，保持栏舍的清洁、干燥、通风。在每批猪出栏后，猪舍须经严格冲洗消毒，空置几天后再转入新的猪群。老疫区内未发病的猪场应认真做好疫苗接种，采用猪气喘病油乳剂灭活疫苗。断奶仔猪、育肥猪、种猪免疫 1 头份，30 d 后加强免疫 1 次。

对有本病的猪场实施免疫接种，给种猪和新生仔猪右侧肺内注射猪气喘病弱毒活疫苗，同时配合药物治疗与预防，但不易根除。常用药物有支原净、多西环素、泰乐菌素、卡那霉素、林可霉素、大观霉素和土霉素等。如仔猪群中已有感染病猪，则须及时隔离，并进行药物治疗。连续注射疫苗 3 年，可以控制猪气喘病。

二、鸡毒支原体感染

鸡毒支原体感染，又称鸡败血支原体病、鸡败血霉形体病、慢性呼吸道病，在火鸡则称为传染性窦炎，是指由鸡毒支原体引起鸡和火鸡等禽类的一种慢性接触性呼吸道传染病。临床上以上呼吸道症状为主，其临床特征为咳嗽、流鼻涕、呼吸困难、呼吸道有啰音及颜面部肿胀。当火鸡发生窦炎时，其主要表现为眶下窦肿胀。剖检可见鼻窦、气管卡他性炎和严重的气囊炎。

鸡毒支原体感染广泛存在于世界各地。其目前已遍及全国各地的各种鸡群。由鸡群感染引起的直接死亡较少见。其主要危害在于以下几个方面：①感染率高，影响生产性能；②垂直传播，终生带菌，很难清除；③严重污染胚源疫苗，造成疫苗传播疾病；④细胞内寄生，很难根治，极易诱发多种疾病。

(一)病原

鸡败血支原体是支原体属内的致病种。截至目前，这个种只发现1个血清型，但各个分离株之间的致病性和抗原性存在差异。某些菌株可以凝集鸡和火鸡的红细胞。一般分离株主要侵犯呼吸道。

鸡败血支原体具有一般支原体的形态特征，多呈球形，大小为0.25～0.5 μm。革兰氏染色弱阴性，吉姆萨染色效果较好，培养要求比较复杂，培养基中需含有10%～15%的鸡、猪或马血清。菌落微小(0.2～0.3 mm)、光滑、圆形、透明，具有点状致密的突起。鸡败血支原体致病力因株系不同而不一致。

鸡败血支原体对环境抵抗力低弱。一般消毒药物均能将其迅速杀死。本菌对泰乐菌素、泰妙菌素、红霉素、链霉素等敏感，但对新霉素、多黏菌素、青霉素和磺胺类药物有抵抗力。

(二)流行病学

鸡毒支原体感染主要感染鸡和火鸡。各种年龄的鸡和火鸡都能感染本病，珠鸡、鸽、鸭、鹌鹑、松鸡、野鸡和孔雀也有感染，某些哺乳动物可呈混合型感染。以4～8周龄的鸡最为易感，火鸡多见于5～16周龄。纯种鸡较杂交鸡严重，成年鸡常为隐性感染。

鸡毒支原体感染的传播方式有水平传播和垂直传播。病禽和带菌禽是主要的传染源。其分泌物、排泄物带有大量病原，此外，疫苗本身带菌也是一个非常重要的传染来源。

鸡毒支原体感染一年四季均可发生，但在寒冷的冬春季节及气候突变时多发而且严重，并表现出长期存在、反复发生、流行缓慢、很难根除的特点。有人总结出“三轻三重”，即在用药、天气好、饲养管理好时轻；在停药、天气坏、饲养管理差时重。发病率和病死率的高低取决于管理条件和有否继发感染。其易受环境因素影响，如雏禽的气雾免疫、卫生状况差、饲养管理不良、应激、其他继发病等。发病率一般达20%～30%，甚至高达60%。

(三)临床症状

人工感染的潜伏期为4～21 d，自然感染的潜伏期可能更长。病初的表现与新城疫、传染性支气管炎、传染性法氏囊病及球虫病相似，精神沉郁、食欲减退、缩颈、垂翅、羽松、体弱，随后出现典型症状。病鸡先流稀薄或黏稠鼻液，打喷嚏，甩头，鼻孔冒气泡，眼结膜发炎、红肿，流泪。鼻孔周围和颈部羽毛常被沾污。其后炎症蔓延到下呼吸道，即出现咳嗽，呼吸困难，呼吸有气管啰音等症状。病鸡食欲不振，体重减轻消瘦。如果鼻腔和眶下窦中蓄积渗出物，眶下窦肿胀，发硬，故表现出颜面部肿胀，眼睑肿胀，眼部突出如肿瘤状，突出眼外，似金鱼眼。眼球受到压迫，发生萎缩和失明，侵害一侧眼睛，也可能同时侵害两侧眼睛。

病鸡食欲不振，体重减轻。母鸡常产出软壳蛋，同时产蛋率和孵化率下降，并维持在低水平。后期常蹲伏一隅，不愿走动。公鸡的症状常较明显。种蛋的受精率和孵化率下降，死胚和弱胚增多，孵出的弱雏多，易发病死亡，且弱雏的气囊炎发生率高。在肉用仔鸡和火鸡可见严重的气囊炎、咳嗽、啰音和生长不良。本病在成年鸡中多呈散发性，幼鸡群则往往大批流行，特别是在冬季最为严重。火鸡的症状基本上与鸡相似，常见的症状是窦炎、鼻炎和呼吸困难。

(四)病理变化

一般病死鸡消瘦、发育不良。肉眼可见的病变主要是鼻腔、气管、支气管和气囊中有渗出物,喉头、气管黏膜常增厚,充血、出血。黏膜表面有灰白色黏液,严重者喉头部见有干酪样物质。胸部和腹部气囊的变化明显,在早期为气囊膜轻度混浊、水肿,表面有增生的结节病灶,外观呈念珠状。随着病情的发展,气囊膜增厚,囊腔中含有大量干酪样渗出物。有时能见到一定程度的肺炎病变。

严重的慢性病例可见眶下窦黏膜发炎,窦腔中积有混浊黏液或干酪样渗出物,炎症蔓延到眼睛,往往可见一侧或两侧眼部肿大,眼球破坏,剥开眼结膜可以挤出灰黄色的干酪样物质。严重的病鸡常发生纤维素性或纤维素性化脓性心包炎、肝周炎和气囊炎。气囊的变化具有特征性:早期为气囊壁混浊,增厚,灰白色不透明,常有黄色的泡沫;后期为气囊壁及腹腔内有灰白色奶油样的渗出物,此时经常可以分离到大肠杆菌。当出现关节症状时,跗关节、关节周围组织出现水肿,关节液增多,初期清亮而后混浊,最后呈奶油状的黏稠度。

(五)诊断

根据鸡毒支原体感染的流行特点、临诊症状和病理变化,可做出初步诊断。本病在临诊上应注意与鸡的传染性支气管炎、传染性喉气管炎、新城疫、雏鸡曲霉菌病、滑液囊支原体、禽霍乱等相区别。当火鸡出现窦炎时,要注意与衣原体感染的鉴别诊断。禽支原体病的确定诊断或对隐性感染的种禽进行检疫必须对病原做分离培养和血清学试验。病原分离常用平板凝集反应和血凝抑制试验。

1. 平板凝集反应

平板凝集反应是最常用的一种快速简便的检测方法。在 20 ℃以上的室温中,将被检血清 0.025～0.03 mL 滴于白色瓷板或在下面垫有白色底物的玻璃板上滴加等量着色的抗原,以细棒或牙签快速搅拌,上下倾斜转动使两者充分混合,如果在 2 min 内出现背景清亮明显的凝集颗粒,则为阳性反应,否则为阴性反应。

2. 血凝抑制试验

血凝抑制试验是一种可靠的鸡毒支原体感染诊断方法,常常用来确定其他方法判断的结果。在进行检测时先测定抗原血凝结,以 4 个血凝单位进行血凝抑制反应。当被检血清用 1∶80 稀释仍能抑制红细胞凝集时,则为阳性反应;当用 1∶40 稀释能抑制红细胞凝集时,为可疑反应;当稀释比例更低时,为阴性反应。对血凝抑制反应可疑的病例在 21 d 后采血,再进行一次诊断。

(六)防治

1. 综合措施

健康鸡场要做好预防工作,杜绝本病的传染来源。引进种鸡、鸡苗和种蛋都必须从确实无病的鸡场购买。平时要加强饲养管理,尽量避免引起鸡体抵抗力降低的一切应激因素,鸡群饲养密度不能太高,鸡舍通风良好,空气清新,阳光充足,防止受冷,饲料配合适宜,定期驱除寄生虫。这些措施对于防止感染鸡败血支原体病都是很重要的。

当幼鸡为 2～4 月龄时,应定期进行血清凝集试验,淘汰阳性反应鸡,要求与鸡白痢检疫相同。

2. 清除种蛋内鸡败血支原体

本病可以通过鸡蛋传染，因此，对孵化用的种蛋必须严格控制，尽量减少种蛋带菌。两种方法可以用来降低或消除种蛋内的支原体。

①在种蛋入孵之前，将温热的 37.8 ℃孵化蛋浸于冷的 0.04%～0.1%的红霉素溶液(1.67～4.44 ℃)15～20 min。

②在种蛋入孵之前，先将室温下的种蛋加温使蛋内部温度刚好达到 45～46 ℃，处理 14 h，效果也很好。这种方法降低了孵化率 8%～12%。另外，两种方法也可并用。

已经感染本病的种鸡在产蛋前和产蛋期间肌内注射链霉素 20 万 IU，每隔 1 个月注射 1 次，同时在种鸡的饲料中添加土霉素也能够减少种蛋的带菌的情况。

在雏鸡出壳时，再用链霉素溶液(100 IU/mL)喷雾或用链霉素滴鼻(2 000 IU/只)，以控制发病。

3. 培育无支原体感染鸡群

鸡群一经感染鸡败血支原体，就很不容易被消灭。最根本的防制方法是建立无病鸡群，这对种鸡场来说尤为重要。其主要措施有如下几种。

①用对支原体有抑制作用的抗生素处理种鸡，降低母鸡支原体带菌率和带菌强度，从而降低蛋的污染率和污染强度。

②在 45～46 ℃的温度下，经 14 h 处理种蛋可以消灭蛋中的支原体。

③种蛋小批量孵化，每批 100～200 只，减少雏鸡相互传染的机会。

④小群分群饲养，定时进行血清学检查，一旦出现确诊的阳性反应鸡，立即将小群淘汰。

⑤在进行全部程序时，要做好孵化箱、孵化室、用具、房舍等的消毒和隔离的工作，防止外来感染进入群内。

由这种程序育成的鸡群在产蛋前全部进行一次血清学检查。只有无阳性反应群，才能用作种鸡。完全阴性反应的亲代鸡群所产生的蛋不经过药物或热力处理孵出的子代鸡群经过几次检测都未出现一只阳性反应鸡，就可以认为已建立无支原体感染群。

4. 疫苗接种

疫苗接种也是一种减少支原体感染的有效方法。供使用的疫苗有两种，即弱毒活疫苗和灭活疫苗。

(1)弱毒活疫苗　国际和国内使用的活疫苗是 F 株疫苗。F 株疫苗致病力极为轻微，给 1 日龄、3 日龄和 20 日龄的雏鸡滴眼接种不引起任何可见症状或气囊上的变化，不影响增重。

(2)灭活疫苗　油佐剂灭活疫苗效果良好，能防止本病的发生并减少其他疾病的诱发。

在对其他传染性疾病进行预防接种活疫苗时，应严格选择无支原体污染的疫苗。许多病毒性活疫苗常常被致病性支原体污染。鸡由于接种这种疫苗而被感染，所以选择无污染活疫苗也是一种极为重要的预防措施。

二维码 1-14　猪支原体肺炎

5. 治疗

链霉素、土霉素、泰乐菌素、大观霉素、林可霉素、四环素、红霉素和泰妙菌素治疗本病都有一定疗效。

任务二　真　菌　病

【任务目标】

1. 了解真菌病的病原特点。
2. 描述真菌病的流行特点。
3. 识记真菌病的临床症状和病理变化，能够准确描述典型图片代表的症状和病变。
4. 会用本课学习的内容对真菌病进行诊断和防治。

一、禽曲霉菌病

禽曲霉菌病主要是指由烟曲霉菌和黄曲霉菌等曲霉菌引起的多种禽类的真菌性呼吸道传染病。该病特征为患禽喘气，咳嗽，肺、气囊、胸腹腔浆膜表面形成曲霉菌性结节或霉斑。禽类以肺及气囊发生炎症和肉芽肿小结节为主，故又称曲霉菌性肺炎。幼禽多发且呈急性群发，发病率和死亡率都很高，成年禽多为散发。

(一)病原

其主要病原体为半知菌纲曲霉菌属中的烟曲霉，其次为黄曲霉。另外，构巢曲霉、黑曲霉和土曲霉等也有不同程度的致病性。偶尔也可从病灶中分离到青霉菌、白霉菌等。这些霉菌和它产生的孢子在自然界中分布很广，如稻草、谷物、木屑、发霉的饲料以及墙壁、地面、用具和空气中都可能存在。

曲霉菌的形态特征是分生孢子，呈串珠状，在孢子柄膨大，形成烧瓶形的顶囊，囊上呈放射状排列。烟曲霉的菌丝呈圆柱状，色泽由绿色、暗绿色至熏烟色。在沙堡弱氏葡萄糖琼脂培养基上，菌落直径为 3～4 cm，扁平，最初为白色绒毛状结构，经 24～30 h 后开始形成孢子，逐渐扩延，迅速变成浅灰色、灰绿色、熏烟色以及黑色。

曲霉菌为需氧菌，在室温为 37～45 ℃均能生长。孢子对外界环境理化因素的抵抗力很强，在干热的 120 ℃条件下，经 1 h，煮沸 5 min 才能杀死。其对化学药品有较强的抵抗力，在一般消毒药物中，如 2.5%福尔马林、3%的烧碱、水杨酸、碘酊等，经 1～3 h 才能灭活。

(二)流行病学

曲霉菌可引起多种禽类发病，鸡、鸭、鹅、火鸡、鹌鹑、鸽及多种鸟类(水禽、野鸟、动物园的观赏禽等)均有易感性，以幼禽的易感性为最高，特别是 20 日龄以内的雏禽呈急性暴发和群发性发生，而成年家禽常常呈散发。出壳后的幼雏在进入被曲霉菌严重污染的育雏室或装入被污染的装雏器内而被感染，48 h 后即可开始发病和死亡，4～12 日龄是本病流行的最高峰，之后逐渐减少，至 1 月龄时基本停止。如果饲养管理条件不好，流行和死亡可延续到 2 月龄。

禽曲霉菌病的主要传播媒介是被曲霉菌污染的垫料和发霉的饲料。病菌主要通过呼吸道和消化道传染。育雏阶段的饲养管理不当、卫生条件不良是引起本病暴发的主要诱因。育雏室的日温差大、通风换气不好、过分拥挤、阴暗潮湿以及营养不良等因素都能促使本病发生和流行。另外，当孵化环境受到严重污染时，霉菌孢子就容易透过蛋壳侵入，引起胚胎感染。

(三)临床症状

自然感染的潜伏期为2～7 d,人工感染的潜伏期为24 h。根据发病的病程,本病可分为急性和慢性。

1.急性

急性多见于幼禽。病禽可见呼吸困难、喘气、咳嗽、张口呼吸,冠和肉髯因缺氧而发绀,精神委顿,常缩头闭眼,流鼻液,食欲减退,口渴增加,消瘦,体温升高,后期表现为腹泻。食管黏膜有病变的病例表现出吞咽困难。病程一般在1周左右。如果禽群发病后不及时采取措施,死亡率就可达50%以上。放养在户外的家禽对曲霉菌的抵抗力很强,几乎能避免传染。

有些雏鸡可发生曲霉菌性眼炎,结膜充血、眼肿、眼睑封闭,通常是在一侧眼的瞬膜下形成一个黄色干酪样小球,致使眼睑鼓起。有些鸡还可见角膜中央形成溃疡,严重者失明。病原侵害脑组织,引起共济失调、角弓反张、麻痹等神经症状。一般在发病后2～3 d急性死亡。

2.慢性

慢性多见于中成禽,症状较为温和。其主要表现为生长缓慢,发育不良,渐进性消瘦,呼吸困难,且常有腹泻。产蛋禽则表现出产蛋减少,甚至停产,零星死亡。其病程为2周以上。

(四)病理变化

肺的病变最为常见,肺充血,切面上流出灰红色泡沫液。胸腹膜、气囊和肺上有一种从针头至小米般大小的灰黄色至灰白色粟粒样或珍珠状霉菌性坏死肉芽肿结节,有时气囊壁上可见大小不等的干酪样结节或斑块,质地较硬。最大的直径为3～4 mm,结节呈灰白或淡黄色,柔软有弹性,切开后可见有层次的结构,中心为干酪样坏死组织,内含大量菌丝体,外层为类似肉芽组织的炎性反应层,含有巨噬细胞。随着病程的发展,气囊壁明显增厚,干酪样斑块增多、增大,有的融合在一起。在后期,病例可见在干酪样斑块上以及气囊壁上形成灰绿色霉菌斑,腺胃胃壁增厚,乳头肿胀。

(五)诊断

根据流行病学、临床症状和剖检可做出初步诊断,确诊则应进行微生物学检查,即取病理组织(结节中心的菌丝体最好)少许,置载玻片上,加生理盐水1～2滴,用针拉碎病料,加盖玻片后镜检,可见菌丝体和孢子;接种于马铃薯培养基或其他真菌培养基,在生长后进行检查鉴定。

(六)防治

不使用发霉的垫料和饲料是预防本病的关键措施。育雏室保持清洁、干燥。防止用发霉垫料,垫料要经常翻晒和更换,特别是在阴雨季节更应翻晒,防止霉菌生长。育雏室的每日温差不要过大,按雏禽日龄逐步降温。合理通风换气,减少育雏室空气中的霉菌孢子。保持室内环境及用品的干燥、清洁,饲槽和饮水器具经常清洗,控制孵化室的卫生,防止雏鸡的霉菌感染。育雏室清扫干净,用甲醛液熏蒸消毒和0.3%过氧乙酸消毒,再进雏饲养。

禽曲霉菌病尚无特效的治疗方法。用制霉菌素防治本病有一定效果,剂量为每100只雏鸡用 50 万 IU/次，每天 2 次，连用 2 d。此外，也可用克霉唑(人工合成的广谱抗霉菌药)，剂量为每 100 只雏鸡用 1 g，混合在饲料内，喂给。饮水中添加硫酸铜[1∶(2 000～3 000)倍稀释]，连喂 3～5 d，也有一定效果。

二、禽念珠菌病

禽念珠菌病，又称霉菌性口炎、白色念珠菌病，俗称"鹅口疮"，是指由白色念珠菌引起的禽类上消化道的一种真菌性传染病。其特征是上消化道(口腔、食道、嗉囊)黏膜发生白色的假膜和溃疡。

(一)病原

病原是半知菌纲念珠菌属的一种类酵母状的真菌，称为白色念珠菌。在沙堡弱氏培养基上，经 37 ℃培养 1～2 d，形成大小为 2～3 mm，白色或奶油色、凸起的圆形菌落，表面湿润，呈金属光泽的小菌落。边缘整齐，不透明，较黏稠略带酒糟味。菌体小而椭圆，能够长芽，伸长而形成假菌丝。革兰氏染色阳性，着色不甚均匀。病鸡的粪便中含有大量病菌。在病鸡的嗉囊、腺胃、肌胃、胆囊以及肠内都能分离出病菌。白色念珠菌在自然界广泛存在。其可在健康畜禽及人的口腔、上呼吸道和肠道等处寄居。各地不同禽类分离的菌株的生化特性有较大差别。白色念珠菌对外界环境及消毒药有很强的抵抗力。

(二)流行病学

禽念珠菌病可发生于多种禽类，如鸡、火鸡、鸽、鸭、鹅等均可感染。我国主要有鸡、火鸡、鸽、鸭、鹅发病的报道。本病以幼龄禽多发，成年禽也有发生。青年鸽易发，且病情严重。本病多发生在夏秋炎热的多雨季节。

病禽和带菌禽是主要传染来源。病原通过分泌物、排泄物污染饲料，饮水经消化道感染。雏鸽主要通过带菌亲鸽的"鸽乳"而被感染。其发病率、死亡率在火鸡和鸽中均很高。

禽念珠菌病的发生与禽舍环境卫生状况差、饲料单纯和营养不足、长期应用广谱抗生素或皮质类固醇以及其他疾病使机体抵抗力降低有关。鸽群发病往往与鸽毛滴虫并发感染。

(三)临床症状

病鸡精神不振，食量减少或停食，消瘦，羽毛粗乱，消化障碍。嗉囊胀满，但明显松软，挤压时有痛感，并有酸臭气体自口中排出。有时病鸡下痢，粪便呈灰白色，一般 1 周左右死亡。

火鸡雏多发，表现为精神委顿，食欲减退。口腔内有黏液并黏附着饲料，擦去饲料在黏膜上见有一层白色的膜。病雏常伸颈甩头，张口呼吸。少部分雏有程度不同的下痢。火鸡一旦发病，死亡就会逐日增多，发病率、死亡率高。

大小鸽均可感染，但尤以青年鸽最为严重。成年鸽一般无明显症状。雏鸽感染率也较高，但症状不严重。口腔与咽部黏膜充血、潮红、分泌物稍多且黏稠。青年鸽在发病初期可见口腔、咽部有白色斑点，继而逐渐扩大，演变成黄白色干酪样假膜；口气微臭或带酒糟味。个别鸽引起软嗉症，嗉囊胀满，软而无收缩力。食欲废绝，排墨绿色稀粪，多在病后 2～3 d 或 1 周左右死亡，一般可康复，但在较长时间内会成为无症状带菌者。幼鸭的白色念珠菌病的主要症状是呼吸困难，气喘，叫声嘶哑。发病率和死亡率都很高。

(四)病理变化

病理变化主要集中在上消化道，可见嗉缘结痂，口腔、咽和食道有干酪样假膜和溃疡。嗉囊黏膜明显增厚，被覆一层灰白色斑块状假膜，易刮落。假膜下可见坏死和溃疡。少数病禽会出现胃黏膜肿胀、出血和溃疡，颈胸部皮下形成肉芽肿。

(五)诊断

一般根据流行病学特点，典型的临诊症状和特征性的病理变化可以做出诊断。确切诊断必须刮取口腔、食道黏膜渗出物涂片，用显微镜检查菌体和菌丝或进行霉菌的分离培养和鉴定。

(六)防治

加强饲养管理，改善卫生条件，防止饲料和垫料发霉，减少应激，室内应干燥通风，防止拥挤、地面潮湿。种蛋表面可能带菌，在孵化前要严格消毒。在发生禽念珠菌病后，可选用下列药物进行治疗。

二维码 1-15
真菌病

1. 常用按 1∶(2 000～3 000)倍稀释的硫酸铜溶液进行全群饮水，连用 3 d 或在饮水中添加 0.07%的硫酸铜，连服 1 周。

2. 制霉菌素按每千克饲料 50～100 mg(预防量减半)，连用 1～3 周，或每只每次 20 mg，每天 2 次，连喂 7 d。在投服制霉菌素时，还需适量补给复合维生素 B。

3. 在进行个别治疗时，可将鸡口腔假膜刮去，涂碘甘油；嗉囊中可以灌入数毫升 2%硼酸水。

任务三　钩端螺旋体病

【任务目标】

1. 了解钩端螺旋体病的病原特点。
2. 描述钩端螺旋体病的流行特点。
3. 识记钩端螺旋体病的临床症状和病理变化，能够准确描述典型图片代表的症状和病变。
4. 会用本课学习的内容对钩端螺旋体病进行诊断和防治。

钩端螺旋体病(简称钩体病)是指由钩端螺旋体引起的一种人畜共患的自然疫源性传染病。家畜中以猪、牛、犬的带菌率和发病率较高。临床上以发热、黄疸、血红蛋白尿、出血性素质、流产、皮肤和黏膜坏死、水肿等为特征。

(一)病原

钩端螺旋体属共有 2 个种：一个为似问号钩端螺旋体，对人、畜有致病性；另一个为双钩端螺旋体，无病原性。本病的病原为似问号钩端螺旋体。钩端螺旋体个体纤细、柔软，有 12～18 个螺旋，菌体两端弯曲成钩，能以直线或旋转方式活泼运动，革兰氏染色阴性，但不易着色，用吉姆萨染色为红色或紫红色，镀银法染色为棕褐色，以后者较好。钩体为需氧微生物，在含有10%灭活兔血清的林格氏液、井水或雨水中均能生长，能产生溶血素，具有毒素作用。根据抗原成分，以凝集溶解反应可将本菌分为黄疸出血、爪哇、犬、秋季、澳大利亚、波摩那、流感伤寒、七日热等8个血清群，共有180个血清型。

钩端螺旋体对自然环境的抵抗力较强，在一般的水田、池塘、沼泽里及淤泥中可生存数月或更长；在−70 ℃可存活数年；对热、酸或碱敏感。一般消毒剂均易将其杀死。在水源被污染后，常用漂白粉对其消毒。该菌对链霉素及四环素族药物较敏感。

（二）流行病学

病原性钩端螺旋体遍布世界各地。所有的温血动物都可感染，其中鼠类是最重要的贮存宿主，起着终身带菌的传播媒介的作用。家畜中的猪、牛、水牛、犬、羊、马、骆驼、兔、猫，家禽中的鸭、鹅、鸡、鸽以及其他野兽、野禽、野鸟均可感染和带菌。其中以猪、牛、水牛和鸭的感染率较高，是重要的传染源。在钩端螺旋体侵入动物机体后，其最后定位于肾小管，可间歇地或连续地从尿中排出病原体，污染水源、土壤、湖泊、池塘、水田、饲料、圈舍和用具等。其主要经皮肤、黏膜和消化道感染，也可通过交配、输精感染。在菌血症期间，可通过吸血昆虫传播本病。

钩端螺旋体病有明显的季节性和地区性。其在热带、亚热带地区的江河两岸、湖泊、池塘和水田地带流行严重。每年的6—10月为流行的高峰。

（三）临床症状

各种动物感染钩端螺旋体后的临床表现各不相同，总体呈现传染率高，发病率低的规律；症状轻的多，症状重的少，幼畜比成年畜发病率高。潜伏期为2～20 d。

1. 猪

急性多发生于大猪和中猪，呈散发性，偶有暴发。病猪体温升高、食欲废绝、皮肤干燥，有的发痒，随后全身皮肤和黏膜黄染，排血红蛋白尿。数天或数小时内突然惊厥而死。亚急性和慢性多发生于断奶前后以及30 kg以下的小猪，呈地方流行性或暴发。病初有不同程度的体温升高、食欲减退、精神不振、结膜潮红，有时有浆液性鼻漏。几天后，结膜潮红、水肿、黄染，有的病者在上下颌、头部、颈部，甚至全身水肿，指压留痕，俗称“大头瘟”。尿液呈黄色或茶色、血红蛋白尿，甚至血尿，并有味腥臭味。有时便秘或腹泻，逐渐消瘦虚弱。其病程为十几天至1个多月，病死率为50%～90%。耐过猪易成为僵猪。妊娠母猪易流产，产出弱仔、死胎或木乃伊胎。流产率高达20%～70%。

2. 牛

急性常表现为体温突然升高，黏膜黄染，尿色暗，含有大量白蛋白、血红蛋白和胆色素。其常见皮肤干裂，坏死和溃疡。病程为3～7 d，病死率甚高。亚急性常见于奶牛，表现为轻热，食欲减少，黏膜黄染，产奶量显著下降或停止，乳色变黄并常有血凝块。经2个月后逐渐好转，很少死亡。孕牛常发生流产，有时兼有急性或亚急性症状。羊与牛的症状基本相似，发病率低。

3. 犬

以幼犬发病较多，成犬多呈隐性感染，常出现黄疸，眼结膜呈黄染，触诊肝和肾区有疼痛感。尿液呈微棕色，放置空气中呈绿色。

4. 貂

貂主要表现为排黄色稀便，饮水增加，食欲减退，心跳、呼吸增数，精神沉郁。有时还有结膜炎、发热、贫血、后肢瘫痪、血尿等症状。

(四)病理变化

由钩端螺旋体引起的家畜的病变基本一致。其病理变化主要是黄疸，出血，血红蛋白尿以及肝、肾不同程度损害；皮肤、皮下组织、浆膜和黏膜呈不同程度的黄染、出血，皮肤干裂、坏死，口腔黏膜有溃疡；肝大呈黄棕色，胆囊充盈；肾肿大，有点状出血和灰白色坏死灶；心内膜、肠系膜、肠和膀胱黏膜等出血，肠系膜淋巴结肿大；体腔有黄色积液；肺、脾等实质器官有出血斑点。有些病例则在上下颌、头颈、背、胃壁等部位出现水肿。

(五)诊断

钩端螺旋体病可根据畜群是否有短期发热，可视黏膜黄染、苍白，血红蛋白尿，皮肤黏膜出血和坏死，孕畜发生流产等情况，结合流行病学特点，做出初步诊断。确诊应进行实验室诊断，如病原学诊断及血清学诊断。

(六)防治

预防钩端螺旋体病应采取综合防治措施。加强饲养管理，搞好畜舍消毒和粪便处理，保护水源、环境不受污染，防止病原体散播。平时做好灭鼠工作，严格控制病畜和带菌家畜，及时治疗，消灭传染源。做好预防接种工作，当畜禽发现钩端螺旋体病，应及时用钩端螺旋体多价苗紧急接种，或选用与当地流行菌型一致的菌苗接种。治疗钩端螺旋体病选用青霉素，土霉素、链霉素或金霉素都有效。

一旦畜禽发生钩端螺旋体病，应全群治疗。在饲料中加入土霉素，连喂 7 d 可以解除带菌状态和消除一些轻型症状，以有效地预防钩端螺旋体感染。针对急性、亚急性病畜的治疗，成年牛可静脉注射四环素；猪单纯用青霉素、链霉素、土霉素、四环素等均无明显效果，在结合病因治疗时，应配合使用葡萄糖、维生素 C 以及强心利尿剂，可起到较好的效果。

二维码 1-16 钩端螺旋体病

(七)公共卫生

通常人在感染钩端螺旋体后表现为发热、头疼、乏力、呕吐、腹泻、淋巴结肿大、肌肉疼痛等，严重时可见咯血、肺出血、黄疸皮肤黏膜出血、败血症，甚至休克。多数病例在退热后可痊愈。如治疗不及时，可导致死亡。

模块二

牛 羊 疾 病

【模块概要】

牛羊疾病是给养殖生产造成巨大损失的主要因素之一，特别是规模化舍饲牛羊、饲养密度大、传染性疾病、营养代谢病发生的可能性增大，可造成大批动物的死亡和生产性能的下降，给牛羊生产带来严重的威胁。因此，做好牛羊疾病的预防控制工作是牛羊生产过程中不可忽视的问题。本模块主要包括常见的牛羊传染病的防控、牛羊寄生虫病的防控和牛羊普通病的防控。

项目一　牛羊传染病

【项目简介】

牛羊传染病是危害规模化养殖场的重要疾病。牛羊传染病是指由病原微生物引起的有一定的潜伏期和临床症状，并能传染的疾病。牛羊传染病的发生率逐年升高，原因各有差异，应该具体掌握发病原因及其应对措施，以控制和消灭传染病。本项目主要介绍了牛羊的传染病的防控，包括牛流行热、牛病毒性腹泻/黏膜病、牛传染性鼻气管炎、蓝舌病、小反刍兽疫、羊梭菌性疾病 6 个任务。

任务一　牛 流 行 热

【任务目标】

1. 了解牛流行热的病原特点。
2. 描述牛流行热的流行特点。
3. 认知牛流行热的临床症状和病理变化，能够准确描述典型图片代表的症状和病变。
4. 会用本课学习的内容对牛流行热进行诊断和防治。

牛流行热，又称为暂时热或三日热，是指由牛流行热病毒引起牛的一种急性热性传染病。其临床特征是突发高热，流泪，流涎，鼻漏，呼吸促迫，后躯强拘或跛行。本病多为良性经过，发病率高，病死率低，2～3 d 即可恢复。流行具有明显的周期性、季节性和跳跃性。本病广泛流行于非洲、亚洲及大洋洲。我国也有本病的发生和流行，分布较广。

(一)病原

牛流行热病毒，又名牛暂时热病毒，属于弹状病毒科暂时热病毒属的成员。病毒粒子呈子弹头形或圆锥形，长为130～220 nm，宽为60～70 nm，含单链RNA，有囊膜，对乙醚、氯仿等敏感。牛流行热病毒具有血凝性抗原，能凝集鹅、鸽、马、仓鼠、小鼠和豚鼠的红细胞，而且能被相应的抗血清抑制。虽然本病毒具有不同的名称，但各地分离的毒株在血清学上没有差异，只有一个血清型。

牛流行热病毒既可在牛肾、牛睾丸、牛胎肾细胞上繁殖，并产生细胞病变，也可在仓鼠肾原代细胞和传代细胞(BHK-21)、猴肾传代细胞(MS)、绿猴肾传代细胞(Vero)以及按蚊细胞培养物上生长并产生细胞病变。

牛流行热病毒对外界的抵抗力不强，对热敏感，在56 ℃的温度下，经10 min；在37 ℃的温度下，经18 h灭活；pH 2.5以下或pH 9以上，于数10 min内使之灭活，对一般消毒药敏感。血液中的病毒在2～4 ℃的温度下，贮存8 d后仍有感染性；感染鼠脑悬液在4 ℃的温度下放置1个月后，毒力仍无明显下降；反复冻融对病毒也无明显的影响；在－20 ℃以下的温度可长期保持毒力。

(二)流行病学

牛流行热主要侵害牛，其中以奶牛和黄牛最为易感。水牛的感受性较低，羚羊和绵羊也感染并产生中和抗体。3～5岁的牛多发，1～2岁的牛及6～8岁的牛次之，犊牛及9岁以上的牛很少发生。膘情较好的牛的病情较严重，母牛，尤以怀孕牛的发病率略高于公牛，产奶量高的奶牛发病率明显高于低产奶牛。患病牛是本病的主要传染源，通过吸血昆虫(蚊、蠓、蝇)叮咬而传播。实验还证明，本病毒能在蚊子和库蠓体内繁殖，因此，该类吸血昆虫对此病具有很强的传播和扩散能力。

牛流行热的发生和流行具有明显的季节性，一般在夏末到秋初，高温炎热、多雨潮湿、蚊蠓多生的季节流行。北方地区于多见于7—10月；南方可在7月以前发生。本病的传播能力强、传播迅速，在短期内可使很多牛发病，呈流行性或大流行性。但发病初期的传播较为缓慢，发病1周以后才出现流行高峰。在奶牛场中，成年母牛最先发病，后为育成牛；在牛群中，本病呈跳跃式传播；同一牛场或牛棚内的牛只不一定同时发病。此外，本病的发生还具有明显周期性，3～6年流行一次；在大流行的间歇期常发生较小的流行。

(三)临床症状

潜伏期为2～11 d，一般为3～7 d。病牛发病突然，体温升高达39.5～42.5 ℃，持续2～3 d。同时，可见精神沉郁，目光呆滞，反应迟钝，食欲减退，反刍停止，流泪，畏光，眼结膜充血，眼睑水肿。多数病牛鼻腔流出浆液性或黏液性鼻涕，口腔发炎、流涎，口角有泡沫。心跳和呼吸加快，呈明显的腹式呼吸，并在呼吸时发出哼哼声。病牛在运动时可见四肢强拘、肌肉震颤，有的患牛出现四肢关节浮肿、僵硬、疼痛，出现跛行，常因站立困难而卧地不起。触诊病牛皮温不整，特别是角根、耳、肢端有冷感。有的病牛出现便秘或腹泻，发热期尿量减少，尿液呈暗褐色，混浊。妊娠母牛可发生流产、死胎，泌乳量下降或停止。多数病例为良性经过，病程为3～4 d，很快可恢复。病死率一般不超过1%，但部分病牛常因跛行或瘫痪而被淘汰。

(四)病理变化

病死牛剖检可见胸部、颈部和臀部肌肉有出血斑点；胃肠道黏膜淤血呈暗红色，各实质器官混浊肿胀，心内膜及冠状沟脂肪有出血点；胸腔积有多量暗紫红色液体，肺充血、水肿，并有明显的肺间质气肿现象，表现为气肿肺脏的高度膨隆，压迫有捻发音，切面流出大量的暗紫红色液体，间质增宽，内有气泡和胶冻样物浸润；气管内积有多量的泡沫状黏液，黏膜呈弥漫性红色，支气管管腔内积有絮状血凝块。淋巴结充血、肿胀和出血。

(五)诊断

根据流行病学特点(大群发生、传播快速、有明显的季节性、发病率高、病死率低等)，结合临床表现可做出初步诊断。确诊牛流行热病还要做病原分离鉴定，或用中和试验、补体结合试验、琼脂扩散试验、免疫荧光法、酶联免疫吸附试验等进行检验。必要时采取病牛全血，用易感牛做交叉保护试验。

此外，在诊断牛流行热病时，要注意与茨城病、牛病毒性腹泻/黏膜病、牛传染性鼻气管炎、牛副流感等相区别。

(六)防治

根据牛流行热病的流行特点，一旦发生该病应及时采取有效的措施，即发现病牛，立即隔离，并采取严格封锁、彻底消毒的措施，杀灭场内及其周围环境中的蚊蝇等吸血昆虫，防止该病的蔓延传播。定期对牛群进行疫苗的计划免疫是控制该病的重要措施之一。中国农业科学院哈尔滨兽医研究所已经研制出该病的疫苗。

牛流行热病尚无特效的治疗药物。当发现病牛时，病初可根据具体情况使用退热药及强心药；停食时间较长时可适当补充生理盐水及葡萄糖溶液。在治疗过程中，既可适当用抗生素类药物防止并发症和继发感染，呼吸困难时应及时输氧，也可用中药辨证施治。同时，对假定健康牛群及受威胁牛群可采用高免血清进行紧急预防接种。

据经验证明，在该病流行期间，早发现、早隔离、早治疗，消灭蚊蝇是减少该病传染蔓延的有效措施。自然病例在恢复后可获得 2 年以上的坚强免疫力，而人工免疫迄未达到如此效果。

二维码 2-1 牛流行热

任务二 牛病毒性腹泻/黏膜病

【任务目标】

1. 了解牛病毒性腹泻/黏膜病的病原特点。

2. 描述牛病毒性腹泻/黏膜病的流行特点。

3. 认知牛病毒性腹泻/黏膜病的临床症状和病理变化，能够准确描述典型图片代表的症状和病变。

4. 会用本课学习的内容对牛黏膜病进行诊断和防治。

牛病毒性腹泻/黏膜病，也叫牛黏膜病或牛病毒性腹泻，是指由牛病毒性腹泻-黏膜病病毒引起牛的一种急性热性传染病。其特征是体温升高、口腔黏膜发炎、糜烂、坏死，腹泻及胎儿发育异常。牛病毒性腹泻/黏膜病呈世界性分布，广泛存在于许多欧美养牛发达国家。1980 年，我国首次发生本病。

（一）病原

该病毒属于黄病毒科瘟病毒属的成员，与猪瘟病毒有共同的抗原性。该病毒分为两个血清型，即细胞病变型和非细胞病变型。每个血清型又分许多毒株，每个毒株之间具有明显的抗原性差异。每种毒株可能会引起不同的临床表现和病理变化。

该病毒对外界抵抗力不强，在 pH 3.0 以下和 56 ℃的温度下很快灭活。血液和组织中的病毒在低温状态下稳定，在冻干状态下可存活多年。该病毒对一般消毒药敏感。

（二）流行病学

牛病毒性腹泻/黏膜病可感染多种动物，特别是偶蹄动物。患病动物和带毒动物为传染源，动物感染可形成病毒血症。患病动物急性期的血液、分泌物、排泄物和脾脏中含有病毒，感染怀孕母羊的流产胎儿也可称为传染源。持续感染的牛终生带毒，康复的牛可带毒 6 个月，它们都可成为重要的传染源。牛病毒性腹泻/黏膜病的主要传播途径是消化道和呼吸道。通过直接接触或间接接触传播，也可通过垂直传播。被病原体污染的饲料、饮水和用具可传播病毒。

不论牛大小均可发病。新疫区常表现为急性经过。发病率一般不超过 5%，但病死率可达到 90%以上。发病牛集中于 6～18 月龄。而老疫区的发病率和死亡率都很低，隐性感染牛在 50%以上。本病无明显的季节性，但冬春季节多发。

（三）发病机理

一般认为病毒侵入牛的呼吸道及消化道黏膜上皮细胞进行复制，然后进入血液，形成病毒血症，再经血液和淋巴管进入淋巴组织。病毒血症一般结束于中和抗体的形成。在不给初乳的犊牛实验感染中，以循环系统中的淋巴细胞坏死，继而脾脏、集合淋巴结等淋巴组织损害为特征。由上皮细胞变性和坏死及黏膜脱落而形成黏膜糜烂也是本病的特征。

（四）临床症状

自然感染的潜伏期为 7～14 d。根据临床症状和病程，其可分为急性和慢性。临床上多数病牛表现为隐性感染。据资料，绝大多数发病的牛群的临床表现相对固定，而不是多种症状同时出现。

1. 急性

急性常见于幼犊，成年奶牛的症状轻重不一。常突然发病，初期表现为厌食，鼻、眼流出浆液黏性液体，咳嗽，呼吸急促，流涎，磨牙，精神委顿，体温升高到 40～42 ℃，持续 4～7 d，同时白细胞总数减少。在经过几天的体温平稳期后，体温再次升高，此时病牛鼻镜糜烂、表皮剥落，舌面上皮坏死脱落，流涎增多，呼出的气体恶臭。随后发生严重的腹泻，持续或间歇发生，可达几个月之久，初期粪便稀薄如水，灰色、恶臭，混有大量的黏液和小气泡，后期粪便带有黏液和血液。有些病牛还伴有蹄叶炎、趾间皮肤糜烂、坏死，患肢出现明显的跛行。某些毒株可引起病牛血小板减少，而表现为黏膜、浆膜广泛的出血。粪便带血被认为是血小板减少的结果。

2. 慢性

慢性病例的体温一般不高，病牛被毛粗乱、消瘦和间歇性腹泻。常见的症状是鼻镜大面积糜烂，门齿齿龈明显发红。跛行，球节部皮肤充血、蹄壳变长而弯曲，步态蹒跚。病程为2～6个月，多以死亡告终。

感染牛和发病牛会发生明显的免疫机能下降和严重的继发感染。其原因在于白细胞总数减少，特别是淋巴细胞减少。

妊娠母牛在感染本病时常发生流产，或产下有先天缺陷的犊牛。有先天缺陷的犊牛最常见的缺陷是小脑发育不全，有些患犊由于白内障而失明。妊娠感染的母牛可产下临床健康的犊牛。康复的牛常被作为种用，实际上这些牛是最危险的，它们往往造成该病在牛群的广泛传播。

（五）病理变化

其主要病理变化位于消化道和淋巴组织。鼻镜口腔黏膜、齿龈、舌、软腭、硬腭以及咽部黏膜有小的不规则的浅表烂斑，尤其是食道黏膜呈现纵行的糜烂斑。偶尔可见瘤胃黏膜有出血和糜烂，真胃黏膜炎性水肿和糜烂，小肠黏膜弥漫性发红，盲肠、结肠和直肠黏膜水肿、充血和糜烂。集合淋巴结和整个消化道淋巴结可见水肿。运动失调的新生犊牛有严重的小脑发育不全及两侧脑室积水现象。蹄部皮肤出现糜烂、溃疡和坏死。

（六）诊断

在牛病毒性腹泻/黏膜病的流行地区可根据其发病史、症状及病理变化（如牛群同时出现发热、腹泻、黏膜损伤和趾部损伤的典型病例）做出诊断。确诊必须进行病毒鉴定或血清学检查。病毒分离应于病牛急性发热期间采取血液、尿、鼻液或眼分泌物。剖检时既可采取脾、骨髓、肠系膜淋巴结等病料，也可用牛胎肾、牛睾丸细胞分离病毒。人工感染易感犊牛或用乳兔来分离病毒。在血清学试验中，应用最广的是血清中和试验。试验时采取双份血清（间隔3～4周），滴度升高4倍以上者为阳性。本法可用来定性，也可用来定量。此外，还可应用补体结合试验、免疫荧光抗体技术、琼脂扩散试验以及聚合酶链式反应（PCR）等方法来诊断本病。同时应注意与类似疾病进行鉴别，如牛传染性鼻气管炎、恶性卡他热、蓝舌病等。

（七）防治

未发病牛群应加强饲养管理，减少应激的发生，加强检疫。在从国外引进种牛、种羊、种猪时，必须进行血清学检查，防止引入带毒牛、羊和猪。在我国进行牛只调拨或交易时，要加强检疫，防止牛病毒性腹泻/黏膜病的扩大或蔓延。受威胁地区和牛场应考虑使用疫苗免疫接种。由于疫苗可造成妊娠牛和持续感染牛发病，母牛应在空怀期接种。针对绝大多数牛群，推荐使用灭活疫苗。近年来，猪对牛病毒性腹泻/黏膜病病毒感染率的日趋上升不但增加了猪作为本病传染来源的重要性，而且牛病毒性腹泻/黏膜病病毒与猪瘟病毒在分类上同属于瘟病毒属，有共同的抗原关系，猪瘟的防治工作变得复杂化，因此，在牛病毒性腹泻/黏膜病的防治计划中，对猪的检疫也不容忽视。

对发病牛没有特效治疗方法。一旦发生牛病毒性腹泻/黏膜病，就应对病牛隔离治疗或急宰。针对腹泻，使用收敛剂和补液疗法可缩短恢复期，减少损失；用免疫增强剂、抗生素和磺胺类药物可减少继发细菌感染。

二维码 2-2 牛病毒性腹泻/黏膜病

任务三 牛传染性鼻气管炎

【任务目标】

1. 了解牛传染性鼻气管炎的病原特点。

2. 描述牛传染性鼻气管炎的流行特点。

3. 认知牛传染性鼻气管炎的临床症状和病理变化，能够准确描述典型图片代表的症状和病变。

4. 会用本课学习的内容对传染性牛鼻气管炎进行诊断和防治。

牛传染性鼻气管炎，又称牛传染性脓疱性外阴阴道炎、“坏死性鼻炎”“红鼻病”，是指由传染性牛鼻气管炎病毒引起牛的一种高度接触性传染病。该病的典型症状是在上呼吸道，表现为化脓性鼻气管炎、结膜炎，有时为脑膜炎。生殖道感染会导致疱疹性外阴-阴道炎、流产和龟头-包皮炎、乳腺炎等多种病型。

(一)病原

牛传染性鼻气管炎病毒属于疱疹病毒科甲型疱疹病毒亚科单纯疱疹病毒属的成员。病毒粒子为正二十面体立体对称，直径为 130～180 nm，有囊膜，对氯仿和酸敏感。该病毒的细胞培养物经浓缩后有明显的血凝活性，能凝集小鼠、大鼠、豚鼠、仓鼠和人的红细胞。

目前，世界各地分离的牛传染性鼻气管炎病毒毒株至少几十个，经血清学试验证明只有 1 个血清型。经试验证明，该病与马鼻肺炎病毒、马立克病病毒和伪狂犬病病毒有某些共同的抗原成分。

该病毒对外界环境的抵抗力较强，在 4 ℃的温度下可存活 30 d；在寒冷季节，当相对湿度为 90%时，可存活 30 d；在温暖季节中，该病毒也能存活 5～13 d，在－70 ℃的温度下保存的病毒可存活数年。该病毒在 pH 4.5～5 的溶液中不稳定，对热敏感，在 56 ℃的温度下，经 21 min 可灭活，对一般常用消毒药敏感。

(二)流行病学

该病的感染谱较窄，自然宿主是牛，并且多见于育肥牛和奶牛。有时肉用牛群的发病可高达 75%，其中 20～60 日龄的犊牛最为易感，病死率也较高。山羊和猪也能感染并产生中和抗体。

病牛和带毒牛为本病主要传染源，病毒存在于病牛的鼻腔、气管、眼睛以及流产胎儿和胎盘等组织内。感染牛可不定期排毒，通过空气、媒介物以及直接接触感染。在自然状态下，其主要通过飞沫、交配传染，也能由胎盘感染而引起胎儿死亡和流产。该病多发于秋季和寒冷的冬季，在过分拥挤、密切接触时更易迅速传播。

(三)临床症状

本病潜伏期一般为 3～6 d，有时潜伏期可达 20 d 以上，人工滴鼻或气管内接种时的潜伏期为 18～72 h。根据患病动物感染器官的不同，其可分为多种临床类型，其中较为多见的病型是呼吸道型、生殖道感染型、脑膜脑炎型和眼结膜炎型以及流产型。

1. 呼吸道型

该病型在临床上最为常见，多发生于较冷的季节。急性病例可侵害整个呼吸道，病初发高热至 39.5～42 ℃，精神极度沉郁，拒食。鼻黏膜高度充血呈火红色，故被称为红鼻病；鼻腔黏膜有浅表溃疡，鼻孔流出多量分泌物，初为浆液性，后为黏液性，最后则带有脓汁和血液；鼻窦及鼻镜内组织高度发炎呈红色；因鼻黏膜坏死，病牛呼气时常有臭味。随着病情的发展，病牛出现不同程度的呼吸困难症状，患病乳牛在初期的产乳量明显减少，后期完全停止，经5～7 d可能恢复。有时可见病牛拉稀，粪便中含有血液。此外，该型病例还常伴有结膜炎，可见眼睑浮肿、结膜充血及流泪，结膜上有黄色针尖大小的颗粒。当无继发感染时，病程为7～9 d，随后逐渐好转并恢复正常。继发感染的重型病例可能死亡，妊娠中后期的母牛流产，犊牛则出现脑膜脑炎的变化。严重流行的牛群发病率可达75%以上，但病死率通常在10%以下。

2. 生殖道感染型

生殖道感染型，又称传染性脓疱性外阴阴道炎。潜伏期很短，通常为1～3 d。一般经配种传染，母牛及公牛均可感染发病。病初精神沉郁，发热呈轻度的波浪热型，可持续数天。其外阴部轻度肿胀，并有少量黏稠的分泌物附着在局部皮毛上。病牛时常举尾，排尿时有痛感。病情缓和者的外阴黏膜上出现白色小脓疱，阴道黏膜轻度充血，阴道壁上附着淡黄色渗出物。重症病例的阴门阴道发炎充血，阴道底面上有黏稠无臭的黏液性分泌物，大量小脓疱使阴户前庭及阴道壁形成广泛的灰色坏死膜，当擦掉或脱落后遗留发红的擦破表皮，阴门流出黏液线条，污染附近皮肤被毛。急性期消退时开始愈合，经 10～14 d 痊愈，阴道内渗出物可持续排出数周。孕牛很少发生流产。

当公牛被感染时，其潜伏期为 2～3 d。病牛精神沉郁、食欲废绝，有时出现一过性发热，数天后可痊愈。严重病例出现波浪热型以及包皮、阴茎上形成脓疱，随即包皮肿胀，几天后脓疱破溃，留下边缘不规则的溃疡，尤其当有细菌继发感染时更加严重。病程一般为 10～14 d，随后开始恢复。有时公牛呈隐性感染，可从其精液中分离出病毒。

3. 脑膜脑炎型

脑膜脑炎型主要发生于犊牛，表现为脑炎症状，体温升高达 40 ℃以上，共济失调，精神沉郁，随后兴奋、惊厥，口吐白沫，最终倒地，角弓反张，磨牙，四肢划动。病程短促，发病率高，死亡率可达 50%以上。

4. 眼结膜炎型

对黏膜的亲嗜性常可引起角膜炎和结膜炎，一般不形成溃疡。多数病牛在临床上缺乏明显的全身反应，主要表现为结膜充血、水肿，表面形成灰色的颗粒状坏死膜。角膜轻度混浊，眼和鼻流浆液性或脓性的分泌物。有时该型与呼吸道感染型同时出现，很少引起死亡。

5. 流产型

一般多见于初产母牛，可在怀孕的任何时期发生，多发生于妊娠的第 5～8 个月。流产前既无前驱症状，也无胎衣滞留现象。该型多数是由病毒在呼吸道黏膜增殖后形成了病毒血症，经血液循环进入胎膜、胎儿所致，因此，胎儿感染常为急性过程，经 7～10 d 死亡。

(四)病理变化

其特征性病变见于呼吸道感染的严重病牛，可见呼吸道黏膜高度发炎，有浅溃疡，咽喉，气管及大支气管黏膜表面被覆腐臭黏脓性渗出物。内脏器官可见化脓性肺炎，脾脏脓肿、肝脏表面和肾脏包膜下具有灰白色或灰黄色的坏死灶，第四胃黏膜发炎及溃疡以及大小肠出现卡他性肠炎。生殖道感染型则可见局部黏膜表面形成小的脓疱。流产胎儿的肝、脾有局部坏死，有时皮肤水肿。

通过组织学检查，则在呼吸道上皮细胞中见有核内包涵体。脑膜脑炎型病例可见淋巴细胞性脑膜炎和以单核细胞为主的血管套。肺脏、肾脏、肝脏、脾脏以及胸腺、淋巴结等出现弥漫性的坏死灶。

(五)诊断

根据该病在流行病学、临床症状和病理剖检等方面的特点，可进行初步的诊断。要确诊本病必须依靠病毒分离鉴定和血清学诊断。分离病毒所用的病料既可以是发热期的鼻腔洗涤物，也可以用流产胎儿的胸腔液或胎盘子叶。通常用牛肾细胞培养物进行分离，然后用中和试验及荧光抗体鉴定病毒。近年来，也用 DNA 限制性内切酶分析和 PCR 等方法进行病原学检测。

血清学试验多用中和试验、酶联免疫吸附试验、琼脂扩散试验或间接血凝试验等方法。世界动物卫生组织(OIE)推荐中和试验和 ELISA 方法进行抗体的检测。据报道，应用核酸探针、PCR 技术检测潜伏的病毒取得了较好的效果。

(六)防治

预防牛传染性鼻气管炎病的发生应在饲养管理的基础上，加强冷冻精液检疫、管理以及检疫制度，不从有病地区或国家引进牛只或其精液，必须引进时应经过隔离观察和严格的病原学或血清学检查，证明未被感染或精液未被污染方准使用。在生产过程中，应定期对牛群进行血清学监测，发现阳性感染的牛应及时淘汰。

由于牛传染性鼻气管炎病缺乏特效的药物治疗，一旦发生本病应根据当地疫情的具体情况，采取封锁、检疫、剖杀病牛或感染牛，并结合消毒等综合性措施扑灭该病。若本地是老疫区，则可通过隔离病牛，消毒污染牛棚，应用广谱抗生素治疗以防止细菌继发感染，再配合对症治疗等方法来促进病牛的痊愈。

二维码 2-3　牛传染性鼻气管炎

疫区或受威胁牛群可对未被感染牛进行弱毒疫苗或油佐剂灭活疫苗的免疫接种。在免疫接种时，应注意免疫母牛后代血清中的母源抗体有时可持续 4 个月，对主动免疫力的产生可能会产生干扰作用。通常犊牛在半岁时进行疫苗接种，其免疫期可达半年以上。病愈康复牛可获得坚强的免疫力。

任务四　蓝　舌　病

【任务目标】

1. 了解蓝舌病的病原特点。
2. 描述蓝舌病的流行特点。
3. 认知蓝舌病的临床症状和病理变化，能够准确描述典型图片代表的症状和病变。
4. 会用本课学习的内容对蓝舌病进行诊断和防治。

蓝舌病是指由蓝舌病病毒引起反刍动物的一种急性病毒性传染病。其主要发生于绵羊。

临床特征是发热，口鼻、唇和胃黏膜的糜烂性炎症，蹄叶炎及心肌炎等变化。由病羊，特别是羔羊长期发育不良、死亡、胎儿畸形、羊毛的破坏造成的经济损失很大。

蓝舌病最早在1876年发生于南非的绵羊。1949年后，本病在全世界50多个国家或地区陆续发生，1979年，我国云南省曾经发生过本病，1990年，在甘肃省又从黄牛分离出蓝舌病病毒。

(一)病原

蓝舌病病毒属于呼肠孤病毒科环状病毒属蓝舌病病毒亚群的成员。病毒颗粒呈圆形，二十面体对称，直径为60～69 nm，有囊膜，它是一种双股RNA病毒。现已知病毒有24个血清型，各型之间无交互免疫力。本病毒具有血凝素，能凝集绵羊和人O型红细胞，血凝抑制试验具有特异性。

本病毒对外界理化因素的抵抗力很强，可耐干燥与腐败。本病毒在50%甘油内于室温下可存活多年。血液中的病毒在60 ℃ 的温度下，经30 min不能完全灭活，对乙醚、氯仿有抵抗力。本病毒对3%氢氧化钠溶液、2%过氧乙酸溶液很敏感，在pH 3.0或更低时则迅速灭活。

(二)流行病学

几乎所有反刍动物对本病都易感，包括家养的动物和野生的动物，以绵羊最为易感，且不分品种、性别和年龄，尤以1岁左右绵羊的易感性最强，吃奶的羔羊有一定的抵抗力。牛和山羊的易感性较低，多为隐性感染。患病动物和病毒携带者是本病的传染源，病毒存在于感染动物的血液和各个器官，康复动物带毒可长达4～5个月。

蓝舌病主要通过吸血昆虫传播，库蠓是本病的主要传染媒介。当库蠓吸吮患病动物的带毒血液后，病毒可在虫体内繁殖，并通过再次叮咬牛而使易感动物感染。此外，绵羊虱蝇也能机械传播本病。本病也可经垂直传染，经胎盘感染胎儿，导致母畜的流产、死胎或胎儿先天性异常。

蓝舌病的发生具有明显的地区性和季节性，这与传染媒介的分布、活动区域及季节密切相关。蓝舌病多发生于湿热的晚春、夏季和早秋，特别多见于池塘、河流多的低洼地区及多雨季节。

(三)临床症状

潜伏期为3～8 d。发病初期的体温高达40.5～41.5 ℃，稽留5～6 d，表现出厌食、委顿，落后于羊群；流涎，口唇水肿，蔓延到面部和耳部，甚至颈部、腹部；口腔黏膜充血，后发绀，呈青紫色。在发热几天后，口腔连同唇、齿龈、颊、舌黏膜糜烂，致使吞咽困难。随着病情的发展，在溃疡损伤部位渗出血液，唾液呈红色，口腔发臭。鼻流炎性、黏性分泌物，鼻孔周围结痂，引起呼吸困难和鼾声。有时蹄冠、蹄叶发生炎症，触之敏感，呈不同程度的跛行，甚至膝行或卧地不动。病羊消瘦、衰弱，有时便秘或腹泻，有时下痢带血，早期有白细胞减少症。病程一般为6～14 d，发病率为30%～40%，病死率为2%～3%，有时可高达90%。患病不死的动物经10～15 d痊愈，6～8周后，蹄部也恢复。当怀孕4～8周的母羊遭受感染时，20%的分娩的羔羊中有发育缺陷，如脑积水、小脑发育不足、回沟过多等。山羊的症状与绵羊相似，一般比较轻微。牛通常缺乏症状。约有5%的病例可显示轻微症状。其临床表现与绵羊相同。

(四)病理变化

病理变化主要见于口腔、瘤胃、心、肌肉、皮肤和蹄部。口腔黏膜和舌部青紫、水肿和糜烂；皮肤有充血性斑块，继而出现局限性皮炎；蹄冠周围皮肤出现线状充血带；肌肉出血，肌纤维变性，有时肌间有浆液和胶冻样浸润；瘤胃、真胃和肠道黏膜充血，严重时有坏死或溃疡；心肌、心内外膜均有小点出血；脾脏通常肿大；肾和淋巴结轻度发炎和水肿。

(五)诊断

根据蓝舌病典型的症状与病理变化，结合流行病学可做出临床初步诊断。确诊该病还有赖于实验室检验。如病毒分离和鉴定、特异性血清学试验等。

(六)防治

蓝舌病是世界性分布的动物传染病，许多国家将此列为重点检疫对象。为防止本病的传入，应严禁从有本病的地区和国家购买牛羊，对应引进的牛羊要严格进行检疫，阳性予以扑杀，以杜绝传染源的引入。同时加强国内疫情监测，做好冷冻精液及胚胎的管理与检疫等是控制本病传入的有效措施。有本病发生的地区应避免在昆虫活动较多的晚间和低洼带放牧，以减少感染机会。每年在媒介昆虫库蠓活动之前做好灭虫工作，消灭传染媒介。

在流行地区可在每年发病季节前1个月接种疫苗；在新发病地区可用疫苗进行紧急接种。所用疫苗有弱毒疫苗、灭活疫苗和亚单位疫苗，以弱毒疫苗比较常用，二价或多价疫苗可产生相互干扰，因此，二价或多价疫苗的免疫效果会受到一定的影响。

蓝舌病无特异治疗方法。对病畜要精心护理，严格避免烈日风雨，给予易消化的饲料，每天用温和的消毒液冲洗口腔和蹄部。预防继发感染可用磺胺药或抗生素。在有条件时，病畜或分离出病毒的阳性畜应予以扑杀；血清呈阳性畜，要定期复检，限制其流动，就地饲养使用，不能留作种用。

二维码 2-4　蓝舌病

任务五　小反刍兽疫

【任务目标】

1. 了解小反刍兽疫的病原特点。
2. 描述小反刍兽疫的流行特点。
3. 认知小反刍兽疫的临床症状和病理变化，能够准确描述典型图片代表的症状和病变。
4. 会用本课学习的内容对小反刍兽疫进行诊断和防治。

小反刍兽疫俗称羊瘟，又名小反刍兽假性牛瘟、肺肠炎、口炎肺肠炎综合征，是指由小反刍兽疫病毒引起的一种急性病毒性传染病。其主要感染小反刍动物，以发热、口炎、腹泻、肺炎为特征。

(一)病原

小反刍兽疫病毒属于副黏病毒科麻疹病毒属，与牛瘟病毒有相似的物理化学及免疫学特性。病毒呈多形性，通常为粗糙的球形。病毒颗粒比牛瘟病毒大，核衣壳为螺旋中空杆状并有特征性的亚单位，有囊膜。病毒可在胎绵羊肾、胎羊及新生羊的睾丸细胞、Vero 细胞上增殖，并产生细胞病变(CPE)，形成合胞体。

(二)流行病学

小反刍兽疫主要感染山羊、绵羊、美国白尾鹿等小反刍动物，流行于非洲西部、中部和亚洲的部分地区。在疫区，本病为零星发生。当易感动物增加时，即可发生流行。本病主要通过直接接触传染，病畜的分泌物和排泄物是传染源。处于亚临诊型的病羊尤为危险。人工感染的猪不出现临诊症状，也不能引起疾病的传播，故猪在本病的流行病学中无意义。

(三)临床症状

小反刍兽疫的潜伏期为 4～5 d，最长的潜伏期为 21 d。自然发病仅见于山羊和绵羊。山羊发病严重，绵羊也偶有严重病例发生。一些康复山羊的唇部形成口疮样病变。感染动物的临诊症状与牛瘟病牛相似。急性体温可上升至 41 ℃，并持续 3～5 d。感染动物表现出烦躁不安，背毛无光，口鼻干燥，食欲减退。流黏液脓性鼻漏，呼出恶臭气体。在发热的前 4 d，口腔黏膜充血，颊黏膜进行性广泛性损害从而导致多涎，随后出现坏死性病灶，开始口腔黏膜出现小的粗糙的红色浅表坏死病灶，以后变成粉红色，感染部位包括下唇、下齿龈等处。严重病例可见坏死病灶波及齿垫、腭、颊部及其乳头、舌头等处。后期出现带血水样腹泻，严重脱水，消瘦，随之体温下降，出现咳嗽、呼吸异常，发病率高达 100%。在严重暴发时，死亡率为 100%；在轻度发生时，死亡率不超过 50%。幼年动物发病严重，发病率和死亡都很高。本病被我国划定为一类疾病。

(四)病理变化

尸体剖检病变与牛瘟病牛相似。病变从口腔直到瘤-网胃口。患畜可见结膜炎、坏死性口炎等肉眼病变，严重病例可蔓延到硬腭及咽喉部。皱胃常出现病变，而瘤胃、网胃、瓣胃很少出现病变。病变部常出现有规则、有轮廓的糜烂，创面红色、出血。肠可见糜烂或出血，特征性出血或斑马条纹常见于大肠，特别在结肠直肠结合处。淋巴结肿大，脾有坏死性病变。在鼻甲、喉、气管等处有出血斑，还可见支气管肺炎的典型病变。

因其病毒对胃肠道淋巴细胞及上皮细胞具有特殊的亲和力，故能引起特征性病变。一般在感染细胞中出现嗜酸性胞浆包涵体及多核巨细胞。在淋巴组织中，小反刍兽疫病毒可引起淋巴细胞坏死，脾脏、扁桃体、淋巴结细胞被破坏，含嗜酸性胞浆包涵体的多核巨细胞出现，极少有核内包涵体。在消化系统，由病毒引起的马尔基氏层深部的上皮细胞发生坏死，感染细胞产生核固缩和核破裂，在表皮生发层形成含有嗜酸性胞浆包涵体的多核巨细胞。

(五)诊断

根据小反刍兽疫的流行病学特点、临床症状和剖检病变等，可做出初步诊断。应注意与巴氏杆菌病、传染性羊胸膜肺炎、羊传染性脓疱、蓝舌病和口蹄疫等做鉴别诊断。目前本病的实验室诊断方法主要有以下几种。

1. 样品采集

以拭棒刮取结膜炎分泌物及鼻、口腔及直肠等拭子以及剖检采取淋巴结、扁桃体、脾、肺、大肠等组织块,以干冰或冰袋冷藏送至实验室。供病理切片的组织则以 10% 中性福尔马林液保存及输送。另采取抗凝全血,供病毒分离、血液学及血清学使用。

2. 常规诊断

常规诊断技术主要有琼脂免疫扩散试验、病毒分离鉴定和胶体金试纸条等。这种方法的敏感性相对较低,因此,基本不用于标准诊断。血凝试验(HA)和血凝抑制试验(HI)可用于日常监测。这两种技术易操作、花费少,敏感性也相对较高。病毒分离培养通常采用非洲绿猴肾细胞(Vero 细胞)进行,但相对费时、费力,不适用于 PPRV 的快速检测。

3. 病原学诊断

病原学诊断主要包括特异性的 cDNA 探针杂交、RT-PCR、实时荧光定量 PCR 和抗原捕获 ELISA 等。虽然分子生物学技术耗时短、灵敏度高、特异性强,但样品易污染、RNA 易降解等可造成不准确的结果。这种方法的检测设备要求高、专业性要求强、检测成本高,难以适用于大规模流行病学的调查和检验检疫。

4. 血清学诊断

小反刍兽疫抗体血清学诊断方法包括间接荧光抗体试验(IFAT)、对流免疫电泳试验(CIEP)、病毒中和试验(VNT)和 ELISA 等。其中,虽然 IFAT 和 VNT 是鉴别诊断 PPRV 和 RPV 的可靠方法,但这两种方法操作复杂、耗时长、设备要求高,不适于大量样品的检测。而 VNT 是国际贸易中要求进行的一项检测试验。该法灵敏度高、特异性强,但十分耗时。与上述几种方法相比,ELISA 方法更加方便、快捷,能适用于大量样品的检测诊断。

(六)防治

针对小反刍兽疫病,尚无有效的治疗方法。在发病初期使用抗生素和磺胺类药物可对症治疗和预防继发感染。在小反刍兽疫病的洁净国家和地区发现病例,应严密封锁,扑杀患羊,隔离消毒。对小反刍兽疫病的防控主要靠疫苗免疫。

①牛瘟弱毒疫苗。小反刍兽疫病毒与牛瘟病毒的抗原具有相关性,可用牛瘟弱毒疫苗来免疫绵羊和山羊。在牛瘟弱毒疫苗免疫后,产生的抗牛瘟病毒抗体能够抵抗小反刍兽疫病毒的攻击,具有良好的免疫保护效果。

②小反刍兽疫病毒弱毒疫苗。常见的弱毒疫苗为 Nigeria7511 弱毒疫苗和 Sungri/96 弱毒疫苗。本疫苗无任何副作用,能交叉保护其各个群毒株的攻击感染,但其热稳定性差。

③小反刍兽疫病毒灭活疫苗。本疫苗系采用感染山羊的病理组织制备,一般采用甲醛或氯仿灭活。实践证明,甲醛灭活的疫苗效果不理想,而用氯仿灭活制备的疫苗效果较好。

④重组亚单位疫苗。麻疹病毒属的表面糖蛋白具有良好的免疫原性。无论使用 H 蛋白,还是使用 N 蛋白都作为亚单位疫苗,其均能刺激机体产生体液和细胞介导的免疫应答,产生的抗体能中和小反刍兽疫病毒和牛瘟病毒。

⑤嵌合体疫苗。用小反刍兽疫病毒的糖蛋白基因替代牛瘟病毒表面相应的糖蛋白基因。这种疫苗对小反刍兽疫病毒具有良好的免疫原性,但在免疫动物血清中不产生牛瘟病毒糖蛋白抗体。

⑥活载体疫苗。将小反刍兽疫病毒的 F 基因插入羊痘病毒的 TK 基因编码区,构建重组羊痘病毒疫苗。重组疫苗既可抵抗小反刍兽疫病毒强毒的攻击,又能预防羊痘病毒的感染。

二维码 2-5　小反刍兽疫

任务六 羊梭菌性疾病

【任务目标】

1. 了解羊梭菌性疾病的病原特点。
2. 描述羊梭菌性疾病的流行特点。
3. 认知羊梭菌性疾病的临床症状和病理变化，能够准确描述典型图片代表的症状和病变。
4. 会用本课学习的内容对羊梭菌性疾病进行诊断和防治。

羊梭菌性疾病是指由梭状芽孢杆菌属中的微生物所致的一类疾病，包括羊快疫、羊肠毒血症、羊猝疽、羊黑疫和羔羊痢疾等。

一、羊快疫

羊快疫是指由腐败梭菌引起羊的一种急性、致死性毒血症。发病特征是发病突然，病程极短，死亡率高，真胃和十二指肠呈出血性、炎性损害。

(一)病原

羊快疫的病原为厌气梭状芽孢杆菌属的腐败梭菌。在采取病羊血液或病料涂片染色镜检时，可见革兰氏染色阳性、两端钝圆的粗大杆菌，单个或两三个相连，其中一部分已形成卵圆形芽孢，位于菌体中央或偏端。本菌能产生 α 毒素、β 毒素、γ 毒素、δ 毒素 4 种毒素。α 毒素为卵磷脂酶，具有坏死、溶血和致死作用；β 毒素是一种脱氧核糖核酸酶，有杀白细胞作用；γ 毒素为透明脂酸酶；δ 毒素是一种溶血素。

常用的消毒剂能杀死腐败梭菌的繁殖体，芽孢抵抗力很强。一般消毒剂长时间作用才能将其杀死。20％漂白粉、3％～5％硫酸苯酚合剂、1％～3％氢氧化钠等强力消毒剂可在短时间内将其杀灭。

(二)流行病学

绵羊最易感。该病也侵害山羊和鹿等，但发病较少。以 6～18 月龄，膘情好的绵羊多发。发病季节多在初春和秋末。

腐败梭菌主要存在于低洼草地、熟耕地、沼泽地、污水以及人畜粪便。羊只采食污染的饲料和饮水导致芽孢经口进入消化道感染。许多羊的消化道平时也有这种细菌，但不发病。当不良外界因素，如气候骤变，风雪交加，阴雨连绵等存在时，机体抵抗力会减弱，从而诱发本病。本病多呈地方流行性，发病率一般为 20％，有的发病率高达 97％，病死率达 90％～100％。

(三)临床症状

潜伏期为 12～72 h。羊快疫常突然发生，往往未出现临床症状，就急性死亡，常见放牧时死在牧场上或死于圈内。有的病羊离群独处，卧地，不愿走动。当强迫行走时，病羊表现出虚弱，步态蹒跚，运动失调。腹部臌胀，有痛感不安，排黑色稀粪。有的病羊便秘，体温升高到 41.5 ℃，进而病羊呼吸迫促，精神抑郁，磨牙呻吟，口流清水或白沫，逐渐陷入昏迷而死亡。

（四）病理变化

尸体迅速腐败臌胀，剖开有恶臭。天然孔流出血样液体，可视黏膜充血呈蓝紫色，皮下出血性胶样浸润。其主要变化是真胃的出血性炎症。真胃黏膜充血和黏膜下层水肿，尤其是胃底部及幽门附近常有大小不等的出血斑，表面发生坏死和溃疡。肠道充满气体，浆膜下出血。胸腹腔及心包腔大量积液，遇到空气就会凝固。心内外膜有出血点。肝大，土黄色，质脆，肝被膜下及深层有坏死病灶。多数胆囊肿大，有“胆胀病”之称。肺浆膜下出血。

（五）诊断

病程短，缺乏特征症状，生前诊断甚为困难，应结合流行病学特点和真胃变化等综合诊断，确诊需要进行微生物学诊断。微生物学诊断是指根据死亡羊只均有菌血症而检查心血和肝、脾等脏器中的病原菌。本菌在肝脏的检出率比其他脏器高。由肝脏薄膜做触片染色镜检，除可发现两端钝圆、单在及呈短链的细菌之外，常常还有呈无关节的长丝状者。有时这种长丝状者在其他脏器组织的涂片中也可发现，但并非所有病例都能发现这种特征表现。必要时可进行细菌的分离培养和实验动物（小鼠或豚鼠）感染。据报道，荧光抗体技术可用于本病的快速诊断。

（六）防治

由于羊快疫的病程短促，往往来不及治疗，因此，必须加强平时的防疫措施。对常发地区每年定期预防接种羊快疫、羊猝疽、羊肠毒血症三联菌苗或羊快疫、羊猝疽、羊肠毒血症、羊黑疫和羔羊痢疾五联菌苗，一律皮下或肌内注射 5 mL。免疫期为三联苗 1 年，五联苗半年。

一旦发生羊快疫，就应将病羊隔离，严禁屠宰和剥皮利用，尸体及排泄物在消毒后深埋。同时加强饲养管理，防止受寒感冒。被污染的棚圈、地面和用具可用 20%漂白粉或 3%烧碱溶液等对其消毒。同群的其他绵羊紧急接种，并灌服 0.5%的高锰酸钾溶液 250 mL 或 1%硫酸铜溶液 100 mL 或 10%生石灰水溶液 100～150 mL，在短期内可显著降低发病数。严重时，可转移牧地，不在低洼潮湿的沼泽地区放牧。

二、羊肠毒血症

羊肠毒血症，又称软肾病、类快疫，是指由 D 型魏氏梭菌在肠道产生毒素引起羊的急性非接触性毒血症。该病的特征为突然死亡，搐搦，惊厥，麻痹，腹泻，死后肾组织多软化如泥。

（一）病原

魏氏梭菌，又称产气荚膜杆菌，为厌气性粗大杆菌，革兰氏染色阳性，单个或成短链，无鞭毛，不能运动，能形成荚膜，多在肠道或体外形成芽孢，位于菌体中央或近端。

魏氏梭菌能产生强烈的外毒素，已知有 12 种之多。在传染病学中，重要者为 α 毒素、β 毒素、ε 毒素、δ 毒素 4 种，对动物具高度溶血、坏死和致死作用。根据毒素-抗毒素中和试验，魏氏梭菌分为 A 型、B 型、C 型、D 型、E 型。其中，A 型引起人和动物的气性坏疽，B 型引起羔羊痢疾，C 型引起羊猝疽和仔猪红痢，D 型、E 型引起肠毒血症。一般消毒药易杀死本菌繁殖体，但芽孢抵抗力强，在 95 ℃的温度下需 2.5 h 方可杀死，在土壤中可存活 4 年。

(二)流行病学

D型魏氏梭菌为土壤常在菌,也存在于污水中,在正常情况下不引起发病。当饲料突然改变,特别是从干草改吃大量谷类或青嫩多汁和富有蛋白质的草料之后,易导致羊的抵抗力下降和消化功能紊乱。本菌在肠道内大量繁殖,产生大量ε原毒素,经胰蛋白酶转变成ε毒素,引起肠毒血症,因此,病羊作为传染源的意义有限。

羊肠毒血症具有明显的季节性和条件性,多呈散发,且绵羊发生较多,山羊较少,尤以2～12月龄的羊最易发病,发病的羊多膘情较好。

(三)临床症状

羊肠毒血症的特点为突然发作,很少能见到症状。病状可分为两种类型:一类是搐搦;另一类是昏迷和静静地死去。前者在倒毙前,四肢出现强烈地划动,肌肉颤搐,眼球转动,磨牙,唾液过多,随后头颈显著抽缩,往往死于2～4 h内;后者病程不太急,早期症状为步态不稳,之后卧倒,并有感觉过敏,流涎,上下颌"咯咯"作响,继以昏迷,角膜反射消失,有的病羊发生腹泻,拉黄褐色水样稀粪,通常在3～4 h内静静地死去。搐搦型和昏迷型在症状上的差别是由吸收的毒素多少不一所导致的。病羊体温一般不高,在血、尿常规检查中有血糖、尿糖升高的现象。

(四)病理变化

其病变常限于消化道、呼吸道和心血管系统。真胃含有未消化的饲料,肠道特别是小肠充血、出血,严重者整个肠段肠壁呈血红色或有溃疡;心包常扩大,内含灰黄色液体和纤维素絮块,左心室的心内外膜下有多数小点出血;肺脏出血和水肿;胸腺常发生出血;肾脏软化如泥样,一般认为是一种死后的变化。

(五)诊断

初步诊断可以依据本病发生的情况和病理变化。如发现高血糖和糖尿,也有诊断意义。据报道,在绵羊患地方性黄疸的末期以及当绵羊食入过量尿素后,也可出现类似情况,应注意区别。确诊本病应依靠实验室检验。确诊本病的根据是肠道内发现大量D型魏氏梭菌,小肠内检出ε毒素,肾脏和其他实质脏器内发现D型魏氏梭菌,尿内发现葡萄糖。

(六)防治

加强羊只的饲养管理,增强羊只的运动,合理搭配日粮。在牧区夏初发病时,应该少抢青,而让羊群多在青草萌发较迟的地方放牧;在秋末发病时,可尽量到草黄较迟的地方放牧;在农区,针对引起发病的原因,减少或暂停抢茬,少喂菜根、菜叶等多汁饲料;在羊群中出现本病时,可立即搬圈,转移到高燥的地区放牧。在常发地区,每年应定期注射羊肠毒血症菌苗,羊快疫、猝疽、肠毒血症三联苗,或厌气菌七联干粉苗。本病病程短促,往往来不及治疗。当羊群出现病例较多时,对未发病羊只可内服10%～20%石灰乳500～1 000 mL,进行预防。

三、羊猝疽

羊猝疽是指由C型魏氏梭菌引起的成年羊的一种急性非接触性传染病。本病的特征为急性死亡、腹膜炎和溃疡性肠炎。

(一)病原

病原为C型魏氏梭菌，其中C型菌产β主要毒素和α次要毒素。本菌可在10%血琼脂培养基上进行厌氧培养。

(二)流行病学

羊猝疽发生于成年绵羊，以1～2岁绵羊发病较多，多发生于冬春季节，常呈地方流行性。

(三)临床症状

病程短促，常未及见到症状即突然死亡。有时发现病羊掉群、卧地，表现出不安，衰弱，痉挛，眼球突出，在数小时内死亡。

(四)病理变化

其病变主要见于消化道和循环系统。十二指肠和空肠黏膜严重充血、糜烂，有的区段可见大小不等的溃疡。胸腔、腹腔和心包大量积液，可形成纤维素絮块。浆膜上有小点出血。在死后，病羊的骨骼肌有出血，并有气性裂孔。

(五)诊断

根据成年绵羊突然死亡，剖检时发现糜烂性和溃疡性胃肠炎、腹膜炎，体腔和心包腔积液，就可做出初步诊断。羊猝疽常和羊快疫合并发生，剖检可见肌肉变化与黑腿病相似等症状。确诊应采取体腔积液和脾脏进行细菌分离鉴定及从小肠内容物中检查β毒素。

(六)防治

可参照羊快疫和羊肠毒血症的防治措施进行。

四、羊黑疫

羊黑疫，又名传染性坏死性肝炎，是指由B型诺维氏梭菌引起的绵羊、山羊的一种急性高度致死性毒血症。羊黑疫以肝实质发生坏死性病灶为特征。

(一)病原

羊黑疫和羊快疫、羊猝疽、肠毒血症的病原，同属于梭状芽孢杆菌属，为革兰氏染色阳性大肠杆菌。革兰氏阳性大肠杆菌严格厌氧，能形成芽孢，不产生荚膜，具有周身鞭毛，能运动。根据本菌产生的外毒素，通常分为A型、B型、C型3型。A型菌能产生α毒素、γ毒素、ε毒素、δ毒素4种外毒素；B型菌能产生ε毒素、β毒素、η毒素、ζ毒素、θ毒素5种外毒素；C型菌不产生外毒素，一般认为无病原学意义。

(二)流行病学

革兰氏染色阳性大肠杆菌能使1岁以上的绵羊感染，以2～4岁、营养好的肥胖绵羊多发，山羊也可感染，牛偶可感染。在实验动物中，以豚鼠最为敏感，家兔、小鼠易感性较低。本病主要发生于低洼、潮湿地区，以春夏季节多发，发病常与肝片吸虫的感染侵袭密切相关。本菌存在于自然界，特别是土壤之中。在羊采食被芽孢污染的饲草后，芽孢由胃肠壁进入肝脏。当羊感染肝片吸虫时，肝片吸虫幼虫游走损害肝脏使其氧化-还原电位降低，存在于该处的诺维氏梭菌芽孢即获适宜的条件，迅速生长繁殖，产生毒素，进入血液循环，引起毒血症，导致急性休克而死亡。

(三)临床症状

羊黑疫在临床上与羊快疫、肠毒血症等极其类似。其病程十分急促，绝大多数情况是未见有病而突然发生死亡。少数病例病程稍长，可拖延 1～2 d，但没有超过 3 d 的。病畜掉群，不食，呼吸困难，体温为 41.5 ℃左右，呈昏睡俯卧，并保持在这种状态下毫无痛苦地突然死去。

(四)病理变化

病羊尸体皮下静脉显著充血，其皮肤外观呈暗黑色。胸部皮下组织经常水肿。浆膜腔有液体渗出，暴露于空气易于凝固，液体常呈黄色，但腹腔液略带血色。左心室心内膜下常出血。真胃幽门部和小肠充血和出血。肝脏充血肿胀，从表面可看到或摸到有一个到多个凝固性坏死灶，坏死灶的界限清晰，灰黄色，不整圆形，周围常为一鲜红色的充血带围绕，坏死灶的直径可达 2～3 cm，切面呈半圆形。羊黑疫肝脏的坏死变化很特别，具有一定的诊断意义。

(五)诊断

在肝片吸虫流行的地区发现急死或昏睡状态下死亡的病羊，剖检见特殊的肝脏坏死变化。必要时可做细菌学检查和毒素检查。毒素检查可用卵磷脂酶试验。此法的检出率和特异性均较高。

(六)防治

预防此病首先应做好肝片吸虫的驱虫工作。特异性免疫可用羊黑疫、羊快疫二联苗或厌气菌七联干粉苗进行预防接种。

当发生本病时，应将羊群移牧于高燥地区。对病羊可用抗诺维氏梭菌血清(每毫升含 7 500 IU)治疗，必要时重复 1 次。对病程稍缓的羊只使用肌内注射青霉素 80 万～160 万 IU，每天 2 次，连用 3 d，或者发病早期静脉或肌内注射抗诺维氏梭菌血清 50～80 mL，必要时重复用药 1 次。

五、羔羊痢疾

羔羊痢疾是指由 B 型产气荚膜梭菌引起的初生羔羊的一种急性毒血症。以剧烈腹泻和小肠发生溃疡为其特征。羔羊痢疾常可使羔羊发生大批死亡，给养羊业带来巨大损失。

(一)病原

病原为 B 型魏氏梭菌。B 型魏氏梭菌广泛存在和分布于自然界和健康羊的肠道。其主要产生β毒素，具有坏死和致死作用，其次是产生ε毒素。

（二）流行病学

羔羊痢疾主要危害7日龄以内的羔羊，其中又以2～3日龄的羔羊发病最多，7日龄以上的羔羊很少患病。传染途径主要是通过消化道，也可能通过脐带或创伤。当外界不良因素导致羔羊抵抗力减弱时（如羊在怀孕期间由营养不良导致所产羔羊的体质瘦弱、气候骤变、寒冷、哺乳不当等），消化道内细菌大量繁殖，产生毒素，从而诱发本病。当毒素经血液扩散到全身时，则引起毒血症。此外，细菌的代谢产物及组织分解产物在本病发生上也有重要作用。

（三）临床症状

自然感染的潜伏期为1～2 d。病羔在发病初期精神委顿，低头弓背，不想吃奶。不久就发生腹泻，粪便恶臭，有的粪便稠如面糊，有的粪便稀薄如水。在病程后期，有的粪便还含有血液，直到成为血便，病羔逐渐虚弱，卧地不起。若不及时治疗，常在1～2 d内死亡。有些病羔腹胀，但无下痢，或仅排少量稀粪，主要表现为神经症状，四肢瘫软，呼吸急促，口流血沫，最后昏迷，头向后仰，体温降至常温以下，常在数小时到十几小时内死亡。

（四）病理变化

尸体脱水现象严重。最显著的病理变化是在消化道。真胃内往往存在未消化的凝乳块。小肠（特别是回肠）黏膜充血发红，溃疡周围有一个出血带环绕，有的肠内容物呈血色。肠系膜淋巴结肿胀充血，间或出血。心包积液，心内膜有时有出血点。肺常有充血区域或瘀斑。

（五）诊断

在常发地区，依据流行病学、临床症状和病理变化一般可以做出初步诊断。确诊需进行实验室检查，以鉴定病原菌及其毒素。沙门菌、大肠杆菌和肠球菌也可引起初生羔羊下痢，应注意区别。

（六）防治

羔羊痢疾发病因素复杂。应加强初生羔羊的卫生及饲养管理，实施抓膘保暖，合理哺乳，防止动物受凉感冒。在本病流行地区，每年按免疫计划定期注射羊快疫、羊猝疽、羊肠毒血症、羔羊痢疾、羊黑疫五联疫苗，也可在羔羊出生后12 h内，灌服土霉素0.15～0.2 g，每天一次，连续灌服3 d，有一定的预防效果。发病时，消毒隔离病羔，同时配合药物治疗，并用疫苗进行紧急接种等可有效地予以控制。

项目二　牛羊寄生虫病

【项目简介】

牛羊寄生虫病是指由寄生虫引起的牛羊疾病。寄生虫按照生物学可以分为蠕虫、原虫和昆虫。这些寄生虫具有独特的发育周期、生活史、一定的潜伏期和临床症状，和能传染的疾病。

我们需要具体掌握发病原因及应对措施,以控制和消灭寄生虫及传播媒介。本项目主要介绍了牛羊吸虫病、牛羊绦虫病、牛羊线虫病、牛羊昆虫病及牛羊原虫病5个任务。

任务一 牛羊吸虫病

【任务目标】

1.了解牛羊吸虫病的病原特点。

2.描述牛羊吸虫病的流行特点。

3.认知牛羊吸虫病的临床症状和病理变化,能够准确描述典型图片代表的症状和病变。

4.会用本课学习的内容对牛羊吸虫病进行诊断和防治。

一、肝片吸虫病

肝片吸虫病,又名肝蛭病,是指由肝片吸虫或大片吸虫寄生于动物肝脏和胆管而引起的寄生虫病。病畜以慢性或急性肝炎和胆管炎为特征,同时伴发全身性中毒和全身性营养障碍。慢性患畜还可表现为消瘦、发育障碍、泌乳量减少、毛的产量及质量下降等症状。肝片吸虫病给养殖业带来巨大损失。

(一)流行病学

该病分布极广,外界环境和季节对本病的流行有很大影响,呈地方性流行,多发生在低洼和沼泽地带的放牧区。特别是在多雨、潮湿、温暖的季节由于淡水螺类剧增,本病流行严重。我国南方以9—11月,北方以8—9月多发,一般羊群感染率为30%～50%,个别严重的羊群的感染率可高达100%,尤以幼畜和绵羊易感。环境温度、水和椎实螺的存在是本病流行的重要因素。

(二)临床症状

轻度感染不表现出任何临床症状。严重感染表现出明显的症状,其可分为急性和慢性两种。

1.急性(童虫寄生阶段)

急性比较少见,多由短期感染大量囊蚴所致。病羊在初期表现出发热,不食,精神委顿,衰弱,易疲劳,离群,肝区压痛明显,排黏液性血便,全身颤抖。红细胞及血红素显著降低,严重者在几天内死亡。

2.慢性(成虫寄生阶段)

慢性主要表现出消瘦,贫血,黏膜苍白黄染,食欲不振,异嗜,被毛粗乱无光,步行缓慢。在眼睑、颌下、胸腹下出现水肿,便秘与下痢常交替发生,最后可因极度衰竭死亡。怀孕母畜往往会发生瘫痪,甚至流产。

(三)病理变化

在剖检时,病理变化主要呈现在肝脏。其变化程度与感染虫体的数量及病程长短有关。

在大量感染、急性死亡的病例中，可见到急性肝炎和大出血生的贫血现象，肝脏肿大，包膜有纤维沉积，有长为2～5 mm的暗红色虫道，虫道内有凝固的血液和少量幼虫。腹腔中有血红色的液体，有腹膜炎病变。

慢性病例主要呈现慢性增生性肝炎，在肝组织被破坏的部位出现淡白色索状瘢痕，肝实质萎缩，褪色，变硬，边缘钝圆，小叶间结缔组织增生。胆管肥厚、扩张呈绳索样，突出于肝表面，胆管内有磷酸钙、磷酸镁等盐类的沉积，内膜粗糙，刀切时有"沙沙"声，胆管内有虫体和污浊黏稠的液体。病尸出现消瘦、贫血和水肿现象，胸膜腔及心包内蓄积有透明的液体。

(四)诊断

1. 现场诊断

应根据临床症状、流行特点和病理变化做出现场诊断。

2. 实验室诊断

有效检查方法是水洗沉淀法，即由直肠取粪便5～10 g，加10～20倍清水混匀，用纱布或通过0.25～0.42 mm(40～60目)筛子过滤，滤液经静置或离心沉淀，倒去上层混浊液并加入清水混匀沉淀，反复进行2～3次，直至上层液体清亮为止，最后倒去上层液体，吸取沉淀物，用显微镜观察有无虫卵。对于急性病例而言，因虫体未发育成熟，在粪便检查无虫卵时，必须结合病理剖检，在肝脏和胆管中查找是否有大量幼虫存在。用免疫诊断法也可取得较好的诊断效果，如沉淀反应、补体结合反应、酶联免疫吸附实验、对流免疫电泳和间接血凝试验等。

(五)防治

1. 预防

(1)定期驱虫　在肝片吸虫病流行区，每年应结合当地具体情况进行1～2次驱虫，一般可选择在秋末冬初进行。如进行两次驱虫，另一次可安排在翌年的春季。

(2)粪便处理　对畜粪及时清理，堆积发酵，杀死虫卵。

(3)饮水及饲草卫生　尽可能避开在有椎实螺孳生的地方放牧，以防感染囊蚴。饮用水最好使用自来水、井水或流动的河水。

(4)消灭中间宿主　可结合水土改造破坏椎实螺的生活条件。沼泽地区可施用硫酸铜溶液(1∶50 000)或以2.5 μL/L的血防-67灭螺。此外，还可辅以生物灭螺，如养鸭和其他水禽等。

2. 治疗

(1)阿苯达唑　剂量以每千克体重15～25 mg，一次口服。

(2)蛭得净(溴酚磷)　剂量以每千克体重16 mg，一次口服，对成虫和幼虫均有很高疗效。

(3)硝氯酚(拜耳9015)　剂量以每千克体重4～5 mg，一次口服，对驱成虫有高效；每千克羊体重用0.5～1 mg，深部肌内注射，对驱除成虫效果良好，但对驱幼虫效果不太理想。

(4)肝蛭净(三氯苯唑)　剂量以每千克体重10 mg，一次口服，对发育各阶段的肝片吸虫均有效。

(5)碘醚柳胺　剂量以每千克体重7.5 mg，一次口服，对驱成虫和6～12周未成熟的肝片吸虫均有效。

(6)硫氯酚　剂量以每千克体重80～100 mg，灌服，对驱成虫有效。

二、阔盘吸虫病

阔盘吸虫病，又称胰吸虫病，是由阔盘属的数种吸虫寄生于宿主的胰管中所引起的疾病。此外，病原偶尔可寄生于胆管和十二指肠。其特征是营养障碍和贫血。本病除发生于牛、羊等反刍动物外，其还可感染猪、兔、猴和人等。我国东北、西北及南方各省区均有本病流行。羊在患此病后可表现为下痢、贫血、消瘦和水肿等症状，严重时可引起死亡。

(一)流行病学

阔盘吸虫病主要流行季节为春秋两季，尤以秋季为主。

(二)临床症状

当阔盘吸虫大量寄生时，由于虫体刺激和毒素作用，胰管发生慢性增生性炎症，胰管管腔窄小，甚至闭塞，胰消化酶的产生和分泌及糖代谢机能失调引起消化及营养障碍。患羊表现出消化不良，消瘦，贫血，颌下及胸前水肿，衰弱，经常下痢，粪中常有黏液。本病严重时可引起死亡。

(三)病理变化

尸体消瘦，胰腺肿大，胰管因高度扩张呈黑色蚯蚓状突出于胰脏表面。胰管发炎肥厚，管腔黏膜不平，呈乳头状小结节突起，并有点状出血，内含大量虫体。慢性感染则是由结缔组织增生而导致整个胰脏硬化、萎缩，胰管内仍有数量不等的虫体寄生。

(四)诊断

当结合流行情况和临床症状，怀疑为本病时，可进行粪便检查，采用直接涂片法或水洗沉淀法。通常以改进的水洗沉淀法效果较好。其方法是直接取粪便 3～5 g，置于 300 mL 烧杯内，加少量水捣碎搅拌混合，依次通过孔径为 0.149 mm(100 目)、0.074 mm(200 目)和 0.062 mm(250 目)3 种纱网的过滤，每次滤完都要以少量净水冲洗纱网。3 次滤完后的粪液再反复水洗沉淀 4～5 次，每次 10～15 min，直到上清液清亮为止，最后吸取沉渣，制片镜检虫卵。

(五)防治

1. 预防

在阔盘吸虫病流行地区应每年初冬和早春各进行一次预防性驱虫。有条件的地区可实行划区放牧，以避免感染。注意消灭其第一中间宿主蜗牛(其第二中间宿主草螽斯在牧场广泛存在，扑灭甚为困难)，同时加强饲养管理，以增加畜体的抗病能力。

2. 治疗

(1)六氯对二甲苯　剂量以每千克体重 400 mg，口服，3 次，每次间隔 2 d。

(2)吡喹酮　口服，剂量以每千克体重 65～80 mg；肌内注射或腹腔注射，剂量以每千克体重 50 mg，并以液状石蜡或植物油(灭菌)制成 20%油剂。在腹腔注射时，应防止注入肝脏或肾脂肪囊内。

二维码 2-6　牛羊吸虫病

任务二　牛羊绦虫病

【任务目标】

1. 了解牛羊绦虫病的发病特点。
2. 描述牛羊绦虫病的流行特点。
3. 认知牛羊绦虫病的临床症状和病理变化，能够准确描述典型图片代表的症状和病变。
4. 会用本课学习的内容对牛羊绦虫病进行诊断和防治。

牛羊绦虫病是指由莫尼茨绦虫、曲子宫绦虫及无卵黄腺绦虫寄生于绵羊、山羊和牛的小肠所引起的寄生虫病。其中以莫尼茨绦虫的危害最为严重，特别是当羔羊、犊牛感染此病时，它不仅影响生长发育，而且可引起死亡。多种绦虫既可单独感染，也可混合感染。本病在全国广泛分布，在东北、西北地区和内蒙古牧区流行更为普遍。

(一)流行病学

羔羊的感染率最高。随年龄增长，感染率逐步降低。流行呈现一定的季节性，感染高峰一般在夏秋季。本病感染季节与地螨的季节数量变动有密切关系。羊吃草吞食了含有似囊尾蚴的地螨后即可感染本病。地螨多在温暖和多雨季节活动，以夏秋两季较多，所以羊绦虫病也较多。

(二)临床症状

患畜表现的轻重通常与感染虫体的数量及体质、年龄等因素密切相关。其一般可表现为消化紊乱、消瘦、体弱贫血、水肿、发育不良、掉毛。严重时，病羊表现出下痢，粪中混有虫体节片(呈大米粒样，新排出时常可见其蠕动)，有时还可见虫体的一段吊在肛门处。被毛粗乱无光，喜躺卧，起立困难，体重迅速减轻。若虫体阻塞肠管，则出现肠膨胀和腹痛，甚至因肠破裂而死亡。有时病羊也可出现转圈、肌肉痉挛或头向后仰等神经症状。在患病后期，患畜仰头倒地，经常做咀嚼运动，口周围有泡沫，反应迟钝，直至因全身衰竭而死亡。

(三)病理变化

尸体消瘦、贫血。剖检死畜可在小肠中发现数量不等的虫体。其寄生处有卡他性炎症，有时可见肠壁扩张、肠套叠乃至肠破裂；肠系膜、肠黏膜、肾脏、脾脏，甚至肝脏发生增生性变性过程；肠黏膜、心内膜和心包膜有明显的出血点；脑内可见出血性浸润和出血；腹腔和颅腔贮有渗出液。

(四)诊断

查找在可疑羊的粪便中是否排出有虫体的节片，必要时也可用饱和盐水漂浮法进行虫卵检查。其方法是取可疑粪便 5～10 g，加入 10～20 倍饱和盐水混匀，通过 0.25 mm 孔径(60 目)筛网过滤，滤过液静置 0.5～1 h，则虫卵已充分上浮，用一个直径为 5～10 mm 的铁丝圈与液面平行接触，以蘸取表面液膜，将液膜抖落在载玻片上，覆以盖玻片即可镜检。因绦虫尚未成熟而无节片排出的患羊可对其进行诊断性驱虫。如服药后发现排出虫体或症状明显好转，即可做出诊断。同时结合症状和流行特点便可确定诊断。

(五)防治

1. 预防

根据本病的季节动态，在流行区对羊群在成虫期前驱虫，经 10～15 d 再行第二次驱虫，可防止牧场被污染。避免在雨后、清晨或傍晚放牧，以减少羊食入地螨的机会。有条件的地方最好实行牛、羊与马属动物轮牧。

2. 治疗

(1)氯硝柳胺　剂量按每千克体重 75～100 mg，早晨或空腹时一次灌服。

(2)阿苯达唑　剂量按每千克体重 10～16 mg，一次内服。

(3)芬苯达唑　剂量按每千克体重 5～10 mg，一次内服。

(4)吡喹酮　剂量按每千克体重 5～10 mg，一次内服。

(5)硫氯酚　剂量按每千克体重 50～70 mg，一次灌服。

(6)甲苯咪唑　剂量按每千克体重 20 mg，一次内服。

二维码 2-7　牛羊绦虫病

任务三　牛羊线虫病

【任务目标】

1. 了解牛羊线虫病的发病特点。
2. 描述牛羊线虫病的流行特点。
3. 认知牛羊线虫病的临床症状和病理变化，能够准确描述典型图片代表的症状和病变。
4. 会用本课学习的内容对牛羊线虫病进行诊断和防治。

牛羊线虫病主要为消化道线虫，是指由许多线虫寄生于牛羊胃肠道内而引起的一种疾病。许多线虫寄生于胃肠道内，吸取机体内的营养，损伤消化道黏膜，导致牛羊身体瘦弱，抗病能力降低，严重者还会造成动物大批死亡。本病在全国各地均有不同程度的发生和流行，尤以西北、东北地区和内蒙古牧区更为普遍，常给养殖业带来了严重损失。

(一)流行病学

家畜感染线虫是由吞食了被虫卵所污染的饲草、饲料及饮水所致。线虫发病与气候有关，天气变化可影响线虫的感染性，特别是干旱过后的雨季更易感染此病。血矛线虫是最主要的寄生虫，常可引起动物发病并对驱虫药产生抗药性。这些寄生虫大多侵害幼龄羔羊，偶尔也侵害成年羊。此外，当过度拥挤、过度放牧及营养缺乏时，家畜也易感染本病。

(二)临床症状

病畜感染各种消化道线虫的主要症状表现为消化紊乱，胃肠道发炎，腹泻，消瘦，眼结膜苍白，贫血。严重病例出现下颌间隙水肿，畜体发育受阻。少数病例出现体温升高，呼吸、脉搏频数及心音减弱，最终病畜可因身体极度衰竭而死亡。

(三)病理变化

在剖检时，可见消化道的各个部位有数量不等的相应线虫寄生。尸体消瘦，贫血，内脏显著苍白，胸、腹腔内有淡黄色渗出液，大网膜、肠系膜胶样浸润，肝、脾出现不同程度的萎缩、变性，真胃黏膜水肿。有时可见虫咬的痕迹和针尖大到粟粒大小结节，小肠和盲肠黏膜有卡他性炎症。大肠可见到黄色小点状的结节或化脓性结节，或在肠壁上遗留下的一些瘢痕性斑点。当大肠上的虫卵结节向腹膜面破溃时，可引发腹膜炎和多发性粘连；当向肠腔内破溃时，则可引起溃疡性和化脓性肠炎。

(四)诊断

通常对症状可疑的家畜应进行粪便虫卵检查。常用的方法为饱和盐水漂浮法(见绦虫病)，也可用直接涂片法，镜检虫卵。在镜检时，各种线虫的虫卵一般不易区分。因为各线虫病的防治方法基本相同，一般情况下也无必要对虫卵的种类加以鉴别。粪检时，每克粪便中含1 000个虫卵即应驱虫，羔羊每克粪便中含2 000～6 000个虫卵则被认为是重度感染。死后剖检诊断可通过对虫体的鉴别，进一步确定病原种类。

(五)防治

1. 预防

定期驱虫。一般春秋两季驱虫，严重时可3个月驱虫1次。粪便要经过堆积发酵处理。畜群应饮用自来水、井水或干净的流水。尽量避免在潮湿低洼地带和早晚及雨后时放牧(即禁放露水草)，有条件的地方可以实施轮牧。

2. 治疗

(1)阿苯达唑　剂量以每千克体重5～20 mg，一次内服。

(2)芬苯达唑　剂量以每千克体重5～10 mg，一次内服。

(3)甲苯咪唑　剂量以每千克体重10～15 mg，一次内服。

(4)左旋咪唑　剂量以每千克体重10～15 mg，一次内服，也可皮下或肌内注射。

(5)阿维菌素　剂量按每千克体重0.2 mg，一次皮下注射或内服，对体内的各种线虫和体表寄生虫均有杀灭作用。

(6)精制敌百虫　剂量绵羊按每千克体重80～100 mg，山羊按每千克体重50～70 mg加水，一次内服。

(7)硫化二苯胺　剂量每千克体重600 mg，用面汤做成悬浮液，一次内服。服药后24 h内，应避免日光照射，防止对日光过敏。

二维码2-8　血矛线虫

任务四　牛羊昆虫病

【任务目标】

1. 了解牛羊昆虫病的病原特点。
2. 描述牛羊昆虫病的流行特点。
3. 认知牛羊昆虫病的临床症状和病理变化，能够准确描述典型图片代表的症状和病变。
4. 会用本课学习的内容对牛羊昆虫病进行诊断和防治。

一、牛皮蝇蛆病

牛皮蝇蚴病是指由皮蝇属的牛皮蝇和纹皮蝇的幼虫寄生在牛的背部皮下组织而引起的一种慢性寄生虫病。有时见其寄生在马、驴、羊和其他野生动物。由皮蝇幼虫寄生可引起患牛消瘦,产奶量下降,幼畜发育不良,特别会使皮革质量降低。本病广泛流行于西北、东北地区及内蒙古自治区,在黑龙江省西部地区较为严重,个别地方感染率几乎达到100%。

(一)病原

1. 牛皮蝇

成蝇牛皮蝇体长为15 mm。外形如蜂,全身被有绒毛;头部淡黄色;胸部前段和后段为淡黄色,中段为黑色;腹部前段为白色绒毛,中段为黑色,体末端为橙黄色;翅膀为淡灰色。

蝇卵为淡黄白色,长圆形,表面有光泽,大小为(0.76～0.8)mm×(0.22～0.29)mm。一根牛毛上只黏附一个虫卵。

第一期幼虫为半透明的黄白色,长为0.5 mm,宽为0.2 mm;虫体分12节,各节上密生有小刺;第一节上有口孔,内有两个口钩,呈新月形,前端分叉,腹面无齿;虫体后端有两个黑色圆点状的后气孔。第二期幼虫长为3～13 mm,气孔板色较浅。第三期幼虫体长为28 mm,虫体呈深褐色,体分11节,背面较平,腹面有结节,最后两节背腹面均无刺,气孔板呈漏斗状。

2. 纹皮蝇

成蝇体长约为13 mm,胸部绒毛淡黄色,胸背部除有灰白色绒毛外,还有4条黑色纵纹,纵纹上无毛;腹部前段绒毛为灰白色,中段为黑色,后端为橙黄色。翅为褐色。

蝇卵长约为0.76 mm,宽为0.21 mm,在一根牛毛上可黏附数个至20个成排的蝇卵。第一期幼虫形态与牛皮蝇幼虫相似,但口钩前端尖锐而不分叉。腹面有1个向后的尖齿。第二期幼虫的气孔板色浅而小。第三期幼虫体长约为26 mm,虫体第十一节无刺,第十节腹面在后缘有刺,气孔板浅平。

(二)生活史

牛皮蝇和纹皮蝇的发育基本相似。发育中属完全变态,都要经过卵、幼虫、蛹及成虫四个阶段,整个发育周期大约需一年。成蝇于每年4月末至5月初开始出现。成蝇不叮咬牛只,不采食,在自然界只生活5～6 d。雌雄蝇交配后,雄蝇死去,雌蝇在夏秋有太阳的中午时分将卵产在牛体上,雌蝇产完卵以后也死去。每一只雌蝇一生可产卵400～800枚。

成蝇产卵的部位因种类不同而异。牛皮蝇产卵多产在牛的四肢上部、腹部、乳房及体侧被毛上。纹皮蝇产卵多产在牛的后腿球节附近以及前腿部。

蝇卵经3～6 d孵出第一期幼虫。第一期幼虫借助其棘刺,沿着毛干向毛根部爬行,钻入皮肤引起痒觉。幼虫在皮下移行的途径因皮蝇种类不同而异。

牛皮蝇幼虫是沿着外周神经在神经外膜组织中移行至椎管的硬膜外脂肪组织,经过一定时间以后,从椎间孔离开硬膜外脂肪组织到达背部、腰部和荐部的皮下。

纹皮蝇幼虫是沿着牛的疏松的结缔组织移行向胸腔和腹腔,约经2.5个月到达。幼虫一般都移行到食道周围的结缔组织,经过一定时间后,在胸膜下组织中继续移行至背部前半段的皮下。在幼虫移行至牛背部皮下后,它们借助其后端的小尖刺,同时还由于其分泌的一种能溶解皮肤的毒素的共同作用下，很快在皮肤上穿透一个小孔，用以保证其所必需的空气的供给和虫体新陈代谢物的排出。在小孔钻通以后，幼虫将其身体倒转过来，以其后端的气孔朝向开口，在这一阶段发育需为2.5个月。在此经过两次蜕皮，幼虫变为第三期幼虫，虫体由原来的黄白色逐渐变成棕色至黑棕色。

牛皮蝇幼虫在背部皮下停留约2.5个月，而纹皮蝇幼虫在牛背部皮下停留2个月。它们在发育成熟后，经皮孔逸出，落在地上或者混在粪块及其他杂物内变成蛹。蛹期为1～2个月，翌年的春夏季节，羽化为成蝇，整个发育周期约为1年。

成蝇出现的季节随各地不同气候条件而有所差异。在同一个地区纹皮蝇出现要早于牛皮蝇，纹皮蝇一般在4—6月出现，而牛皮蝇则在6—8月出现。

（三）临床症状

在成蝇飞翔季节，尽管它们不叮咬牛只，但可以引起牛只惊恐不安，严重影响牛的采食和休息。当成蝇飞向牛群时，牛只极为恐惧，喷鼻、踢蹴、竖尾奔跑、跳跃，随时可造成外伤或流产。

（四）病理变化

幼虫钻入皮肤，引起痒觉，牛只不安及患都疼痛。幼虫在皮下组织移行时会引起组织损伤。幼虫分泌的代谢产物及毒素，对患畜的血液及血管壁均有不良作用，可造成机体贫血，严重的可使患畜消瘦，肉品质下降，乳牛产奶量降低。

当幼虫移行到背部皮下时，在寄生的局部引起血肿及蜂窝织炎。皮肤稍隆起，粗糙不平。当皮肤穿孔，病原菌侵入可引起化脓，形成瘘管。常见有脓液流出，被毛胶黏。当幼虫成熟落地后，瘘管愈合形成瘢痕，严重影响皮革的质量。

（五）诊断

当幼虫移行到背部皮下时，用手可以触摸到长圆形硬结，再过一段时间，皮肤上形成肿瘤；当幼虫穿过皮孔时，见到幼虫方可确诊。此外，流行病学资料的分析、既往病史的调查、本病在当地流行的情况、患畜的来源等都可作为诊断本病的参考。

（六）防治

防治牛皮蝇蛆病必须抓住关键性环节。对成蝇、卵、幼虫及蛹的各个阶段采取措施。从实际出发，用有力的方法消灭第三期幼虫是一个关键性的环节。与消灭其他环节防控相比，它都比较易于进行，如消灭成蝇、卵及蛹等。对第三期幼虫可以采取如下的防治措施。

1.机械灭虫

在幼虫成熟的末期，当牛背部皮肤穿孔增大时，可见到第三期幼虫的末端，用于指或厚的玻璃瓶等把幼虫挤出来，就地杀灭它。鉴于牛皮蝇蛆不是在同一时期成熟的，机械灭虫要反复进行多次，以期消灭不同时期的成熟的全部幼虫体。每10天挤虫1次效果较好。

2.药物灭虫

药物既可以灭虫，也可以用药物杀灭第三期幼虫。用2%敌百虫水溶液300 mL，在牛背部皮肤涂擦用药24 h后，大部分虫体软化死亡，一次用药疗效可达90%左右。从每年3月中旬开始到 5 月底，每隔 30 d 涂药 1 次，用药 2～3 次，可收到良好效果。消灭移行期间的幼虫可用以下药物。

(1)倍硫磷(拜耳 29493)　成年牛用量 1.5 mL；青壮年牛用 1～1.5 mL，犊牛用 0.5～1.0 mL，作臀部肌内注射；每年 11 月用药；对第一期和二期幼虫的杀虫率可达 95%以上。

(2)蝇毒磷　牛用量为每千克体重 10 mg，臀部注射。

(3)伊维菌素注射液　牛用量为每千克体重 0.2 mg，皮下注射。

在本病流行地区，在成蝇飞翔季节，可向牛体喷洒药物，杀死由虫卵孵出的第一期幼虫。

二、羊鼻蝇蛆病

羊鼻蝇蛆病是指由羊鼻蝇幼虫寄生在羊的鼻腔及其附近的窦腔内而引起的一种使羊只不安、慢性鼻炎等症状的慢性寄主虫病。本病主要危害绵羊，山羊受害较轻微。羊鼻蝇蛆病分布极为广泛，在我国的西北、内蒙古、东北及华北地区都有流行，黑龙江省以西地区较为严重。

(一)病原

羊鼻蝇成蝇呈淡灰色，全身密生较短的细毛，形似蜜蜂；体长为 10～12 mm；头部呈黄色，胸部淡褐色并带有小黑斑；腹部黑色带有银白色闪光，翅透明。虫体胎生，成蝇产幼虫。

第一期幼虫为淡黄白色，长约为 1 mm，前端有 2 个黑色的口钩。第二期幼虫呈椭圆形，体长为 20～25 mm，只在虫体腹面有小刺。第三期幼虫呈棕褐色，体长为 30 mm，前端细小，有 2 个黑色的口钩；虫体分节，每一节有许多小刺；腹面平，背面隆起，有黑色横带；虫体后端上部平削，有 2 个黑色气孔板，下部稍突出。

(二)生活史

羊鼻蝇成蝇在每年 5—9 月出现，以 7 月为最多。在雌雄交配以后，雄蝇很快死去，雌蝇开始飞翔并产出幼虫。成蝇在有阳光的白天中午时分极为活跃。它们采取急剧而又突然的动作飞向羊鼻，将幼虫产在羊鼻孔内或者在羊鼻孔的周围，然后则迅速离去。每一次飞翔到羊鼻孔可产出幼虫 20～40 只，一只雌蝇一生可产幼虫 600 只左右。雌蝇产完幼虫后也会死去。

产在羊鼻孔内的第一期幼虫的活动力很强，它们能直接沿着鼻黏膜移动进入鼻腔额窦和鼻窦，寄生(有些幼虫还可以进入颅腔)并发育成为第二期幼虫。第二期幼虫在这里再经过发育蜕化，变成第三期幼虫，幼虫在鼻腔内寄生 9～10 个月。在第二年春天，第三期幼虫发育成熟以后，便向鼻孔移动。宿主动物在幼虫的刺激下而打起强烈的喷嚏，将第三期幼虫喷出鼻孔。在第三期幼虫落于地面后，钻入土壤表层或羊粪内化为蛹。蛹期的长短取决于外界的温度，一般要经过 1～2 个月，然后羽化为成蝇。成蝇在外界的寿命为 2～3 周。

羊鼻蝇的飞翔季节很长，但鼻蝇幼虫在宿主鼻腔内的发育期则因季节不同而有很大的差异。因此，在同一只羊的鼻腔内可以同时找到不同发育期的鼻蝇幼虫。在温暖地区，羊鼻蝇在一年内可以产生两个世代；在寒冷地区，羊鼻蝇一年内只能繁殖一个世代。

(三)临床症状

在羊鼻蝇成蝇产幼虫时期，每当成蝇飞向羊群，羊群便骚动，惊恐不安，羊只频频摇头，互相拥挤，喷鼻，低头，有时将鼻孔低于地面，或以鼻孔擦地，有的将头部掩藏在另一只羊的腹下或腿间。这样严重影响了羊的采食和休息,从而使羊逐渐消瘦。

(四)病理变化

在幼虫侵入羊鼻腔后,鼻黏膜受到强烈刺激,鼻黏膜出现发炎,肿胀、出血和分泌出浆液性乃至化脓性鼻汁。鼻孔周围形成干燥的脓痂,造成呼吸困难。患羊眼睑肿胀,流泪,喷鼻,在地面上摩擦鼻端或寻找物体摩擦。有时甚至顿脚,摇头。

幼虫的发育时期不同以及寄生部位不同,患羊就呈现不同的症状。在感染初期,患羊出现急性症状。虫体在羊体内寄生的末期由于虫体显著增大,并从深部向鼻孔移动,症状就会加剧。当幼虫进入大脑,损伤脑膜而引起胸膜炎时,就会出现神经症状。此时患羊食欲废绝,异常消瘦,患羊使劲摇头,向左或向右旋转,头向着一侧弯曲,出现假性回旋病症状。运步失调,步行时高举前肢,此时剖检患羊可在鼻腔和鼻窦内检出幼虫。

(五)诊断

羊鼻蝇蛆病的诊断可根据流行病学资料的分析、临床症状的检查以及死后剖检,在鼻腔和鼻窦内找到鼻蝇蛆虫而进行综合性诊断。当患羊具有神经症状时,要与多头蚴病加以区别诊断。多头蚴病多为幼龄羊只发病,神经症状多以强制运动为主,没有鼻卡他症状,不流鼻汁。剖检时在鼻腔内找不到幼虫。

(六)防治

防治羊鼻蝇蛆病要着眼于消灭鼻腔内的第一期幼虫,为此应争取早期投药。在每年的10—11月,用敌百虫酒精溶液进行肌内注射,对第一期幼虫有较好的疗效。

1. 用药配方

精制敌百虫 60 g 溶解在 95%酒精 31 mL,再加蒸馏水 31 mL。

二维码 2-9 牛羊昆虫病

2. 药物用量

大羊用量为 2～3 mL,中等羊用量为 1～3 mL,小羊用量为 0.5～1.0 mL。为了消灭鼻腔内的幼虫,可向羊鼻腔内喷洒 3%来苏儿或 3%二甲苯酚肥皂溶液。用药时,羊只站立进行喷雾。驱虫率可达 95%以上。

在成蝇飞翔季节,为防止成蝇在羊鼻孔产幼虫,可向羊鼻孔周围涂擦药物,这样既能防止成蝇产幼虫,又可以杀死已产出的第一期幼虫。

任务五　牛羊原虫病

【任务目标】

1. 了解牛羊原虫病的病原特点。
2. 描述牛羊原虫病的流行特点。
3. 认知牛羊原虫病的临床症状和病理变化,能够准确描述典型图片代表的症状和病变。
4. 会用本课学习的内容对牛羊原虫病进行诊断和防治。

一、牛泰勒虫病

牛泰勒虫病是指由泰勒科、泰勒属的环形泰勒虫寄生于牛的红细胞内而引起的一种原虫病。在贵州省和吉林省证实有瑟氏泰勒虫。一些学者认为它和环形泰勒虫是同一个种。本病流行在我国西北、华北、东北等一些省区。1981年，在黑龙江省齐齐哈尔市郊区水师乡首次发现了该病。该病多呈急性病程，发病率和死亡率高，并带有明显的季节性和地方性流行，给养牛业造成极大威胁。

(一)病原

寄生在红细胞内的环形泰勒虫体被称为血液型虫体(配子体)，虫体小，形态多样，有圆环形、杆形、卵圆形、梨籽形、逗点形、圆点形、十字架形、三叶形等多种形状，其中以圆环形和卵圆形为主，圆形虫体的染色质位于边缘，半月形，有时为圆形，呈暗红色或紫色，虫体大小为0.6～1.6 μm。红细胞内的虫体以二分裂或形成4个虫体的方式进行繁殖。红细胞的染虫率一般为10%～12%，严重者可达80%以上的染虫率。红细胞内虫体的感染强度与感染率成正比，在虫体反应的高潮期，1个细胞中一般会寄生1～3个虫体，最多可寄生11个。

寄生于巨噬细胞和淋巴细胞内进行裂殖生殖所形成的多核虫体为裂殖体(即石榴体，又称柯赫氏蓝体)。裂殖体呈圆形、椭圆形或肾形，位于淋巴细胞或巨噬细胞的胞浆内或散在于细胞外。用吉姆萨染色可见虫体胞浆呈淡蓝色，其中包含许多紫红色颗粒状的核。裂殖体有两种类型：一种为大裂殖体(无性生殖体)，呈圆形、椭圆形或不规则形状，原生质呈浅蓝色，并有一层不明显的外膜，平均直径为8 μm，有的直径可达15～27 μm，在原生质内散布有20～40个，有时可达100个左右的染色质颗粒，颗粒为粉红色或紫红色，呈逗点形、椭圆形或不规则形，直径为0.4～1.9 μm，能产生直径为2.0～2.5 μm的大型裂殖子；另一种为小裂殖体(有性生殖体)。其形态和颜色与大型裂殖体相同，在淋巴细胞内的大小为(4～15)μm×(3～12)μm，游离者稍大，为(6～18)μm×(4～15)μm。原生质颗粒小而多，分布密集，呈圆形，着色深，为暗紫色，数量多达100个以上，染色颗粒的大小为0.3～0.8 μm，并能产生直径为0.7～1.0 μm的小裂殖子。

(二)生活史

当感染泰勒虫的蜱在牛体吸血时，子孢子随蜱的唾液进入牛体，侵入局部淋巴结中的巨噬细胞和淋巴细胞内进行裂殖生殖，形成大裂殖体。大裂殖体发育成熟后，破裂为许多大裂殖子，它们又进入其他的巨噬细胞和淋巴细胞内，重复上述的裂殖生殖过程。伴随虫体在局部淋巴结反复进行裂殖生殖的同时，部分大裂殖子可循淋巴和血液向全身播散，侵入脾、肝、肾、淋巴结、皱胃等各器官的巨噬细胞和淋巴细胞内进行裂殖生殖。裂殖生殖反复进行至一定时期后，有的可形成小裂殖体。小裂殖体发育成熟后，破裂，里面的许多小裂殖子进入红细胞变为配子体。Schein等通过超微结构的研究认为环形泰勒虫的血液型虫体有两种类型：一种逗点形虫体可能为小配子体；另一种卵圆形虫体可能为大配子体。

当幼蜱或若蜱在病牛体上吸血时，把带有配子体的红细胞吸入胃内，配子体由红细胞逸出并变为大小配子，二者结合成合子，进而发育成为棍棒形的能动的动合子，动合子穿入蜱的肠管及体腔等各处。当蜱完成其蜕化时，动合子进入蜱唾液腺的细胞内变圆为合孢体(母孢子)，开始孢子增殖分裂产生许多子孢子。在蜱吸血时,子孢子被接种到牛体内,重新开始其在牛体内的发育和繁殖。

(三)流行病学

环形泰勒虫病的传播者是璃眼蜱属的蜱,目前尚未发现有其他属的蜱能传播环形泰勒虫病。现已证明有 4 种璃眼蜱是本病的主要传播者:残缘璃眼蜱分布在白俄罗斯和北非和我国,小亚璃眼蜱在白俄罗斯和我国;图兰璃眼蜱在非洲部分地区,边缘璃眼蜱在印度,它们具有重要的流行病学意义。在我国环形泰勒虫病的流行区内发现的传播者有 2 种:一种为残缘璃眼蜱。它是我国主要的传播者,分布在内蒙古、宁夏、陕西、甘肃、山西、河南、河北和新疆的大部分地区。另一种为小亚璃眼蜱。它是新疆南部的媒介蜱。黑龙江省传播牛泰勒虫的蜱为璃眼蜱属的残缘璃眼蜱。

残缘璃眼蜱是一种二宿主蜱,主要寄生在牛。幼虫和若虫期在带虫牛或病愈牛体上吸入病原体,在成虫期就会将病原传给易感牛,使其发病,病原不能在蜱内经卵传递。在宁夏地区,残缘璃眼蜱幼虫 11 月上旬出现于牛体,饱血后,在 11 月下旬至 12 月末全部蜕皮变为若蜱,在牛体上越冬。翌年的 3 月末至 5 月上旬若蜱从牛体上陆续饱血后脱落,落地爬进圈舍的墙缝和墙洞中进行蜕化。5 月上旬蜕化为成虫,开始侵袭牛体,6 月下旬达到侵袭高峰,7 月逐渐减少,8 月逐渐平息。成虫的寄生期为 5～7 个月。

环形泰勒虫病的发生和流行随蜱的出没具有明显的季节性。本地牛的发病率和死亡率较低,有时红细胞染虫率达 7%～15%,无明显症状,能耐过并自愈。外地引入牛的易感性强,发病率为 61%,死亡率为 16%～60%。纯种牛和改良杂种牛对本病敏感,即使红细胞染虫率很低(2%～3%),也可出现明显的临诊症状。残缘璃眼蜱的生存环境是在畜舍内,因此,牛羊原虫病主要流行在圈舍饲养的牛群,在草原上放牧饲养的牛只不发病。

各种不同年龄的牛对病原体都有易感性,但 1～3 岁的幼龄牛的发病率较高。在初生犊牛和成年牛中,也有个别病例发生。

牛羊原虫病的发生和流行、临床症状的轻重与牛只来源和品种关系密切。在本病流行区,当地土种牛发病症状轻微或不发病时,多数为带虫者,从外地新引进的种牛和其他牛只在发病季节里几乎都发病,并且病势较重,死亡率也高。

牛只得病后常呈带虫免疫状态,一般可保持数年之久,然而这种免疫力很不稳定。当外界条件改变,或畜体抵抗力降低时,病可以复发。

(四)临床症状

1. 潜伏期

在流行地区,自然感染的潜伏期为 14～20 d,用蜱作人工感染时的潜伏期为 9～12 d,平均潜伏期为 10 d。在此期间未显任何可见的临诊症状。

2. 发病初期

潜伏期过后,开始出现症状。病初的体温升高至 39～41.8 ℃,呈稽留热型,4～10 d 维持 41 ℃左右,少数病牛呈弛张热或间歇热,继之淋巴结肿大,有痛感;角根发热;呼吸加快,80～110 次/min;心跳加快,80～120 次/min。精神稍有不振,食欲下降;眼结膜潮红。体温升高后不久,即可在红细胞内发现虫体,开始很少,以后迅速增多。穿刺淋巴结做涂片检查,可在个别淋巴细胞内见到柯赫氏蓝体。此期可延续 2～5 d。

3. 中期

精神沉郁，食欲大减或废绝，反应迟缓，瘤胃蠕动，1～2 次/min。放牧时不能随群，腰下陷，弓腰缩腹，喜孤立，或静卧于阴凉偏僻处，头弯伏于腹侧。先便秘后腹泻，或两者交替，粪便常带黏液或血液。尿液呈淡黄或深黄，尿少而频，但无血尿，血红蛋白尿为阴性。体温上升至 40～42 ℃。鼻镜干，流出清白黏液。眼流泪，有的角膜变为灰色，视力受损，可视黏膜贫血或呈黄红色，病重者的眼睑下有绿豆大小的溢血点。颈静脉波动明显，心搏有冲击感，脉细而弱，音区扩大，心音亢进有杂音，呼吸增数，肺泡音粗粝，咳嗽，流鼻涕。病牛喜啃土或其他异物，磨牙，呻吟，流涎，迅速消瘦，肩肌或肘肌震颤；体表淋巴结肿胀为本病重要特征，大多数病牛一侧肩前或腹股沟浅表淋巴结肿大，初为硬肿，有痛感，后渐变软，常不易推动（个别牛不见肿胀）。血液稀薄，红细胞减到 300 万～200 万/mL，血红蛋白降至 30%～20%，血沉加快，红细胞大小不匀，出现异性红细胞，白细胞变化不大。此期的红细胞染虫率随着病程的发展而逐步增高，有的病例增高至一定程度后不再上升。这可能是机体产生了一定的免疫力，虫体的繁殖受到了抑制，或者虫体繁殖到一定世代而自行停止繁殖的结果。

4. 后期

如中期病情迅速发展并趋于恶化，病畜食欲废绝，反刍完全停止，卧地不起。在眼睑、尾根和稚嫩的皮肤上出现粟粒大小以至扁豆大小的深红色的结节状（略高出于皮肤）的溢血斑点，此为转归不良，趋于死亡的征兆。死亡常发生在发病后的 1～2 周，并有拖延至 20 d 左右者，濒死前体温降至常温下，病牛卧地不起，衰竭而死。耐过的病牛若能得到良好的护理，病情就会逐渐好转，自愈后成为带虫者。

（五）病理变化

体表淋巴肿大，胸腹两侧皮下有出血斑和黄色胶样浸润。剖开腹腔，网膜呈黄色，有出血点，腹水黄色。脾脏明显肿大，被膜上有出血点，脾髓软化，呈红紫色。肝脏肿大，质脆、被膜上有出血点，肝的淋巴结肿大。胆汁为褐绿色，混有凝块样黏稠物。肾外膜易剥离并有出血点，肾盂水肿，皮、髓质界限不清，肾上腺肿大出血。食道、瘤胃浆膜面有出血点，第三胃内容物干涸黏膜易脱落。第四胃黏膜肿胀，有大小不等出血斑并有黄豆大溃疡斑，边缘隆起，中间凹陷，呈灰色。肠系膜上淋巴结肿大有出血点。剖开胸腔，胸腔积液呈淡黄红色，胸壁有出血点。心包内有积水，心内、外膜上均有出血点，心尖外膜出血点较重。冠状动脉及心冠脂肪上有明显的胶样浸润和出血斑点。肺水肿、气肿，被膜上均有小出血点，支气管和咽喉部黏膜上均有出血斑点。全身性贫血、出血、黄染。

（六）诊断

根据流行病学资料、临诊症状、典型的病理变化和病原学，检查镜检血片中的虫体和淋巴结中的石榴体等进行综合诊断。

1. 流行病学

在隐伏地区和流行地区，该病的发生有明显的季节性（6—8 月）。在安全区发现可疑病牛时，应了解牛只是否来自流行区，当地是否有传播本病的蜱种。

2. 临诊特征

体温升高，是否为稽留型；体表淋巴结肿大，触之有痛；贫血等。

3. 病理变化

皱胃黏膜有溃疡斑，全身性出血和全身淋巴结肿大。

4. 病原检查

做血片检查，观察有无血液型虫体；做淋巴穿刺，抽取淋巴液做涂片检查，或在尸体剖检时，取淋巴结、肝、脾、肺、肾和心肌等器官组织做压片或抹片检查，观察是否有石榴体。

(七)治疗

截至目前，牛羊原虫病的治疗尚没有理想的特效药，选用一些抗焦虫药物只能收到一定的效果，还必须早期用药。在治疗过程中必须十分注意对症辅助疗法和精心护理。常用的治疗药物有如下几种。

①磷酸伯氨喹啉：使用剂量为每千克体重 0.75～1.5 mg，每日口服 1 次，连用 3 d。该药具有良好的杀灭环形泰勒虫配子体的作用，杀虫作用迅速，投药后 24 h，配子体即开始死亡；疗程结束后 48～72 h，染虫率下降至 1%，被杀死的虫体表现为变形、变色和变小；死虫残骸在 1～2 周内从红细胞内消失。

②贝尼尔：要早期用药，加大剂量，每千克体重 7～10 mg。以灭菌生理盐水配成 7%溶液，分点在臀部做深层肌内注射。每日 1 次，连用 2 次。

③硫酸喹啉脲，又叫阿卡普林：每千克体重 1.5～2.0 mL，剂型为 5%硫酸喹啉脲注射液，皮下或肌内注射。

(八)防治

1. 牛羊原虫病预防的关键性环节是灭蜱

(1)消灭圈舍内的幼蜱　9—10 月，当牛体上的雌蜱全部落地，并爬进墙缝准备产卵时，用泥土将离地面 1 m 高的墙缝或墙洞堵死，如在泥土中加入少量杀虫剂，则杀灭效果更好。

(2)消灭圈舍内的若蜱和饥饿的成蜱　4 月，大批成蜱落地并爬入墙缝，准备蜕化为成蜱时，用泥土勾抹墙缝 1 次，将饥饿的成蜱闭死在墙洞或墙缝中。

(3)消灭牛体上的蜱　使用有机磷制剂或溴氢菊酯等杀虫剂喷洒牛体，在 5—7 月杀灭成蜱，在 10—12 月杀灭幼蜱和若蜱。调入和调出的牛只都要对其进行灭蜱处理，以免传播病原体。

2. 免疫预防

中国农业科学院兰州兽医研究所吕文顺等研究的牛环形泰勒虫裂殖体胶冻细胞苗具有很好的预防作用。该苗在接种 20 d 后即可产生免疫力，在我国宁夏等省区推广和应用。事实证明，其有效保护率达 99.8%，免疫持续期达 13 个月之久，疫苗安全性能良好，取得了明显的经济效益。

二、牛梨形虫病

牛梨形虫病旧称血包子虫病、焦虫病，是指由梨形虫纲的原虫寄生于血液引起的病的总称，包括巴贝斯虫和泰勒虫病。其在云南省大理普遍发生。

(一)流行病学

其主要由硬蜱传播。发病牛、带虫牛、蜱均为传染源,梨形虫在蜱体内可继代传递,故牛蜱是主要的传染源,动物中以奶牛最为易感,特别是青年牛的发病率最高,但症状较轻,老牛、弱牛、病牛、孕牛次之,病情较重,死亡率高。该病的发生与蜱的活动有关,在大理地区夏秋季节发病严重,冬季也发生。

(二)临床症状

急性病牛主要表现为体温升高 40～42 ℃,呈稽留热。病牛在初期表现出食欲减退,前胃迟缓;中后期表现出喜啃土或其他异物,反刍减少,甚至停止,贫血、消瘦,可视黏膜色淡、黄染,黄尿或红尿,病程一般为 7 d 左右,重者发病 2～3 d,死亡;慢性病牛临床症状不明显,仅见食欲下降,呼吸加快,体温稍高,渐进性贫血或消瘦。病牛剖检可见血液稀薄、血凝不全,全身淋巴结肿大,可视黏膜苍白、黄疸;肝大,色黄;皮下组织充血、黄染;脾肿大;膀胱内有血尿;肺淤血水肿等。

(三)诊断

根据临床症状和流行病学特点可做出初步诊断;血液涂片镜检可在血细胞内查出虫体,这些是确诊的主要依据;疑为环形泰勒虫病的病牛可在早期进行淋巴结穿刺涂片镜检,查出石榴体即可确诊。

(四)防治

加强饲养管理,喂给营养丰富易消化的全价饲料,提高机体抵抗力;搞好灭蜱工作,有计划地实施轮牧,尽量避开蜱活动的场地,必要时可采取舍饲或围栏饲养,限制活动范围(活动区域内严格灭蜱);在春季注射焦虫苗,或在夏秋发病季节对易感奶牛使用抗梨形虫药物预防;定期检查,及早治疗。

处方 1:硫酸喹啉脲按每千克体重 1 mg 加注射用水配成 1%～2%一次性皮下注射。处方 2:贝尼尔按每千克体重 7 mg 加注射用水配成 7%溶液深部肌内注射,隔天一次,连用 2～3 d。处方 3:黄色素按每千克体重 3～4 mg 加注射用水配成 0.5%～1%溶液静注,必要时隔一天再重复一次。对症采取强心补液、退热、健胃、抗贫血等作为辅助和支持治疗;中医以杀虫驱邪,清热宣肺,行气化积,和胃健脾为原则。

二维码 2-10　牛羊原虫病

项目三　牛羊普通病

【项目简介】

牛羊普通病是指除了传染性因素和寄生虫性因素外,由其他因素导致的牛羊其他疾病,包括牛羊内科疾病、牛羊蹄病、牛羊产科疾病等。此类疾病不具有流行性,往往呈散发性或地方性流行(营养代谢病和中毒类疾病),具有明确的病因及疾病指征,也可能是某些传染病或寄生虫的临床表现。通过学习本项目,具体掌握发病原因及应对措施,以预防和控制此类疾病的发生。

任务一　牛羊内科疾病

【任务目标】

1. 了解牛羊内科疾病的发病原因。
2. 理解牛羊内科疾病的发病机理。
3. 认知牛羊内科疾病的临床症状和诊断要点，能够准确描述典型图片代表的症状和病变。
4. 会用本课学习的内容对牛羊内科疾病诊断和治疗。

一、前胃弛缓

前胃弛缓是指各种病因导致前胃神经兴奋性降低，肌肉收缩力减弱，瘤胃内容物运转缓慢，微生物区系失调，产生大量发酵和腐败的物质，引起消化障碍，食欲、反刍减退，乃至全身机能紊乱的一种疾病。

（一）病因

原发性前胃弛缓，又称单纯性消化不良。其病因主要是饲养不当与管理不当。

1. 饲养不当

几乎所有能改变瘤胃环境的食物性因素均可引起单纯性消化不良。常见的有①精饲料喂量过多或突然食入过量的适口性好的饲料，如玉米青贮；②食入过量不易消化的粗饲料，如麦糠、秕壳、半干的山芋藤、紫云英、豆秸等；③饲喂变质的青草、青贮饲料、酒糟、豆渣、山芋渣等饲料或冰冻饲料；④饲料突然发生改变，日粮中突然被加入不适量的尿素或使牛群转向茂盛的禾谷类草地；⑤误食塑料袋、化纤布或分娩后的母牛食入胎衣均可引起单纯性消化不良；⑥在严冬早春，水冷草枯，牛羊被迫食入大量的秸秆、垫草或灌木，或者日粮配合不当，矿物质和维生素缺乏，特别是当缺钙时，血钙水平低，致使神经-体液调节机能紊乱，引起单纯性消化不良。

2. 管理不当

管理不当的同时，兼有饲养不当，更能导致单纯性消化不良的发生。常见的管理不当：①由放牧迅速转变为舍饲或由舍饲突然转为放牧；②劳役与休闲不均，受寒，圈舍阴暗、潮湿；③经常更换饲养员和调换圈舍或牛床，都会破坏前胃的正常消化反射，造成前胃机能紊乱，导致单纯性消化不良的发生；④由严寒、酷暑、饥饿、疲劳、断乳、离群、恐惧、感染与中毒等因素或手术、创伤、剧烈疼痛的影响引起的应激反应，从而发生单纯性消化不良。继发性前胃弛缓常继发于口炎、齿病、创伤性网胃腹膜炎、迷走神经胸支和腹支损伤、腹腔脏器粘连、瓣胃阻塞、皱胃阻塞、骨软症、酮病、乳腺炎、子宫内膜炎、牛流行热、结核、布鲁氏菌病、前后盘吸虫病、血孢子虫病和锥虫病等疾病。此外，治疗用药不当，如长期大量服用抗生素或磺胺类等抗菌药物，瘤胃内正常微生物区系受到破坏，发生消化不良，造成医源性前胃弛缓。

（二）发病机理

由上述致病因素引起中枢神经系统和自主神经系统的机能紊乱，导致消化不良。迷走神经所支配的神经兴奋与分泌的偶联作用及肌肉兴奋与收缩的偶联作用都是通过迷走神经胆碱能纤维释放乙酰胆碱来实现的。特别是当钙水平降低或受到各种应激因素影响时，乙酰胆碱释放减少，神经体液调节功能减退，从而导致前胃弛缓的发生和发展。前胃弛缓，收缩力减弱致使瘤胃内容物得不到充分的搅拌，也就造成其内各种微生物活动的不平衡。由于某些微生物积极活动，瘤胃内容物异常分解，产生大量的有机酸（乙酸、丙酸、丁酸、乳酸等）和气体（CO_2、CH_4 等），pH 下降，瘤胃内微生物区系共生关系遭到破坏，纤毛虫的活力减弱或消失，毒性强的微生物异常增殖，产生多量的有毒物质和毒素，消化道反射活动受到抑制，食欲减退或废绝，反刍减弱或停止，前胃内容物不能正常运转与排出，瓣胃内容物停滞，消化机能更加紊乱。随着疾病的发展，前胃内容物异常腐败分解，产生大量的氨和其他含氮物质（酰胺、组胺等），血液中的尿素和铵盐增高，并出现有毒的酰胺和胺，肝脏受到毒性损害，解毒机能降低，发生自体中毒。因肝糖原异生作用旺盛，形成大量的酸性产物，引起酸毒症或轻度的酮血症，同时由有毒物质的强烈刺激引起的前胃炎、皱胃炎、肠炎和腹膜炎，肠道渗透性增强，发生脱水，病情急剧恶化，导致迅速死亡。

（三）临床症状

前胃弛缓按其病情发展过程，可分为急性和慢性两种类型。

1. 急性

病畜食欲减退或废绝，反刍减少、短促、无力，时而嗳气并带酸臭味；奶牛和奶山羊泌乳量下降；体温、呼吸、脉搏一般无明显异常。瘤胃蠕动音减弱，蠕动次数减少。虽然有的病畜蠕动次数不减少，但瘤胃蠕动音减弱，每次蠕动的持续时间缩短；瓣胃蠕动音微弱。触诊瘤胃，内容物黏硬或呈粥状。病初粪便变化不大，随后粪便变为干硬、色暗，被覆黏液。如果伴发前胃炎或酸中毒，病情急剧恶化，呻吟、磨牙，食欲废绝，反刍停止，排棕褐色糊状恶臭粪便；精神沉郁，黏膜发绀，皮温不整，体温下降，脉率增快，呼吸困难，鼻镜干燥，眼窝凹陷。

2. 慢性

慢性通常由急性前胃弛缓转变而来。病畜食欲不定，有时减退或废绝；常常虚嚼、磨牙，发生异嗜，舔砖、吃土或采食被粪尿污染的褥草、污物；反刍不规则，短促、无力或停止；嗳气减少、嗳出的气体带臭味。病情弛张，时而好转，时而恶化，日渐消瘦；被毛干枯、无光泽，皮肤干燥、弹性减退；精神不振，体质虚弱。瘤胃蠕动音减弱或消失，内容物黏硬或稀软，瘤胃轻度臌胀；多数病例，网胃与瓣胃蠕动音微弱。腹部听诊，肠蠕动音微弱。病畜便秘，粪便干硬，呈暗褐色，附有黏液；有时腹泻，粪便呈糊状，腥臭，或者腹泻与便秘互相交替。在老牛病重时，它会呈现贫血与衰竭，常有死亡。

实验室检查可见瘤胃液 pH 下降至 5.5 以下（正常的变动范围为 6～7）；纤毛虫活力降低，数量减少至 7.0 万/mL 左右（正常黄牛为 13.9 万～114.6 万/mL，水牛为 22.3 万～78.5 万/mL）；葡萄糖发酵实验可见糖发酵能力降低，产气低于 1 mL/h，甚至产生的气体仅有 0.5 mL（正常的牛羊产气 1～2 mL/h）；瘤胃沉淀物活性实验可见微粒物质漂浮的时间延长（正常为 3～9 min）；纤维素消化实验可用系有小金属重物的棉线悬于瘤胃液中进行厌气温浴，棉线被消化断离的时间超过 60 h（正常为 50 h 左右），显示前胃弛缓，消化不良。

（四）病理变化

瘤胃胀满，黏膜潮红，有出血斑。瓣胃容积增大，甚至可达正常时的 3 倍；瓣叶间内容物干燥，形同胶合板状，其上覆盖脱落的黏膜，有的病例还有瓣叶的坏死组织。有的病例的瓣胃叶片组织坏死、溃疡和穿孔，局限性或弥漫性腹膜炎以及全身败血症等变化。病程及预后若无并发症，采取病因疗法，加强护理，3～5 d 内即可康复。若治疗不及时，伴发瓣胃阻塞，预后慎重。继发性前胃弛缓，病情发展与转归，视原发病而定，如由创伤性网胃炎所致的前胃弛缓，预后不良。

（五）诊断

原发性前胃弛缓的诊断可根据饲养管理失调、临床症状、瘤胃液 pH 的下降、纤毛虫活力降低、数量减少和糖发酵能力降低等实验室检查指标的变化来确定，但应与奶牛酮病、创伤性网胃腹膜炎、皱胃左方变位、瘤胃积食等疾病进行区别。

（六）防治

1. 治疗

治疗原则是除去病因、加强护理、清理胃肠、增强前胃机能、改善瘤胃内环境、恢复正常微生物区系、防止脱水和自体中毒。

（1）除去病因　立即停止饲喂发霉变质饲料等饲料。

（2）加强护理　病初绝食 1～2 d（但给予充足的清洁饮水），再饲喂适量的易消化的青草或优质干草。轻症病例可在 1～2 d 内自愈。

（3）清理胃肠　为了促进胃肠内容物的运转与排出，可用硫酸钠（或硫酸镁）300～500 g、鱼石脂 20 g、酒精 50 mL、温水 6 000～10 000 mL，一次内服，或用液体石蜡 1 000～3 000 mL、苦味酊 20～30 mL，一次内服。采食多量精饲料而症状又比较重的病牛可采用洗胃的方法，排出瘤胃内容物；洗胃后应向瘤胃内接种纤毛虫。重症病例应先强心、补液，再洗胃。

（4）增强前胃机能　应用“促反刍液”（5%葡萄糖生理盐水注射液 500～1 000 mL、10%氯化钠注射液 100～200 mL、5%氯化钙注射液 200～300 mL、20%安钠咖注射液 10 mL），一次静脉注射，并肌内注射维生素 B_1。由过敏性因素或应激反应所致的前胃弛缓在应用“促反刍液”的同时，肌内注射 2%盐酸苯海拉明注射液 10 mL。在洗胃后，可静脉注射 10%氯化钠注射液 150～300 mL、20%安钠咖注射液 10 mL，每日 1～2 次。酒石酸锑钾（吐酒石），宜用小剂量，牛每次 2～4 g，加水 1 000～2 000 mL 内服，每日 1 次，连用 3 次。此外，还可皮下注射新斯的明（牛 10～20 mg、羊 2～5 mg）或毛果芸香碱（牛 30～100 mg、羊 5～10 mg）。对病情重剧、心脏衰弱、老龄和妊娠的母牛则禁止应用，以防虚脱和流产。应用缓冲剂的目的是调节瘤胃内容物的 pH，改善瘤胃内环境，恢复正常微生物区系，增进前胃功能。在应用前，必须测定瘤胃内容物的 pH，然后再选用缓冲剂。

当瘤胃内容物 pH 降低时，宜用氢氧化镁（或氢氧化铝）200～300 g、碳酸氢钠 50 g，常水适量，牛一次内服；也可应用碳酸盐缓冲剂（CBM）：碳酸钠 50 g、碳酸氢钠 350～420 g、氯化钠 100 g、氯化钾 100～140 g、水 10 L，牛一次内服，每日 1 次，可连用数次。

2. 预防

注意饲料的选择、保管，防止霉败变质；奶牛和奶羊、肉牛和肉羊都应依据日粮标准饲喂，不可任意增加饲料用量或突然变更饲料；耕牛在农忙季节不能劳役过度，在休闲时期应注意适当运动；圈舍须保持安静，避免奇异声音、光线和颜色等不利因素刺激和干扰；注意圈舍卫生和通风、保暖，做好预防接种工作。

二、瘤胃积食

瘤胃积食，又称急性瘤胃扩张，是指由反刍动物贪食大量粗纤维饲料或容易膨胀的饲料引起瘤胃扩张，瘤胃容积增大，内容物停滞和阻塞以及整个前胃机能障碍，形成脱水和毒血症的一种严重疾病。

（一）病因

瘤胃积食主要是由贪食大量富含粗纤维的饲料，如豆秸、山芋藤、老苜蓿、花生蔓、紫云英、谷草、稻草、麦秸、甘薯蔓等，缺乏饮水，难于消化所致。过食麸皮、棉籽饼、酒糟、豆渣等也能引起瘤胃积食。长期舍饲的牛、羊，运动不足，突然变换可口的饲料，常常造成采食过多，或者由放牧转舍饲，采食难以消化的干枯饲料而发病。耕牛常因采食后立即犁田、耙地或使役后立即饲喂，影响消化功能，引起本病的发生。当饲养管理和环境卫生条件不良时，奶牛与奶山羊、肉牛与肉羊容易受到各种不利因素的刺激和影响，如过度紧张、运动不足、过于肥胖或因中毒与感染等产生应激反应也能引起瘤胃积食。此外，在前胃弛缓、创伤性网胃腹膜炎、瓣胃秘结以及皱胃阻塞等病征中，反刍动物也常常继发瘤胃积食。

（二）发病机理

除一次大量暴食所引起者外，瘤胃积食往往是在前胃弛缓的基础上发生。在前胃弛缓的基础上，只要饲料数量和质量稍有变更，就可进一步造成神经-体液调节紊乱、瘤胃收缩力量减弱，瘤胃陷于进一步的弛缓、扩张乃至麻痹，反射性地引起皱胃幽门痉挛性收缩，瘤胃内容物不能正常运转而停滞，从而导致本病的发生。大量胃内容物积聚于瘤胃，压迫瘤胃黏膜感受器，在瘤胃短时间的兴奋之后，立即转入抑制。由于瘤胃积食，内容物浸渍、浸出、溶解、合成和吸收的全部消化程序遭到严重破坏，瘤胃内容物发酵、腐败，产生大量气体和有毒物质，刺激瘤胃壁神经感受器，引起腹痛不安。

随着病情急剧发展，瘤胃内微生物区系失调，革兰氏染色阳性菌，特别是牛链球菌大量增殖，产生大量乳酸，pH 降低，瘤胃内纤维分解菌和纤毛虫活性降低，甚至大量死亡。微生物区系共生关系失调，腐败产物增多，引起瘤胃炎，进一步导致瘤胃的渗透性增强，引起积液。由于脱水，酸碱平衡失调，碱贮下降，神经-体液调节机能更加紊乱，病情急剧恶化，即呼吸困难，血液循环障碍，肝脏解毒机能降低，瘤胃内的蛋白质和氨基酸形成各种有毒的胺类，如组胺、尸胺等。当这些有毒物质被吸收后，就会引起自体中毒，病畜会出现兴奋、痉挛、抽搐、血管扩张、血压下降，循环虚脱，病情更加危重。

（三）临床症状

其常在饱食后数小时内发病。病畜不安，目光凝视，弓背站立，回顾腹部或后肢踢腹，间或不断起卧；食欲废绝、反刍停止、虚嚼、磨牙、时而努责，常有呻吟、流涎、嗳气，有时作呕或呕吐。瘤胃蠕动音减弱或消失；触诊瘤胃，病畜不安，内容物坚实或黏硬，有的病例呈粥状；腹部膨胀，瘤胃背囊有一层气体，穿刺时可排出少量气体和带有臭味的泡沫状液体。

腹部听诊：肠音微弱或沉寂。病畜便秘，粪便干硬，色暗；间或发生腹泻。

直肠检查可发现瘤胃扩张，容积增大，充满坚实或黏硬内容物；有的病例内容物呈粥状，但胃壁显著扩张。

瘤胃内容物检查可见内容物 pH 一般由中性逐渐趋向弱酸性；后期的纤毛虫数量显著减少。瘤胃内容物呈粥状。恶臭则表明继发中毒性瘤胃炎。晚期病例的病情恶化，奶牛、奶山羊的泌乳量明显减少或停止；腹部胀满，瘤胃积液，呼吸急促，心悸动增强，脉率增快；皮温不整，四肢下部、角根和耳冰凉；全身战栗，眼窝凹陷。黏膜发绀；病畜衰弱，卧地不起，陷入昏迷状态。

(四)病理变化

胃极度扩张，其内含有气体和大量腐败内容物，胃黏膜潮红，有散在出血斑点；瓣胃叶片坏死；各实质器官淤血。病程及预后轻度的瘤胃积食，1～2 d 即可康复。一般病例经及时治疗，3～5 d 后可以痊愈。慢性病例的病情反复，有的病例暂时好转，然后又加重，病程达 7 d 以上，多因瘤胃高度弛缓，内容物胀满，呼吸困难，血液循环障碍，发生窒息及心力衰竭，预后不良。

(五)诊断

根据病史和临床症状可以确诊，但应与前胃弛缓、急性瘤胃臌胀、创伤性网胃炎、皱胃阻塞、牛黑斑病甘薯中毒、皱胃变位、肠套叠、生产瘫痪等疾病予以区别。

(六)防治

1. 治疗

治疗原则是增强瘤胃蠕动机能，促进瘤胃内容物排出，调整与改善瘤胃内生物学环境，防止脱水与自体中毒。针对一般病例，首先绝食，并进行瘤胃按摩，每次 5～10 min，每隔 30 min 一次，也可先灌服酵母粉 250～500 g 或神曲 400 g、干酵母 200 片、红糖 500 g，再按摩瘤胃；然后在瘤胃内容物软化后，神曲、干酵母用量减半，为防止发酵过盛，产酸过多，可服用适量的人工盐。

对于清肠消导而言，牛可用硫酸镁（或硫酸钠）300～500 g、液状石蜡（或植物油）500～1 000 mL、鱼石脂 15～20 g、酒精 50～100 mL、常水 6～10 L，一次内服。在应用泻剂后，可皮下注射毛果芸香碱或新斯的明，以兴奋前胃神经，促进瘤胃内容物运转与排出。

改善中枢神经系统调节功能，促进反刍，防止自体中毒，可静脉注射 10%氯化钠注射液 100～200 mL，或者先用 1%温食盐水 20～30 L 洗涤瘤胃后，用 10%氯化钙注射液 100 mL、10%氯化钠注射液 100 mL、20%安钠咖注射液 10～20 mL，静脉注射。

除反复洗胃外，病程长的病例宜用 5%葡萄糖生理盐水注射液 2 000～3 000 mL、20%安钠咖注射液 10～20 mL、5%维生素 C 注射液 10～20 mL，静脉注射，每日 2 次，达到强心补液，维护肝脏功能，促进新陈代谢，防止脱水。当血液碱贮下降，酸碱平衡失调时，先用碳酸氢钠 30～50 g，常水适量，内服，每日 2 次，再用 5%碳酸氢钠注射液 300～500 mL 或 11.2%乳酸钠注射液 200～300 mL，静脉注射。另用 1%呋喃硫胺注射液 20 mL，静脉注射，促进丙酮酸脱羧，解除酸中毒。如果因反复使用碱性药物而出现呼吸急促，全身抽搐等碱中毒症状，宜用稀盐酸 15～40 mL 或食醋 200～300 mL，加水后内服，并静脉注射复方氯化钠注射液 1 000～2 000 mL。

2. 预防

加强饲养管理，防止突然变换饲料或过食；奶牛、奶山羊、肉牛和肉羊按日粮标准饲喂；耕牛不要劳役过度；避免外界各种不良因素的影响和刺激。

三、瘤胃臌胀

瘤胃臌胀，又称瘤胃臌气，是指因前胃神经反应性降低，收缩力减弱，采食了容易发酵的饲料，在瘤胃内微生物的作用下，异常发酵，产生大量气体，引起瘤胃和网胃急剧臌胀，膈与胸腔脏器受到压迫，呼吸与血液循环障碍，发生窒息现象的一种疾病。本病在长江以南地区多发生于春季、牧草生长旺盛的夏季，在长江以北地区则以夏季草原上放牧的牛、羊多见。瘤胃臌胀按病因分为原发性瘤胃臌胀和继发性瘤胃臌胀；按病的性质为分泡沫性瘤胃臌胀和非泡沫性瘤胃臌胀。

（一）病因

原发性瘤胃臌胀是由反刍动物直接饱食容易发酵的饲草、饲料而引起的。继发性瘤胃臌胀常继发于前胃弛缓、创伤性网胃炎、瓣胃阻塞、食管阻塞、食管痉挛等疾病。泡沫性瘤胃臌胀是由反刍动物采食了大量含蛋白质、皂苷、果胶等物质的豆科牧草，如新鲜的豌豆蔓叶、苕子蔓叶、花生蔓叶、苜蓿、草木樨、红三叶、紫云英，生成稳定的泡沫所致，或者由喂饲较多量的谷物性饲料，如玉米粉、小麦粉等引起的。非泡沫性瘤胃臌胀，又称游离气体性瘤胃臌胀，是由采食了产生一般性气体的牧草，如幼嫩多汁的青草、沼泽地区的水草、湖滩的芦苗等或由采食堆积发热的青草、霉败饲草、品质不良的青贮饲料，或者经雨淋、水浸渍、霜冻的饲料等而引起的。

（二）发病机理

健康的反刍动物的瘤胃内容物在发酵和消化过程中产生 CO_2 66%、CH_4 26%、N_2 和 H_2 7%、H_2S 0.1%、O_2 0.9%等。这些气体是由纤毛虫、鞭毛虫、根足虫和某些生产多糖黏液的细菌参与瘤胃代谢所形成的。除覆盖于瘤胃内容物表面外，大部分气体通过反刍、咀嚼和嗳气排出，小部分气体随同瘤胃内容物，经皱胃进入肠道和血液被吸收，从而保持着产气与排气的相对平衡。在病理情况下，由于采食了多量易发酵的饲料，经瘤胃发酵生成大量的气体。超量的气体既不能通过嗳气排出，又不能随同内容物通过消化道排出和吸收，因而导致瘤胃的急剧扩张和臌胀。此外，在瘤胃臌胀发生方面还必须考虑每种反刍动物的个体差异，如神经反应性、唾液的分泌及其成分、瘤胃运动、气体的性状、嗳气的反射、食糜运转的速度以及内容物 pH 和微生物区系的变化等。因此，瘤胃臌胀发生的主要因素是由机体的神经反应性、饲料的性质和瘤胃内微生物共生关系三者之间的变化及其动态平衡失调而引起的。瘤胃臌胀按性质分为泡沫性瘤胃臌胀和非泡沫性瘤胃臌胀。

1. 泡沫性瘤胃臌胀

泡沫的形成主要取决于瘤胃液的表面张力、黏稠度和泡沫表面的吸附性能等三种胶体化学因素的作用。按照病因分析，易发酵的饲料，特别是豆科植物含有多量的蛋白质、皂苷、果胶等物质都可产生气泡，其中核蛋白体 18S 更具有形成泡沫的特性，而果胶与唾液中的黏蛋白和细菌的多糖类可增高瘤胃液的黏稠度。当瘤胃内容物发酵过程所产生的有机酸（特别是柠檬酸、丙二酸、琥珀酸等非挥发性酸）使瘤胃液 pH 下降至 5.2～6.0 时，泡沫的稳定性显著增高。显而易见，瘤胃内所产生的大量气体与其中的内容物互相混合，形成稳定性泡沫，而不能融汇成较大的气泡通过嗳气将气体排出，从而导致泡沫性臌胀的发生。

舍饲育肥牛臌气中泡沫的成因尚未得到肯定。一般认为在给牛喂饲高碳水化合物食物时，由某些种类瘤胃细菌产生了不溶性黏液，或者吸收了小颗粒性磨碎饲料而发酵产生的气体。小颗粒物质可明显影响泡沫的稳定性，如细磨的谷物。舍饲育肥牛的臌胀最常见于饲喂谷物食物达1～2个月的牛。其原因可能是谷物饲喂水平的增加，或者产黏液的瘤胃细菌增殖所需要的足够时间。

2. 非泡沫性瘤胃臌胀

非泡沫性瘤胃臌胀是指除由瘤胃内重碳酸盐及其内容物发酵所产生的大量CO_2和CH_4外，饲料中还含有氰苷与脱氢黄体酮化合物(类似维生素P)，具有降低前胃神经兴奋性，抑制瘤胃平滑肌收缩的作用，因而引起非泡沫性瘤胃膨胀的发生。在瘤胃臌胀发生发展的过程中，瘤胃过度臌胀和扩张、腹内压升高影响呼吸和血液循环，气体代谢障碍，病情急剧发展和恶化，并由瘤胃内容物发酵，腐败产物的刺激，瘤胃壁痉挛性收缩引起疼痛不安。在病的末期，瘤胃壁紧张力完全消失乃至麻痹，气体排除更加困难，血液中的CO_2显著增加，碱贮下降，最终导致窒息和心脏停搏。

(三)临床症状

急性瘤胃臌胀通常在采食不久发病。腹部迅速膨大，左肷窝明显突起，严重者高过背中线。反刍和嗳气停止，食欲废绝，发出吭声，表现出不安，回顾腹部。腹壁紧张而有弹性，叩诊呈鼓音；瘤胃蠕动音在初期增强，常伴发金属音，后期减弱或消失。呼吸急促，甚至头颈伸展，张口呼吸，呼吸数增至60次/min以上，心悸、脉率增快，可达100次/min以上。

胃管检查：当为非泡沫性瘤胃臌胀时，从胃管内排出大量酸臭的气体，臌胀明显减轻；当为泡沫性瘤胃臌胀时，仅排出少量气体，而不能解除臌胀。在该病的后期，心力衰竭，血液循环障碍，静脉怒张，呼吸困难，黏膜发绀；目光恐惧，出汗，间或肩背部皮下气肿，站立不稳，步态蹒跚甚至突然倒地，痉挛、抽搐。最终因窒息和心脏停搏而死亡。慢性瘤胃臌胀多为继发性瘤胃臌胀。病情弛张，瘤胃中等度臌胀，时而消长，常为间歇性反复发作。经治疗虽能暂时消除臌胀，但极易复发。在这种情况下，应全面检查，具体分析，力求确诊原发病。例如，创伤性网胃炎常有反复发作的顽固性慢性瘤胃臌胀。

(四)病理变化

死后立即剖检的病例可见瘤胃壁过度紧张，充满大量气体及含有泡沫的内容物。瘤胃腹囊黏膜有出血斑，角化上皮脱落。头颈部淋巴结，心外膜充血和出血；肺脏充血，颈部气管充血和出血；肝脏和脾脏呈贫血状，浆膜下出血。有的瘤胃破裂或膈肌破裂。病程及预后急性瘤胃臌胀，病程急促，如不及时急救，数小时内窒息死亡。如果病情轻的病例治疗及时，就可迅速痊愈，预后良好。有的病例经过治疗消胀后又复发，预后可疑。慢性瘤胃臌胀的病程可持续数周至数月。由于原发病不同，预后不一。若继发于前胃弛缓者，原发病治愈后，慢性臌胀也随之消失；若继发于创伤性网胃腹膜炎、腹腔脏器粘连、肿瘤等疾病者，则久治不愈，预后不良。

(五)诊断

急性瘤胃臌胀，病情急剧，根据采食大量易发酵性饲料后发病的病史，腹部臌胀，左肷窝凸出，血液循环障碍，呼吸极度困难，确诊不难。插入胃管是区别泡沫性瘤胃臌胀与非泡沫性瘤胃臌胀的有效方法。此外瘤胃穿刺也可作为鉴别的方法。如果为泡沫性瘤胃臌胀，在瘤胃穿刺时，只能断断续续从导管针内排出少量气体，针孔常被堵塞，排气困难；如果为非泡沫性瘤胃臌胀，则排气顺畅，臌胀明显减轻。

(六)防治

1. 治疗

治疗原则是排除气体，理气消胀，强心补液，健胃消导，恢复瘤胃蠕动。

(1)病情轻的病例　病畜立于斜坡上，保持前高后低的姿势，不断牵引其舌或在木棒上涂煤油或菜油后给病畜衔在口内，同时按摩瘤胃，促进气体排出。若通过上述处理的效果不显著，可用松节油 20～30 mL、鱼石脂 10～20 g、酒精 30～50 mL，温水适量，牛一次内服，或者内服 8%氧化镁溶液(600～1 500 mL)或生石灰水(1 000～3 000 mL 上清液)，具有止酵消胀作用；也可灌服胡麻油合剂：胡麻油(或清油)500 mL、芳香氨醑 40 mL、松节油 30 mL、樟脑醑 30 mL，常水适量，成年牛一次灌服(羊 30～50 mL)。

(2)病情重的病例　当有窒息危险时，应先实行胃管放气或用套管针穿刺放气(间歇性放气)，防止窒息。非泡沫性瘤胃臌胀在放气后，为防止内容物发酵，宜用鱼石脂 15～25 g(羊 2～5 g)，酒精 100 mL(羊 20～30 mL)、常水 1 000 mL(羊 150～200 mL)，牛一次内服或从套管针内注入生石灰水或 8%氧化镁溶液，或者稀盐酸(牛 10～30 mL，羊 2～5 mL，加水适量)。此外，在放气后，用 0.25%普鲁卡因溶液 50～100 mL 将 200 万～500 万 IU 青霉素稀释，注入瘤胃。泡沫性瘤胃臌胀以灭沫消胀为目的，宜内服表面活性药物，如二甲硅油(牛 2～4 g、羊 0.5～1 g)，消胀片(每片含二基硅油 25 mg、氢氧化铝 40 mg；牛 100～150 片/次、羊 25～50 片/次)；也可用松节油 30～40 mL(羊 3～10 mL)、液状石蜡 500～1 000 mL(羊 30～100 mL)，常水适量，一次内服，或者用菜籽油(豆油、棉籽油、花生油)300～500 mL(羊 30～50 mL)、温水 500～1 000 mL(羊 50～100 mL)制成油乳剂，一次内服。民间用油脚或奶油(牛、骆驼 400～500 g、羊 50～100 g)灭沫消胀。当药物治疗效果不显著时，应立即施行瘤胃切开术，取出其内容物。

2. 预防

瘤胃臌气的预防要着重搞好饲养管理。当由舍饲转为放牧时，最初几天在出牧前先喂一些干草后，再出牧，并且还应限制放牧时间及采食量；当饲喂易发酵的青绿饲料时，应先饲喂干草，然后再饲喂青绿饲料。尽量少喂堆积发酵或被雨露浸湿的青草；管理好畜群，不让牛、羊进入苕子地、苜蓿地暴食幼嫩多汁豆科植物；不到雨后或有露水、下霜的草地上放牧。如果舍饲育肥动物，应该在其全价日粮中至少含有 10%～15%的铡短的粗料，粗料最好是禾谷类稿秆或青干草；应避免饲喂用磨细的谷物制作的饲料。

四、瓣胃阻塞

瓣胃阻塞，又称瓣胃秘结，是指由前胃弛缓，瓣胃收缩力减弱，瓣胃内容物滞留，水分被吸收而干涸，致使瓣胃秘结、扩张的一种疾病。本病常见于牛。

(一)病因

原发性瓣胃阻塞主要是由长期饲喂糠麸、粉渣、酒糟等含有泥沙的饲料或饲喂甘薯蔓、花生蔓、豆秸、青干草、紫云英等含坚韧粗纤维的饲料(特别是铡得过短后喂牛)而引起的。放牧转为舍饲或突然变换饲料,饲料中缺乏蛋白质、维生素以及微量元素,或者饲养不正规,饲喂后缺乏饮水以及运动不足等都可引起瓣胃阻塞。继发性瓣胃阻塞常继发于前胃弛缓、瘤胃积食、皱胃阻塞、皱胃变位、皱胃溃疡、腹腔脏器粘连、生产瘫痪、黑斑病甘薯中毒、牛恶性卡他热和血液原虫病等疾病。

(二)临床症状

在患病的初期,精神迟钝,时而呻吟;奶牛泌乳量下降。食欲不定或减退,便秘,粪便干燥、色暗;瘤胃轻度臌胀,瓣胃蠕动音微弱或消失。于右侧腹壁(第 8～10 肋的中央)触诊,病牛疼痛不安;叩诊,浊音区扩大。病情进一步发展,病畜精神沉郁,鼻镜干燥、龟裂,空嚼、磨牙,呼吸浅快,心悸,脉率增至 80～100 次/min。食欲废绝、反刍停止,瘤胃收缩力减弱。瓣胃穿刺检查:用 15～18 cm 长穿刺针,于右侧第 9 肋间与肩关节水平线相交点进行穿刺,进针时感到有较大的阻力。直肠内空虚,有黏液,并有少量暗褐色粪便附着于直肠壁。晚期病例,神情忧郁,体温会升高 0.5～1 ℃,皮温不整,结膜发绀。食欲废绝,排粪停止或排出少量黑褐色藕粉样恶臭黏液。尿量减少、呈黄色或无尿。呼吸急促,心悸,脉率可达 100～140 次/min,脉搏节律不齐,毛细血管再充盈时间延长,体质虚弱,卧地不起。

瓣胃阻塞的病程为 1～2 周。轻症者经及时治疗,可以痊愈;重剧病例经过 3～5 d,卧地不起,陷入昏迷状态,预后不良。

(三)诊断

根据病史、临床症状及结合瓣胃穿刺检查也可让牛站立,用手掌在瓣胃区推动牛体左右晃动,当牛体向右侧晃动时,手掌突然进行冲击式触诊,可能会触及坚硬的胃壁,必要时进行剖腹,探查以确诊。

(四)防治

1. 治疗

治疗原则是增强前胃运动机能,软化瓣胃内容物,促进瓣胃内容物排除。病情轻者可服泻剂,如硫酸钠(400～500 g)或液状石蜡(或植物油)1 000～2 000 mL。用 10%氯化钠溶液 100～200 mL、安钠咖注射液 10～20 mL,静脉注射,以增强前胃神经兴奋性,促进前胃内容物运转与排出,同时可皮下注射士的宁或毛果芸香碱。此外,可用 10%硫酸钠溶液 2 000～3 000 mL、液状石蜡(或甘油)300～500 mL、普鲁卡因 2 g、盐酸土霉素 3～5 g,一次瓣胃内注入。防止脱水和自体中毒可用撒乌安注射液 100～200 mL 或樟脑酒精注射液 200～300 mL,静脉注射,同时应用庆大霉素、链霉素等抗生素,并及时输糖补液,缓和病情。依据临床实践,在确诊后施行瘤胃切开术,用胃管插入网-瓣孔,冲洗瓣胃,效果较好。

2. 预防

避免长期应用混有泥沙的糠麸、糟粕饲料喂养,同时注意适当减少坚硬的粗纤维饲料;铡草喂牛,也不宜铡得过短;注意补充蛋白质与矿物质饲料。当发生前胃弛缓时,应及早治疗,以防止发生本病。

五、创伤性网胃腹膜炎

创伤性网胃腹膜炎，又称金属器具病或创伤性消化不良，是指金属异物混杂在饲料内被误食后进入网胃，导致网胃和腹膜损伤及炎症的一种疾病。本病主要发生于舍饲的奶牛和肉牛以及半舍饲半放牧的耕牛，间或发生于羊。而远离城镇、村庄、工厂和矿区的草原、草场上放牧的牛、羊则很少发生。

（一）病因

耕牛多由缺少饲养管理制度，随意舍饲和放牧所致。不具备饲养管理常识的人员常将碎铁丝、铁钉、钢笔尖、回形针、大头钉、缝针、发卡、废弃的小剪刀、指甲剪、铅笔刀和碎铁片等混杂在饲草、饲料中，散在村前屋后、城郊路边或工厂作坊周围的垃圾与草丛中，被耕牛采食或舔食吞咽后，导致本病的发生。奶牛主要由饲料加工粗放，饲养粗心大意，对饲料中的金属异物的检查和处理不细致而引起。在饲草、饲料中最常见的金属异物是饲料粉碎机与铡草机上的铁钉，其他尖锐金属异物包括碎铁丝、铁钉、缝针、别针、注射针头和发卡等。

（二）发病机理

牛在采食时不依靠唇采食，不能用唇辨别混于饲料中的金属异物，而是迅速用舌卷食饲料，囫囵吞下，加之又有舔食习惯，往往将随同饲料的金属异物吞咽后落入网胃，导致本病的发生。金属丝和钉子是最常见的致病金属物。根据文献资料，在牛吞下的金属异物中，碎金属丝占43.6%，铁钉占41.9%，缝针占9.1%，发卡占5.4%。牛食入金属异物所致的病理变化与异物的形状、硬度、直径、长度、尖锐性有关。被吞咽的异物停留在食管上部，造成食管部分阻塞和创伤，或者停留在食道沟内，引起逆呕；较大的金属物进入瘤胃，并停留在瘤胃内，一般不会引起瘤胃急剧的病症。网瓣口高于网胃底部，进入网胃的异物易使重物留于网胃，而网胃的蜂房状黏膜又促使尖锐物体陷于其中。长为5～7 cm的尖锐异物所造成的危害性最大。因为当网胃收缩或动物身体状态改变时，尖锐的异物随时可能刺伤网胃而发病。对发病影响较大的因素是妊娠，尤其在妊娠后期（最末3个月），随着动物起卧，硕大的妊娠子宫在腹腔内摆动，压迫瘤胃和网胃，若网胃内存在有尖锐的异物就可能刺破网胃。此外，一些能引起腹内压升高的疾病或因素也能诱发创伤性网胃腹膜炎的发生，如分娩、爬跨、跳沟、瘤胃臌气、瘤胃积食等。钝性异物如坚果、螺栓和短金属（长度小于2.5 cm）一般不造成网胃损伤。这些异物在常规射线检查或屠宰时能被发现。

由于异物尖锐程度、存在于网胃的部位及胃壁之间呈现的角度不同，所以刺伤的类型可分为皱槽型、壁间型和穿孔型。皱槽型是指异物仅刺入蜂房状小槽之间，未刺伤其他部位，此种几乎无任何局部和全身影响。壁间型是指异物刺伤网胃胃壁，引起局部炎症或损伤网胃前壁的迷走神经支，导致前胃弛缓、迷走神经性消化不良或壁间脓肿，若异物被结缔组织包围，则形成硬结。穿孔型是指异物穿过网胃壁，引起腹膜炎，若向前穿过网胃刺伤膈、心脏、肺脏，引起膈肌脓肿及破裂，形成膈疝或肺出血及肺脓肿。最常见到的是创伤性心包炎。若向后则刺伤肝脏、脾脏、瓣胃、肠等器官，可引起这些器官的炎症或脓肿。异物的游走性及其所产生的不良后果可导致全身性的脓毒败血症。

(三)临床症状

根据金属异物刺穿胃壁的部位、创伤的深度、波及的其他内脏器官等因素，临床症状也有差异。对于急性局限性网胃腹膜炎的病例而言，病畜食欲急剧减退或废绝，泌乳量急剧下降；体温升高，但部分病例的体温在几天后降至常温，呼吸和心率正常或轻度加快；肘外展，不安，弓背站立，不愿移动，卧地、起立时极为谨慎；当牵病牛行走时，不愿上下坡、跨沟或急转弯。瘤胃蠕动减弱，轻度臌气，排粪减少；网胃区进行触诊，病牛疼痛不安。如果在发病的 24 h 内检查，典型病例就易于诊断。不同个体，其症状差异大。一些病例只有轻度的食欲减退，泌乳量减少，粪便稍干燥；瘤胃蠕动减弱，轻度臌气和网胃区疼痛。对于弥漫性网胃腹膜炎的病例而言，全身症状明显，体温升高至 40～41 ℃，脉率增快至 90～140 次/min，呼吸数可达 40～80 次/min。食欲废绝，泌乳停止，粪便稀软而少，胃肠蠕动音消失；皮肤厥冷，毛细血管再充盈时间延长；病畜时常发出呻吟声，在起卧和强迫运动时更加明显。病畜不愿起立或走动，并且由于腹部出现广泛的疼痛，难以用触诊的方法检查到局部的腹痛。多数病畜在 24～48 h 内进入休克状态。脾脏或肝脏受到损伤，形成脓肿，扩散蔓延往往会引起脓毒败血症。慢性局限性网胃腹膜炎病例的被毛粗乱无光泽，消瘦，泌乳量少，间歇性厌食，瘤胃蠕动减弱，间歇性轻度臌气，便秘或腹泻，久治不愈。有时还有弓背站立等疼痛表现。

(四)病理变化

创伤性网胃腹膜炎的病理变化依金属异物的性状而异。有的金属异物引起创伤性网胃炎，特别是铁钉或销钉，胃壁深层组织损伤，局部增厚，化脓，形成瘘管或瘢痕。有的网胃与膈粘连或胃壁局部结缔组织增生，其中会埋藏铁钉或销钉，并形成干酪腔或脓腔。还有一部分病例由网胃壁穿孔形成弥漫性或局限性腹膜炎，乃至胸膜炎，脏器互相粘连，或者膈、脾、肝、肺发生脓肿。当心脏受损害时，心包充满多量纤维蛋白性渗出液。

(五)诊断

创伤性网胃腹膜炎通过临床症状，网胃区的叩诊与强压触诊检查、金属探测器检查可做出诊断。而症状不明显的病例则需要辅以实验室检查和 X 射线检查才能确诊，应与前胃弛缓、酮病、多关节炎、蹄叶炎、背部疼痛等疾病予以区别。

(六)防治

1. 治疗

治疗原则是及时摘除异物，抗菌消炎，加速创伤愈合，恢复胃肠功能。急性病例一般采取保守疗法。经治疗后，若 48～72 h 内病畜开始采食、反刍，则预后良好。如果病情没有明显改善，则根据动物的经济价值，可考虑实施瘤胃切开术，从瘤胃将网胃内的金属异物取出。保守疗法包括用金属异物摘除器从网胃中吸取金属异物或投服磁铁笼，以吸附固定金属异物；将牛拴在栏内，牛床前部填高 25 cm，10 d 不准运动，同时应用抗生素(如青霉素、四环素等)与磺胺类药物；补充钙剂，控制腹膜炎和加速创伤愈合。抗生素治疗必须持续 3～7 d 以上，以确保控制炎症和防止脓肿的形成。若发生脱水，可进行输液。亚急性和慢性病例应根据病情对其采用保守疗法或施行瘤胃切开术。

2.预防

在创伤性网胃腹膜炎多发地区或牛群，应预防性地给所有已达1岁的青年公牛和母牛投服磁铁笼是目前预防本病的主要手段。当购置磁铁笼时，应对磁铁笼进行检查，选择优质的磁铁笼；在大型奶牛场和肉牛场的饲料自动输送线或青贮塔卸料机上安装大块电磁板，以除去饲草中的金属异物；不在村前屋后、铁工厂、垃圾堆附近放牧和收割饲草；定期应用金属探测器检查牛群，并应用金属异物摘除器从瘤胃和网胃中摘除异物。

六、奶牛酮病

奶牛酮病是指由奶牛体内碳水化合物及挥发性脂肪酸代谢紊乱所引起的一种全身性功能失调的代谢性疾病。其特征是血液、尿、乳中的酮体含量增高，血糖浓度下降，消化机能紊乱，体重减轻，产奶量下降，间有神经症状。奶牛酮病最早于1849年由Lander所描述，曾用名有乳牛的醋酮血症、母牛热、慢热、产后消化不良和低血糖性酮病等。100多年来，奶牛酮病已在世界许多国家流行，造成了相当大的经济损失。随着我国奶牛业的发展、奶产量的提高，乳牛酮病，尤其是亚临床酮病的发病率有上升的趋势，这种情况已引起国内兽医学者的普遍关注。在高产牛群中，临床酮病的发病率一般占产后母牛的2%～20%，亚临床酮病的发病率一般占产后母牛的10%～30%。据调查，南京地区某奶牛群亚临床酮病的发病率高达34%。亚临床酮病虽无明显的临床症状，但会引起母牛泌乳量下降，乳质量降低，体重减轻，生殖系统疾病和其他疾病发病率增高，从而造成严重的经济损失。

(一)病因

根据发生原因，奶牛酮病可分为原发性酮病和继发性酮病。前者是因能量代谢紊乱，体内酮体生成增多；后者是因其他疾病，如由真胃变位、创伤性网胃炎，子宫炎，乳腺炎等引起食欲下降、血糖浓度降低，导致脂代谢紊乱，酮体产生增多。根据有无明显的临床症状，其可将奶牛酮病分为临床酮病和亚临床酮病。健康牛血清中的酮体含量一般在17.2 mmol/L(100 mg/L)以下，亚临床酮病母牛血清中的酮体含量为17.2～34.4 mmol/L(100～200 mg/L)，而临床酮病母牛血清中的酮体含量一般都在34.4 mmol/L(200 mg/L)以上。

酮病病因涉及很广，且较为复杂。其主要与下列因素有关：①乳牛高产。在母牛产犊后的4～6周已出现泌乳高峰，但其食欲恢复和采食量的高峰在产犊后8～10周，因此，在产犊后10周内食欲较差，能量和葡萄糖的来源本来就不能满足泌乳消耗的需要，假如母牛产乳量高，势必加剧这种不平衡。研究表明，根据母牛摄食碳水化合物及从泌乳中排出乳糖的情况推算，每天适合的产奶量为22 kg。假如每天产奶34 kg，则全部血液中葡萄糖都将被乳腺所摄取。一头泌乳母牛每天可排出乳糖1 225 g，而两个单糖(葡萄糖加半乳糖)分子通过氧桥相连才缩合成一个双糖(乳糖)，所以高产乳牛群酮病的发病率高。②日粮中的营养不平衡和供给不足。饲料供应过少，品质低劣，饲料单一，日粮不平衡，或者精料过多，粗饲料不足，而且精料属于高蛋白、高脂肪和低碳水化合物饲料，过多食用会使机体的生糖物质缺乏，引起能量负平衡，产生大量酮体而发病。这种原因引起的酮病称自发性或营养性酮病。③干奶期供应能量水平过高，母牛产前过度肥胖，严重影响产后采食量的恢复，同样会使机体的生糖物质缺乏，引起能量负平衡，产生大量酮体而发病。这种原因引起的酮病称消耗性酮病。根据调查可知，相当一部分奶牛场习惯于将干乳牛和泌乳牛混群饲养，干乳牛由采食较多的精料即引起了母牛产前过度肥胖，这是引起奶牛酮病的主要原因之一。④酮病的发生与肝脏疾病以及矿物质有关，如钴、碘、磷缺乏等。

（二）流行病学

奶牛酮病多发生于产犊后的第一个泌乳月，尤其在产后3周内。各胎龄母牛均可发病，但以3～6胎母牛发病最多，第一次产犊的青年母牛也常见发生。产乳量高的母牛、产乳量高的品种发病较多。无明显的季节性，一年四季都可发生，冬春发病较多。饲料种类、品质好坏、日粮组成、精粗比例等与发病有直接关系。日粮不平衡、精料过多、粗饲料不足易造成瘤胃机能减弱，进而引起食欲减退，使瘤胃内环境发生改变，采食量减少，能量水平不能满足需要，故发病增加。矿物质如钴、磷缺乏也会导致酮病的发生。大量饲喂过度发酵、品质低劣的青贮料因其丁酸含量较多，也会导致本病的发生。有些母牛有反复发生酮病的病史，这可能与遗传易感性有关，也可能与牛的消化能力和代谢能力较差有关。

（三）发病机理

反刍动物的血糖来源与非反刍动物不同，其通过消化道直接吸收的单糖（葡萄糖、半乳糖）远不能满足能量代谢的需要，葡萄糖主要由丙酸通过糖异生途径转化而来。丙酸是在瘤胃消化的过程中产生的，同时在这个过程中还产生乙酸和丁酸，三者统称为挥发性脂肪酸（VFA）。一般认为，乙酸、丙酸、丁酸三者比例为70：20：10。凡是造成瘤胃生成丙酸减少的因素都可能使血糖浓度下降。如某些原因（产前过度肥胖）导致产前、产后采食量减少，前胃消化功能下降、挥发性脂肪酸产生减少、饲料中碳水化合物供给不足，或精料太多、粗纤维不足都可造成丙酸生成不足。试验表明，母牛在分娩后需70 d左右，其采食量和消化功能才能达到峰值。精料在瘤胃内产生三酸（乙酸：丙酸：丁酸）的比例为59.6：16.6：23.8，多汁饲料为58.9：24.9：16.2，干草为66.6：28.0：5.4。可见，青草或青干草饲料产生的丙酸最多，生糖效果最好。草场放牧牛的酮病发生率远低于舍饲牛可能与此有关。丙酸需先转化为丙酰辅酶A，在维生素B_{12}的参与下，转化为琥珀酰辅酶A，然后经糖原异生合成所需要的葡萄糖。母牛产乳量过高，引起体内糖消耗过多、过快，造成糖供给与消耗间的不平衡，也可能使血糖浓度下降。母牛产后40 d内即可达到泌乳高峰期，泌乳高峰出现越快，产乳越多的牛越易患酮病。肝脏是糖异生的主要场所。原发性或继发性肝脏疾病都可能影响糖的异生作用，使血糖浓度下降。尤其是肝脂肪变性、肥胖母牛脂肪肝生成常可引起肝糖贮备减少，糖原异生作用减弱，最终导致酮病发生。

当动物缺乏钴时，不仅因维生素B_{12}合成减少，影响丙酸代谢和糖生成，而且瘤胃微生物会生长发育不良，影响前胃的消化功能，丙酸产生更少，糖生成作用呈恶性循环。血糖浓度下降是发生酮病的中心环节。当血糖浓度下降时，脂肪组织中脂肪的分解作用大于合成作用。脂肪分解后生成甘油和脂肪酸，甘油可作为生糖先质转化为葡萄糖以弥补血糖的不足，而脂肪酸则因脂肪组织中缺乏α-磷酸甘油，不能重新合成脂肪。游离脂肪酸进入血液引起血液中游离脂肪酸浓度升高。长时间血糖浓度低会引起脂肪组织中脂肪大量分解。这样不仅会使血液中游离脂肪酸浓度增加，也引起肝内脂肪酸的β-氧化作用加快，所生成的大量乙酰辅酶A因得不到足够的草酰乙酸，不能进入三羧酸循环，沿着合成乙酰辅酶A的途径，最终形成大量酮体（由β-羟丁酸、乙酰乙酸和丙酮组成）。

此外，脂肪酸在肝内生成的甘油三酯因缺乏足够的极低密度脂蛋白(VLDL)将它运出肝脏，蓄积在肝内引起脂肪肝生成，使糖异生障碍，脂肪分解随之加剧，酮体生成过多现象呈恶性循环。在动用体脂的同时，体蛋白也加速分解。其中生糖氨基酸可参加三羧循环而供能，或经糖异生合成葡萄糖入血；生酮氨基酸因没有足够的草酰乙酸，不能经三羧酸循环供给能量而经丙酮酸的氧化脱羧作用，生成大量的乙酰辅酶 A，最后生成 β 羟丁酸、丙酮和乙酰乙酸，酮体增多。

在脂肪水解、体蛋白分解过程中，脂肪酸及生酮氨基酸都因体内草酰乙酸的浓度不足导致其可利用性下降，这点已由肝脏活组织穿刺后肝组织草酰乙酸浓度测定而证实。当肝内草酰乙酸充足时，瘤胃中所生成的乙酸和丁酸可转变成乙酰辅酶 A 后进入三羧酸循环，并释放能量。当血糖浓度下降到草酰乙酸缺乏时，乙酸和丁酸可转变成乙酰乙酸及 *β*-羟丁酸，成为体内的酮体。

在正常情况下，体内酮体数量较少，可被肝外组织所利用，如骨骼肌、心肌，也可在皮下合成脂肪或由乳腺合成乳脂。如果体内酮体生成太多，上述组织对酮体利用不足，可造成酮体在体内蓄积。当饲料中蛋白质含量与青贮料中丁酸含量过多时，可在瘤胃中生成过多丁酸，体内酮体生成增多，超过了肝外组织对酮体的利用能力，造成体内酮体蓄积。激素调节在这一过程中起重要作用。当血糖浓度下降时，胰高血糖素分泌增多，胰岛素分泌减少，垂体内葡萄糖受体兴奋，并促使肾上腺髓质分泌肾上腺素，在三种激素的共同作用下，结果糖异生作用增加，促使糖原分解、脂肪水解、肌蛋白分解，最终也可使酮体生成增多。甲状腺功能低下、肾上腺皮质激素分泌不足等与疾病发生也有密切关系。在催乳素的作用下，乳腺泌乳量仍可维持正常，因而把外源性和内源性产生的糖源源不断地转化为乳糖。在疾病继续发展时，母牛食欲减退，机体消瘦，消化功能减弱，产奶量也随之下降。酮体本身的毒性作用较小，但高浓度的酮体对中枢神经系统有抑制作用，加上脑组织缺糖而使病牛呈现嗜睡，甚至昏迷。当丙酮还原或 β-羟丁酸脱羧后，生成异丙醇，可使病牛兴奋不安。酮体还有一定的利尿作用。其可引起病牛机体脱水，粪便干燥，迅速消瘦，因消化不良而拒食，病情迅速恶化。在大多数病例中，血液中酮体浓度与临床症状的严重程度成正比。病程长的病牛还伴有肝脏脂肪变性。若母牛仍能采食，随着产乳量减少，糖耗损缓和，体内能量代谢渐趋平衡，酮病可自然康复。长期厌食的牛由于瘤胃微生物区系改变可引起持久性消化不良。除了因病程长和有脂肪肝生成的牛恢复较慢外，原发性酮病一般预后良好。如施用高糖治疗，在饲料中补给丙二醇等生糖物质后，血糖浓度仍很低，而酮体水平较高，则意味着有原发性疾病的存在。在原发病得到根治后，“酮症”可随之消失。

(四)症状

临床型酮病的症状常在产犊后几天至几星期出现，包括食欲减退、便秘、粪便上覆有黏液、精神沉郁、凝视、迅速消瘦和产奶量降低。乳汁易形成泡沫，类似初乳状。严重者在排出的乳、呼出气体和尿液中有酮体气味，加热更明显。病牛呈弓背姿势，表示轻度腹痛。大多数病牛嗜睡，少数病牛可发生狂躁，表现为转圈，摇摆，无目的地吼叫，向前冲撞。这些症状间断地多次发生，每次持续 1 h，然后间隔 8～12 h 又出现。尿呈浅黄色，水样，易形成泡沫。酮病牛不仅乳产量急剧减少，造成明显经济损失，而且常常伴发子宫内膜炎，引起繁殖功能减弱，休情期延长，人工授精率下降。临床病理学特征为低糖血症、高酮血症、高酮尿症和高酮乳症、血浆游离脂肪酸浓度增高和肝糖原水平下降。血糖浓度从正常时的2.8 mmol/L(500 mg/L)降至1.12～2.24 mmol/L(200～400 mg/L)。因其他疾病造成的继发性酮病，血糖浓度通常在2.24 mmol/L以上，甚至高于正常值。母牛血液中的酮体浓度从0～1.72 mmol/L(0～100 mg/L)，升高到1.72～17.2 mmol/L。当为继发性酮病时，血液中酮体浓度也升高，但很少达到8.6 mmol/L(500 mg/L)以上。尿液酮体定量分析不能令人满意，因尿液浓度变动范围大，结果变化也大。有时正常母牛尿酮可高达12.04 mmol/L(700 mg/L)，大多数牛仅有1.72 mmol/L。酮病牛尿液酮体可高达13.76～22.36 mmol/L(800～13 000 mg/L)。乳中酮体变化幅度不大，可从正常时的0.516 mmol/L(30 mg/L)升高到平均为6.88 mmol/L(400 mg/L)。肝糖原浓度下降，葡萄糖耐量曲线正常，酮病牛的血液和瘤胃液中挥发性脂肪酸浓度明显升高。与乙酸、丙酸浓度相比，丁酸浓度升高最为明显，血钙水平稍降低，白细胞分类计数嗜酸性细胞增多，淋巴细胞增多及中性粒细胞减少。严重病例的谷草转氨酶活性增高。

(五)诊断

原发性酮病发生在产犊后几天至几周内的血清酮体含量在3.44 mmol/L(200 mg/L)以上，血糖降低，并伴有消化机能紊乱，体重减轻，产奶量下降，间有神经症状，一般不难诊断。在临床实践中，常用快速简易定性法检测血液(血清、血浆)、尿液和乳汁中有无酮体存在。所用试剂为硝普钠1份、硫酸铵20份、无水碳酸钠20份，混合研细。其方法是取其粉末0.2 g放在载玻片上，加待检样品2～3滴，若立即出现紫红色，则为发病；也可用人医检测尿酮的酮体试纸进行测定。需要指出的是，所有这些测定结果必须结合病史和临床症状才能进行诊断。亚临床酮病必须根据实验室检验结果进行诊断，其血清中的酮体含量为1.72～3.44 mmol/L(100～200 mg/L)。继发性酮病(如子宫炎、乳腺炎、创伤性网胃炎、真胃变位等因食欲下降而引起发病者)可根据血清酮体水平增高、原发病本身的特点以及对葡萄糖或激素治疗不能得到良好反应而做诊断。

(六)防治

1. 治疗

大多数病例通过合理的治疗可以痊愈。有些病例在治愈后可能复发，还有一些病例属于继发性酮病，则应着重治疗原发病。治疗方法包括替代疗法、激素疗法和其他疗法。这些方法对严重病例(例如，低糖血症性脑病)没有效果。

(1)替代疗法　静脉注射50%葡萄糖溶液500 mL对大多数母牛有明显效果，但须重复注射，否则可能复发。葡萄糖溶液皮下注射虽可延长作用时间，但通常不主张采用。因为皮下注射能引起病牛的不适之感，同时大剂量进入皮下，又能引起皮下肿胀，造成局部不良反应，所以有时可以选用腹腔内注射(20%葡萄糖溶液)。果糖溶液(每千克体重0.5 g，配成50%溶液，静脉注射)可延长作用时间，有些果糖制剂会引起特异反应，呈现呼吸急促，肌肉震颤，衰弱和虚脱，而这种反应经常于注射过程中发生。重复给予丙二醇或甘油(每天2次，每次500 g，用2 d，随后每天250 g，用2～10 d)，灌服或饲喂，效果很好。这些给药方法最好在静脉注射葡萄糖溶液之前进行。需要注意的是，采用口服方法应用葡萄糖无效或效果很小。因为瘤胃中的微生物使糖发酵而成为挥发性脂肪酸，其中丙酸只是少量的，因此，治疗意义不大。从理论上说，丙酸钠也有较好的治疗效果，每天口服120～240 g，但作用较慢。另外，乳酸钙、乳酸钠和乳酸铵都有一定疗效。

(2)激素疗法 对体质较好的病牛用促肾上腺皮质激素(ACTH)200～600 IU 肌内注射,效果是确实的,而且方便易行。ACTH 兴奋肾上腺皮质促进糖皮质激素的分泌既能动员组织蛋白的糖原异生作用,又可维持高血糖浓度的作用时间。然而 ACTH 在消耗身体其他组织的同时,刺激产生糖原异生作用,还可能在移除过剩酮体的同时,消耗草酰乙酸。应用糖皮质激素(剂量相当于 1 g 可的松,肌内注射或静脉注射)来治疗酮病的效果也非常满意,但往往伴同发生一定的泌乳量抑制。尽管泌乳量抑制是缺点,但其却有助于病的迅速恢复。

(3)其他疗法 水合氯醛早就在奶牛酮病和绵羊的妊娠毒血症中得到应用。其首次剂量为牛 30 g,加水口服,继之再给予 7 g,每天 2 次,连续几天。首次剂量较大,通常用胶囊剂投服,继则剂量较小,放在蜜糖或水中灌服。水合氯醛的作用是对大脑产生抑制作用,降低兴奋性,同时破坏瘤胃中的淀粉及刺激葡萄糖的产生和吸收,并通过瘤胃的发酵作用而提高丙酸的产生。氯酸钾(30 g 于 250 mL 水中,每天 2 次,口服)用之已广,虽被看成具有特效的抗酮作用,但没有做出合理的解释,而且常常会引起严重的腹泻。有时补充钴用于辅助治疗酮病。由于在牛的酮病中怀疑辅酶 A 缺乏,因此,有人提出可试用辅酶 A 的一种先质半胱氨酸治疗酮病,认为其效果尚好。用 5%碳酸氢钠溶液 500～1 000 mL 静脉注射也可作为牛酮病的辅助治疗。此外,还可用健胃剂、氯丙嗪等做对症治疗。

2. 预防

根据酮病发生的病因和病理机制,可采取一系列措施以防止疾病的发生。对高度集约化饲养的牛群,要严格防止在泌乳结束前牛体过肥,全泌乳期应科学地控制牛的营养投入。在为催乳而补料之前的这阶段,能量供给以能满足其需要即可。在产前 4～5 周应逐步增加能量供给,直至产犊和泌乳高峰期都应逐渐增加。在增加饲料摄入过程中,不要轻易更换配方。即使微小的变化,也会影响其适口性和食欲。随着乳产量增加,用于促使产乳的日粮也应增加。浓缩饲料应保持粗料和精料的合理比例。其中精料中的粗蛋白含量以不超过 16%～18%为宜,碳水化合物应以磨碎玉米为好。因为它可避开瘤胃发酵作用而被消化,并可直接提供葡萄糖。在达产乳高峰期时,要避免一切干扰其采食量的因素,要定时饲喂精料,同时应适当增加乳牛运动。不要轻易改变日粮品种。尽管粗略分析如粗蛋白质、能量含量一样,因配方组成或饲料来源不一样,也可导致酮病的发生。在泌乳高峰期后,饲料中的碳水化合物可用大麦等替代玉米,应供给质量优良的干草或青贮饲料。质量差的青贮饲料因丁酸含量高不仅口味差,而且缺乏生糖物质,还可直接导致酮体生成,应予以避免。此外,在酮病的高发期,喂服丙酸钠(每次 120 g,每天 2 次,连用 10 d)也有较好的预防效果。

二维码 2-11 牛羊普通病

任务二 牛羊蹄病

【任务目标】

1. 了解牛羊蹄病的发病原因。
2. 理解了解牛羊蹄病的发病机理。

3. 认知了解牛羊蹄病的临床症状和诊断要点，能够准确描述典型图片代表的症状和病变。
4. 会用本课学习的内容对了解牛羊蹄病诊断和治疗。

一、指(趾)间蜂窝织炎

指(趾)间蜂窝织炎是指(趾)间皮肤及其下方组织的感染性炎症，以指(趾)间皮肤裂开和坏死，蹄冠、系部和球节肿胀以及患肢出现跛行为特征。

(一)病因

(趾)间隙因异物造成挫伤或刺伤或被粪尿和稀泥浸渍，导致坏死杆菌和其他细菌侵入，引起感染。

(二)临床症状

牛羊蹄病以后蹄多见。患肢驻立时，蹄尖轻轻负重；运步时，表现轻度或中度支跛。检查指(趾)间皮肤裂开、坏死，显露淡红或苍白的肉芽组织。症状严重的病例的系部和球节明显肿胀，同时可出现体温升高等一系列全身症状。

(三)治疗

按陈旧创或感染创处理，包扎制动绷带并保持患蹄干燥清洁。严重病例应全身应用抗生素，并每天按 4.5 mg/kg 剂量饲喂硫酸锌。

二、局限性蹄皮炎

局限性蹄皮炎，又名蹄底溃疡，是指蹄底和蹄球结合部的局限性病变。其临床上以早期底球结合部发软、疼痛，后期角质缺损、真皮暴露并长出肉芽组织为特征。

(一)病因

牛蹄长期被粪尿浸渍，以至于蹄角质湿度和软度增加。牛长期在水泥地面站立，或牛舍运动场内有砖瓦、灰渣等硬物，容易造成蹄部损伤。饲料缺锌可使本病发生率增高。

(二)临床症状

指(趾)间蜂窝织炎以后外侧趾多发，表现出轻度至重度跛行。若外侧趾发生，则用内侧趾负重，伫立或运步均见患肢呈外展姿势。触诊蹄匣明显增温，趾动脉搏动增强。检查蹄底可见底球结合部角质变薄，发软，按压疼痛，或角质缺损和真皮暴露，生长出花椰菜样肉芽组织，常因粪尿泥土等进入而引起化脓性蹄皮炎。

(三)治疗

首先，用自来水将患蹄彻底清洗，切除坏死的角质、真皮和过剩的肉芽组织，必要时用止血带减少出血。其次，用凡士林拌高锰酸钾粉敷于患部，绷带包扎固定，再用碘酊将绷带浸透，一般 1 次即愈，严重者需治疗 2～3 次。若在系部行普鲁卡因青霉素封闭，疗效更好。治疗成功的关键是保持患蹄干燥清洁，确保包扎绷带维持较长时间。

三、弥散性无败性蹄皮炎

弥散性无败性蹄皮炎，又称为蹄叶炎，是奶牛、肉牛的一种严重的蹄病，一般认为是全身性代谢紊乱在蹄部的表现。

(一)病因

母牛发病与产犊有密切关系。在分泌前后至泌乳高峰时期，采食高碳水化合物精料是引起蹄叶炎的主要因素；长期舍饲于坚硬地面、体重和乳房过大、不适当运动等使肢蹄负担加重是发生蹄叶炎的重要诱因。研究结果表明，本病与应激、代谢、管理等有关，组胺和细菌内毒素的产生与吸收在发病上起着重要作用。

(二)临床症状

急性病例呈步态僵硬，运步疼痛，背部弓起，后肢或前肢伸于腹下。前肢内侧肢和后肢外侧肢多发，所以为减轻疼痛，病牛常两前肢交叉，两后肢外展，卧多立少。病牛表现出一致性的脉搏、呼吸增加。部分病牛体温升高，与发病严重程度成正比。触诊蹄壁可触到其温度增高。

血液检查：血细胞计数与分类、红细胞比容、血红素、血清钾、钠、钙、镁无明显异常。大多数患慢性蹄叶炎的病牛的跛行表现不明显，仅以变形蹄，即芜蹄为特征。

(三)防治

1. 治疗

除去病因，应用抗组胺制剂、消炎止痛剂、碳酸氢钠。

2. 预防

饲料喂量和加料催奶的时间要适当；母牛在产前、产后要有充分运动；饲料添加碳酸氢钠以改善瘤胃缓冲能力；预产青年牛应提前数周进入水泥地面的牛舍内以适应这种地面；母牛在产犊后每日饲喂精料不多于 2 次；成年牛定期修蹄。

四、腐蹄病

腐蹄病，又称为传染性蹄皮炎，为牛常见蹄病。牛的腐蹄病有多种，其中以由坏死杆菌引起的病征最为常见，占引起跛行蹄病的 40％～60％。放牧牛的发病率夏季最高，冬季舍饲牛较高，成年牛比犊牛多发，乳牛比耕牛多发。

(一)病因

饲养管理差，蹄部经常浸泡于粪尿之中；蹄角质或趾间皮肤外伤；长期舍饲，缺乏钙、磷等矿物质，或缺乏运动，或久不使役，或长途行走，蹄底磨损过度等致使蹄角质对感染的抵抗力大大减低，易引起坏死杆菌等厌氧菌感染。

(二)临床症状

1. 急性期

患病动物突然跛行，体温从正常升至 40～41 ℃，病蹄肿胀，触诊有热、痛之感。在多数病牛的蹄底可发现小孔或大洞，用探针可测出其深度。指(趾)间也常可找到溃疡面，其上覆盖有恶臭的坏死物。有的病例出现全身性败血症症状，病程较长者在蹄冠缘、指(趾)间或蹄球处可找到窦道。

2. 慢性期

多半随深部组织感染而形成化脓性灶或窦道。一般跛行程度会逐渐减轻，但不能恢复至正常运步。蹄冠缘、指(趾)间或蹄球处存在窦道，并延伸到蹄内。病肢粗大，皮肤紧张，由于结缔组织增生，常有不同程度的变硬，病区被毛易脱落。一种最严重的腐蹄病化脓是波及蹄关节，高度跛行，稍一触碰，即十分疼痛。有的痛征从外表看并不一定有明显的肿胀。

二维码 2-12 牛羊蹄病

(三)治疗

要定期检查牛蹄，特别是奶牛，每年修蹄 1～2 次，以减少腐蹄病的发病率。当腐蹄病仅限于蹄底角质时，可局部消毒，如用 3%～5%高锰酸钾、5%硫酸铜等溶液。当蹄部蜂窝织炎延伸至系关节时，肿胀严重，跛行明显，应给予消炎，患蹄可用温的 1%高锰酸钾蹄浴。

任务三　牛羊产科疾病

【任务目标】

1. 了解牛羊产科病的发病原因。
2. 理解了解牛羊产科病的发病机理。
3. 认知了解牛羊产科病的临床症状和诊断要点，能够准确描述典型图片代表的症状和病变。
4. 会用本课学习的内容对了解牛羊产科病诊断和治疗。

一、胎衣不下

胎衣不下是指在母畜产后的正常时间内，胎衣仍然排不出来的一种疾病。在胎儿出生以后，母畜排出胎衣的正常时间为绵羊 3.5(2～6)h，山羊 2.5(1～5)h。绵羊、山羊均可发生此病。

(一)病因

牛羊产科疾病多由孕畜缺乏运动，饲料中缺乏钙盐及维生素，饮饲失调，体质虚弱等引起。此外，子宫炎、布鲁氏菌病等也可致病，缺硒也可导致胎衣不下。

(二)临床症状

胎衣可能是全部不下，也可能部分不下。未脱下的胎衣经常垂吊在阴门之外。病畜背部弓起，时常努责，有时努责剧烈也可引起子宫脱出。

如果胎衣能在 24 h 以内全部排出，多半不会发生并发病。若超过一天，则胎衣会发生腐败，尤其是气候炎热使腐败更快。从胎衣开始腐败起，即由腐败产物引起中毒，而使羊的精神不振，食欲减少，体温升高，呼吸加快，乳量降低或泌乳停止，从阴道中排出恶臭的分泌物。由于胎衣压迫阴道黏膜，可能使其发生坏死。此病往往并发败血病、破伤风或气肿疽，或者造成子宫或阴道的慢性炎症。如果羊不死亡，一般在5～10 d全部胎衣发生腐烂而脱落。山羊对胎衣不下的敏感性比绵羊大。

(三)诊断

从临床症状上很易做出诊断。

(四)防治

1. 治疗

病畜在分娩后不超过24 h，对其可用垂体后叶素注射液、催产素注射液或麦角碱注射液0.8～1 mL，一次肌内注射。

用药物方法治疗已达48～72 h仍不奏效，应立即采用手术法。先保定好病畜，按常规准备及消毒后，进行手术。术者一手握住阴门外的胎衣，稍向外牵拉，另一只手沿胎衣表面伸入子宫，食指和中指夹住胎盘周围绒毛，成一束，以拇指剥离开母子胎盘相互结合的周围边缘，剥离半周后，手向手背侧翻转以扭转绒毛膜，使其从小窦中拔出，与母体胎盘分离。子宫角尖端难以剥离，常借子宫角的反射收缩而上升，再行剥离，最后宫内灌注抗生素或防腐消毒药液，如土霉素2 g，溶于100 mL生理盐水中，注入子宫腔内，或注入0.2%普鲁卡因溶液30～50 mL。

不借助手术剥离，可辅以防腐消毒药或抗生素，让胎膜自溶排出，达到自行剥离的目的。可于子宫内投放土霉素(0.5 g)胶囊，效果较好。

2. 预防

饲喂含钙及维生素丰富的饲料。舍饲时要适当增加运动时间，在临产前一周，减少精料，分娩后让母畜自行舔干羔羊身体上的黏液。在可能的条件下，灌服羊水，并尽早让羔羊吮乳。分娩后即注射葡萄糖氯化钙溶液，或饮益母草当归水。

二、子宫内膜炎

子宫内膜炎是常见的母羊生殖器官的疾病，属于子宫黏膜的炎症，也是导致母羊不孕的重要原因之一。

(一)病因

分娩、助产、子宫脱出、阴道脱出、胎衣不下、腹膜炎、胎儿死于腹中或配种、人工授精及接产过程消毒不严等因素导致由细菌感染而引起的子宫黏膜炎症。

(二)临床症状

1. 急性

初期病羊食欲减少，精神欠佳，体温升高；因有疼痛反应而磨牙、呻吟。其表现为前胃弛缓、弓背、努责，时时做排尿姿势，阴户内流出污红色内容物，具有臭味，严重时呈现昏迷，甚至死亡。

2. 慢性

多由急性转化而来，病情较轻，常无明显的全身症状。有时体温升高，食欲、泌乳减少。从阴门常排出透明、混浊或脓性絮状物。发情不规律或停止，屡配不育。如不及时治疗，可发展为子宫坏死，全身症状恶化，发生败血症或脓毒败血症。有时可继发腹膜炎、肺炎、膀胱炎、乳腺炎等。

（三）诊断

从病羊体温升高、弓背、努责，时时做排尿姿势、阴户中流出黏性或脓性分泌物、污红色分泌物、发情不规律或停止和屡配不育等临床症状可做出诊断。

（四）防治

1. 治疗

净化清洗子宫，用1%氯化钠溶液、0.1%高锰酸钾溶液或0.1%～0.2%依沙吖啶溶液300 mL，灌入子宫腔内，然后用虹吸法排出灌入子宫内的消毒溶液，每天1次，连做3～4次。消炎可在冲洗后向羊子宫内注入碘甘油3 mL，或投放土霉素（0.5 g）胶囊；用青霉素80万IU、链霉素50万IU，肌内注射，每天早晚各一次。治疗自体中毒，可应用10%葡萄糖溶液100 mL、复方氯化钠溶液100 mL、5%碳酸氢钠溶液30～50 mL，一次静脉注射。

2. 预防

注意保持圈舍和产房的清洁卫生；在临产前后，对阴门及周围部消毒；在配种、人工授精和助产时，应注意器械、术者手臂和外生殖器的消毒；及时正确地治疗流产、难产、胎衣不下、子宫脱出及阴道炎等疾病，以防损伤和感染。

三、产后败血病和产后脓毒血病

产后败血病和产后脓毒血病是指由局部炎症感染扩散而继发的严重全身性感染疾病。产后败血病的特点是细菌进入血液并产生毒素；产后脓毒血病的特征是静脉中有血栓形成，以后血栓受到感染，化脓软化，并随血流进入其他器官和组织中，发生迁移性脓性病灶或脓肿。有时二者同时发生。此病在各种家畜均可发生，但产后败血症多见于马和牛，产后脓毒血症主要见于牛、羊。

（一）病因

产后败血病和产后脓毒血病通常是由难产、胎儿腐败或助产不当，软产道受到创伤和感染而引发的，也可能是由严重的子宫炎、子宫颈炎及阴道阴门炎引起的。胎衣不下、子宫脱出、子宫复旧延迟以及有时严重的脓性坏死性乳腺炎也可继发此病。病原菌通常是溶血性链球菌、葡萄球菌化脓棒状杆菌和梭状芽孢杆菌，而且常为混合感染。

（二）临床症状

产后败血病在发病初期的体温突然上升至40～41 ℃，四肢末端及两耳变凉。临近死亡时，体温急剧下降，且常发生痉挛。在整个病程中出现的稽留热是产后败血病的特征症状。在体温升高的同时，病畜精神极度沉郁。病牛常卧下、呻吟、头颈弯于一侧，呈半昏迷状态；反应迟钝，食欲废绝，反刍停止，但喜饮水；泌乳量骤减，2～3 d后完全停止泌乳；眼结膜充血，且微带黄色，病的后期结膜发绀，有时可见小出血点；脉搏微弱，每分钟 90～120 次，呼吸浅快。病畜往往还表现出腹膜炎的症状，出现腹泻，粪中带血，常从阴道内流出少量带有恶臭的污红色或褐色液体，内含组织碎片。

产后脓毒血病的临诊症状表现常不一致，但也都是突然发生的。在开始发病及病原微生物转移，引起急性化脓性炎症时，体温升高 1～1.5 ℃；待脓肿形成或化脓灶局限化后，体温又下降，甚至恢复正常。在整个患病过程中，体温呈现时高时低的弛张热型，脉搏常快而弱，马、牛可达每分钟 90 次以上。大多数病畜的四肢关节、腱鞘、肺脏、肝脏及乳房发生迁徙性脓肿。

(三)治疗

治疗原则是处理病灶，消灭侵入体内的病原微生物和增强机体的抵抗力。因为本病的病程发展急剧，所以治疗必须及时。

四、子宫脱出

子宫角前端翻入子宫腔或阴道内，称为子宫内翻：子宫角的前端全部翻出于阴门之外，称为子宫脱出。二者为程度不同的相同病理过程。各种动物的发病率不同。牛的发病率最高，犬和猪也常发病，近些年犬的发病率也有升高，但马和猫发病较少。子宫脱出多见产程的第三期，有时则在产后数小时之内发生，产后超过 1 d 才发病的患畜极为少见。

(一)病因

其病因主要与产后强烈努责、外力牵引及子宫弛缓有关。

1. 产后强烈努责

子宫脱出主要发生在胎儿排出后不久，部分胎儿的胎盘已从母体胎盘分离。此时只有腹肌收缩的力量能使沉重的子宫进入骨盆腔，进而脱出。因此，母畜在分娩第三期由于存在某些能刺激母畜发生强烈努责的因素，从而导致子宫脱出。

2. 外力牵引

在部分胎儿胎盘与母体胎盘分离后，脱落的部分悬垂于阴门之外，特别是当脱出的胎衣内存有胎水或尿液时，或者母畜站在前高后低的斜坡上，都会增加胎衣对子宫的拉力，牵引子宫使之内翻。分娩第三期的子宫的蠕动性收缩及母畜的努责更有助于子宫脱出。此外，在难产时，产道干燥，子宫紧包胎儿。如果未经很好处理，就强力拉出胎儿，子宫常随胎儿翻出阴门之外。

3. 子宫弛缓

子宫弛缓可延迟子宫颈闭合时间和子宫角体积缩小速度，更易受腹壁肌收缩和胎衣牵引的影响。

(二)临床症状

牛脱出的子宫较大，有时还附有尚未脱离的胎衣。如胎衣已脱离，则可看到黏膜表面有许多暗红色的子叶(母体胎盘)，并极易出血。有时脱出的子宫角分为大小不同的两个部分：大的部分为孕角，小的部分为空角，每一角的末端都向内凹陷。脱出时间稍久，子宫黏膜即瘀血、水肿，呈黑红色肉冻状，并发生干裂，有血水渗出。寒冷季节常因冻伤而发生坏死。如子宫脱出继发腹膜炎、败血病等，病牛即表现出全身症状。

猪脱出的子宫角很像两条肠管，较粗大，且黏膜表面状似平绒，出血很多，颜色紫红。因其有横皱襞，所以容易和肠管的浆膜相区别。猪子宫拖出后症状特别严重，卧地不起，反应极为迟钝，很快出现虚脱症状。

（三）诊断

子宫脱出通常结合病史及临床症状不难诊断。

（四）治疗

1. 整复法

在整复脱出的子宫之前，必须检查子宫腔中有无肠管和膀胱。如有，应将肠管先压回腹腔并将膀胱中尿液导出，再行整复。

①保定整复。顺利与否的关键是能否将母畜的后躯抬高。后躯越高，腹腔器官越向前移，骨盆腔的压力越小，整复时的阻力就越小，操作起来越顺利。在保定前，应先排空直肠内的粪便，防止整复时排便，污染子宫。

②清洗。将子宫放在用消毒液浸洗过的塑料布上，用温消毒液将子宫及外阴和尾根区域充分清洗干净，除去其上黏附的污物及坏死组织。黏膜上的小创伤可涂以抑菌防腐药，黏膜大的创伤则要进行缝合。

③麻醉可施行荐尾间硬膜外麻醉，但麻醉不宜过深，以免使患畜卧下，妨碍整复。

④在整复病牛侧卧保定时，可先静脉注射硼葡萄糖酸钙，以减少瘤胃臌气。由两位助手用布将子宫兜起提高，使它与阴门等高，然后整复。在确证子宫腔内无肠管和膀胱时，为了掌握子宫，并避免损伤子宫黏膜，也可用长条无菌巾把子宫从下至上缠绕起来，由一位助手将它托起，在整复时一边松解缠绕的布条，一边把子宫推入产道。在整复时，应先从靠近阴门的部分开始，也可以从下部开始，都必须趁患畜不努责时进行，而且在努责时要把送回的部分紧顶压住，防止再脱出。为保证子宫全部复位，可向子宫内灌注 9～10 L 热水，然后导出。整复完后，向子宫内放大剂量抗生素或其他防腐抑菌药物，并注射促进子宫收缩的药物。

2. 预防复发及护理

整复后，为防止复发，应皮下或肌内注射 50～100 IU 催产素。为防止患畜努责，也可进行荐尾间硬膜外麻醉，但不宜缝合阴门，以免刺激患畜持续努责。缝合虽能防止子宫脱出，但不能阻止子宫内翻。

3. 脱出子宫切除术

如确定子宫脱出时间已久，无法送回，或者有严重的损伤及坏死，其在整复后会有引起全身感染，导致死亡的危险。这时可将脱出的子宫切除，以挽救母畜的生命。

五、乳腺炎

乳腺炎是乳腺、乳池、乳头局部的炎症，多见于泌乳期的绵羊、山羊。其特征为乳腺发生各种不同性质的炎症，乳房发热、红肿、疼痛，影响泌乳机能和产乳量。常见的有浆液性乳腺炎、卡他性乳腺炎、脓性乳腺炎和出血性乳腺炎。

(一)病因

引起羊乳腺炎的病原微生物常见的细菌以金黄色葡萄球菌为主。该病多由挤乳时损伤乳头、乳腺体或乳房受到感染所致。其病因也见于结核病。

(二)临床症状

轻者不表现出临床症状,仅乳汁有变化。其一般多呈急性经过,表现局部红、肿、热、痛、泌乳量减少。乳汁变性常混有血液、脓汁和絮状物,呈淡红色或黄褐色,严重时体温升高,厌食等全身症状,如不及时治疗,可引起死亡或转为慢性。如转为慢性,乳房内常有大小不等的硬块,挤不出乳汁,甚至出现化脓或穿透皮肤形成瘘管。山羊可患坏疽性乳腺炎,常呈地方性流行。

(三)诊断

乳汁的检查在乳腺炎的早期诊断和确定病性上有着重要的意义。先用70%酒精擦净乳头,待干后挤出最初乳汁,弃去,再直接挤取乳汁于灭菌的广口瓶内,以备检查。

1.乳汁感官检查

乳汁中的血液、乳凝片或凝块、脓汁,乳色及乳汁稀稠度异常都是乳腺炎的表现。乳汁稀薄似水,进而呈污秽黄色,放置后有厚层沉淀物,这些是结核性乳腺炎的特征;以凝片和凝块为特征者是无乳链球菌感染的表现;以黄色均匀脓汁为特征者是大肠杆菌感染的表现;乳腺患部肿大并坚实者是绿脓杆菌和酵母菌感染的表现。当凝块细微而不明显时,用黑色背景观察。

2.乳汁酸碱度检查

用0.5%溴煤焦油醇紫或溴麝香草酚蓝指示剂数滴,滴于试管内或玻片上的乳汁中,或在蘸有指示剂的纸或纱布上滴乳汁,当出现紫色或紫绿色时,即表示碱度增高,证明是乳腺炎。

(四)防治

1.治疗

在发病初期,可选用青霉素40万IU、链霉素0.5 g,用注射用水5 mL溶解后注入乳孔。注射前应挤净乳汁,注射后轻揉乳房腺体部,使药液分布于乳房腺体,每天一次,连用3 d,或采用青霉素普鲁卡因溶液于乳房基部进行多点封闭疗法,也可内服或注射磺胺类药、红霉素、头孢菌素等。为促进炎症吸收消散,除在炎症初期可应用冷敷外,2~3 d后可采用热敷疗法。常用10%硫酸镁水溶液1 000 mL,加热45 ℃左右,每天热敷1~2次,连用2~4 d,每天5~10 min,也可用10%鱼石脂酒精或10%鱼石脂软膏外敷。除化脓性乳腺炎外,外敷前可配合乳房按摩。初期乳腺炎可用蒲公英100 g,中期乳腺炎用鹿角霜40 g,后期乳腺炎用鹿角霜40 g、红花10 g,水煎后2次灌服。

中药疗法为急性期可试用金银花8 g、蒲公英9 g、紫花地丁8 g、连翘6 g、陈皮4 g、青皮4 g、甘草3 g,水煎候温加黄酒10~20 mL,一次灌服,每天一剂。用蒲公英15 g、金银花10 g、板蓝根10 g、黄芩10 g、当归10 g,加水适量煎,候温,一次灌服。每天一剂,视病情,可连用2~3 d。

针对化脓性乳腺炎及开口于深部的脓肿,宜先排脓,再用3%过氧化氢或0.1%高锰酸钾溶液冲洗,消毒脓腔,再以0.1%~0.2%雷夫诺尔纱布条引流,同时用庆大霉素、卡那霉素、红霉素、青霉素等抗生素配合全身治疗。

2.预防

挤乳时，要采用掌握压挤法，切忌滑挤，不要用手指拉扯乳头；要定时挤奶，每次挤奶务必挤净；根据产奶量多少，决定合理的挤奶次数。一般每天挤奶2次，高产羊挤3～4次。注意羊舍清洁，定期清除羊粪，并经常洗刷羊体，尤其是乳房，以除去污物。平时要注意防止乳房受伤，如有损伤，要及时治疗。乳头干裂者可对其擦貂油或凡士林。在挤奶前，必须剪指甲、洗净手，并用漂白粉溶液浸过的毛巾彻底清洗乳房。在每次挤奶后，可选用0.5%～1%碘液、0.5%～1%氯己定或4%亚氯酸钠浸浴乳头。在干奶后和分娩前一周，每天要浸浴乳头2次。

二维码2-13 牛羊产科疾病

模块三

猪 的 疾 病

【模块概要】

本模块重点阐述了猪多种常见多发性疾病的发病原因、临床表现、病理变化以及重点防治对策。该模块已经对具体猪病进行了精简，因此，教师要全部讲述，学生要完全掌握。

项目一　猪的病毒性传染病

【项目简介】

本项目重点介绍了7种最为常见的病毒性传染病的病原、流行病学、临床表现、剖检变化及防治措施；病毒性传染病的发病特点是发病突然、传播迅速、流行猛烈、无有效的治疗方法和药物。只有提高群体免疫力，控制应激因素，坚持长期的全面的免疫接种，这些传染病才能得到有效控制。

任务一　猪　　瘟

【任务目标】

1. 了解猪瘟的病原特点。
2. 描述猪瘟的流行特点。
3. 识记猪瘟的临床症状和病理变化，能够准确描述典型图片代表的症状和病变。
4. 会用本课学习的内容对猪瘟进行诊断和防治。

猪瘟是由猪瘟病毒引起的一种急性、热性传染病。1833年在美国俄亥俄州发现。多年来一直贯彻预防为主的方针，广泛开展免疫接种，此病已很少出现暴发和流行。由于疫苗质量、接种时机、疫苗剂量、接种方法等许多问题的存在，猪瘟经常发生于专业养猪户和规模化养猪场，并造成了很大的损失。猪瘟仍然是威胁养猪业的重要疫病。

(一)病原

猪瘟病毒是RNA病毒，属黄病毒科瘟病毒属，病毒粒子呈圆形球状。目前其被认为只有一个血清型，但毒力易变，有强弱之分，与牛病毒性腹泻黏膜病毒存在共同抗原。

此病毒对低温有较强的抵抗力，冷冻猪肉中的病毒数年不见其感染性降低。病毒最适宜的pH为5.2,其范围是pH 4～10。此病毒对热的抵抗力较强,在60 ℃的条件下,经16～24 h可失去传染力;在72～76 ℃的条件下,经1 h可使病毒失去传染力。在干燥及腐败条件下,此病毒易于死亡。被污染的环境如能保持干燥和强烈阳光暴晒,1～4周即可使此病毒失去传染力。此病毒对各种常用消毒药物有抵抗力,对碱性消毒药物最为敏感,如苛性钠、生石灰等。国内曾经流行的温和型猪瘟的病原在本质上与猪瘟病毒相同,只是毒力较低而已。

(二)流行病学

各种年龄、性别、品种的猪和野猪都易感。一年四季都能发病、流行,没有严格的季节性。一旦发病,传染性极强,发病率和死亡率都很高。

病猪是最主要的传染源。病毒可通过胎盘感染仔猪,从而导致母猪繁殖障碍。在大型猪场暴发猪瘟时,其主要传播途径是病毒通过病猪的尿、粪便及眼、鼻分泌物,直接接触水平传播,病毒由口腔经扁桃体、口腔黏膜和呼吸道黏膜感染。个体饲养户的猪只被感染主要是由病死猪尸体处理不当,散布,并污染周围环境而导致。患病和弱毒株感染的母猪经胎盘垂直感染胎儿,产出弱仔、死胎、木乃伊胎等。管理人员、参观者、经商者可成为病毒的传递者。

在非疫区的流行初期,先有一头或几头猪发病呈最急性经过死亡,7 d后又有一批猪发病,通常15～20 d为流行高峰期。其发病率可达70%～80%,出现亚急性经过,流行曲线趋向低潮,发病头数逐渐减少。流行末期可出现一些慢性型病例,病程为1个月以上,转归为死亡或恢复成为带毒猪,最后约40 d流行终止。

我国现在流行的猪瘟有了许多新的特点。因猪瘟预防接种弱毒苗的广泛实施,绝大多数猪只获得了不同程度的抗猪瘟抗体,而出现非典型猪瘟。暴发的根本原因是免疫程序不当、疫苗剂量不足、不按规定操作。在流行初期,最急性型和急性型很少见,多出现亚急性型和非典型猪瘟。其流行速度趋向缓和,流行范围局限化。猪瘟病毒主要侵害免疫系统。在感染病毒后,发生的免疫抑制可以被认为是一种免疫抑制性疾病。

(三)临床症状

短的潜伏期为2 d,一般为5～10 d,最长达21 d。临床上分为最急性、急性、亚急性、慢性和温和型。

1. 最急性

体温高达41 ℃以上,稽留一至数天死亡。可视黏膜和腹部皮肤可见针尖大的出血点,病程为1～4 d,多突然发病死亡。

2. 急性

体温升高到40.5～42 ℃,稽留热,死前降至常温以下。病猪精神极度沉郁,初期眼结膜潮红,后期苍白,有脓性分泌物。口腔黏膜不洁,在齿龈、口角等黏膜处可见出血点;病初便秘,排出球状干粪,附带血的黏膜或假膜。有的发生腹泻,或便秘与腹泻交替;皮肤在初期呈潮红充血,在后期出现贫血,薄皮肤处出现大小不等的红点或红斑,指压不褪色;公猪包皮发炎,捏挤时有恶臭混浊液体射出;随体温升高,白细胞数减少,血小板也明显减少。急性病例多在1周左右死亡,死亡率可达到60%～95%,小猪有神经症状。

3. 亚急性

其症状与急性相似,病程长达21～30 d,皮肤有明显出血点,有时扁桃体肿胀溃疡、舌、唇、齿龈、结膜也可见到。病猪日渐衰弱，最后死亡。本型多见于流行中后期或老疫区。

4. 慢性

病程为1个月以上，体温时高时低，全身衰弱贫血，便秘腹泻交替，皮肤有陈旧性出血斑或坏死结痂。

5. 温和型

症状不典型，病情缓和。其发病率和死亡率均低，死亡的多是幼猪，成年猪一般可耐过。这种病毒连续通过易感猪继代后，毒力增强，易感猪会发生典型症状死亡。

(四)病理变化

1. 最急性

最急性常见于猪瘟流行早期，突发高热而无明显症状，并且迅速死亡，浆膜、黏膜和肾脏仅有极少数的点状出血，淋巴结轻度肿胀、潮红或出血。

2. 急性

急性具有典型的败血症变化。全身浆膜、黏膜出血点或出血斑；淋巴结周边出血、肿胀，呈大理石样外观，脾脏出现出血性梗死灶(具有诊断意义)，心肌出血点或出血斑。肾脏、膀胱有散在的针尖大出血点(具有诊断意义)。

(1)消化道卡他性、出血性炎性病变　齿龈、口角、颊部和舌面有出血点或坏死灶；大小肠系膜和胃肠浆膜常见点状出血；胃底黏膜可见出血溃疡灶；大肠和直肠黏膜随病程进展也常见大量出血点；大肠和小肠孤立和集合淋巴滤泡肿胀(回盲口)，病灶周围可见炎性反应。

(2)呼吸系统　在喉和会厌软骨黏膜常有出血斑点，扁桃体常见出血和坏死，胸膜有点状出血，胸腔液增量，淡黄红色。肺有局灶性出血斑块，有时可见肺淤血、水肿。

(3)心血管　心包积液、心外膜、冠状沟和两侧纵沟及心内膜均见出血斑点，数量和分布不等。

(4)中枢神经系统　主要见于脑膜和脑实质有针尖大出血点。

3. 亚急性

败血性病变轻微，有新旧交替的出血点。其主要病变在淋巴结和肾、脾，在耳根、股内侧皮肤常出现出血坏死样病灶；断奶仔猪的胸壁肋骨和肋软骨结合处的骨骺线明显增宽。

4. 慢性

败血症变化轻微。其特征性病变为回肠末段和盲结肠，特别是回盲口处有轮层状溃疡，这种症状被称为扣状肿，是继发沙门菌感染，同时可见弥漫性坏死性肠炎，称为肠型猪瘟。断奶仔猪肋骨末端与软骨交界部位发生钙化，呈黄色骨化线(对慢性猪瘟的诊断有一定价值)。

5. 胸型

继发感染巴氏杆菌引起的病变，除猪瘟特有的病理变化外，还有猪巴氏杆菌病的病理变化。

6. 混合型

此型由巴氏杆菌和沙门菌合并猪瘟病毒感染而引起。其具有肠型和胸型的变化，多在流行末期出现，呈慢性经过。

7. 繁殖障碍型

若母猪于妊娠期感染猪瘟或用减毒不充分的弱毒疫苗接种，可引起死胎、滞留胎、木乃伊胎、早产、产出弱小或颤抖的仔猪；多数仔猪可见水肿，腹腔积水，腿关节弯曲，皮肤和肾点状出血点、心内膜炎等。死胎剖检时可见淋巴结肿大出血，心肌和胸腺出血、肾弥漫性出血点等。10～20 日龄的哺乳仔猪易患猪瘟，其在发病时往往为出血性变化，常见淋巴结、皮肤、各器官浆黏膜混浊的出血点或出血斑，如胃肠、膀胱、心、肺等。

8. 非典型猪瘟

轻微败血症，猪瘟的特征性病变出现频率低，病变多局限在 1～2 个器官，每例出现的特征性病变的器官不固定，出现的频率和程度不一致。

（五）诊断

根据流行病学调查情况、临床症状、尸体剖检变化可做出初步诊断。确诊需进行实验室检验。检验项目包括血液学检查（白细胞和血小板减少）、细菌学检查（阴性）、病理组织学检查（非化脓性脑炎，淋巴结、肾、脾等呈现炎症、出血等变化），PCR 检查、免疫荧光技术或病毒分离确诊。

（六）防治

二维码 3-1　猪瘟

加强疫苗接种，按照免疫程序进行，猪瘟细胞培养苗免疫剂量必须达到 4 头份以上。经常发生本病的猪场或地区可以进行超前免疫。病死猪要进行深埋或焚烧等无害化处理，避免病毒扩散。正发生猪瘟的猪场应进行猪瘟疫苗紧急预防注射，一般在注射疫苗后 4～7 d 后可终止发病。在疫苗完全产生免疫前，集中的发病和死亡很可能会出现。

任务二　非洲猪瘟

【任务目标】

1. 了解非洲猪瘟的病原特点。
2. 描述非洲猪瘟的流行特点。
3. 识记非洲猪瘟的临床症状和病理变化，能够准确描述典型图片代表的症状和病变。
4. 会用本课学习的内容对非洲猪瘟进行诊断和防治。

非洲猪瘟是指由非洲猪瘟病毒感染家猪和各种野猪（如非洲野猪、欧洲野猪等）引起的一种急性、出血性、烈性传染病。世界动物卫生组织（OIE）现已将其列为通报类法定动物疫病。该病也是我国重点防范的一类动物疫情。其特征是发病过程短，最急性和急性感染死亡率高达 100%，临床表现为发热（达 40～42 ℃），心跳加快，呼吸困难，部分咳嗽，眼、鼻有浆液性或黏液性脓性分泌物，皮肤发绀，淋巴结、肾、胃肠黏膜明显出血。非洲猪瘟的临床症状与猪瘟的症状相似，只能依靠实验室检测来确诊。2018 年 8 月 3 日我国确诊首例非洲猪瘟疫情。

（一）病原

非洲猪瘟病毒（ASFV）是非洲猪瘟科非洲猪瘟病毒属的重要成员，有些特性类似虹彩病毒科和痘病毒科。病毒粒子的直径为 175～215 nm，呈 20 面体对称，有囊膜。基因组为双股线状 DNA,大小为 170～190 kb。在猪体内,非洲猪瘟病毒可在几种类型的细胞质,尤其是网状内皮细胞和单核巨噬细胞中复制。该病毒可在钝缘蜱中增殖,并使其成为主要的传播媒介,其他吸血昆虫也可成为传播媒介。

非洲猪瘟病毒能从被感染猪的血液、组织液、内脏及其他排泄物中得到证实。在低温暗室中,存于血液中心的病毒可生存 6 年;在室温中可活数周,加热被病毒感染的血液至 55 ℃,经 30 min 或加热被病毒感染的血液至 60 ℃,经 10 min,病毒将被破坏,许多脂溶剂和消毒剂可以将其破坏。

(二)流行病学

各品种及各不同年龄的猪只具有易感性。1921 年,梦特哥马利氏等曾设法试验白鼠、天竺鼠、兔、猫、犬、山羊、绵羊、牛、马、鸽等动物,这些动物都未被感染成功。1956 年伟力合报告,他曾盲目通过兔子 26 代后攻毒猪,照样致死。

(三)传播媒介

非洲和西班牙半岛有几种软蜱是 ASFV 的贮藏宿主和传播媒介。美洲等地区很多分布广泛的其他蜱种也可传播 ASFV。一般认为,ASFV 传入无病地区都与来自国际机场和港口的未经煮过的被感染猪制品或残羹喂猪有关,或由接触了感染的家猪污染物、胎儿、粪便、病猪组织,并喂了污染饲料而发生。发病率和死亡率最高可达 100%。世界动物卫生组织(OIE)将其列为法定通告类动物疫病,我国将其列为一类动物疫病。1921 年肯尼亚首次报道发生非洲猪瘟疫情,该病于 20 世纪 60 年代传入欧洲,20 世纪 70 年代传入南美洲,2007 年,传入高加索地区和俄罗斯。自 2017 年以来,俄罗斯远东地区发生数起非洲猪瘟疫情。2018 年,我国沈阳市沈北新区沈北街道五社区发现国内首例病例。该病现主要在非洲、中东欧地区流行。健康猪与患病猪或污染物直接接触是非洲猪瘟最主要的传播途径,猪被带毒的蜱等媒介昆虫叮咬也存在感染非洲猪瘟的可能性。

在 2018 年之前,中国没有非洲猪瘟发生。分子流行病学研究表明,传入中国的非洲猪瘟病毒属基因Ⅱ型,与格鲁吉亚、俄罗斯、波兰公布的毒株全基因组序列同源性为 99.95%左右。

(四)发病机理

ASFV 可经过口和上呼吸道进入猪体,在鼻咽部或扁桃体发生感染,病毒迅速蔓延到下颌淋巴结,通过淋巴和血液遍布全身。当为强毒感染时,细胞变化很快,在呈现明显的刺激反应前,细胞都已死亡。当为弱毒感染时,刺激反应很容易观察到细胞核变大,普遍发生有丝分裂。发病率通常为 40%～85%,死亡率因感染的毒株不同而有所差异。高致病性毒株死亡率可高达 90%～100%,中致病性毒株在成年动物的死亡率为 20%～40%,在幼年动物的死亡率为 70%～80%,低致病性毒株死亡率为 10%～30%。

(五)临床症状

自然感染的潜伏期为 5～9 d,有时候更短,临床试验的感染潜伏期则为 2～5 d。以发病时体温升高至 41 ℃,约持续 4 d,直到死前 48 h,体温开始下降为其特征。临床症状直到体温下降才显示出来,猪只食欲废绝,显示出极度脆弱。猪只躺在舍角,强迫赶起,要它走动,则更显出极度衰弱,尤其后肢更甚,脉搏快,咳嗽,呼吸快约 1/3,呼吸困难,浆液或黏液脓性结膜炎,有些毒株会引起带血之下痢、呕吐，血液变化似猪瘟。在 3～5 个病例中，50％的病猪会出现白细胞数减少，淋巴细胞也同样减少的现象。当体温升高时，如果病猪发生白细胞性贫血，至第 4 天白细胞数降至 40％，体温才下降，未成熟的中性球数增加，在发热后的第 7 天，病猪死亡，或症状出现仅 1～2 d，病猪便死亡。

（六）病理变化

病理变化因猪抵抗力、病毒毒力及病程变化很大。可在耳、鼻、腋下、腹下、会阴、尾、脚无毛部分呈界线明显的紫色斑，耳朵紫斑部分常出现肿胀，中心深暗色出现分散性出血，边缘褪色，尤其是腿及腹壁皮肤。切开胸腹腔、心包、胸膜、腹膜上有许多澄清、黄或带血色液体，尤其在腹部内脏或肠系膜上表部分，小血管受到影响更甚，于内脏浆膜可见棕色转变成浅红色之瘀斑，即所谓的麸斑，尤其小肠更多，直肠壁深处有暗色出血现象，肾脏有弥漫性出血情形，胸膜下水肿特别明显及心包出血。在淋巴结有猪瘟罕见的弥漫性出血现象。脾脏异常增大，髓质肿胀区呈深紫黑色，切面平整，质地硬实，淋巴滤胞小而少，7％的猪脾脏发生小而暗红色突起的三角形栓塞。在循环系统中，心包液特别多，少数病例中呈混浊且含有纤维蛋白，多数心包下及心内膜充血。在呼吸系统中，喉及会厌黏膜有瘀斑充血及扩散性出血且比猪瘟更甚，瘀斑多发生于气管前 1/3 处。在肝中，肉眼检查肝充血暗色或表面有斑，胆囊壁及近胆管部分肝组织有充血及水肿现象、胆汁浓稠。胃门淋巴结、肝门淋巴结、肾门淋巴结似凝血块外观心肌出血极为严重。

（七）诊断

非洲猪瘟与猪瘟等出血性疾病的症状和病变都很相似，它们的亚急性型和慢性型在生产现场不易区别，因而必须用实验室方法才能鉴别。如果现场发现尸体解剖的猪出现脾和淋巴结严重充血出血形如血肿、胆囊壁增厚水肿，则可怀疑为非洲猪瘟。

1. 红细胞吸附试验

将健康猪的白细胞加上非洲猪瘟猪的血液或组织提取物在 37 ℃的温度下培养，如见许多红细胞吸附在白细胞上形成玫瑰花状或桑葚体状，则为阳性。

2. 直接免疫荧光试验

荧光显微镜下观察，如见细胞质内有明亮荧光团，则为阳性。

3. 间接免疫荧光试验

将非洲猪瘟病毒接种在长满 Vero 细胞的盖玻片上，并与未接种病毒的 Vero 细胞对照。在试验后，对照正常，待检样品在细胞质内出现明亮的荧光团和荧光细点可被判定为阳性。

4. 酶联免疫吸附试验

当对照成立（阳性血清对照吸收值大于 0.3，阴性血清对照吸收值小于 0.1），待检样品的吸收值大于 0.3 时，判定为阳性。抗原于待检血清间出现白色沉淀线者可判定为阳性。

5. 间接酶联免疫蚀斑试验

肉眼观察，或显微镜下观察，蚀斑呈棕色则为阳性，无色则为阴性。

（八）防治

无非洲猪瘟的国家和地区应防止 ASFV 的传入。在国际机场和港口，从飞机和船舶来的食物废料均应焚毁。无本病地区应事先建立快速诊断方法和制定紧急扑灭计划。由于在世界范围内没有研发出可以有效预防非洲猪瘟的疫苗，高温、消毒剂可以有效杀灭病毒，所以做好养殖场生物安全防护是防控非洲猪瘟的关键。严格控制人员、车辆和易感动物进入养殖场。进出养殖场及其生产区的人员、车辆、物品要严格落实消毒等措施。

尽可能封闭饲养生猪，采取隔离防护措施，尽量避免野猪、钝缘软蜱、蚊子进入。严禁使用泔水或餐余垃圾饲喂生猪。积极配合当地动物疫病预防控制机构开展疫病监测排查，特别是出现猪瘟疫苗免疫失败、不明原因死亡等现象，应及时上报当地兽医部门。

二维码 3-2 非洲猪瘟

任务三 猪水疱病

【任务目标】

1. 了解猪水疱病的病原特点。
2. 描述猪水疱病的流行特点。
3. 识记猪水疱病的临床症状和病理变化，能够准确描述典型图片代表的症状和病变。
4. 会用本课学习的内容对猪水疱病进行诊断和防治。

猪水疱病是由猪水疱病毒引起的一种急性传染病。其主要临床特征是在蹄部、口腔、鼻部、母猪的乳头周围产生水疱。猪水疱病在临床上很难与口蹄疫、水疱性口炎作区分。但牛羊等家畜不发生本病。猪水疱病在 1966 年首先发生于意大利。

（一）病原

猪水疱病毒属小 RNA 病毒科肠道病毒属。病毒粒子呈球形，对常用消毒药物抵抗力强。消毒药物中以福尔马林溶液和氨水的效果最好，其次是火碱、漂白粉、生石灰和冰醋酸等。

（二）流行病学

各种年龄、品种的猪均可感染发病，其他动物不发病。一年四季均可发生。在高密度饲养条件下，发病率高，可达 70%～80%，传播迅速，死亡率低。在密度小、地面干燥、阳光充足的情况下，很少引起流行。

（三）临床症状

其特征性的水疱常见于主趾和附趾的蹄冠。水泡有时也见于鼻盘、舌、唇和母猪的乳头上。在一般情况下，如无并发其他疾病，本病不易引起死亡。但初生仔猪发生本病可导致死亡。有的猪偶尔出现神经系统紊乱症状，表现为前冲，转圈，用鼻子摩擦或用牙齿啃咬猪栏、用具，眼球转圈，个别病猪出现强直痉挛。

二维码 3-3 猪蹄部水疱

（四）病理变化

猪水疱病的病变主要在蹄部。约 10% 的猪口腔、鼻端也有病变，口部水疱通常比蹄部出现晚。内脏器官通常无明显病变，仅见局部淋巴结出血和心内膜条纹状出血。

(五)防治

防止将该病毒带到非疫区;受威胁地区应进行紧急疫苗接种;经常用有效的消毒药物消毒。

任务四　猪传染性胃肠炎

【任务目标】

1. 了解猪传染性胃肠炎的病原特点。

2. 描述猪传染性胃肠炎的流行特点。

3. 识记猪传染性胃肠炎的临床症状和病理变化,能够准确描述典型图片代表的症状和病变。

4. 会用本课学习的内容对猪传染性胃肠炎进行诊断和防治。

猪传染性胃肠炎是由冠状病毒引起的一种猪的高度接触性肠道传染病。其临床特征是10龄以下的仔猪呕吐、严重腹泻、脱水和高死亡率。猪传染性胃肠炎在1945年首发于美国。

(一)病原

猪传染性胃肠炎病毒属冠状病毒科冠状病毒属。目前只发现一个血清型、三种抗原。该病毒在冷冻条件下非常稳定,在室温或室温以上很不稳定。该病毒对光敏感,在阳光下暴晒6 h即可灭活,紫外线能使病毒迅速失效。在0.05%的福尔马林溶液、0.5%的苯酚在37 ℃的温度下分别处理20～50 min即可灭活病毒。该病毒对乙醚、氯仿及去氧胆酸钠敏感,对胰酶有一定抵抗力。

(二)流行病学

各种年龄、性别、品种的猪都可感染,10日龄以内的仔猪发病率和死亡率都高。断奶、育肥和成年猪的症状较轻,大多能自然康复,其他动物对本病无易感性。本病多流行于冬春寒冷季节,每年的12月至翌年的4月发病最多,夏季发病少。本病传播迅速,数日内可蔓延全群。

(三)临床症状

猪传染性胃肠炎潜伏期为15～18 h,有的潜伏期可达2～3 d。仔猪的典型临床表现是突然发生短暂的呕吐,伴有或继而出现急剧的水样腹泻,粪便呈黄色、淡绿色或白色,常含有未消化的凝乳块,气味恶臭。病猪迅速脱水、体重下降,精神萎靡,被毛粗乱无光,吃奶减少或停止吃奶,战栗、消瘦、口渴,日龄越小,病程越短,病死率越高。10日龄以内仔猪在2～7 d内死亡,7 d内的仔猪死亡率为50%～100%,随着日龄的增加,死亡率下降;病愈猪生长发育受阻,甚至成为僵猪。其他猪在3～7 d可以恢复,极少发生死亡。在发病前,某些仔猪先有短期体温升高,发生腹泻后体温下降。

(四)病理变化

其主要病变在胃和小肠,胃底黏膜充血,有时有出血点,小肠肠壁变薄,肠内充满黄绿色或灰白色液体，含有气泡和凝乳块，将空肠剪开，用生理盐水将内容物冲掉，在玻璃平皿内铺平，加入少量生理盐水，在低倍镜下观察，可见到空肠绒毛变短，萎缩及上皮细胞变性、坏死脱落。肠系膜透明，乳糜管内无乳糜，脾脏和淋巴结肿大，肾包膜下见有出血，少数猪膀胱有出血，心肌质软，色灰白，冠状沟可见点状出血，脑回变平。

二维码 3-4 猪传染性胃肠炎肠壁透明

(五)防治

①无特效药物用于治疗。

②采取停食、减食，多给清洁饮水和易消化饲料，小猪进行补液，给予人工补液盐效果良好。

③一旦发病，采取隔离和消毒措施效果不大。

④规模较大的猪场可对未分娩的母猪及年龄较大的猪进行人工感染，使之在短期内集中发病，从而终止疫情，还可使哺乳仔猪从免疫母猪初乳中获得免疫力，从而免受感染。

⑤可使用弱毒疫苗进行预防，但免疫效果不明。哈尔滨兽医研究所研制的弱毒疫苗对3日龄仔猪主动免疫效果良好；给妊娠母猪在产前20～30 d肌内注射或鼻内接种后，对3日龄仔猪的被动保护率达到95%以上。此病属于局部免疫，疫苗免疫效果不良。

⑥发病猪可采取补液、纠正酸中毒、止泻以及投服酶制剂等方法进行治疗。

⑦人工补液盐配方为：氯化钠3.5 g、葡萄糖20 g、氯化钾1.5 g、碳酸氢钠2.5 g，加水至1 000 mL。

任务五 猪呼吸与繁殖障碍综合征

【任务目标】

1. 了解猪呼吸与繁殖障碍综合征的病原特点。
2. 描述猪呼吸与繁殖障碍综合征的流行特点。
3. 识记猪呼吸与繁殖障碍综合征的临床症状和病理变化，能够准确描述典型图片代表的症状和病变。
4. 会用本课学习的内容对猪呼吸与繁殖障碍综合征进行诊断和防治。

猪呼吸与繁殖障碍综合征(PRRSV)是由猪呼吸与繁殖障碍综合征病毒引起的猪的一种繁殖障碍和呼吸道传染病。其特征为厌食，发热，怀孕后期发生流产、死胎和木乃伊胎，幼龄仔猪发生呼吸道症状。1987年，猪呼吸与繁殖障碍综合征在美国首次发现。

(一)病原

猪呼吸与繁殖障碍综合征病毒属于动脉炎病毒科动脉炎病毒属。该病毒对乙醚、氯仿敏感，耐低温、不耐热。

(二)流行病学

猪呼吸与繁殖障碍综合征传播迅速，污染严重，是一种高度接触性传染病。其既可通过空气传播，也可垂直传播。繁殖母猪和仔猪易感，育肥猪发病温和。猪场卫生条件差、气候恶劣、饲养密度大可促进本病流行。

(三)临床症状

各种年龄猪均拒食、母猪流产、仔猪出生后呼吸困难，死胎率和哺乳仔猪死亡率均极高。因年龄不同，临床表现有较大差异。

1. 繁殖母猪

母猪在感染本病后反复出现食欲不振、高热(40～41 ℃)、嗜睡、精神沉郁、呼吸加速、腹式呼吸，偶尔可见呕吐和结膜炎。少数母猪(1%～5%)的耳朵、乳头、外阴、腹部、尾部和腿发绀，以耳尖最为常见，这就是蓝耳病名称的来源。5%～35%的妊娠晚期的母猪易发生流产、早产(107～113 d)，此外可出现死胎、弱仔和木乃伊胎，这种产仔情况往往持续数周，每窝产死胎数的差别很大。少数母猪皮下出现一过性血斑，有的母猪后躯运动障碍，有的母猪出现乳汁减少、分娩困难等。流产胎儿脐带及胎盘出现血肿为本病的特征性病变。

2. 仔猪

以1个月内的仔猪最易感染并表现典型的临床症状，发病率为11%～54%，死亡率高，可达80%。临床症状与日龄有关，早产仔猪在出生当时或几天内死亡。大多数新生仔猪出现呼吸困难，肌肉震颤，后肢麻痹，共济失调、打喷嚏，嗜睡、精神沉郁、食欲不振。有的仔猪耳朵和躯体末端皮肤发绀。耐过仔猪的体质衰弱，生长缓慢。

3. 公猪

其表现为咳嗽、喷嚏、精神沉郁、食欲不振、嗜睡、呼吸急促和运动障碍。公猪有性欲但精子质量下降，射精量少。少数公猪耳朵变色，继发膀胱炎和白细胞数减少。

4. 育肥猪

发病率低，仅为2%，有时发病率达10%。感染初期出现轻微的呼吸道症状，类似流感症状，而后期病情加重，出现顽固性食欲不振、高烧、腹泻、肺炎，还可出现耳部、腹部、尾部和腿发绀，眼肿胀，结膜炎，血小板减少，排血便，两腿外展等症状。

(四)病理变化

1. 母猪

母猪可见肺水肿、肾盂肾炎、膀胱炎。

2. 仔猪

仔猪皮下、头部水肿、胸腹腔积液，肺部多出现局灶性肺炎灶。病程长的病猪可出现胸膜肺炎和地方性肺炎。耐过猪呈多发性浆膜炎、关节炎、非化脓性脑膜炎和心肌炎等病变。

3. 育肥猪

育肥猪可见全身淋巴结肿大呈灰白色，尤以颌下、股前、支气管肺门淋巴结更为明显。脾一般不肿大、肾轻度肿大、胃肠道有轻度卡他性炎症、肝脏有弥漫性灰白色病灶、肺轻度水肿，血液检查可见白细胞和血小板减少。

4. 发育成熟的死胎猪

发育成熟的死胎猪体表淋巴结肿大，有充血、出血的变化，肌肉呈鱼肉样，肾外形不整，表面有弥漫性出血点，心肌柔软，发育不良，右心轻度肥大，心冠脂肪周围有时有少量的出血点，肺呈暗红色，轻度淤血、水肿，局灶性肺炎灶，胃肠无明显变化。

（五）诊断

根据妊娠母猪后期发生流产、新生仔猪的高死亡率、其他猪的温和以及间质性局灶性肺炎变化，参照荷兰科学家制定的三项诊断指标进行初步诊断：母猪流产发生率＞80%，死产发生率＞20%，断奶仔猪死亡率＞26%，以上三项指标具备两项即可做出初步诊断。

（六）防治

猪呼吸与繁殖障碍综合征目前尚无特效药物治疗。其主要采取综合防治措施及对症疗法。最根本的办法是消除病猪、带毒猪，彻底消毒，切断传播途径。

1. 预防措施

①后备母猪在配种前进行2次免疫，首免在配种前2个月，间隔1个月进行二免。

②母源抗体可以保护仔猪至6周龄不感染此病。

③接种疫苗的猪能散毒感染健康猪，公猪和妊娠母猪不能接种，疫苗毒株能在公猪体内通过精液散毒，能穿过胎盘导致先天感染。

④灭活疫苗是安全的，可单独使用或与弱毒疫苗联合使用。

⑤此病的免疫效果不确定，产生免疫速度慢，有的免疫猪不产生抗体。

⑥贯彻全进全出制度是消除污染的重要措施。

2. 治疗措施

采取对症治疗的办法，急性病例采取以下措施。

①镇静，减少骚动，可利用氯丙嗪、苯巴比妥。

②减轻心脏负荷，减轻肺水肿，制止进一步的炎症渗出。

③应用利尿剂：甘露醇静脉注射或呋塞米静脉注射或肌内注射；应用肾上腺皮质激素，如地塞米松。

④消炎、消除和制止继发感染应用抗生素静脉注射或肌内注射，一个疗程要14 d。能够自动吃食的病猪可以在其饲料中添加抗生素。

⑤应用肺脏表面活性物质：654-2、阿托品等。

⑥应用强心药物。首选洋地黄类强心药物，如毒毛花苷K、毒毛花苷C、地高辛等。

二维码3-5 猪呼吸与繁殖障碍综合征耳朵发绀

任务六 猪伪狂犬病

【任务目标】

1. 了解猪伪狂犬病的病原特点。

2. 描述猪伪狂犬病的流行特点。

3. 识记猪伪狂犬病的临床症状和病理变化，能够准确描述典型图片代表的症状和病变。

4. 会用本课学习的内容对猪伪狂犬病进行诊断和防治。

猪伪狂犬病是由伪狂犬病病毒引起的猪和其他动物共患的一种急性传染病。其发病特征是发热、奇痒（猪除外）、脑脊髓炎的症状。成年猪呈隐性感染或上呼吸道卡他症状；妊娠母猪发生流产、死胎；哺乳仔猪除呈脑脊髓炎和败血症综合症状外还会侵害其消化系统。有时本病感染人，但不会引起死亡。兽医人员应防止通过破损皮肤感染。

（一）病原

猪伪狂犬病毒属疱疹病毒科疱疹病毒亚科猪疱疹病毒属成员。猪伪狂犬病只有一个血清型，但毒株间存在差异。本病毒对低温抵抗力较强，对热、甲醛、乙醚、紫外线都很敏感。5%石灰乳、0.5% Na_2CO_3、0.5%硫酸和盐酸 3 min，0.5%～1% NaOH 都可杀死病毒。

（二）流行病学

猪伪狂犬病一年四季都可发生，以冬春两季节和产仔旺季多发。各种年龄猪都易感染，但年龄不同，其症状和死亡率有很大差异。较大猪的发病过程较长，康复率也较高。成年猪可能没有症状。哺乳仔猪最为敏感，发病后呈急性型，15 日龄以内的仔猪死亡率为 100%。分娩高峰的母猪舍首先发病，几乎每窝都发病，窝发病率可达 100%。但发病和死亡往往有一个高峰（于分娩高峰之后约 5 d），以后逐渐减少，发病率、死亡率下降。其他母猪舍主要表现为散发。发病猪主要为 15 日龄以内的仔猪，最早发病的是 4 日龄的仔猪，发病率为 98%，死亡率为 85%。随年龄的增长，死亡率可逐渐下降。成年猪多轻微发病，极少死亡。发病母猪的病程约为 15 d。

猪伪狂犬病除经直接接触或间接接触发生传染外，还可经呼吸道黏膜混浊破损处和配种等发生感染。妊娠母猪感染本病时可经胎盘侵害胎儿，泌乳母猪在感染本病后 1 周左右，其乳中就有病毒出现，可持续 3～5 d，此时仔猪可因哺乳而感染本病。

（三）临床症状

猪伪狂犬病的潜伏期为 3～6 d，少数潜伏期达 10 d。乳猪表现出眼眶发红、闭目昏睡，体温升至 41～41.5 ℃，精神沉郁，口角有大量泡沫或流出唾液。有的病猪呕吐腹泻，随后兴奋不安，步态不稳、运动失调；有的病猪后腿抬起呈“鹅步式”运动。病猪眼睑和嘴角有水肿，腹部几乎都有粟粒大小的紫色斑点，有的甚至全身呈紫色。几乎所有病猪都有神经症状，间歇性抽搐，全身肌肉痉挛，或倒地抽搐，有时不自主前冲、后退或转圈运动，随着病情发展，出现四肢麻痹、倒地侧卧，头向后仰，四肢乱动，最后死亡，病程为 1～2 d，死亡率很高（初期神经紊乱，后期角弓反张、麻痹而死亡）。

20 日龄以上的仔猪到断奶前后的仔猪的症状轻微，体温在 41 ℃以上，呼吸短促，被毛粗乱、食欲减少、耳尖发紫、发病率和死亡率都低。如果断奶前后的仔猪拉黄色水样便，这样的仔猪会 100%死亡。有的 4 月龄左右的猪的感冒症状为腹泻，几天可恢复；部分猪出现神经症状而死亡。在哺乳仔猪发病的同时，有时该窝的母猪出现厌食、便秘、震颤、视觉消失或眼结膜炎，但很少死亡。有的母猪分娩延迟或提前，产死胎、木乃伊胎或流产，仔猪生命力低下，流产发生率约为 50%。

（四）病理变化

病毒的泛嗜性使病理变化呈现多样性。具有参考价值的变化是鼻腔卡他性或化脓出血性炎症，扁桃体充血、水肿、坏死并伴以咽炎和喉头水肿，且常有纤维素性坏死性假膜覆盖；肺充血、出血、水肿、上呼吸道内含有大量泡沫样的水肿液，喉黏膜和浆膜可见点状和斑状出血。淋巴结(特别是肠淋巴和下颌淋巴)充血、肿大、出血。心肌松软、心内膜有斑状出血。肝表面可有大小不等坏死灶,肝脏切面也可见灶性坏死,色淡、结构模糊。肾有点状出血性炎,肾上腺切面有散在坏死点,胃底部可见大面积出血,小肠黏膜充血、水肿,大肠呈斑块状出血,脑膜充血、水肿,脑实质有点状出血。病程较长者表现出心包液、胸腹腔液、脑脊液都明显增多,肝表面有大量纤维素渗出。镜检可见脑有非化脓性脑炎变化,流产胎儿的肝脏、脾脏、淋巴结及胎盘绒毛膜有凝固性坏死。

(五)诊断

猪伪狂犬病可进行动物接种实验确诊。取病料(脑、脾、淋巴结等)制成1∶10悬液,加抗生素处理,离心,取上清液1 mL皮下或肌内注射于家兔背部或后腿部,在2～3 d后,家兔注射部位奇痒,不断摩擦或啃咬局部,致使该部脱毛、皮肤出血,1～2 d麻痹死亡。将上述病料喂猫,于2～4 d后猫头部奇痒,喉头麻痹、流口水,精神委顿,24～36 h死亡。

二维码3-6 猪伪狂犬病

(六)防治

猪伪狂犬病无特效的治疗办法。弱毒苗有某些缺点,使用与否要视疫情而定。有的单位制成灭活疫苗供预防用。

任务七 猪圆环病毒病

【任务目标】

1. 了解猪圆环病毒病的病原特点。
2. 描述猪圆环病毒病的流行特点。
3. 识记猪圆环病毒病的临床症状和病理变化,能够准确描述典型图片代表的症状和病变。
4. 会用本课学习的内容对猪圆环病毒病进行诊断和防治。

猪圆环病毒病是指由猪圆环病毒引起的一种传染病。其主要感染8～13周龄猪。临床特征为体质下降、消瘦、腹泻、呼吸困难。

(一)病原

猪圆环病毒属于圆环病毒科圆环病毒属,是动物病毒中最小的一员。

(二)流行病学

猪圆环病毒主要感染断奶后的仔猪。哺乳猪很少发病。本病传染来源广泛,可通过消化道和胎盘垂直感染。

(三)临床症状

妊娠母猪无任何异常表现,而新生仔猪在刚分娩至几小时后出现震颤,伴有后肢无力,共济失调。在一窝仔猪中,部分仔猪或全部仔猪发病,但轻重程度各有差异。一般部分发病者的症状较轻,全部发病者的症状较重,震颤呈多样性的、持续性的舞蹈动作。卧地时,震颤频率减少;睡眠时,

二维码 3-7 猪圆环病毒病的皮炎肾病综合征

震颤停止，站起后又震颤前肢。震动剧烈的仔猪常呈犬坐式。病仔猪行动困难无法吃奶。如果受噪声、惊吓、寒冷、兴奋等刺激，病情就会加重。

其病程因猪而异，症状轻的病猪常于 2～8 周恢复正常，症状重的病猪常因震颤剧烈或四肢麻痹、痉挛、哺乳困难而饿死或因运动障碍被母猪压死。震颤消失的仔猪在兴奋或应激的条件下仍可再发病。

在出生后 1 周而活下来的患猪一般生长良好，主要发生于 6～16 周龄，多发于 8～12 周龄。其主要临床症状为精神不振，食欲不佳，发热，被毛粗乱，体质较差，生长不良或停滞，渐进性体重减轻，呼吸急速、困难，咳嗽，喷嚏，皮肤苍白或黄染，淋巴结肿大，黄疸，持续性或间歇性腹泻，生长缓慢。在猪群中，有时也见胃溃疡、中枢神经功能障碍、肝脏和胸腺萎缩以及突然死亡等症状。其中有些症状可能与继发猪繁殖与呼吸综合征、伪狂犬病毒、细小病毒、细菌、支原体、附红细胞体感染有关。体表淋巴结，特别是腹股沟淋巴结肿大为一个主要特征。

(四)病理变化

病死仔猪在剖检时无明显眼观变化。在对其神经系统做组织学检查时，可见在中枢神经系统有髓鞘形成不全、小脑发育不全、脑血管周围间隙特别是脑基部充血、出血等病变。

(五)防治

预防本病主要依靠一般性的卫生防疫措施，不从有本病的猪场引进母猪，防止各种应激性刺激。当仔猪吃不到母乳时，一定要进行人工辅助吃奶或人工哺乳，这样可使多数病仔猪自然康复而减少死亡。可用猪圆环病毒Ⅱ型灭活疫苗肌内注射来预防。

项目二　猪的细菌性疾病

【项目简介】

重点介绍了猪的 7 种常见多发的危害严重的细菌性传染病。猪场一旦发生某种细菌性传染病，发病就会逐渐增多，个体病猪症状越来越明显。只有通过严格的消毒、药物预防和免疫接种，才能得到有效控制。

任务一　猪　丹　毒

【任务目标】

1. 了解猪丹毒的病原特点。
2. 描述猪丹毒的流行特点。
3. 识记猪丹毒的临床症状和病理变化，能够准确描述典型图片代表的症状和病变。
4. 会用本课学习的内容对猪丹毒进行诊断和防治。

猪丹毒是指由猪丹毒杆菌引起猪的一种急性、热性传染病。主要症状为高热、急性败血症、亚急性皮肤紫红色疹块。慢性病猪主要表现为疣状心内膜炎及皮肤坏死与多发性非化脓性关节炎。

(一)病原

猪丹毒杆菌是一种革兰氏染色阳性菌，表面有一层蜡样物质，对各种外界因素抵抗力很强，在干燥状态下可活 3 周，尸体内的细菌可活 288 d，在阳光下 10 d 还能存活。

本菌对热较敏感，在 55 ℃的温度下，经 15 min；在 70 ℃的温度下，经 5～10 min 死亡，但在大块肉中，必须煮沸 2.5 h 才能杀死。一般化学消毒药对该菌有较强的杀伤力，3%来苏儿、1%～2%苛性钠、5%漂白粉 5～15 min 可杀死本菌。本菌耐酸性较强，猪胃内的酸度不能杀死该菌，可通过胃进入肠道。

(二)流行病学

猪丹毒主要发生于猪，以 3～12 月龄的猪最为敏感。哺乳猪也可发生本病，其他动物也有发病报道。病猪、病愈猪以及健康带菌猪是本病主要传染源。本病既通过消化道传播，也可通过损伤的皮肤及吸血昆虫传播。本病虽一年四季均可发生，但流行季节具有一定的特点。北方地区以炎热多雨的季节发生较多。3～6 月龄的猪发病最多，老龄和哺乳猪发病较少。在流行初期，发病猪只常取最急性经过，突然死亡 1～2 头，而且多为健壮的大猪，以后陆续发病和死亡。如果发病后能及时采取治疗措施，常可终止流行。青霉素为首选药物；猪丹毒有较明显的常在性，呈散发和地方性流行。在规模化养猪兴起后，各猪场不重视猪丹毒的防控工作导致此病在猪群中时有发生，造成部分母猪、种公猪、大肥猪的发病死亡。

(三)临床症状

1. 急性败血型

病猪精神高度沉郁，体温升高到 42 ℃以上，高热稽留 3～5 d，病猪虚弱，有时恶心呕吐，结膜充血，眼睛清亮，粪便干硬，附有黏液。随病程进展，病猪出现腹泻，有时稀粪带有血液，尤以小猪明显，严重的症状表现为跛行，眼结膜发绀或水肿；皮肤上有红斑，指压褪色等。哺乳或断奶仔猪多出现突然发病抽搐，倒地而死；有的哺乳仔猪剧烈水泻。其病程为 1 d 左右。

2. 亚急性型(疹块型)

体温可达 41 ℃以上，精神不振、食欲不佳、口渴、便秘，有时恶心呕吐。在发病 2～3 d 后，身体许多部位的皮肤出现疹块，稍凸起于皮肤表面。初期疹块局温升高、充血、指压褪色，后期淤血颜色变为紫黑色。在疹块出现 1～2 d 后，体温下降，经 1～2 周康复。如治疗不当可转成败血型死亡。妊娠母猪在发病时可发生流产。

二维码 3-8　猪丹毒皮肤疹块

3. 慢性型

慢性型可由前两型转来，也可原发。其症状一般有慢性浆液性纤维素性关节炎(四肢关节炎性肿胀，患肢僵硬疼痛，后期出现关节变形、跛行卧地不起)、慢性疣状心内膜炎(消瘦贫血，呼吸困难，听诊有心杂音，可突然因心衰致死)和皮肤坏死(坏死部皮肤变黑，干硬如皮革，最后脱落，若有继发感染，病情恶化)。

二维码视频 3-1　猪丹毒皮肤坏死

(四)病理变化

心外膜及心房肌有点状出血,胃和小肠常见轻微的或明显的黏液性或出血性肠炎,胃的出血一般较明显,肝脏发生混浊、肿胀和淤血。除见混浊肿胀外,肾脏皮质部有针尖大的点状出血,肺淤血、水肿,脾肿大呈暗红色或樱桃红色,边缘钝圆,质地柔软。淋巴结肿大,切面灰白色多汁,慢性病例,可见左心二尖瓣菜花样赘生物,或有关节炎。

(五)防治

仔猪在断奶后应接种疫苗。常发区在 3 月龄时进行第二次疫苗接种,种猪每半年一次疫苗接种。在接种前 7 天,后 10 天内,避免使用抗生素。平时做好预防注射,严禁用泔水喂猪。发病后应迅速确诊,隔离病猪,及时采取防控措施。治疗时青霉素为首选药,剂量为每千克 1 万～2 万 IU。在体温下降,食欲和精神好转后,仍需要继续注射 2～3 d,巩固疗效,防止复发或转为慢性。猪场环境及饲养管理的用具应彻底消毒,污染物、污物及病死猪尸体进行无害化处理。

任务二　猪附红细胞体病

【任务目标】

1. 了解猪附红细胞体病的病原特点。
2. 描述猪附红细胞体病的流行特点。
3. 识记猪附红细胞体病的临床症状和病理变化,能够准确描述典型图片代表的症状和病变。
4. 会用本课学习的内容对猪附红细胞体病进行诊断和防治。

猪附红细胞体病是由附红细胞体引起的多种动物共患的热性溶血性传染病。以发热、贫血、溶血性黄疸、呼吸困难、皮肤发红和虚弱为特征。各种年龄猪都可感染发病,对养猪业危害很大。1928 年,此病在印度首次被发现。

(一)病原

过去认为附红细胞体是一种原虫,后将其列入立克次体目无浆体科附红细胞体属,现列为支原体称作嗜血支原体。附红细胞体是一种多形态的微生物,在红细胞表面单个或成团寄生,也有在血浆中呈游离状态。猪附红体一般呈环形,会改变红细胞表面结构,致使红细胞变形,对苯胺色素易于着染,革兰氏染色阴性,姬姆萨染色呈紫红色,瑞氏染色呈淡蓝色。该微生物对干燥和化学消毒剂抵抗力不强,一般常用消毒药均可将其杀死,0.5%苯酚在 37 ℃的温度下,经 3 h 可将其杀死,对低温、冷冻的抵抗力强,在 5 ℃的温度下,可存活 15 d,在冰冻凝固的血液中可存活 31 d,冻干保存可存活数年。

(二)流行病学

附红细胞体寄生于多种动物,任何年龄的猪都可以感染。病猪及隐性感染猪是主要传染源。免疫功能健全的猪的附红细胞体和猪之间能保持相对平衡,附红细胞体在血液中的数量保持较低的水平，猪在受到强烈应激时才表现出明显的临床症状。猪附红细胞体病可通过接触性、血源性、垂直传播及媒介昆虫传播等（节肢动物如虱子、疥螨是该病的主要传播媒介），也可通过污染的手术器械、注射针头传播，交配中也可传播猪附红细胞体病。

猪附红细胞体病主要发生于夏秋或雨水较多季节。断奶仔猪互相殴斗、玩耍、过度拥挤、圈舍卫生条件差、营养不良等都可导致该病的急性发作。

（三）临床症状

多数动物在感染附红细胞体后呈隐性经过，少数情况下，受应激因素刺激才出现临床症状。断奶仔猪，特别是去势后几周的仔猪易被感染。急性期表现为体温升高到 40～42 ℃，稽留热，厌食、反应迟钝，不愿活动，贫血，黏膜苍白有时黄染，随后可见鼻腔分泌物增多，咳嗽、呼吸困难，有时伴有血尿。耳郭、尾巴和四肢末端皮肤发绀，呈暗红色或紫红色（特征性症状），有时耳郭边缘发生坏死。慢性病例表现出消瘦、苍白，有时出现荨麻疹型皮肤变态反应。

感染附红细胞体的母猪在进入产房或分娩后的 3～4 d 出现临床症状。急性期表现出厌食、发热至 42 ℃，乳房或外阴水肿可持续 1～3 d，泌乳量下降、缺乏母性或不正常，很难与产科病区分。当继发感染时，病情加重，母猪可出现繁殖障碍。

育肥猪在感染时表现出皮肤潮红，毛孔处有微细红斑，尤以耳部明显，体温为 40 ℃以上，精神萎靡，食欲不振。成年猪发病率高，死亡率低。哺乳和断奶仔猪发病后症状重剧，死亡率高。

（四）病理变化

主要的病理变化可见皮下黏膜、浆膜苍白黄染散在出血斑，皮下组织弥漫性黄染，全身淋巴结肿大、潮红、黄染，消化道内有程度不同的卡他性出血炎症。肾肿大、质地脆弱，外观黄染。肝脾肿大，肝有脂肪变性，胆汁浓稠，有的可见结石样物质，肝有实质性炎性变化和坏死，脾被膜有结节，结构模糊。血液稀薄，胸腔、腹腔、心包腔积水。

二维码 3-9 猪附红细胞体病

（五）治疗

发病猪群用土霉素治疗。母猪按每千克体重 20～30 mg，口服。仔猪可肌内注射油剂土霉素，按说明使用。仔猪和慢性病猪应补充铁、维生素 B_{12} 等，可在使用土霉素之前先降温，也可使用肾上腺皮质激素类药物，如地塞米松，每千克体重 1 mg。

任务三 猪梭菌性肠炎

【任务目标】

1. 了解猪梭菌性肠炎的病原特点。
2. 描述猪梭菌性肠炎的流行特点。
3. 识记猪梭菌性肠炎的临床症状和病理变化，能够准确描述典型图片代表的症状和病变。
4. 会用本课学习的内容对猪梭菌性肠炎进行诊断和防治。

猪梭菌性肠炎又叫仔猪传染性坏死性肠炎，俗称仔猪红痢，是由 C 型产气荚膜梭菌引起的初生（1 周龄内）仔猪高度致死性肠毒血症。其特征是出血性下痢，小肠后段的弥漫性出血或坏死性变化。病程短，病死率高。

(一)病原

C型产气荚膜梭菌，也称C型魏氏梭菌。其为革兰氏染色阳性有荚膜、不运动的厌氧大杆菌。其两端稍钝圆，有芽孢，主要产生A毒素和B毒素，其中B毒素能引起仔猪肠毒血症、坏死性肠炎。一般消毒药物可杀死本菌繁殖体，但芽孢抵抗力较强，在95 ℃的温度下，需2.5 h才可将其杀死。

(二)流行病学

主要发生于1～3日龄的新生仔猪。1周龄以上的仔猪很少发病。猪群内各窝的发病率往往差异很大，发病仔猪常常是该窝中最大的。病死率为20%～70%，最高达100%。本菌的芽孢对外界抵抗力很强。规模化猪场一旦有本病的发生，常顽固地在猪场扎根，难以根除。

(三)临床症状

发病急、病程短、死亡率高。

1. 最急性型

仔猪在出生后第1天发病，当天或第2天死亡。仔猪突然排血便，后躯沾满血样稀粪，病猪衰弱无力，处于濒死状态。少数没有下血痢，突然昏迷死亡。发病仔猪低血糖。

2. 急性型

病程常持续2 d，一般出生后3 d死亡。在整个病程中，病猪排出含有灰色坏死组织碎片和气泡为浅红色或红褐色液体的粪便，日益消瘦，衰弱无力。

3. 亚急性型

病猪呈现持续非出血性腹泻，初排黄色软便，其后粪便成清水样，内含灰色坏死组织碎片，类似米粥样。病猪表现出食欲不振，极度消瘦和脱水，一般出生后第5～7天死亡。

(四)病理变化

被毛干燥无光，皮下胶样浸润，胸腔、心包腔、腹腔内有许多樱桃红积液。病变主要在空肠，有时可延至回肠前部。病变的肠壁呈深红色，与正常长短界限明显。肠壁黏膜及黏膜下层有广泛性出血。肠道内容物呈红褐色液状，并混有小气泡，肠系膜淋巴结呈深红色。病程稍长的病例以坏死性肠炎变化为主要特征(肠管的出血性病变不严重，肠管弹性消失、僵硬、肠壁浆膜呈淡黄色或土黄色)。心肌苍白，心外膜点状出血，肾灰白色，皮质部有小点状出血，膀胱黏膜也有小点状出血。组织学观察为肠黏膜完全坏死，黏膜下层及肌层有气肿病变。

二维码3-10 猪梭菌性肠炎

(五)防治

做好产房及临产前母猪的清洁卫生消毒工作。在经常发病的猪场，出生后的仔猪在没吃初乳前用抗生素(青霉素、土霉素、呋喃唑酮)进行预防性口服，有一定效果。在发病猪群中，怀孕母猪于产前1个月和产前半个月肌内注射仔猪红痢氢氧化铝疫苗5 mL，仔猪在出生后吃初乳可获得免疫保护。

任务四　猪　痢　疾

【任务目标】

1. 了解猪痢疾的病原特点。

2. 描述猪痢疾的流行特点。

3. 识记猪痢疾的临床症状和病理变化，能够准确描述典型图片代表的症状和病变。

4. 会用本课学习的内容对猪痢疾进行诊断和防治。

猪痢疾，又称血痢、黑痢、黏液性出血性下痢，是指由致病性猪痢疾蛇形螺旋体引起的猪特有的一种严重肠道传染病。其临诊以消瘦、腹泻、黏液性或黏液性出血性下痢为特征。亚急性和慢性以黏液性腹泻为主。剖检病理特征为卡他性、出血性、纤维素或坏死性盲肠与结肠炎。除发生死亡外，病愈猪生长缓慢。

(一)病原

猪痢疾蛇形螺旋体属于蛇形螺旋体属成员，呈较缓的螺旋形状，革兰氏染色阴性。病原体厌氧，对一般的消毒药物敏感，如来苏儿、1%的苛性钠在 2～30 min 内可死亡；对热、氧、干燥敏感。在密闭猪舍的粪尿沟中存活 30 d，在 37 ℃的粪便中会很快死亡，在潮湿污秽环境和堆肥中可生存 7 个月以上，在沼泽和污水池中可生长繁殖。

(二)流行病学

不同年龄、品种、性别的猪都可感染，1.5～4 月龄时最为常见，哺乳仔猪发病较少。病猪和带菌猪为主要传染源。病毒主要通过消化道传播。本病发病季节不明显，四季都有发生，但 4 月、5 月和 9 月、10 月发病较多。断奶后的发病率为 90%，死亡率为 50%左右。应激可促使本病的发生。猪场一旦发生本病，不易根除，发病圈舍总会有病猪出现。

(三)临床症状

1. 最急性型

最急性型见于流行初期，死亡率高，个别病猪无症状而突然死亡。多数表现为停食、剧烈下痢，开始呈黄灰色软便，随即出现水泻，内有黏液、血块，以后粪便中含有脱落的黏膜或纤维素渗出物，气味腥臭。病猪表现为脱水、全身寒战，往往在抽搐状态下死亡。其病程为 12～24 h。

2. 急性型

急性型多见于流行初期和中期，病初排软便或稀便，继则粪便中含有大量半透明的黏液，粪便呈胶冻样，含有血液或血凝块和脱落的黏膜和组织碎片。病猪迅速消瘦，有的死亡，有的转为慢性。其病程为 7～10 d。

3. 亚急性型和慢性型

亚急性型和慢性型多见于流行中后期，下痢时轻时重，反复发生。粪便含有黑红血液和油脂状黏液。病猪出现进行性消瘦，生长停滞。其病程为 2～4 周，少数猪反复发作。

(四)病理变化

其主要病变局限于大肠(结肠、盲肠)。急性病死猪可见卡他性或出血性肠炎,结肠及盲肠黏膜肿胀,皱褶明显,上附黏液,黏膜有出血、肠内容物稀薄,其中混有黏液及血液而呈酱色或巧克力色。直肠黏膜增厚,重者可见出血。病程稍长的病例主要为坏死性大肠炎,黏膜上有点状、片状或弥漫性坏死。坏死常局限于黏膜表面,肠内混有多量黏液和坏死组织碎片。肠系膜淋巴结肿胀、切面多汁、胃底幽门处红肿或出血。肝、脾、心、肺无明显变化。

二维码 3-11 猪痢疾

(五)诊断

猪痢疾发生无季节性,流行比较缓慢,初期以急性病例为主,3 周后以慢性为主,各种年龄猪均可发病,以 2～3 月龄的仔猪发病多,死亡率高。临诊的体温基本正常,以血腥下痢为主要症状。剖检时,急性病例为大肠黏液性和出血性炎症,慢性病例为坏死性大肠炎,其他脏器无明显变化。

(六)防治

猪痢疾无有效菌苗。禁止从病猪场引进猪只,搞好猪舍及环境的卫生和消毒工作,处理好粪便;病猪最好淘汰;坚持药物、卫生、管理相结合的净化措施,可收到较好的净化效果。

病猪用乙酰甲喹,按每千克体重 5 mg 内服,每天 2 次,3 d 为一个疗程,或按 0.5%乙酰甲喹溶液肌内注射,每千克体重 0.5 mL。硫酸新霉素、呋喃唑酮、林可霉素、四环素类抗生素等都有一定的疗效。需要注意的是,该病在治疗痊愈后容易复发,须坚持疗程和改善饲养管理相结合的方法才能收到好的效果。

任务五　猪链球菌病

【任务目标】

1. 了解猪链球菌病的病原特点。
2. 描述猪链球菌病的流行特点。
3. 识记猪链球菌病的临床症状和病理变化,能够准确描述典型图片代表的症状和病变。
4. 会用本课学习的内容对猪链球菌病进行诊断和防治。

猪链球菌病是指由多种链球菌感染引起的不同临床症状的传染病。其特征是败血症、化脓性淋巴结炎、脑膜炎及关节炎,其中以败血症和脑膜炎的病死率较高。

(一)病原

链球菌属的细菌种类繁多、分布很广。多数链球菌为革兰氏染色阳性,有时老龄培养物出现阴性。该菌抵抗力不强,在 60 ℃的温度下,经 30 min 即被杀死,在痰液和其他体液中被干燥后能生存数周;在冷冻干燥条件下可保存数月到数年而不丧失致病力。青霉素是治疗链球菌感染的首选药物。

(二)流行病学

各种年龄的猪都易感性,30～50 kg 的架子猪多发,败血症型和脑膜炎型多发于仔猪,化脓性淋巴结炎型多发于种猪。一年四季都可发生,春秋多发,呈地方流行性。现代集约化密集型养猪场更易流行猪链球菌病。在实验动物中,以家兔最敏感,仓鼠、小鼠次之。猪链球菌病多经呼吸道和消化道感染,皮肤黏膜创伤感染也是重要途径。

(三)临床症状

1. 败血症型

败血症型在流行初期常出现最急性病例,往往前晚未见症状,翌日早晨已经死亡,或者停食 1～2 顿,体温升高至 41.5～42 ℃以上,呼吸困难,便秘,粪便干结,结膜发绀,突然倒地,从口、鼻流出淡红色泡沫样液体,腹下有紫红斑。急性病例的体温为 41.5～42 ℃,稽留热,结膜潮红、流泪,有浆液状鼻液,呼吸浅表而快。少数病猪在病的后期于耳尖、四肢下端腹下呈紫红色或出血性红斑,跛行。其病程为 2～4 d。

2. 脑膜脑炎型

脑膜脑炎型多见于哺乳仔猪和断奶后仔猪。病初体温升高,不食、便秘、有浆液性或黏液性鼻汁,继而出现神经症状,四肢共济失调、转圈、磨牙、仰卧、后肢麻痹、爬行,侧卧于地,甚至昏迷不醒。部分病猪出现多发性关节炎,关节肿大。其病程为 1～2 d。

3. 关节炎型

由前两型转化而来或单独发生。其表现为一肢或几肢关节肿胀,疼痛,跛行,甚至不能站立。其病程为 2～3 周。

4. 化脓性淋巴结炎型

化脓性淋巴结炎型多见于颌下淋巴结,有时见于咽部、耳下和颈部淋巴结。淋巴结触诊坚硬、肿胀、发热、疼痛,影响采食、咀嚼、吞咽和呼吸。有的病例咳嗽、流鼻液。当淋巴结脓肿成熟后,中央变软,皮肤变薄,自行破溃流出脓汁,全身症状好转。其病程为 3～5 周。

(四)病理变化

1. 最急性型

口、鼻流出红色泡沫液体,气管、支气管充血,充满带泡沫液体。

2. 急性型

皮肤有出血点,皮下组织广泛出血,鼻黏膜呈紫红色,充血、出血,气管充血,充满淡红色泡沫样液体,肺肿大、水肿出血,全身淋巴结肿大、出血,其中肺门淋巴结、肝门淋巴结周边出血;心包积液,心脏内膜出血;脾脏肿大,呈暗红色或蓝紫色、柔软质脆,偶见脾边缘黑红色的出血性梗死灶,胃和小肠黏膜充血、出血;肠系膜淋巴结肿大充血、出血,心外膜、心耳有弥漫性出血点。当有心内膜炎时,左心室瓣膜可出现菜花样赘生物,肾脏肿大、被膜下与切面上可见出血小点;胸腹腔有积液,有时有纤维素渗出,内脏粘连,有神经症状的脑膜充

二维码 3-12 猪链球菌病

血、出血，严重淤血，脑脊髓灰白质有小点状出血；关节囊内有胶样液体或纤维素性脓性渗出物。

3. 化脓性淋巴结炎

淋巴结肿大，出现化脓灶；当出现脓毒败血症时，肺可见转移性脓肿。

(五)防治

急性型、关节炎型病例应及时用青霉素、土霉素和磺胺类药物治疗有一定效果；消除外伤引起感染的因素；搞好猪舍及环境的卫生及消毒工作。必要时可用猪链球菌氢氧化铝菌疫苗免疫接种，免疫期为半年。

任务六 猪副嗜血杆菌病

【任务目标】

1. 了解猪副嗜血杆菌病的病原特点。
2. 描述猪副嗜血杆菌病的流行特点。
3. 识记猪副嗜血杆菌病的临床症状和病理变化，能够准确描述典型图片代表的症状和病变。
4. 会用本课学习的内容对猪副嗜血杆菌病进行诊断和防治。

猪副嗜血杆菌病是指由猪副嗜血杆菌引起猪多发性浆膜炎和关节炎的一种细菌性传染病。本病主要是以引起肺的浆膜和心包以及腹腔浆膜和四肢关节浆膜的纤维素性炎为特征的综合征。

(一)病原

副嗜血杆菌暂定为巴氏杆菌科嗜血杆菌属，革兰氏染色阴性菌。本菌对外界抵抗力很弱且很难人工培养成功，一般消毒药均可杀死。

(二)流行病学

仔猪敏感，尤其是在断奶后 10 d 左右最易发病。本菌寄生在鼻腔等上呼吸道，主要通过空气传播，直接接触传染，也可通过消化道感染。在一个猪群中，副嗜血杆菌是影响其他许多全身性疾病严重程度、发生和发展的关键因素。猪群免疫力低是发生本病的重要条件。

(三)临床症状

猪副嗜血杆菌多在被繁殖与呼吸综合征、流行性腹泻等病毒类和支原体感染后的猪场的仔猪中发生和流行，多呈继发和混合感染。其临床症状缺乏特征性，一般为体温升高至 40 ℃以上，四肢关节出现炎症，肿胀疼痛、起立困难，嚎叫、跛行，共济失调。患猪逐渐消瘦，频频咳嗽，鼻孔周围有脓性分泌物，呼吸困难，心率加快，黏膜发绀，最后因窒息和心衰死亡。急性病例不出现典型浆膜炎，因急性肺水肿而死亡。

(四)病理变化

全身淋巴结肿大，切面呈灰白色，胸膜、腹膜、心包膜以及关节的浆膜出现纤维素性炎，外观被黄色蛋皮样薄膜状的假膜附着。渗出物为纤维蛋白、中性粒细胞和少量巨噬细胞。

二维码 3-13　猪副嗜血杆菌病

(五)防治

猪副嗜血杆菌多为群发,在治疗时应全群投药。预防可用灭活疫苗,肌内注射 2 mL,3 周后二免,免疫期为 6 个月。

任务七　猪传染性胸膜肺炎

【任务目标】

1. 了解猪传染性胸膜肺炎的病原特点。
2. 描述猪传染性胸膜肺炎的流行特点。
3. 识记猪传染性胸膜肺炎的临床症状和病理变化,能够准确描述典型图片代表的症状和病变。
4. 会用本课学习的内容对猪传染性胸膜肺炎进行诊断和防治。

猪传染性胸膜肺炎又称猪胸膜肺炎,是由胸膜肺炎放线菌杆菌引起的猪呼吸系统的一种严重的接触性传染病,以急性出血性纤维素性胸膜肺炎和慢性纤维素性坏死性胸膜肺炎为特征。本病与猪气喘病、传染性萎缩性鼻炎是国际公认的危害现代养猪业的重要呼吸道细菌性传染病。

(一)病原

胸膜肺炎放线菌杆菌、革兰氏染色阴性菌。本菌的抵抗力不强,易被一般消毒药物杀灭,对结晶紫、杆菌肽、林可霉素、大观霉素有一定的抵抗力。

(二)流行病学

任何年龄、性别、品种和用途的猪都可以发病,但 6 周龄至 6 月龄的猪易感。重症病例多发生于育肥晚期,死亡率为 20%～100%。急性发病率很高,为 80%～100%,病死率为 40%～100%;饲养管理、卫生条件和恶劣气候明显影响着发病率和死亡率的高低;冬季 9—11 月和春季 4—5 月是发病率的较高时期。应激可诱发本病。

(三)临床症状

1. 最急性型

猪突然发病,体温升高到 41.5 ℃以上,精神沉郁、食欲废绝、腹泻;后期呼吸困难,常呈犬坐姿势,张口伸舌,从口、鼻流出血色带泡沫的分泌物;心跳加快;口、鼻、耳及四肢末端皮肤呈暗紫色,在 48 h 内死亡,个别猪见不到明显症状即死亡;死亡率达 80%～100%。

2. 急性型

较多的猪发病的体温为 40.5～41 ℃,不吃食、咳嗽,呼吸困难,心跳加快。受气候和饲养管理条件的影响,病程长短不定,可转为亚急性型和慢性型。

3. 亚急性型和慢性型

体温不高,食欲废绝,只见间歇性咳嗽,生长迟缓,出现一定程度的异常呼吸。慢性病例呈隐性感染,有继发感染时,症状加重。在最初暴发本病时,可见到流产,个别猪发生关节炎,心内膜炎和不同部位的脓肿。

(四)病理变化

1. 最急性型

病死猪有血色或铁锈色鼻液;肺炎病变多发于肺的浅下部,而在肺的后上部,特别是靠近肺门的主支气管周围常出现周界清晰的出血性实变区或坏死区;气管和支气管充满泡沫样血色黏液性分泌物。

2. 急性型

肺炎多为两侧性,常发生于尖叶、心叶和膈叶的一部分,呈紫红色、切面坚实、轮廓清晰、间质积留血色胶样液体,纤维素性胸膜炎明显。肾小球毛细血管、入球动脉、小叶间动脉有透明血栓,血管壁纤维素样坏死。此为由内毒素血症所致。

3. 亚急性型

肺脏中发现大的干酪性病灶或含有坏死碎屑的空洞。继发细菌感染致使肺炎病灶转变为脓肿,后者常与肋胸膜发生纤维素性粘连。

4. 慢性型

于膈叶见到大小不等的结节,周围有较厚的结缔组织环绕,肺胸膜粘连。

(五)诊断

猪传染性胸膜肺炎发病突然、传播迅速,伴发高热和严重呼吸困难,死亡率高。剖检见肺脏和胸膜出现特征性的纤维素性坏死和出血性肺炎、纤维素性胸膜炎,以此可做出初步诊断。

二维码 3-14　猪传染性胸膜肺炎

(六)防治

抗生素治疗能够降低死亡率,并提高平均日增重。经治疗的猪常常持续带菌,成为其他猪的传染源。另外,因经常出现耐药菌,抗生素疗法难以解决长期问题。土霉素拌料 0.6 g/kg,连用 3 d,新发病例可停止出现。青霉素类和氟苯尼考作为首选药物,首次治疗必须采用注射方法,治疗剂量要大一些。

项目三　猪的寄生虫病

【项目简介】

该项目介绍了猪常见多发的 4 种寄生虫病。加强饲养管理、加强粪污管理、加强圈舍消毒和驱虫工作是寄生虫病防治工作的重点内容。

任务一　猪囊尾蚴病

【任务目标】

1. 了解猪囊尾蚴病的病原特点。

2. 描述猪囊尾蚴病的流行特点。

3. 识记猪囊尾蚴病的临床症状和病理变化，能够准确描述典型图片代表的症状和病变。

4. 会用本课学习的内容对猪囊尾蚴病进行诊断和防治。

猪囊尾蚴病是指由带科带属的链状带绦虫的幼虫寄生于猪所引起的疾病。链状带绦虫成虫只寄生于人的小肠，而囊尾蚴不仅寄生于猪的肌肉，而且可寄生于脑、心肌等各器官。

(一)病原

猪囊尾蚴是链状带绦虫的幼虫寄生在宿主横纹肌和结缔组织，呈包囊状，似黄豆粒，半透明水泡状。成虫寄生在人的小肠，呈带状，长度达 2～8 m，其头节呈球形，具有 4 个吸盘和 1 个顶突，头节深埋在肠黏膜内，孕节可随粪便排出。

(二)生活史

链状带绦虫(人小肠)→孕卵节片粪便→体外→猪→六钩蚴→(血管淋巴管)血→全身各组织横纹肌→2 月→猪囊尾蚴。

(三)流行病学

猪在发病时肯定携带链状带绦虫。链状带绦虫的繁殖力强，而虫卵在外界抵抗力也较强。

(四)临床症状

当猪被重度感染时，可出现严重营养不良、贫血、水肿、衰弱、前肢僵硬、发音嘶哑和呼吸困难(睡觉打呼噜)。

(五)诊断

一看、二摸、三检。一看：肩部肌肉严重水肿；二摸：猪贩常用的诊断方法是触摸舌根或(撸舌头)，舌腹面可发现囊虫结节；三检：可用免疫方法诊断病猪死后，检查咬肌、腰肌、肩外侧肌等部位发现囊虫。

1. 治疗

吡喹酮：每千克体重 60～120 mg，共服 3 次，以 1∶5 的比例与植物油混合，搅匀，灭菌后在颈部或臂肌一次深部一点或多点注射。在注射后，再喂 4～5 个月可获满意结果。

二维码 3-15 猪囊尾蚴病

2. 预防

猪吃不到患链状带绦虫的人的粪便，就不会得此病，因此做到人有侧所猪有圈，是预防本病的关键措施。

任务二 猪蛔虫病

【任务目标】

1. 了解猪蛔虫病的病原特点。

2. 描述猪蛔虫病的流行特点。

3. 识记猪蛔虫病的临床症状和病理变化，能够准确描述典型图片代表的症状和病变。

4. 会用本课学习的内容对猪蛔虫病进行诊断和防治。

猪蛔虫病是指由猪蛔虫寄生于猪小肠引起的一种线虫病。本病呈世界性流行，集约化养猪场和散养猪均广泛发生。我国猪群的感染率为 17%～80%，平均感染强度为 20～30 条。感染本病的仔猪生长发育不良，增重率可下降 30%。严重患病的仔猪生长发育停滞，形成“僵猪”，甚至造成死亡。因此，猪蛔虫病是造成养猪业损失最大的寄生虫病之一。

（一）病原

猪蛔虫是寄生于猪小肠中最大的一种线虫。新鲜虫体为淡红色或淡黄色。虫体呈中间稍粗、两端较细的圆柱形。头端有 3 个唇片，一片背唇较大，两片腹唇较小，排列成品字形。体表具有厚的角质层。雄虫长为 15～25 cm，尾端向腹面弯曲，形似鱼钩。雌虫长为 20～40 cm，虫体较直，尾端稍钝。随粪便排出的虫卵有受精卵和未受精卵。受精卵为短椭圆形，大小为 (50～75) μm×(40～80) μm，黄褐色，卵壳厚，由 4 层组成，最外一层为凹凸不平的蛋白膜，向内依次为卵黄膜、几丁质膜和脂膜，内含一个圆形卵细胞，卵细胞与卵壳间两端形成新月形空隙。未受精卵较狭长，平均大小为 90 μm×40 μm，卵壳薄，多数无蛋白质膜，内容物为很多油滴状的卵黄颗粒和空泡。寄生在猪小肠中的雌虫产卵，每条雌虫每天平均可产卵 10 万～20 万个，产卵旺盛时期每天可排 100 万～200 万个，每条雌虫一生可产卵 3 000 万个。虫卵随粪便排出在适宜的外界环境，经 11～12 d 发育成含有感染性幼虫的卵。这种虫卵随饲料或饮水被猪吞食后，在小肠中孵出幼虫，并进入肠壁的血管，随血流被带到肝脏，继续沿腔静脉、右心室和肺动脉而移行至肺脏。幼虫由肺毛细血管进入肺泡，此后再沿支气管、气管上行，随黏液进入会厌，经食道而至小肠。幼虫从感染时起到再次回到小肠发育为成虫，共需 2～2.5 个月。虫体以黏膜表层物质及肠内容物为食。在猪体内寄生 7～10 个月后，随粪便排出。

（二）流行病学

猪蛔虫病的流行很广。一般在饲料管理较差的猪场均有本病的发生，尤以 3～5 月龄的仔猪最易大量感染猪蛔虫病。本病常严重影响仔猪的生长发育，甚至发生死亡。其主要原因：①蛔虫生活史简单；②蛔虫繁殖力强，产卵数量多，每一条雌虫每天平均可产卵 10 万～20 万个；③虫卵对各种外界环境的抵抗力强。虫卵具有 4 层卵膜，可保护胚胎不受外界各种化学物质的侵蚀，保持内部湿度和阻止紫外线的照射，虫卵的发育在卵壳内进行，幼虫受到卵壳的保护。因此，虫卵在外界环境中的长期存活大大增加了感染性幼虫在自然界的积累。有人报道，猪蛔虫能在疏松湿润的耕地或园土中生存长达 3～5 年。虫卵还具有黏性，容易借助粪甲虫、鞋靴等传播。

（三）临床症状

猪蛔虫的幼虫和成虫阶段引起的症状和病变各不相同的：①当幼虫移行至肝脏时，引起肝组织出血、变性和坏死，形成云雾状的蛔虫斑，直径约为 1 cm。当幼虫移行至肺时，引起蛔虫性肺炎。其临床表现为咳嗽、呼吸增快、体温升高、食欲减退和精神沉郁。病猪伏卧在地，不愿走动。幼虫在移行时还会导致嗜酸性粒细胞增多，出现荨麻疹和某些神经症状类的反应。②成虫寄生在小肠时机械性地刺激肠黏膜，引起腹痛。当蛔虫数量多时，其常凝集成团，堵塞肠道，导致肠破裂。有时蛔虫可进入胆管，造成胆管堵塞，引起黄疸等症状。③成虫分泌的毒素作用于中枢神经和血管，引起一系列神经症状。成虫夺取了宿主大量的营养，仔猪发育不良，生长受阻，被毛粗乱，常是造成“僵猪”的一个重要原因，严重者可导致死亡。

(四)诊断

2 个月以上的仔猪可用饱和盐水漂浮法检查虫卵。正常的受精卵为短椭圆形，黄褐色，卵壳内有一个受精的卵细胞，两端有半月形空隙，卵壳表面有起伏不平的蛋白质膜，通常比较整齐。有时粪便中可见到未受精卵，偏长，蛋白质膜常不整齐，卵壳内充满颗粒，两端无空隙。

(五)防治

1. 治疗

可使用下列药物驱虫，均有很好的治疗效果。

(1)甲苯达唑每千克体重 10～20 mg，混在饲料中喂服。

(2)氟苯咪唑每千克体重 30 mg，混在饲料中喂服。

(3)左旋咪唑每千克体重 10 mg，混在饲料中喂服。

(4)噻嘧啶每千克体重 20～30 mg，混在饲料中喂服。

(5)阿苯达唑每千克体重 10～20 mg，混在饲料中喂服。

(6)阿维菌素每千克体重 0.3 mg，皮下注射或口服。

(7)伊维菌素每千克体重 0.3 mg，皮下注射或口服。

(8)多拉菌素每千克体重 0.3 mg，皮下或肌内注射。

2. 预防

(1)定期驱虫。在规模化猪场，首先，对全群猪驱虫；其次，公猪每年驱虫 2 次；母猪在产前 1～2 周驱虫 1 次；仔猪在转入新圈时驱虫 1 次；新引进的猪须在驱虫后，再和其他猪并群。产房和猪舍在进猪前应彻底清洗和消毒。母猪在转入产房前要用肥皂清洗全身。

在散养的育肥猪场，对断奶仔猪进行第一次驱虫，4～6 周后再驱一次虫。散养的猪群在 3 月龄和 5 月龄时各对其驱虫一次。在驱虫时，应首选阿维菌素类药物。

(2)保持猪舍、饲料和饮水的清洁卫生。

(3)猪粪和垫草应在固定地点堆集发酵，利用发酵的温度杀灭虫卵。据已有报道可知，猪蛔虫幼虫可引起人的内脏幼虫移行症，因此，杀灭虫卵对公共卫生也具有重要意义。

二维码 3-16　猪蛔虫病

任务三　猪旋毛虫病

【任务目标】

1. 了解猪旋毛虫病的病原特点。
2. 描述猪旋毛虫病的流行特点。
3. 识记猪旋毛虫病的临床症状和病理变化，能够准确描述典型图片代表的症状和病变。
4. 会用本课学习的内容对猪旋毛虫病进行诊断和防治。

猪旋毛虫病是指由旋毛虫成虫寄生于猪的小肠，幼虫寄生于横纹肌而引起的人畜共患病。该病是人畜重要的寄生虫病，在公共卫生上极为重要，要加强对该病的检验。

（一）病原

旋毛虫成虫寄生于宿主的小肠，幼虫寄生于同一宿主体的肌肉。当人或动物吃了含有旋毛虫幼虫包囊的肉后，包囊被消化，幼虫逸出，钻入十二指肠和空肠的黏膜内，经 1.5～3.0 d 即发育成成虫。成虫为白色、前细后粗的小线虫，肉眼勉强可以看到。雄虫长为 1.4～1.6 mm，雌虫长 3～4 mm。雌雄交配后，雄虫死亡，雌虫钻入肠腺或黏膜下淋巴间隙中产出幼虫。大部分幼虫经肠系膜淋巴结到达胸导管，入前腔静脉流入心脏，然后随血流散布到全身。横纹肌是旋毛虫幼虫最适宜的寄生部位，心肌、肌肉表面的脂肪，甚至脑、脊髓中也曾发现过虫体。刚进入肌纤维的幼虫是直的，随后迅速发育增大，逐渐卷曲并形成包囊，包囊呈圆形或椭圆形，大小为(0.25～0.30) mm×(0.40～0.70) mm，眼观呈白色针尖状，包囊壁由紧贴在一起的两层构成，外层薄、内层厚；包囊内含有囊液和 1～2 条卷曲的幼虫，个别可达 6～7 条。一般认为，在感染 3 周后开始形成包囊，5～6 周，甚至 9 周才完成。包囊在数月至 1～2 年开始钙化，钙化包囊的幼虫仍能存活数年。

（二）流行病学

已知有 100 多种动物在自然条件下可以感染旋毛虫，包括肉食兽、杂食兽、啮齿类，其中哺乳动物至少有 65 种，家畜中主要见于猪和犬。中国云南、西藏、河南、湖北、黑龙江、吉林、辽宁、福建、贵州、甘肃等省(自治区)都有该病流行的报道。旋毛虫幼虫的寿命很长，在人体中有经 31 年还保持感染力的报道。在猪体中，经 11 年还保持有感染力。对旋毛虫易感的动物包括猪、犬、猫、鼠类、狐狸、狼、野猪等。猪感染旋毛虫病主要由吃了未经煮熟的含有旋毛虫的泔水、废弃肉渣及下脚料所导致，常见于放牧的猪。

（三）临床症状

病猪在轻微感染时多不显症状而是带虫或出现轻微肠炎；在严重感染时出现体温升高，下痢，便血。有时呕吐，食欲不振，迅速消瘦，半个月左右死亡，或者转为慢性。在感染该病后，由幼虫进入肌肉引起肌肉急性发炎、疼痛和发热，有时吞咽、咀嚼、运步困难和眼睑水肿，1 个月后症状消失，耐过猪成为长期带虫者。

（四）病理变化

当幼虫侵入肌肉时，肌肉急性发炎，表现为心肌细胞变性，组织充血和出血。在采取肌肉做活组织检查或死后肌肉检查时发现，肌肉表现为苍白色，切面上有针尖大小的白色结节；显微镜检查可以发现虫体包囊，包囊内有弯曲成折刀形的幼虫，外围有结缔组织形成的包囊。成虫侵入小肠上皮可引起肠黏膜发炎，表现出黏膜肥厚、水肿，炎性细胞浸润，渗出物增加，肠腔内容物充满黏液，黏膜有出血斑，偶见溃疡出现。

（五）诊断

根据临床症状很难做出诊断，旋毛虫所产幼虫不随粪便排出。虽然宿主粪便偶尔有旋毛虫包囊或幼虫，但是极难查到，故粪便检查法不适用于该病。如果怀疑有该病，就只能通过实验检查肌肉中的虫体而诊断。剪一小块舌肌，压片，在显微镜下观察，寄生于横纹肌中的包囊外有两层结构，幼虫虫体如折刀状卷曲于包囊中，包囊的宽度大约为 0.3 mm，长度大约为 0.4 mm，眼观白色针尖状。该病还可应用血清学检查，采用酶联免疫吸附试验、间接血凝抑制实验、皮内实验和沉淀实验等，检验血清中的旋毛虫特异性抗体是否增加。如有增加，则可判定为该病。

(六)防治

该病尚无特效疗法，可试用阿苯达唑、噻苯达唑或甲苯咪唑治疗，25～40 mg/kg，分 2～3 次口服，5～7 d 为一个疗程，能驱杀成虫和肌肉中的幼虫。预防该病的前提和关键是提高安全卫生意识。在此基础上，搞好公共卫生，加强饲养管理，动物尸体焚烧或深埋。养猪者禁止用洗肉水喂猪，以预防该病的发生；为了人身安全，养猪者应该定期检查、驱虫，并注意个人卫生；卫生检疫部门应加强检疫。一旦发现病猪，病肉就应严格按照食品卫生检疫法规和动物卫生检疫法规对其进行处理；猪舍、猪场应尽量消灭老鼠，防止猪吞食死亡的老鼠等动物尸体，以减少感染和传播的机会。

二维码 3-17　猪旋毛虫包囊

任务四　猪疥螨病

【任务目标】

1. 了解猪疥螨病的病原特点。
2. 描述猪疥螨病的流行特点。
3. 识记猪疥螨病的临床症状和病理变化，能够准确描述典型图片代表的症状和病变。
4. 会用本课学习的内容对猪疥螨病进行诊断和防治。

猪疥螨病俗称猪癞，是指由疥螨寄生于猪的皮肤内引起的慢性寄生性皮肤病，以剧痒、结痂、脱毛为主要特征。

(一)病原

虫体为龟形，微黄色，背现隆起，腹面扁平，雌雄异体。

(二)流行病学

猪疥螨病主要是健康猪与患病猪直接接触而被感染，猪栏、墙壁、用具、饲养员的工作服鞋、手等均可传播。一般幼猪发病重，随年龄增长，对螨的抵抗力也随之增强。该病在秋冬和早春多见。猪的皮肤温度高、猪舍阴暗、潮湿，猪只拥挤导致在寒冷季节发病较重。当饲养管理差、卫生条件不好时，瘦弱的猪更易遭受疥螨侵害。皮肤创伤、破损更易被感染。母猪、公猪疥螨往往存在于耳廓内，引起哺乳仔猪发病。

(三)临床症状

多发于 5 月龄以下的猪，通常由头部开始，常在眼周围、颊部和耳廓部位，然后蔓延至颈部、背部、四肢而扩展到全身，剧痒。初期疥螨吸附于皮肤，患部发红，表现出剧烈的奇痒。病猪常在围墙、栏杆、食槽等处摩擦，有时摩擦出血。数日后患处皮肤出现针头大小的结节，褪后形成水疱和脓疱，破溃后渗出液同被毛、污垢及脱落的上皮一起形成结痂。反复摩擦、结痂反复脱落和生长致使皮肤角化过度，被毛脱落，皮肤增厚，形成皱褶。病程长的病猪表现为消瘦、发育停滞、贫血，甚至死亡。

（四）诊断

根据流行病学特点、发病季节（秋冬、春初）、阴暗潮湿的环境和临床表现的剧痒与皮肤炎症，即可做出初步诊断。旋毛虫病确诊要靠实验室诊断，其方法和步骤如下。

1. 刮取病料

在患病部位皮肤与健康皮肤交界处，先把背毛剪去，刮去表层痂皮，然后用蘸有水、甘油、煤油、液状石蜡或5%的氢氧化钠溶液的凸刃小刀，刀刃与皮肤表面垂直，刮取皮屑，刮至皮肤稍微出血为止，将刮下的皮屑收集于培养皿或试管内。

2. 检查方法

（1）直接涂片法　将刮取的皮屑病料涂在载玻片上，滴加一些液状石蜡、50%甘油水溶液或10%氢氧化钠溶液，镜检观察活螨。

（2）沉淀法　将皮屑病料放入试管，加入10%氢氧化钠溶液煮沸数分钟或浸泡2 h，自然沉淀或离心数分钟后，取沉渣少许涂于载玻片上，盖上盖片，用低倍镜检查虫体。

（3）漂浮法　用沉淀法处理后，在沉渣中加入60%硫代硫酸钠溶液，离心沉淀或静置10余分钟后，取表层液镜检。

（五）治疗

二维码 3-18　猪疥螨病

成功控制和净化疥螨的关键是正确地使用杀螨药。常用的杀螨药物：①0.5%～1.0%敌百虫水溶液涂擦或喷洒患部；5份来苏儿，溶于温水100 min，再加入5份敌百虫，涂擦患部；1份敌百虫加4份液状石蜡加热溶解后，涂擦患部。②阿维菌素类药物是广谱抗寄生虫药，对大多数内外寄生虫均有效。其可按每千克体重300～500 μg，口服或按每千克体重300 μg，皮下注射。③螨净、双甲脒、皮蝇磷等。

项目四　猪的其他疾病

【项目简介】

本项目介绍了6种常见多发的普通病。普通病应以加强饲养管理，提高母猪抵抗力和健康水平为主要防控措施。在诊断和防治上要具体问题具体分析。

任务一　新生仔猪低血糖症

【任务目标】

1. 了解新生仔猪低血糖症的发病特点。

2. 描述新生仔猪低血糖症的流行特点。

3. 识记新生仔猪低血糖症的临床症状和病理变化，能够准确描述典型图片代表的症状和病变。

4. 会用本课学习的内容对新生仔猪低血糖症进行诊断和防治。

新生仔猪低血糖症是指多种原因引起的仔猪血糖降低的一种代谢病。其临床以明显的神经症状为特征，多发生于出生后 1 周以内的仔猪。在同窝仔猪中，大部分仔猪或一部分仔猪可同时发病，也可全窝同时发病。本病的死亡率为 25%，有时全窝死亡。

（一）病因

由仔猪吮乳不足所致。饲养管理水平低、母猪饲养管理不当、营养缺乏常导致母乳不足或无乳。母猪在产后感染疾病会导致拒绝哺乳。母乳不足，哺乳减少，消化吸收障碍，进而发生新生仔猪低血糖症。另外，个别初产母猪不让仔猪吮乳或仔多乳头少，而吃不到母乳。受寒应激使仔猪食欲不佳，消化不良也可引起新生仔猪低血糖症。

（二）临床症状

一般在出生后第二天发病，同窝猪中的大多数小猪都可发病。病初的仔猪表现为精神沉郁、停止吸乳、四肢无力、步态不稳；运动失调、皮肤发冷、结膜苍白、心跳慢而弱；后期卧地不起、头向后仰、倒地四肢做游泳状；尖叫、磨牙、空嚼、口吐白沫；瞳孔散大、对光反应消失，感觉迟钝或消失。病猪肢体轻度瘫痪，不能负重，四肢软绵，可任人摆布。在患病后期，出现昏迷、体温下降、意识丧失，很快死亡。急性患病仔猪可在 2 h 之内死亡，也有的病猪拖延至 1～2 d 后死亡。

（三）病理变化

消化道空虚，机体脱水，肝脏变化特殊，呈橘黄色，边缘锐利，质地像豆腐，稍碰即破，胆囊肿大，充满半透明淡黄色胆汁；肾呈淡土黄色，有散在针尖大小出血点，肾盂和输尿管有白色沉淀物；肠系膜乳糜管内无乳糜，肠系膜透明。

（四）防治

在对症治疗新生仔猪低血糖的同时，要及时解除母猪少奶或查明无奶的原因。

1. 治疗

①腹腔注射 5%或 10%的葡萄糖溶液 20～40 mL，腹腔或皮下分点注射，可每隔 3～4 h/次，连用 2～3 次或配制成 20%的白糖水溶液，内服，每天 2～4 次，连用 3～5 d。

②可交替使用促肾上腺皮质激素和肾上腺皮质激素类药物，促进糖原异生，升高血糖。

③及时治疗母猪或仔猪所患疾病。

2. 预防

加强怀孕母猪后期的饲养管理，保证胎儿在妊娠期内能得到充足的营养以及充足的乳汁，防止仔猪饥饿和寒冷。

任务二　仔猪缺铁性贫血

【任务目标】

二维码 3-19　新生仔猪低血糖症

1. 了解仔猪缺铁性贫血的发病特点。
2. 描述仔猪缺铁性贫血的流行特点。
3. 识记仔猪缺铁性贫血的临床症状和病理变化，能够准确描述典型图片代表的症状和病变。
4. 会用本课学习的内容对仔猪缺铁性贫血进行诊断和防治。

仔猪缺铁性贫血是指 2～4 周龄哺乳仔猪由于机体所需的铁缺乏或不足引起的造血系统机能紊乱所致的营养性贫血。本病多发生于冬春季节的舍饲仔猪，可造成一定的死亡。

(一)病因

除因血管损伤、破裂而引起的失血性贫血外，母猪乳汁或饲料中缺乏铁、铜也可引发仔猪贫血。猪舍地面为水泥或木板或石板，仔猪不能从土壤中摄取铁，仔猪从母乳中只能得到很少的铁，满足不了需要。倘若得不到外源铁，血红蛋白的含量减少就会发生仔猪缺铁性贫血。

(二)临床症状

发生于封闭式饲养的半个月至 1 月龄的哺乳仔猪。病猪表现为精神沉郁、食欲减退、营养不良、体温不高。其突出症状是可视黏膜颜色偏淡，轻度黄染。重症病例表现为黏膜苍白如白瓷，光照耳壳灰白色，几乎见不到明显的血管，针刺也很少出血，精神委顿，呼吸及心跳快而弱，心区听诊可听到贫血性杂音，运动之后则心悸亢进，喘息不止。有的仔猪外观很肥胖，生长发育也较快，可在奔跑中突然死亡。剖检见典型贫血变化，有的仔猪外观消瘦，食欲不振，便秘下痢交替出现，异嗜、衰竭。病程长者逐渐消瘦，低头弓背，肚腹蜷缩，因极度衰竭而死亡。少数耐过的仔猪表现出生长发育迟滞，抗病力差，易患其他疾病。

(三)病理变化

二维码 3-20　仔猪缺铁性贫血

血液色淡而稀薄，不易凝固，血红蛋白含量下降，随后红细胞数下降。皮肤及可视黏膜苍白或轻度黄染；肝脏肿大，脂肪变性，呈淡灰色，有时有出血点。肌肉颜色变淡，特别是臀肌和心肌。脾脏肿大，色淡，质地稍坚实，心脏扩张，肾实质变性，肺发生水肿，胃肠有局灶性病变。

(四)防治

1. 治疗

①口服铁制剂：治疗本病通常采用铁剂口服以补充外源铁质，充实体内的铁质贮备。口服的常用制剂有硫酸亚铁、焦磷酸铁、乳酸铁及还原铁等，其中以硫酸亚铁为首选药物。其处方是硫酸亚铁 2.5 g、硫酸铜 1 g、沸水 100 mL、盐酸少许，混合溶解后，纱布过滤，并贮备用。可

将滤液涂在母猪乳头上，让仔猪通过吮乳，服下，或按每千克体重 0.25 mL 灌服，每天 1 次，连服 7～14 d。

②肌内注射铁制剂：适用于集约化猪场或口服铁剂反应剧烈以及铁吸收障碍的腹泻仔猪。用右旋糖酐铁注射液 2 mL，深部肌内注射，一次即可，必要时隔周再注射半量。

2. 预防

①妊娠母猪的日粮应保证全价营养，供给足够的蛋白质、矿物质、微量元素和维生素，适当增加多汁饲料和青饲料。

②母猪在产前 7 天和产后 20 天添加 0.1%苏氨酸铁，仔猪于 3 日龄时肌内注射右旋糖酐铁 3 mL，有很好的预防效果。

③舍饲的猪在栏内放一些黏土、红土或泥炭土，让仔猪自由采食，可以补充铁质。仔猪必须早补料，从饲养中获得铁的补充。

任务三　仔猪白肌病

【任务目标】

1. 了解仔猪白肌病的发病特点。
2. 描述仔猪白肌病的流行特点。
3. 识记仔猪白肌病的临床症状和病理变化，能够准确描述典型图片代表的症状和病变。
4. 会用本课学习的内容对仔猪白肌病进行诊断和防治。

仔猪白肌病是指仔猪由微量元素硒和维生素 E 的缺乏而引起的一种营养代谢障碍性疾病。该病以骨骼肌、心肌及肝脏的变性坏死为特征。

(一)病因

多数人认为仔猪白肌病是由微量元素硒和维生素 E 的缺乏所致。土壤和饲料中硒的缺乏与本病的发生密切相关。如果长期饲喂来自缺硒地区的饲料，又缺乏青绿饲料，同时维生素 E 补充不足，就很容易发生仔猪白肌病。该病主要发生于 7～60 日龄的仔猪，常呈地方性发生。黑龙江省是严重缺硒地区，因此，必须在动物饲料中添加硒。

(二)临床症状

发病仔猪通常营养良好，体质健壮，表现出精神沉郁、怕冷、肌肉战栗，常发出嘶哑的尖叫声、喜卧，常钻入垫草内。在发病初期，行走时后躯摇晃或跛行，严重时则后肢瘫痪，站立困难。食欲减退，甚至废绝、心跳、呼吸快而弱，常呈前肢跪下或犬坐姿势，甚至卧地不起、心脏衰弱，最后死亡。急性病例常来不及治疗就死亡。

(三)病理变化

腰、背、臀等肌肉变性，色淡，似煮肉样，灰黄色或黄白色，点状、条状、片状不等，肌肉松弛，肌坏死，松软，心内膜与心外膜下有黄白色或灰白色与肌纤维方向平行的条纹斑，心脏外观呈桑葚状；肝大，淤血，脂肪变性；脑白质软化。

(四)防治

1. 治疗

肌内注射 1～2 mL 0.1%亚硒酸钠注射液,20 d 后,再重复注射一次。

2. 预防

①妊娠母猪要注意饲料合理搭配,添加硒和维生素 E,同时饲喂青绿的多汁饲料。

②泌乳母猪可给予亚硒酸钠 10 mg,混于饲料中喂给,可有效防止哺乳仔猪发病。

③3 月龄仔猪可用 0.1%亚硒酸钠注射液,肌内注射 1 mL,有较好的预防作用。

任务四　霉变饲料中毒

【任务目标】

1. 了解霉变饲料中毒的发病特点。

2. 描述霉变饲料中毒的流行特点。

3. 识记霉变饲料中毒的临床症状和病理变化,能够准确描述典型图片代表的症状和病变。

4. 会用本课学习的内容对霉变饲料中毒进行诊断和防治。

霉变饲料中毒是指由动物采食了发霉的饲料而引起的中毒性疾病。其临床以神经症状为特征。各种猪都可能发生,仔猪及妊娠母猪较敏感。

(一)病因

自然环境中的霉菌种类甚多,其常寄生于谷物及豆类制品。如果温度和湿度条件适宜,霉菌就会大量生长繁殖。有些霉菌在生长繁殖过程中能产生有毒物质。含有这些毒素的饲料被猪采食后可引起中毒,造成大批病猪死亡。

目前已知的霉菌毒素有百种以上。因发霉饲料而中毒的病例在临床上常难以确定为何种霉菌毒素中毒,往往是几种霉菌毒素协同作用的结果。

(二)临床症状

不同的霉菌毒素作用机理不同。临床症状也因动物的年龄、营养状况、个体耐受性、接受毒物的数量和时间的不同而不同。中毒仔猪常呈急性发作,出现中枢神经症状,头弯向一侧,头顶墙壁,数天内死亡。大猪病程较长,一般体温正常,初期表现出食欲减退,嘴、耳、四肢内侧和腹侧皮肤出现红斑;后期停食、腹痛、下痢、被毛粗乱、迅速消瘦,生长迟缓等。妊娠母猪常引起流产及死胎,公猪可出现包皮炎、阴茎肿胀等。

二维码 3-21　霉菌毒素中毒的肝脏变化

(三)病理变化

其病理变化主要是肝脏严重变性、坏死、肿大、色黄、质脆,小叶中心出血和间质明显增宽;全身黏膜、皮下、肌肉可见出血点和出血斑,淋巴结水肿,肾有弥漫性出血、变性、质脆、色淡;胸腹腔积液,胃肠道黏膜可见霉菌性结节和游离血块;有时可见脾脏被膜微血管扩张和出血性梗死；肺出现霉菌性结节；急性病例的胆囊壁和肠壁会发生严重水肿，慢性病例表现为肝变性，大脑实质出血、水肿，神经细胞变性。

（四）治疗

无特效的解毒药物和疗法。应立即停止饲喂可疑饲料，改换新鲜全价日粮，加强饲养护理，同时根据临床症状及病理变化，采用相应的支持疗法和对症处理。

急性中毒主要是排除毒物、解毒、缓解呼吸困难。在整个病程中，应注意水电解质平衡、保肝、护肾、镇静、解痉，控制继发感染，以维护中枢、循环、呼吸及泌尿等系统的功能。

任务五　直肠脱及脱肛

【任务目标】

1. 了解直肠脱及脱肛的发病特点。
2. 描述直肠脱及脱肛的流行特点。
3. 识记直肠脱及脱肛的临床症状和病理变化，能够准确描述典型图片代表的症状和病变。
4. 会用本课学习的内容对直肠脱及脱肛进行诊断和防治。

直肠部分或全部脱出于肛门外称为直肠脱。直肠后段部分黏膜与肛门外称为脱肛。

（一）病因

直肠脱及脱肛多发生于小猪和体弱的大猪。在患病初期，大便时肠头脱出，便后收回，进而直肠脱出肛门而不能收回。此外，便秘时过度努责或长期下痢而发生脱肛。发育不全或维生素缺乏的小猪也常发生本病。

（二）临床症状

在患病初期，直肠脱出于肛门外，多呈红色，经久则发生充血、水肿，逐步变为暗红色和紫黑色。脱出部常常附有泥土，甚至发生龟裂坏死，病猪精神不振，少食或不食，排粪困难，频频努责，重者可因直肠脱出并发肠套叠或肠管破裂而发生败血症死亡。

二维码 3-22　猪直肠脱出

（三）治疗

一般以手术整复即可。新鲜直肠脱用3%明矾水冲洗，0.1%高锰酸钾、0.5%新洁尔灭等清洁脱出部分周围。当脱出直肠黏膜水肿时，可边洗边用手掐破水肿的黏膜，再涂上枯矾与食油，即可顺利将脱出部分送回，应选在努责停止时送回。当整复后仍然努责时，可施行肛门周围缝合固定，防止再次脱出。配合全身疗法，补中益气，解痉镇痛。

任务六　猪应激综合征

【任务目标】

1. 了解猪应激综合征的发病特点。
2. 描述猪应激综合征的流行特点。
3. 识记猪应激综合征的临床症状和病理变化，能够准确描述典型图片代表的症状和病变。
4. 会用本课学习的内容对猪应激综合征进行诊断和防治。

猪应激综合征是指在现代养猪生产条件下猪由于受到多种不良因素的刺激而引起的非特异性全身反应。本病最常发生于封闭式饲养或者肉联厂里饲养待宰的猪。肌肉发达的长白猪发病率最高。

（一）病因

造成应激的原因称为应激源，如注射疫苗等。小猪去势断奶、肥猪出栏、运输驱赶、转群、捕捉、殴打、殴斗、咬架、过冷过热、狂风骤雨、强烈噪声等各种刺激都可成为应激源而引发应激反应。缺乏维生素和矿物质的日粮可造成营养性应激。体形矮小、腿短、肌肉丰满、呈卵圆形的猪，某些瘦肉型和杂交型的猪如皮特兰、杜洛克都容易发生应激综合征。

（二）临床症状

病猪体温突然升高，肌肉痉挛，皮肤起红斑，口吐白沫，黏膜发绀、食欲废绝，心跳加快，呼吸急迫，站立困难，少尿或无尿，全身无力，眼球突出、休克、衰竭，常突然死亡。

二维码 3-23　猪应激综合征 PSE 肉

（三）病理变化

某些病猪表现出肌肉苍白，柔软、浆液渗出，即白肌肉（PSE 肉），尤其以背最长肌明显。多数病例剖检见不到特异性变化。最明显的特征是死亡后迅速出现踝关节僵直及肌肉僵硬。其可能见内脏瘀满，肺水肿及细支气管充满泡沫。

（四）防治

1. 治疗

受到应激刺激的猪群应立即治疗。病猪单圈饲养，保持安静。肌肉僵硬的重病猪可按每千克体重肌内注射氯丙嗪 1～2 mg；肌内注射或静脉注射肾上腺皮质激素；补充亚硒酸钠、维生素 E。

2. 预防

（1）优良品种的选育和科学的饲养管理是预防的最好办法　通过临床观察、血型鉴定、氟烷测验和血清磷酸激酶值测定，检出应激敏感猪种并淘汰，应激基因频率下降，选育出抗应激品种。猪场位置与建设要合理，以避免外界因素过多的干扰。要避免猪群拥挤和注意混群。尽可能减少诸如抓捕、保定、驱赶、手术、麻醉等骚扰。即使抓猪，也要避免过度的惊恐刺激。猪舍的温度不易突变，以防猪受到过冷或过热刺激而产生应激反应。

(2)要防止噪声对猪群的刺激　屠宰前的绝食时间长短会严重影响可食内脏的产量和胴体的品质,并能造成一定数量经济损失。最佳绝食时间为 20～30 h。在装运或驱赶猪时,不要鞭打,不用电棍刺激。对难以避免的应激原,尽量让其分散,作用延缓,不使其强度过大。饲料中的维生素、微量元素要充分。在猪应激综合征的预防中,除了要对应激源的被动预防之外,还要让猪接受适当的应激刺激,使之逐渐适应,提高其耐受性和抗病力。猪应激综合征的治疗原则是镇静和补充皮质激素。

模块四

家 禽 疾 病

【模块概要】

家禽疾病给养禽场的养殖生产造成巨大损失。其疫病的危害更是造成了大批禽只的死亡和生产性能的下降。一些人畜共患的疾病还会危害公共安全，给人类生产和生活带来严重的威胁。因此，做好禽病的预防控制工作是养禽生产不可忽视的问题。本模块主要包括常见的家禽传染病的防控、家禽寄生虫病的防控和家禽普通病的防控。

项目一 家禽传染病

【项目简介】

家禽传染病是危害规模化养禽场的主要疫病。家禽传染病是指由病原微生物引起的有一定的潜伏期和临床症状，并能传染的疾病。目前家禽传染病的发生率逐年升高。原因各有差异，应该具体掌握发病原因及应对措施，以控制和消灭传染病。本项目主要介绍了家禽传染病的防控，包括新城疫、马立克病、鸡传染性支气管炎、鸡传染性喉气管炎、鸡传染性法氏囊病、产蛋下降综合征、鸭瘟和小鹅瘟 8 个任务。

任务一 新 城 疫

【任务目标】

1. 了解新城疫的病原特点。
2. 描述新城疫的流行特点。
3. 认知新城疫的临床症状和病理变化。对教师出示的典型图片能够用自己的语言进行描述。
4. 会用本课学习的内容对新城疫进行诊断和防治。

新城疫，又称亚洲鸡瘟，伪鸡瘟等。它是指由新城疫病毒引起的一种主要侵害鸡、火鸡、野禽及观赏鸟类的高度接触性、致死性传染病。家禽发病后的主要特征是呼吸困难，下痢，并伴有神经症状。成鸡表现出产蛋严重下降，黏膜和浆膜出血，感染率和致死率高。虽然已经广泛接种疫苗预防，但该病仍是最主要和最危险的禽病之一。该病于 1926 年在英国新城首次发现，故名新城疫。OIE 将新城疫列为 A 类动物传染病。

(一)病原

新城疫病毒属于RNA病毒中的单股负链病毒目副黏病毒科副黏病毒亚科腮腺炎病毒属,有囊膜,成熟的病毒粒子呈球形,直径为120～300 nm,由螺旋形对称盘绕的核衣壳和囊膜组成。囊膜表面有放射状排列的纤突,含刺激宿主产生血凝抑制和病毒中和抗体的抗原成分。NDV血凝素可凝集鸡、豚鼠、鸭、鹅和小白鼠等多种动物的红细胞。这种凝集红细胞的活性能被特异的免疫血清所抑制。其凝集抑制作用具有特异性。

NDV对自然环境因素的抵抗力较强,在污染的鸡舍中可存活2个月以上,在污染的饮水中可存活15 d(夏季)至5个月(冬季)以上。在低温条件下,其抵抗力强,在4 ℃温度下可存活1～2年,在－20 ℃温度下时能存活10年以上。该病毒对消毒剂、日光及高温抵抗力不强,一般消毒剂的常用浓度即可很快将其杀灭。例如,1%来苏儿、0.3%过氧乙酸、2%氢氧化钠、5%漂白粉等均可在短时间内将其灭活,百毒杀、碘伏、菌毒杀等也常用于鸡新城疫消毒。

(二)流行病学

新城疫病毒可感染50个鸟目中27个目240种以上的禽类。鸡和火鸡最为易感。珍珠鸡、雉鸡及野鸡也具有易感性。鸽、鹌鹑、鹦鹉、麻雀、乌鸦、喜鹊、孔雀、天鹅也可感染。水禽对本病有抵抗力。新城疫的主要传染源是病鸡和带毒鸡以及感染的鸟类。其主要的传播方式是排出的粪便及口腔黏液污染的饲料、饮水和尘土经消化道、呼吸道或结膜传染给易感鸡,也可以通过卵直接传播。

鸡新城疫一年四季均可发生,以冬春寒冷季节较易流行。不同年龄、品种和性别的鸡均能感染。幼雏的发病率和死亡率明显高于大龄鸡。纯种鸡比杂交鸡易感,死亡率也高。易感鸡群一旦被速发性嗜内脏型新城疫病毒所传染,可迅速传播,并呈毁灭性流行,发病率和病死率均可达90%以上。近年来,由于免疫程序不当或有其他疾病抑制了新城疫抗体的产生,常引起免疫鸡群发生新城疫。大多病例呈现非典型的临诊症状和病理变化,发病率和病死率较低。

(三)发病机理

一般认为,新城疫的发生是由病毒从呼吸道或消化道侵入,先在呼吸道和肠道内繁殖,然后迅速侵入血流扩散到全身,引起败血症所导致的。病毒在血液中损伤血管壁,引起出血、浆液渗出和坏死变化,严重的消化紊乱由此所致,同时由循环障碍引起的肺充血和呼吸中枢紊乱导致常见的呼吸困难。强毒感染还可以造成严重的免疫抑制。

病毒在血液中维持最高浓度约为4 d。若不死亡,则血液中的病毒会显著减少,并有可能从内脏消失。在慢性病例后期,病毒主要存在于中枢神经系统和骨髓,引起脑脊髓炎变化。新城疫对感受性低的禽类也主要侵害神经系统,从而导致特征性的神经症状。

(四)临床症状

新城疫的潜伏期为2～15 d,平均潜伏期为3～5 d。我国根据临诊表现和病程长短把新城疫分为最急性型、急性型和慢性型3个型。

1. 最急性型

突然发病，无明显症状而迅速死亡，往往头天晚上饮食活动如常，翌日清晨发现死亡。其多见于流行初期和雏鸡，死亡率达 90%以上。

2. 急性型

急性型最常见。其表现为呼吸道、消化道、生殖系统、神经系统异常。该类型往往以呼吸道症状开始，继而下痢，粪便呈黄绿色或黄白色水样。病鸡发热，体温达 43～44 ℃，精神不振，缩颈闭眼，翅膀下垂，鸡冠和肉髯发绀，呈暗红色。呼吸困难，张口呼吸，时有"咕咕"的喘鸣声或突然发出尖叫声，有吞咽动作。病鸡嘴角流涎，常有甩头动作。倒提病鸡可见从口中流出大量酸臭液体。采食下降或废绝，产蛋鸡迅速减蛋，软壳蛋数量增多。雏鸡病程短，症状不明显，死亡率高。后期可见肌肉震颤、两腿无力，歪脖扭颈，强迫性颈后仰或强迫性低头，并阵发性痉挛，盲目前冲，后退，共济失调，做圆圈运动，站立不稳，严重者瘫痪。种鸡在发病期间的孵化率下降，孵出的雏鸡易发生新城疫。

3. 慢性型

其初期临诊症状与急性型相似，随后症状逐渐减轻，但个别病例出现神经症状。患鸡的翅、腿麻痹，跛行或站立不稳，头颈向后或向一侧扭转，常伏地旋转，动作失调，反复发作，最后瘫痪或半瘫痪，一般经 10～20 d 死亡。此型多发生于流行后期的成年鸡，病死率较低。个别患鸡可以康复，部分不死的病鸡会遗留特殊的神经症状，表现出腿翅麻痹或头颈歪斜。有的鸡看似健康，若受到惊扰、刺激或抢食，就会突然后仰倒地，全身抽搐，就地旋转，数分钟后又恢复正常。瘫痪或半瘫痪，或者逐渐消瘦，终至死亡。

免疫鸡群发生新城疫。其临床诊断症状不是很典型，仅表现为呼吸道和神经症状。发病率和病死率较低，有时产蛋鸡群仅表现为产蛋下降。有人把这种新城疫叫作"非典型新城疫"或"亚临诊型新城疫"，把这种现象称为新城疫的免疫失败。

(五)病理变化

急性型的病例主要呈现败血症的变化。剖检可见全身各处黏膜和浆膜出血，淋巴系统肿胀、出血和坏死。心包、气管、喉头、肠和肠系膜充血或出血。

病变主要集中在消化道和呼吸道，特别是腺胃乳头和贲门部出血。直肠和泄殖腔黏膜出血。消化道淋巴滤泡的肿大、出血和溃疡是新城疫的一个突出特征。嗉囊内有充满酸臭味的稀薄液体和气体。腺胃黏膜水肿，乳头或乳头之间有鲜亮的出血点或有溃疡或有坏死，腺胃和肌胃交界处有出血点。肌胃角质层下也常有出血点。消化道出血病变以小肠到盲肠和直肠有大小不等的出血点。严重的病例呈现斑驳状出血，有纤维素性坏死性病变。病变为暗红色，大小不等，突出于肠黏膜表面，表面有纤维素假膜覆盖，呈枣核状。盲肠扁桃体肿大、出血、坏死。直肠和泄殖腔黏膜充血或出血，黏膜广泛潮红，有时有灰白色坏死灶。气管内通常有浆液性或黏液性渗出物，严重时有充血、出血和水肿，肺部可见淤血或水肿。心冠脂肪一般有针尖大小的出血点。产蛋母鸡卵泡松软，包膜出血和充血，卵泡易破裂，导致卵黄流入腹腔而引起卵黄性腹膜炎，输卵管显著充血。脾、肝、肾无特殊病变。

(六)诊断

根据本病的流行病学、症状和病变进行综合分析，可做出初步诊断。确诊需要进行实验室检查。病毒分离和鉴定是诊断新城疫最可靠的方法。本病也可通过血清学诊断来判定。常用的诊断方法有血凝抑制试验、病毒中和试验、ELISA 试验、免疫荧光、琼脂双扩散试验、神经氨酸酶抑制试验等。鸡新城疫应注意与禽霍乱、传染性支气管炎和禽流感相区别。

(七)防治

新城疫的预防工作是一项综合性措施。饲养管理、防疫、消毒、免疫及监测 5 个环节缺一不可。因此,必须建立严格的卫生防疫制度,防止一切带毒动物和污染物品进入鸡群,进入人员和车辆应该消毒;饲料来源要安全,不从疫区购进,不从疫区购进种蛋和鸡苗;新购进的鸡必须接种新城疫疫苗,并隔离观察 2 周以上,证明其健康方可混群。合理做好预防接种,对此要注意以下几点。

1. 新城疫疫苗分为活疫苗和灭活疫苗

活疫苗被接种后,疫苗毒在体内增殖复制,刺激产生体液免疫、细胞免疫和局部黏膜免疫;灭活疫苗被接种后,在体内以接受的抗原刺激产生体液免疫,对细胞免疫和局部免疫无多大作用。活疫苗包括 F 株(Ⅲ系)、Lasota 株(Ⅳ系)、HitchnerB1 株(Ⅱ系)、Clone30(克隆 30)株、V4 株等弱毒疫苗和 Mukteswar 株(Ⅰ系)、H 株、Komarov 株及 Roakin 等中等毒力疫苗。Ⅱ系、Ⅲ系、Ⅳ系疫苗都是弱毒疫苗,大小鸡均可使用,多采用滴鼻、点眼、饮水方法。气雾免疫在鸡群存在支原体、大肠杆菌和其他呼吸道病毒感染时易诱发呼吸道疾病,使用时应注意。V4 弱毒苗具有耐热和嗜肠道的特点。其适用于热带、亚热带地区的农村养鸡。灭活疫苗的质量取决于所含的抗原量和佐剂。市场上的产品差异很大。

二维码 4-1　新城疫

2. 母源抗体对新城疫免疫应答有很大的影响

经过新城疫疫苗接种后,母鸡可将其抗体通过卵黄传播给雏鸡。雏鸡在 3 日龄的抗体滴度最高,以后逐渐下降。具有母源抗体的雏鸡既有一定的免疫力,又对疫苗接种有干扰作用。因此,有条件的鸡场最好根据鸡群 HI 抗体免疫监测的结果,来确定初次免疫和再次免疫的时间,这是最科学的方法。无条件的鸡场一般在母源抗体刚刚消失之前的 7 日龄的雏鸡做第一次疫苗接种,在 30～35 日龄时做第二次接种。这种方法在有本病流行的地区是不安全的。因为母源抗体不足以抵抗强毒病毒的感染。

3. 免疫监测

免疫监测可以了解免疫接种的效果,也为制定或修改免疫程序提供可靠依据。鸡群抽样采血对其做 HI 试验,如果 HI 效价高于 2^5 或 5log2,首免几乎不会产生免疫应答,可以选在 2^3 或 3log2 时接种。

4. 新城疫疫苗免疫后产生免疫应答还受到鸡群状况,特别是有无免疫抑制性疾病的影响

MD、IBD、鸡传染性贫血病毒感染、网状内皮组织增生症病毒感染,甚至使用中等偏强毒力的 IBD 疫苗都可使新城疫的免疫应答受到严重抑制,HI 抗体滴度比正常显著降低。

当鸡场一旦发生疑似新城疫,经当地兽医部门确诊后,应及时上报当地政府,划定疫区进行紧急接种、扑杀、封锁、隔离和消毒等严格的防疫措施。一旦发生非典型新城疫,应立即隔离和淘汰早期病鸡,全群紧急接种至少 3 倍剂量的 Lasota(Ⅳ系)活毒疫苗,必要时也可考虑注射Ⅰ系活毒疫苗。如果把 3 倍量的Ⅳ系活苗与新城疫油乳剂灭活苗同时应用,其效果更好。

(八)公共卫生

新城疫病毒也会传染人。其多是在剖检病禽时不注意个人防护而被感染,具体表现为严重的眼结膜炎,但一般不会引起死亡,所以兽医人员在剖检病鸡时要做好个人防护和消毒。

任务二 马立克病

【任务目标】

1. 了解马立克病的病原特点。
2. 描述马立克病的流行特点。
3. 认知马立克病的临床症状和病理变化。对教师出示的典型图片能够用自己的语言进行描述。
4. 会用本课学习的内容对马立克病进行诊断和防治。

马立克病是指由疱疹病毒引起的鸡的一种淋巴组织增生性、肿瘤性疾病。以外周神经麻痹,虹膜褪色变形,皮肤、性腺、内脏等组织发生淋巴细胞增生、浸润,形成肿瘤为其特征。马立克病存在于各个养禽国家。其对养禽业的影响随着养鸡集约化而越来越大。

(一)病原

马立克病毒属疱疹病毒科B亚群疱疹病毒。病毒毒株的毒力差异很大:强毒株可引起急性内脏型马立克病;弱毒株可引起神经型马立克病;不致病毒株只造成隐性感染而不发病。

马立克病毒在鸡体内有两种形式存在:一种是无囊膜的裸露病毒。其主要存在于内脏组织肿瘤细胞,是严格的细胞结合病毒,与细胞共存亡,对外界的抵抗力很低。当感染细胞破裂死亡时,病毒粒子的毒力显著下降或失去感染力。另一种是有囊膜的完全病毒。其主要存在于羽毛囊上皮细胞内,是非细胞结合性病毒,脱离细胞可存活,对外界有很强的抵抗能力,是传播本病的重要病原体。

根据毒株抗原差异和其他生物学特性,马立克病毒可分为3个血清型:血清Ⅰ型病毒为致肿瘤性马立克病毒;血清Ⅱ型病毒为非致肿瘤性马立克病毒;血清Ⅲ型病毒为火鸡疱疹病毒(HVT)。

马立克病毒对常用消毒药比较敏感,5%福尔马林、2% NaOH、3%来苏儿等常用消毒剂均可在10 min内使其灭活。该病毒对温热较敏感,在37 ℃的温度下,经18 h;在56 ℃的温度下,经30 min;在60 ℃的温度下,经10 min可使其灭活;耐寒,在−65 ℃温度下,可保存210 d;不耐酸、碱,pH 4以下和pH 10以上能迅速杀死本病毒。

(二)流行病学

易感动物为鸡和火鸡,另外,雉、鸽、鸭、鹅、金丝雀、小鹦鹉、天鹅、鹌鹑和猫头鹰等许多禽种都可观察到类似马立克的病变,但很少发生。任何年龄的鸡都能感染,以1日龄雏鸡最为易感。经测定证明,1日龄的雏鸡的敏感性比14日龄或24日龄的雏鸡的敏感性大1 000～10 000倍;母鸡比公鸡易感。大多在2～5月龄的鸡群发生。

病鸡和带毒鸡是其传染源。这些完全病毒随羽毛、皮屑脱落而散布到周围环境,这是自然条件下最重要的传染源。绝大多数鸡在生命的早期吸入有传染性的皮屑、尘埃和羽毛而引起鸡群的严重感染。鸡在出雏和育雏室的早期感染可导致很高的发病率和死亡率。大多年龄大的鸡被感染后不发病,但可持续性的排毒。

其传播方式是直接或间接接触传播。传播途径主要是经呼吸道传染,也可经消化道和吸血昆虫叮咬传染。带毒鸡舍工作人员的衣服、鞋靴以及鸡笼、车辆都可成为该病的传播媒介。发病率和病死率差异很大,且与鸡的品种、病毒毒力、感染的时间和饲养管理制度有密切关系。饲养密度越大,感染率越高,感染率为10%以上至50%～60%。马立克病不能通过鸡蛋垂直传播。

(三)临床症状

潜伏期为3～4周。据其症状和病变发生的主要部位,马立克病在临床上可分为4种类型:神经型(古典型)、内脏型(急性型)、眼型和皮肤型。有时可以混合发生,有人称之为第5个类型:混合型。

1. 神经型(古典型)

神经型,又称古典型。其主要侵害外周神经,以侵害坐骨神经最为常见。病鸡表现为一条腿或者两条腿麻痹,步态失调,常表现为一条腿前伸,另一条腿后伸,形成特征性的"劈叉"姿势,有时两腿完全麻痹,病鸡瘫痪。当臂神经受侵害时,病鸡表现为两侧翅膀麻痹下垂。当支配颈部肌肉的神经受损时,引起低头、扭颈或歪头现象。当颈部迷走神经受侵害时,则可引起失声、嗉囊扩张以及呼吸困难。当腹神经受侵时,则其常有腹泻症状。此型病程一般较长,病鸡行动、采食困难,因饥饿、饮水不足而消瘦脱水,最后死亡。

2. 内脏型(急性型)

内脏型多呈急性暴发,常见于幼龄鸡群,开始无明显症状,以大批鸡精神委顿为主要特征。几天后,病鸡表现出食欲减少,羽毛松乱,排黄白或黄绿稀粪,逐渐消瘦,鸡冠和肉髯萎缩,颜色变淡,突然死亡。部分病鸡出现共济失调,随后单侧或双侧肢体麻痹。部分病鸡在死前无特征临床症状,很多病鸡表现出下腹增大、脱水、消瘦和昏迷。该类型多见于50～80日龄的鸡,死亡率为30%～80%。

3. 眼型

眼型出现于单眼或双眼,虹膜失去正常色素,呈同心环状或斑点状以至弥漫的灰白色(称为鱼眼、灰眼、白眼病)。瞳孔逐渐缩小,瞳孔边缘不整齐,有时严重至瞳孔只剩下一个针眼大的小孔。视力减退或消失,双眼失明的死亡较快。

4. 皮肤型

此型一般缺乏明显的临诊症状。在宰后拔毛时发现羽毛囊增大,形成淡白色的小结节或肿瘤物,其约有玉米粒大小或蚕豆大小,较硬。此种病变常见于大腿部、颈部及躯干背面生长粗大羽毛的部位。病程较长。

5. 混合型

混合型可出现以上两种或几种类型的症状。近年来,雏鸡发生的一种脑炎也被看作是马立克病的一种病型。其特征是突然瘫痪,常见于颈和腿,持续3 d后康复。这种临床症状可出现在 5 周龄的鸡群中，发病率大小不等，性成熟的鸡也偶然出现，鸡多在症状出现后的数周内死亡。

(四)病理变化

1. 神经型(古典型)

病鸡最常见的病变表现在外周神经、臂神经、坐骨神经、腹部神经和内脏神经等。其特征是神经肿胀变粗，比正常粗 2～3 倍，变成灰黄色，有时呈半透明的胶冻样，同时神经上还有小的结节，神经粗细不均，横纹消失。病变往往只侵害单侧神经，另一侧正常。诊断时应多与另一侧神经进行比较。

2. 内脏型(急性型)

病鸡脏器上有大小不等的肿瘤结节。有时肿瘤形成的结节突出于脏器表面，有时不突出于脏器表面，可弥漫性地浸润在内脏的实质。肿瘤多见于肝、脾、肾、腺胃、睾丸、肌肉、肺、胰脏、心脏、卵巢和皮肤等器官。大小不等的肿瘤块呈灰白色，质地坚硬而致密。当肿瘤组织在受害器官中呈弥漫性增生时，整个器官变得很大。当其增大到原来的几倍，甚至几十倍时，腺胃胃壁可增厚 2～3 倍，腺胃外观肿胀，较硬，黏膜潮红，腺胃乳头变大，顶端糜烂。胸腺、法氏囊等萎缩。

3. 皮肤型

其病变多是炎症性的，也有肿瘤性的，多位于羽毛囊部形成瘤状物。有时胸腺严重萎缩。多见法氏囊萎缩，偶尔呈弥漫性肿大，不形成结节状肿瘤。这是其与淋巴细胞白血病在剖检上的主要区别。

4. 眼型

其表现为虹膜或睫状肌有大量淋巴细胞增生、浸润。

(五)诊断

根据马立克病的临床特点、症状、病理解剖变化可以做出初步诊断。确诊需要做实验室检查，进行病毒分离培养与鉴定。血清学检查包括间接荧光抗体技术、间接红细胞凝集试验、酶联免疫吸附试验、琼脂双扩散试验等。常用的是血清琼脂扩散试验和羽毛囊琼脂扩散试验。马立克病常与淋巴细胞白血病或网状内皮增生症混淆，应注意鉴别诊断。

(六)防治

1. 坚持自繁自养，执行全进全出的饲养制度

尽量不从外地，特别是有本病的地区引进种鸡。非引进不可的种鸡要隔离、观察一段时间，并进行 2 次血清学检疫，健康者方可在本场饲养繁殖。避免不同日龄的鸡混养，减少鸡只与羽毛粪便接触。严格卫生消毒制度，尤其是种蛋、出雏器和孵化室的消毒和育雏室的消毒，防止雏鸡的早期感染非常重要。孵化场应远离鸡舍，孵化器具、接种室要严格消毒，种蛋入孵前和雏鸡出壳后均应用甲醛熏蒸消毒。育雏舍应远离其他鸡舍，入雏前应彻底清扫和消毒。提高鸡群的抗病力。消除各种应激因素，注意对 IBD、ALV、REV 等的免疫与预防。加强检疫，及时淘汰病鸡和阳性鸡。

2. 疫苗接种是防治马立克病的关键

在进行疫苗接种的同时，鸡群要封闭饲养，尤其是在育雏期间应搞好封闭和隔离，以减少马立克病的发病率。用于制造疫苗的病毒有3种：人工致弱的1型MDV（如CV1988）、自然不致瘤的2型MDV（如SB_1，Z_4）和自然不致瘤的3型MDV（HVT）（如FC126）。二价疫苗主要由2型和3型或1型和3型病毒组成。由于二价苗与血清I型疫苗是细胞结合疫苗，其免疫效果受母源抗体的影响很小，但一般应在液氮条件下保存，避免给运输和使用带来一些不便。因此，尚未存在超强毒的鸡场仍可应用HVT。由超强毒株引起的马立克病，用1型CV1988疫苗，2型、3型毒组成的双价疫苗可以控制其发病率。

二维码 4-2 马立克病

目前，我国应用的疫苗仍是HVT。雏鸡在接种该疫苗后10～14 d产生免疫力，保护期是一年半。常用的免疫方法是对1日龄的雏鸡进行皮下或肌内注射。皮下注射部位一般在颈后的皮下，肌内注射在胸肌内。近年的研究结果证实，HVT疫苗为异源性，受母源抗体干扰严重，产生免疫保护至少需要2周以上，且不能抵抗超强毒感染。因此，该疫苗在养鸡发达国家已经很少应用。

一旦发现马立克病，应及时隔离、封锁、反复检疫，坚决剔除淘汰、焚烧病鸡和阳性带毒鸡，被污染的环境应彻底消毒。垫草焚烧，粪便加0.5%生石灰堆积发酵，用具、场地、鸡笼等用2%氢氧化钠消毒。鸡舍应进行每天1～2次的消毒，连续7 d，并空置后再用。

任务三　鸡传染性支气管炎

【任务目标】

1. 了解鸡传染性支气管炎的病原特点。

2. 描述鸡传染性支气管炎的流行特点。

3. 认知鸡传染性支气管炎的临床症状和病理变化。对教师出示的典型图片能够用自己的语言进行描述。

4. 会用本课学习的内容对鸡传染性支气管炎进行诊断和防治。

鸡传染性支气管炎是鸡的一种急性、高度接触性的呼吸道传染病。本病以咳嗽，喷嚏，气管啰音，雏鸡流鼻液，呼吸困难等呼吸道症状为特征，有时会发生死亡。产蛋鸡出现产蛋量减少，产畸形蛋、大型蛋、小型蛋，蛋品质下降等症状。呼吸道黏膜呈浆液性、卡他性炎症。肾型传染性支气管炎表现出肾脏肿大，肾小管和输尿管有大量尿酸盐沉积。

（一）病原

传染性支气管炎病毒属于冠状病毒科冠状病毒属。该病毒具有多形性，多数呈圆形，大小为80～120 nm。病毒有囊膜，表面有杆状纤突，长约为20 nm，为单股RNA病毒。该病毒不能直接凝集鸡的红细胞，经过1%胰酶或磷脂酶C在37 ℃的温度下处理3 h，具有血凝活性。这个活性能被特异性抗血清所抑制。

传染性支气管炎病毒主要存在于病鸡的呼吸道渗出物。该病毒具有干扰新城疫病毒在机体内增殖，并且与支原体、大肠杆菌等呈协同致病的作用。

大多数病毒株在 56 ℃的温度下，经 15 min 失去活力，对低温的抵抗力则很强，在 −20 ℃的温度下，可存活 7 年。一般消毒剂均能在 3～5 min 内将其杀死，如 1%来苏儿、1%苯酚、0.1%高锰酸钾、1%福尔马林及 70%酒精等。该病毒在室温中能抵抗 1% HCl(pH 2)、1%苯酚和 1% NaOH 1 h，而在 pH 为 7.8 时最为稳定。

(二)流行病学

鸡传染性支气管炎仅发生于鸡，其他家禽均不感染。各种年龄的鸡都可发病，以 1～4 周龄的雏鸡最为严重，死亡率也高，一般以 40 日龄以内的鸡多发。本病主要经呼吸道传染，病毒从呼吸道排毒，通过空气中的飞沫传给易感鸡，也可通过被污染的饲料、饮水及饲养用具感染。

鸡传染性支气管炎在鸡群的传播速度快(2 周内可波及全场)，潜伏期短(平均为 3 d)，病鸡带毒时间长(康复后 49 d 仍可排毒)；发病率高，但死亡率不高(幼鸡约为 5%，成鸡为 1.2%～1.4%)。

一年四季均能发生，但以冬春寒冷季节多发。一旦发病迅速传播全群。鸡群拥挤、过热、过冷、通风不良、温度过低、缺乏维生素和矿物质以及饲料供应不足或配合不当均可促使本病发生。气雾、滴鼻免疫也可诱发本病。

(三)临床症状

根据病毒的血清型不同，鸡在被感染后出现的不同症状，可分为呼吸型传染性支气管炎和肾型传染性支气管炎。

1. 呼吸型传染性支气管炎

呼吸型传染性支气管炎多发生于 6 周龄以下的雏鸡。病鸡无明显的前驱症状，常突然发病，出现呼吸道症状，并迅速波及全群。幼雏表现为伸颈、张口呼吸、咳嗽，有呼噜音，尤以夜间最明显。随着病情的发展，病鸡表现出严重的精神萎靡，食欲废绝、羽毛松乱、翅膀下垂、昏睡、怕冷聚堆。2 周龄以内的病雏鸡还常见鼻窦肿胀、流黏性鼻液、流泪等症状，病鸡常甩头。6 周龄以上的鸡只被感染后呼吸道症状轻微，伴有减食，精神不振。产蛋鸡被感染后出现产蛋量下降 25%～50%，同时产软壳蛋、畸形蛋或砂壳蛋、大型蛋、小型蛋，蛋色变浅，品质下降，蛋清稀薄如水，没有正常鸡蛋的浓蛋清和稀蛋清之间的明显分界。其病程为 1～2 周，甚至 3 周，5～6 周可以恢复产蛋，但是很难达到原来的水平。

2. 肾型传染性支气管炎

在感染肾型传染性支气管炎后，其典型症状分三个阶段：第一阶段是病鸡表现出轻微呼吸道症状，鸡在被感染 24～48 h 后，气管发出啰音，打喷嚏及咳嗽，并持续 1～4 d。这些呼吸道症状一般很轻微，有时只有在晚上安静的时候才听得比较清楚，因此，常被忽视。第二阶段是病鸡表面康复，呼吸道症状消失，鸡群没有可见的异常表现。第三阶段是受感染的鸡群突然发病，并于 2～3 d 内逐渐加剧。病鸡集堆、厌食、排白色稀便，粪便中几乎全是尿酸盐。其病程一般为 1～2 周。发病日龄越小，死亡率就越高，一般为 10%～30%。

(四)病理变化

1. 呼吸型传染性支气管炎

呼吸型的主要病变见于气管、支气管、鼻腔、肺等呼吸器官，表现为气管环出血。有的病鸡气囊混浊或含有黄色纤维素性渗出物；气管后段和支气管黏膜出血、充血、水肿，管腔内有黏稠透明的液体。幼雏出现鼻腔、鼻窦黏膜充血，鼻腔中有黏稠分泌物，肺脏水肿或出血。若在雏鸡阶段感染过呼吸型传染性支气管炎，则成年后的患鸡输卵管发育受阻，变细、变短，长度不及正常的一半，管腔狭小、闭塞或成囊状。产蛋鸡的卵泡充血、出血、变形，甚至破裂，造成“卵黄性腹膜炎”，腹腔内有液态的卵黄样物质。

2. 肾型传染性支气管炎

在被感染肾型传染性支气管炎后，可引起肾脏肿大，呈苍白色，肾小管充满尿酸盐结晶，扩张，外形呈白线网状，俗称“花斑肾”。严重的病例在心包和腹腔脏器表面均可见白色的尿酸盐沉着，即所谓的内脏型“痛风”。有时病例还可见法氏囊黏膜充血、出血，囊腔内积有黄色胶冻状物。肠黏膜呈卡他性炎变化，盲肠后段和泄殖腔中常沉积白色的尿酸盐。发生尿石症的鸡除输尿管扩张，内有砂粒状结石外，还往往出现一侧肾高度肿大，另一侧肾萎缩。全身皮肤和肌肉发绀，肌肉失水。呼吸道一般无明显的变化，气囊混浊增厚。

（五）诊断

根据流行特点、症状和病理变化，可做出初步诊断。如果要确诊则必须进行病毒分离与鉴定及其他实验室诊断方法。如干扰试验、接种试验、血凝抑制试验、中和试验、酶联免疫吸附试验、免疫荧光抗体技术和琼脂扩散试验。

（六）防治

严格执行卫生防疫措施。鸡舍要注意通风换气，防止过挤，注意保温，加强饲养管理，补充维生素和矿物质，增强机体抗病力，适时做好疫苗接种。

对于呼吸型传染性支气管炎而言，目前国内外普遍采用 M41 型的弱毒苗 H120 和 H52 及其灭活油剂苗来控制传染性支气管炎。一般认为 M41 型对其他型病毒株有交叉免疫作用。H120 毒力较弱，对雏鸡安全；H52 毒力较强，适用于 20 日龄以上鸡；油苗对于各种日龄的雏鸡均可使用。一般免疫程序为 5～7 日龄用 H120 首免；25～30 日龄用 H52 二免；种鸡于 120～140 日龄用油苗作三免。使用弱毒苗应与 NDV 弱毒苗同时或间隔 10 d，再进行 NDV 弱毒苗免疫，以免发生干扰作用。

二维码 4-3 鸡传染性支气管炎

肾型传染性支气管炎使用弱毒苗 Ma5，于 1 日龄及 15 日龄时各免疫一次。其方法同呼吸型传染性支气管炎。除此之外，还有多价（2～3 个型毒株）灭活油鸡苗，按每只雏鸡 0.2～0.3 mL、每只成鸡 0.5 mL，皮下注射。因传染性支气管炎病毒变异很快，所以在使用疫苗前必须掌握当地流行的病毒血清型，并使用与当地流行毒株抗原性一致的疫苗品系。

鸡传染性支气管炎尚无特异性治疗方法。改善饲养管理条件，降低鸡群密度和在饲料或饮水中添加抗生素对防止继发感染具有一定的作用。肾型传染性支气管炎在发病后会降低饲料中的蛋白质的含量。补充 K^{+} 和 Na^{+} 对该病具有一定的治疗作用，并应用肾肿解毒药、电解多维等辅助治疗。肾型传染性支气管炎可对其给予复合无机盐或含柠檬酸盐或碳酸氢盐的复方药物。近年来，中药制剂越来越引起人们的重视。通过增强机体免疫功能，鸡能产生较强的抵抗力。

由于传染性支气管炎病毒可造成生殖系统的永久损伤，因此，对幼龄时发生过传染性支气管炎的种鸡或蛋鸡群须慎重处理，必要时及早淘汰。

任务四　鸡传染性喉气管炎

【任务目标】

1. 了解鸡传染性喉气管炎的病原特点。

2. 描述鸡传染性喉气管炎的流行特点。

3. 认知鸡传染性喉气管炎的临床症状和病理变化，对教师出示的典型图片能够用自己的语言进行描述。

4. 会用本课学习的内容对鸡传染性喉气管炎进行诊断和防治。

鸡传染性喉气管炎是指由传染性喉气管炎病毒引起鸡的一种急性接触性呼吸道传染病。其特征是呼吸困难、咳嗽和咳出含有血液的渗出物，发病快，死亡率高。病变主要发生在喉部和气管。剖检时可见喉头、气管黏膜肿胀、出血和糜烂。本病对养鸡业危害较大，传播快，已遍及世界。

(一)病原

传染性喉气管炎病毒属于疱疹病毒科 α 型疱疹病毒亚科的禽疱疹病毒 1 型。病毒粒子呈球形，中心部分由双股 DNA 组成，外有一层含类脂的囊膜。虽然该病毒只有一个血清型，但毒株之间有微小的差异，有强毒株和弱毒株之分。

病毒对外界环境因素的抵抗力中等，在 55 ℃的温度下，存活 10～15 min；在 37 ℃的温度下，存活 22～24 h，直射阳光可存活 7 h，普通消毒剂如 3%来苏儿、1%火碱 12 min 都可将病毒杀死。生理盐水中的病毒在室温下 90 min 可灭活，煮沸立即死亡；气管黏膜中的病毒在直射阳光下 6～8 h，死亡，但在黑暗的禽舍中可存活 110 d。病禽尸体内的病毒存活时间较长。其在－18 ℃的温度下能存活 7 个月以上，在鸡舍内可存活 9 d；冻干后，在－60～－20 ℃的温度下能长期存活，经乙醚处理 24 h 后，即失去了传染性。

(二)流行病学

在自然条件下，鸡传染性喉气管炎主要侵害鸡。虽然各种年龄的鸡均可感染，以成年鸡的症状最有特征性。突然发病和迅速传播是本病的发生特点。幼龄火鸡、野鸡、鹌鹑和孔雀也可感染，鸭、鸽、珍珠鸡和麻雀等不易感，哺乳动物不感染。病鸡及康复后的带毒鸡是主要传染源。其主要经上呼吸道及眼结膜感染，也可能通过消化道感染。与接种了疫苗的鸡做较长时间的接触的易感鸡群也可感染发病，即免疫后的鸡排出的病毒成为传染源。被呼吸器官及鼻腔排出的分泌物污染的垫草饲料、饮水和用具可成为传播媒介。人及野生动物的活动也可机械传播，所以本病尚未见垂直传播的情况。

鸡传染性喉气管炎一年四季都能发生，但以晚秋、冬季、早春季节多见。鸡群拥挤、通风不良、饲养管理不善、维生素 A 缺乏和寄生虫感染等均可诱发或促进鸡传染性喉气管炎的发生。本病在同群鸡传播速度快，群间传播速度较慢，常呈地方流行性。虽然本病感染率高，高达 90%，但致死率较低一般为 5%～10%。产蛋鸡群在感染后的产蛋率下降可达 35%或更高。

（三）临床症状

自然感染的潜伏期为6～12 d，人工气管内接种的潜伏期为2～4 d。根据毒株致病力的不同，在临床上可分为喉气管型（急性型）和结膜型（温和型）。

1. 喉气管型（急性型）

喉气管型（急性型）是由高度致病性病毒株引起的。其主要发生在成年鸡。其特征是张口呼吸，在每次呼吸时都要抬头伸颈，并发出响亮的喘鸣声。病鸡在咳嗽或摇头时咳出或甩出带血的黏液，常附着于墙壁、水槽、食槽或鸡笼上，个别鸡的嘴有血染。在检查口腔时，可见喉头出血，周围有泡沫状液体或黏膜上有淡黄色凝固物附着，严重时喉头被凝块堵塞，引起病鸡窒息死亡。病鸡表现出食欲不振，迅速消瘦，排出绿色粪便。死亡鸡的鸡冠及肉髯呈暗紫色，死亡鸡的体况较好，死亡时多呈仰卧姿势。产蛋鸡的产蛋量迅速减少（可达35%），康复后1～2个月才能完全恢复。

2. 结膜型（温和型）

结膜型（温和型）是由低致病性病毒株引起的。其主要发生于40日龄的雏鸡。其特征为眼结膜炎，眼结膜红肿，1～2 d后流眼泪，眼分泌物从浆液性到脓性，最后导致眼盲，眶下窦肿胀。发病率约为5%，病程长短不一，一般为1～4周。产蛋鸡产蛋率下降，畸形蛋增多。

（四）病理变化

1. 喉气管型（急性型）

其最具特征性病变在喉头和气管。在喉和气管内有卡他性或卡他出血性渗出物，渗出物呈血凝块状堵塞喉和气管或在喉和气管内存有纤维素性的干酪样物质，呈灰黄色附着于喉头周围，其很容易从黏膜剥脱，阻塞喉腔，特别是堵塞喉裂部。干酪样物从黏膜脱落后，黏膜急剧充血，轻度增厚，散在点状或斑状出血，气管的上部气管环出血。

鼻腔和眶下窦黏膜也发生卡他性或纤维素性炎。黏膜充血、肿胀，散布小点状出血。有些病鸡的鼻腔渗出物中带有血凝块或呈纤维素型干酪样物。产蛋鸡的卵巢异常，出现卵泡变软、变形、出血等。

2. 结膜型（温和型）

有的病例单独侵害眼结膜，有的病例则与喉、气管病变合并发生。结膜病变主要呈浆液性结膜炎，表现为结膜充血、水肿，有时有点状出血。有些病鸡的眼睑，特别是下眼睑发生水肿；有的病例则发生纤维素性结膜炎，角膜溃疡。

二维码 4-4 鸡传染性喉气管炎

（五）诊断

根据流行病学、具备的特征性症状和典型的病变（张口呼吸，气喘，有干啰音，咳嗽时咳出带血的黏液。喉头及气管上部出血明显），即可做出初步诊断。在症状不典型，与传染性支气管炎、鸡毒支原体病不易区别时，须进行实验室诊断。如鸡胚接种、包涵体检查、中和试验等。

（六）防治

严格执行兽医卫生防疫制度。坚持隔离、消毒等防疫措施是防止本病流行的有效方法。

由于野毒感染和疫苗接种都可造成潜伏感染，因此避免将康复鸡或接种疫苗的鸡与易感鸡混群饲养。平时要注意环境卫生、消毒、通风。鸡舍内氨气过浓易诱发本病。新购进的鸡必须用少量的易感鸡与其做接触感染试验，隔离观察 2 周，易感鸡不发病，证明不带毒时方可合群。执行全进全出的饲养制度，严防病鸡和带毒鸡的引入。药物仅是对症疗法。其可使呼吸困难的症状缓解。

免疫预防是预防本病的有效方法之一。一般情况下，在从未发生过本病的鸡场不主张接种疫苗，认真执行兽医卫生综合预防措施来预防本病的发生。在本病流行的地区和受威胁地区可接种疫苗。

两种疫苗可用于免疫接种：一种是弱毒疫苗，经点眼、滴鼻免疫。但弱毒疫苗一般毒力较强，免疫鸡可出现轻重不同的反应，甚至引起成批死亡，接种途径和接种量应严格按说明书进行。另一种是强毒苗，可涂擦于泄殖腔黏膜，4～5 d 后，黏膜出现水肿和出血性炎症，表示接种有效，但排毒的危险性很大，一般只用于发病鸡场。灭活疫苗的免疫效果一般均不理想。由于弱毒疫苗可能会造成病毒的终生潜伏，偶尔活化和散毒，因此应用生物工程技术生产的亚单位疫苗、基因缺失疫苗、活载体疫苗、病毒重组体疫苗将具有广阔的应用前景。

我们对发病鸡群尚无特异的治疗方法。鸡传染性喉气管炎多是由继发葡萄球菌感染而使病情加重，死亡率大大增加，采用抗生素治疗可收到良好效果。

任务五　鸡传染性法氏囊病

【任务目标】

1. 了解鸡传染性法氏囊病的病原特点。

2. 描述鸡传染性法氏囊病的流行特点。

3. 认知鸡传染性法氏囊病的临床症状和病理变化。对教师出示的典型图片能够用自己的语言进行描述。

4. 会用本课学习的内容对鸡传染性法氏囊病进行诊断和防治。

鸡传染性法氏囊病，也称为甘布罗，是指由传染性法氏囊病毒引起的鸡的一种急性接触性传染病。其症状为腹泻寒战、极度虚弱。法氏囊和肾脏的病变具有特征性的变化。鸡传染性法氏囊病广泛分布于世界各地区。感染鸡表现出的极度虚弱和免疫抑制造成多种疫苗免疫失败，增加了鸡对多种传染病的易感性。

(一)病原

鸡传染性法氏囊病毒为呼肠孤病毒科双股 RNA 病毒。病毒粒子无囊膜，仅由单层核酸和衣壳组成，无红细胞凝集特性。目前已知病毒有两个血清型，即血清Ⅰ型(鸡源性毒株)和血清Ⅱ型(火鸡源性毒株)，两者的交叉保护力极差。血清Ⅰ型只对鸡致病。用经典株血清Ⅰ型弱毒苗免疫的鸡不能抵抗变异株病毒的攻击，疫苗仅能提供 10%～70%的保护率，另外，我国已出现超强毒株。这些都是导致免疫失败或效果不理想的主要原因。

在鸡舍中的病毒可存活 100 d 以上，病毒耐热，耐阳光及紫外线照射。该病毒在 56 ℃的温度下，加热 5 h 仍存活；在 60 ℃的温度下，可存活 0.5 h；在 70 ℃的温度下，则迅速灭活。病毒耐酸，不耐碱，当 pH 为 2.0 时经 1 h 不被灭活；当 pH 为 12 时则受抑制。0.05%氢氧化钠的变性肥皂可杀灭病毒或对病毒活性有强烈的抑制作用。病毒对乙醚和氯仿不敏感。0.5%的氯化铵 10 min 可杀灭病毒，0.2%的过氧乙酸、2%次氯酸钠、5%的漂白粉、3%的苯酚、3%福尔马林、0.1%的升汞溶液可在 30 min 内灭活病毒。

(二)流行病学

虽然鸡传染性法氏囊病的自然宿主为雏鸡和火鸡，但两者不发生交叉感染。不同品种的鸡均有易感性。母源抗体阴性的鸡可于 1 周龄内感染发病，有母源抗体的鸡多在母源抗体下降至较低水平时感染发病。3～6 周龄的鸡最易感。肉仔鸡比蛋鸡易感。成年鸡对本病有抵抗力。1～2 周龄的雏鸡发病较少。

病鸡和带毒鸡是主要传染源，病鸡的粪便中含有大量病毒。本病毒不仅可通过消化道和呼吸道感染，还可通过污染了病毒的蛋壳传播。未有证据表明经卵传播。媒介昆虫可能参与了本病的传播。另外，经眼结膜也可传播。

鸡传染性法氏囊病常突然发生，迅速传播，很快波及整个鸡群。典型发病鸡群的死亡曲线呈尖峰式，死亡集中于发病后的 3～4 d，发病 1 周左右基本停止死亡。本病常造成地方性流行。商品肉鸡由于高密度饲养，病情最为严重。如果遇超强毒株感染，首次暴发时的发病率高达 100%，死亡率高达 80%或更高；一般发病率为 70%～90%，死亡率为 20%～40%，暴发后转为隐性感染。其一般呈一过性经过，也有再度感染发病的报道。鸡传染性法氏囊病全年均可发生，无明显季节性，以冬春季节较为严重。

(三)临床症状

潜伏期为 2～3 d。发病鸡群的早期症状是一些病鸡有啄自己肛门的现象，随即病鸡出现腹泻，排出白色黏稠或米汤样稀便，并黏附在泄殖腔周围的羽毛上。随着病程的发展，食欲逐渐消失，颈和全身震颤，病鸡步态不稳，羽毛蓬松竖立，精神委顿，沉郁，闭眼呆立，卧地不动，体温常升高。此时病鸡脱水严重，趾爪干燥，眼窝凹陷，震颤，后期体温下降，最后衰竭死亡。急性病鸡可在出现症状 1～2 d 后死亡，鸡群在 3～5 d 达死亡高峰，以后逐渐减少。在初次发病的鸡场多呈显性感染，症状典型，死亡率高，以后发病多转入亚临诊型。

近年来，由部分Ⅰ型变异株所致的病型多为亚临诊型，死亡率低，病鸡的症状不明显，呈隐性感染，病程为 5～7 d，长的病程可达 3 周。其危害性更大，造成的免疫抑制严重，常造成抗病能力下降和疫苗免疫失败。

(四)病理变化

病死鸡表现出明显脱水，腿爪干燥。大腿内外侧和胸部肌肉常见条纹状或斑块状出血。腺胃和肌胃交界处常见出血点或出血斑。心脏外膜有出血斑点，脾脏肿大，肾脏肿大，尿酸盐沉积。肝表面有黄色条纹。胰脏白垩变性。盲肠扁桃体肿大、出血，直肠黏膜有条纹状出血。法氏囊病变具有特征性水肿，比正常大 2～3 倍，囊壁增厚，外形变圆，呈土黄色，外包裹有胶冻样透明渗出物。囊内黏膜皱褶上有出血点或出血斑，内有炎性分泌物或黄色干酪样物。随病程延长，法氏囊萎缩变小，囊壁变薄，呈现灰色，第 8 天后仅为其原重量的 1/3。一些严重病例可见法氏囊严重出血，呈紫黑色，如紫葡萄状。肾脏肿大、苍白，常见尿酸盐沉积，突出肾窝，表面呈花斑样。肾小管明显扩张，管内有多量尿酸盐沉积。输尿管内也常因尿酸盐沉积而高度扩张。盲肠扁桃体多肿大、出血，肝脏无明显变化，脾脏肿大褪色，表面有灰白色坏死灶。

(五)诊断

根据本病流行病学、临床症状及病变特征，如发现3～6周龄的鸡突然发病，传播迅速，发病率高，有明显的高峰死亡曲线和迅速康复的特点以及法氏囊、肾脏和肌肉的特征性变化等就可以做出初步诊断。确诊应做病毒的分离鉴定、动物接种试验或血清学检查。此外，中和试验、酶联免疫吸附试验、免疫荧光抗体技术、对流免疫电泳技术等都可以用于本病的确诊。

(六)防治

1.加强环境卫生的消毒工作是控制鸡传染性法氏囊病的关键措施，必须贯穿种蛋、孵化、育雏的全过程

要保证鸡舍换气良好，温度、湿度适宜，消除各种应激条件，提高鸡体免疫应答能力。特别注意不要从有本病的地区、鸡场引进鸡苗、种蛋。必须引进的鸡苗和种蛋要隔离消毒观察20 d以上，确认健康者方可合群。对60日龄内的雏鸡最好实行隔离封闭饲养，杜绝传染来源。

2.生产中应提高种鸡的母源抗体水平，保护子代雏鸡避免早期感染

应用油乳剂灭活苗对18～20周龄种鸡进行第一次免疫，于40～42周龄时第二次免疫。母源抗体能保护雏鸡至2～3周龄。对雏鸡应进行免疫接种。常用的疫苗有活疫苗或灭活疫苗。活疫苗有三种类型：一是弱毒力苗对法氏囊无任何损伤，但免疫后保护力低，现不常使用；二是中等毒力苗在接种后对法氏囊有轻微的可逆性损伤，但保护率高。在污染场使用这种疫苗效果好，其代表有Cu-IM、D78、TAD、B87、BJ836疫苗；三是中等偏强毒力型对法氏囊损伤严重，并有免疫干扰，故现在不用。灭活疫苗是用鸡胚成纤维细胞毒或鸡胚毒的油佐剂灭活苗，其一般用于活疫苗免疫后的加强免疫。

3.确定弱毒疫苗首次免疫日龄是很重要的

首免时间常以琼脂扩散试验测定雏鸡的母源抗体水平来确定。若1日龄的阳性率$<80\%$，可在10～17日龄时首免；若阳性率$\geq 80\%$，应在7～10日龄时再检测，确定首免日龄；若阳性率$<50\%$时，就在14～21日龄时首免；若阳性率$\geq 50\%$，应在17～24日龄时首免。在养鸡生产中，当由传染性法氏囊病毒变异株感染引起免疫失败时，可用当地分离的毒株制成灭活疫苗进行免疫接种，常收到良好的效果。

4.发病后，必须立即清除患病鸡、病死鸡，深埋或焚烧

选择合适的消毒药对鸡舍、鸡体表周围环境，进行严格彻底消毒。

5.鸡群一旦发生鸡传染性法氏囊病，及时处理病鸡，进行彻底消毒

发病鸡舍应严格封锁，每天上午、下午各进行一次带鸡消毒，对环境、人员、工具也应进行消毒。其他鸡舍以及与病鸡同日龄的鸡可使用双倍剂量的中等毒力的活疫苗进行紧急免疫接种。另外，对发病鸡应加强饲养管理，降低饲料中的蛋白含量，提高维生素含量。在饮水中，加5%的糖或0.1%的盐，供应充足的饮水或在饮水中加入口服补盐液，以减少对肾脏的损害。投服抗生素或磺胺药品，防止继发感染。

二维码4-5　鸡传染性法氏囊病

任务六 产蛋下降综合征

【任务目标】

1. 了解产蛋下降综合征的病原特点。

2. 描述产蛋下降综合征的流行特点。

3. 认知产蛋下降综合征的临床症状和病理变化。对教师出示的典型图片能够用自己的语言进行描述。

4. 会用本课学习的内容对产蛋下降综合征进行诊断和防治。

产蛋下降综合征是由禽腺病毒引起鸡的一种传染病。其临床症状不明显，主要表现为产蛋率急剧下降，出现软壳蛋和畸形蛋。1976 年，产蛋下降综合征，又称 EDS-76，首次在荷兰发现，现已遍及世界各地。

(一)病原

鸡产蛋下降综合征病毒属于腺病毒科禽腺病毒属成员，为无囊膜的双股 DNA 病毒，病毒粒子直径为 70～80 nm。病毒含有血细胞凝集素，能凝集鸡、鸭、鹅的红细胞，并为特异抗体所抑制，可用血凝抑制试验诊断本病。其他禽腺病毒主要凝集哺乳动物红细胞，这与 EDS-76 病毒不同。

病毒对外界抵抗力较强，对乙醚、氯仿不敏感，pH 为 3～7 时稳定，病毒在 56 ℃温度下可存活 3 h，在 60 ℃温度下 30 min 可丧失致病性，在 70 ℃温度下 20 min 则死亡，在室温条件下可存活 6 个月以上。0.3%的甲醛溶液经 24 h，0.1%的甲醛溶液经 48 h 可完全灭活病毒。

(二)流行病学

产蛋下降综合征的主要易感动物是鸡。其自然宿主是鸭或野鸭。被感染的鸭虽不发病，但长期带毒，带毒率可达 85%以上。在家鸭、家鹅、俄罗斯鹅和白鹭、加拿大鹅和凫、海鸥、猫头鹰、鹳、天鹅、北京鸭、珠鸡中广泛存在 EDS-76 抗体。

不同品系的鸡对本病毒的易感性有差异。26～35 周龄的所有品系的鸡都可感染，尤其是产褐壳蛋的肉用种鸡和种母鸡最易感，产白壳蛋的母鸡患病率较低。本病毒除可使不同品系的鸡和鸭感染外，鹅、雉鸡、珠鸡、火鸡和鹌鹑也可产生不同程度的抗体或排出病毒，鹌鹑只排出病毒，不产生抗体。

任何年龄的肉鸡、蛋鸡均可感染。被感染的幼龄鸡不表现任何临床症状，血清中也查不出抗体，只有到开产以后，血清才转为阳性。本病的流行特点是病毒的毒力在性成熟前的鸡体内不表现出来。产蛋初期的性成熟应激致使病毒活化而使产蛋鸡发病。6～8 月龄的母鸡处于发病高峰期。

产蛋下降综合征的传染源是带毒鸡和病鸡。其主要途径是由输卵管和卵巢传播。它既可水平传播，又可垂直传播。被感染的鸡可通过种蛋和种公鸡的精液传递。从鸡的输卵管、泄殖腔、粪便、咽黏膜、白细胞、肠内容物等可分离到 EDS-76 病毒，可见，病毒可通过这些途径向外排毒，污染饲料、饮水、用具、种蛋，经水平传播使其他鸡感染。多数病毒通过蛋垂直传播，并经蛋内感染的鸡在全群产蛋率为 50%时到感染高峰，出现排毒，并产生血凝抑制抗体。水平传播较慢，且呈间断性。

(三)临床症状

潜伏期约为 9 d。感染鸡群无明显临诊症状。通常 26～36 周龄的产蛋鸡突然出现群体性产蛋下降，产蛋率比正常下降 20%～30%，下降率甚至达 50%。与此同时，产出软壳蛋、薄壳蛋、无壳蛋、小蛋，蛋体畸形，蛋壳表面粗糙，如白灰、灰黄粉样。褐壳蛋则色素消失，颜色变浅、蛋白水样，蛋黄色淡或蛋白中混有血液、异物等。异常蛋可占总产蛋率的 15%或以上，蛋的破损率增高。其持续 4～10 周或更长，然后缓慢上升，最终也回升不到标准产蛋曲线。如果本病发生于产蛋后期的鸡，产蛋率下降则更明显。病鸡的其他方面均正常，有时出现腹泻症状。

二维码 4-6 产蛋下降综合征

(四)病理变化

产蛋下降综合征无明显的病理变化。其特征性病变是输卵管各段黏膜发炎、水肿、萎缩；病鸡的卵巢萎缩变小，卵泡出血、软化、色淡，甚至变性；子宫黏膜发炎，肠道出现卡他性炎症。

(五)诊断

根据流行病学、临诊症状等可做出初步诊断。本病的特点是由其引起产蛋下降的持续时间比由非典型新城疫、低致病性禽流感、鸡传染性喉气管炎和禽脑脊髓炎等引起的产蛋下降的持续时间要长。确诊需要进行实验室诊断。如病原分离和鉴定、血清学试验，此外，还可通过琼脂扩散试验、免疫荧光抗体技术、中和试验和 ELISA 等方法进行诊断。

(六)防治

没有特效的治疗方法，只有采用综合性防治措施。严格执行兽医卫生措施，加强鸡场和孵化厅消毒工作；在日粮配合中，注意氨基酸、维生素的平衡。杜绝 EDS-76 病毒传入。本病主要经胚垂直传播。应从非疫区的鸡群中引种，引进种鸡要严格隔离饲养，产蛋后经 HI 试验监测，血凝抑制抗体阴性者才能留作种鸡用。用油佐剂灭活苗对鸡免疫接种可起到良好的保护作用。鸡在 110～130 日龄时进行免疫接种，免疫后血凝抑制抗体效价可达 8～9log2，免疫后 7～10 d 可测到抗体，免疫期为 10～12 个月。以新城疫病毒和 EDS-76 病毒制备的二联油佐剂灭活苗对这两种病有良好的保护力。

任务七　鸭　　瘟

【任务目标】

1. 了解鸭瘟的病原特点。
2. 描述鸭瘟的流行特点。
3. 认知鸭瘟的临床症状和病理变化。对教师出示的典型图片能够用自己的语言进行描述。
4. 会用本课学习的内容对鸭瘟进行诊断和防治。

鸭瘟是指由鸭瘟病毒引起的鸭、鹅、天鹅等雁形目动物的一种急性、热性、败血性传染病。

本病又被称为鸭病毒性肠炎。其临床上以发病快、传播迅速、发病率和病死率高，部分病鸭流泪、肿头，下痢，消化道黏膜出血、坏死，严重者在食道或泄殖腔黏膜表面形成黄绿色假膜，肝脏出血或坏死等为主要特征。本病是严重威胁养鸭业发展的重要传染病之一。

（一）病原

鸭瘟病毒，又称鸭疱疹病毒Ⅰ型，属于疱疹病毒科疱疹病毒甲亚科疱疹病毒属中的滤过性的病毒。病毒粒子呈球形，直径为120～180 nm，有囊膜，病毒核酸型为双股DNA。病毒在病鸭体内分散于各种内脏器官、血液、分泌物和排泄物，其中以肝、肺、脑含毒量为最高。本病毒对禽类和哺乳动物的红细胞没有凝集现象，毒株间在毒力上有差异，但免疫原性相似。

病毒对外界抵抗力不强，温热和一般消毒剂能很快将其杀死。病毒在80 ℃的温度下，经5 min即可死亡；在56 ℃温度下，经10 min即杀死；在污染的禽舍内（4～20 ℃）可存活5 d；对低温抵抗力较强，在−7～−5 ℃温度下，经3个月毒力不减弱；在−20～−10 ℃温度下，经1年对鸭仍有致病力。病毒对乙醚和氯仿等常用消毒剂敏感。

（二）流行病学

鸭瘟一年四季均可发生，但以春、秋季流行较为严重。在自然条件下，鸭瘟主要发生于鸭。不同年龄、性别和品种的鸭都有易感性，其中以番鸭、麻鸭易感性较高，北京鸭次之。自然感染则多见于大鸭，1月龄以下的雏鸭发病较少。

病鸭和带毒鸭是鸭瘟主要传染源。鸭瘟可通过病禽与易感禽的接触而直接传染，也可通过与污染环境的接触而间接传染。鸭瘟的传播途径主要是消化道，其他还可以通过交配、眼结膜和呼吸道而传染。吸血昆虫也可能成为本病的传播媒介。被病鸭和带毒鸭的排泄物污染的饲料、饮水、用具和运输工具等都是造成鸭瘟传播的重要因素。

（三）临床症状

自然感染的潜伏期为3～5 d，人工感染的潜伏期为2～4 d。病初体温升高至43 ℃以上，高热稽留。病鸭表现出精神委顿，食欲减少，渴欲增加，羽毛松乱无光泽，两翅下垂，两脚麻痹无力，走动困难。流泪和眼睑水肿是鸭瘟的一个特征症状。病初流出浆性分泌物，以后变黏性或脓性分泌物，将眼睑粘连而不能张开。严重者的眼睑水肿或翻出于眼眶外，眼结膜充血或小点出血，甚至形成小溃疡。此外，病鸭从鼻腔流出稀薄和黏稠的分泌物，呼吸困难。个别病鸭见有频频咳嗽，同时病鸭发生下痢，排出绿色或灰白色稀粪，肛门周围的羽毛被污染并结块。泄殖腔黏膜充血、出血、水肿，严重者的黏膜外翻并有一层黄绿色的假膜，不易剥离。部分病鸭在疾病明显时期可见头和颈部发生不同程度的肿胀，触之有波动感，俗称“大头瘟”。病程一般为2～5 d，慢性病例可拖至1周以上，生长发育不良。

鹅的发病率低，极少死亡。其临床特征为头颈羽毛松乱，精神委顿，脚软麻痹，卧地不愿行走，食欲下降，甚至废绝，渴欲增加。体温升高达42.5～43 ℃。两眼流泪，眼睑水肿，死后眼睑周围有凝固的血迹，头、下颌部皮下水肿。鼻孔有浆液性和黏液性分泌物，呼吸困难，下痢，粪便呈乳白色或黄绿色黏液状，肛门水肿。成鹅产蛋量下降。

（四）病理变化

病变的特点是出现急性败血症，体表皮肤有许多散在出血斑，眼睑常粘连一起，下眼睑结膜出血或有少许干酪样物覆盖。部分头颈肿胀的病例的皮下组织有黄色胶样浸润。食道黏膜有纵行排列的灰黄色假膜覆盖或小出血斑点，假膜易剥离，剥离后的食道黏膜留有溃疡斑痕。有些病例的腺胃与食道膨大部的交界处有一条灰黄色坏死带或出血带。肠黏膜充血、出血，以十二指肠和直肠最为严重。泄殖腔黏膜的病变与食道相同，也具有特征性，黏膜表面覆盖一层灰褐色或绿色的坏死结痂，黏着很牢固，不易剥离，黏膜上有出血斑点和水肿，具有诊断意义。产蛋母鸭的卵巢滤泡增大，有出血点和出血斑，有时卵泡破裂，引起腹膜炎。

肝脏不肿大，肝表面和切面有大小不等的灰黄色或灰白色的坏死点。少数坏死点中间有小的出血点，这种病变具有诊断意义。当雏鸭感染鸭瘟病毒时，法氏囊呈深红色，表面有针尖状的坏死灶，囊腔充满白色的凝固性渗出物。

鹅感染鸭瘟病毒后的病变与鸭相似。食道黏膜上有散在的坏死灶，溃疡，肝也有坏死点和出血点。泄殖腔黏膜出血，表面覆盖一层灰绿色斑点状隆起物，不宜剥离刮落，用刀刮有磨砂感。

（五）诊断

根据流行病学特点、特征症状和病变可做出初步诊断。本病传播迅速，发病率和病死率高。其特征性症状为体温升高，流泪，两腿麻痹和部分病鸭头颈肿胀；有诊断意义的病变为食道和泄殖腔黏膜溃疡、有假膜覆盖的特征性病变、肝脏坏死灶及出血点。必要时进行病毒分离鉴定和中和试验。此外，Dot-ELISA 可作为快速诊断。

（六）防治

坚持自繁自养，全进全出制。避免从疫区引进鸭，如必须引进，一定要经过严格检疫，并经隔离饲养 2 周以上，证明健康后才能合群饲养。禁止在鸭瘟流行区域和野水禽出没区域放牧。平时对禽场和工具进行定期消毒。病愈和人工免疫的鸭均获得坚强的免疫力。目前使用的疫苗有鸭瘟鸭胚化弱毒苗和鸡胚化弱毒苗。雏鸭于 20 日龄时首免，于 4～5 月龄后加强免疫 1 次即可。

二维码 4-7 鸭瘟

一旦发生鸭瘟，立即采取隔离和消毒措施，对鸭群用疫苗进行紧急接种。禁止病鸭外调和出售，停止放牧，防止扩散病毒。在受威胁区内，所有鸭和鹅应注射鸭瘟弱毒疫苗，母鸭的接种最好安排在停产时或产蛋前一个月。

经济价值较高的鸭可在病初肌内注射鸭高免血清 0.5～1 mL/只，也可用聚肌胞肌内注射 1 mg/只，3 d 一次，连用 2～3 次，可收到良好疗效；应用高免卵黄制剂给每只鸭进行皮下注射 1～2 mL，预防量减半；也可以用免疫过的蛋鸭所产的蛋给正在发病的鸭群服用，每天每只鸭一个蛋黄，具有一定的效果。

任务八 小鹅瘟

【任务目标】

1. 了解小鹅瘟的病原特点。
2. 描述小鹅瘟的流行特点。
3. 认知小鹅瘟的临床症状和病理变化。对教师出示的典型图片能够用自己的语言进行描述。
4. 会用本课学习的内容对小鹅瘟进行诊断和防治。

小鹅瘟又称鹅细小病毒感染,是指由细小病毒引起的雏鹅与雏番鸭的一种急性或亚急性败血性传染病。其临床特征为精神委顿、食欲废绝和严重下痢。剖检后以渗出性肠炎为主要病理变化。小鹅瘟主要侵害4~20日龄的雏鹅。其具有传播快、发病率高、死亡率高的特点。

(一)病原

小鹅瘟病毒属细小病毒科细小病毒属成员。病毒为球形,无囊膜,直径为20~22 nm,是一种单链DNA病毒。与一些哺乳动物细小病毒不同,本病毒无血凝活性,与其他细小病毒已无抗原关系。其与国内外分离到的毒株抗原性基本相同,仅有一种血清型。

病毒在65 ℃的温度下,经30 min对滴度无影响;在56 ℃的温度下,能抵抗3 h;在37 ℃的pH 3.0溶液中耐受1 h以上,对氯仿、乙醚和多种消毒剂不敏感,能抵抗胰酶的作用。

(二)流行病学

小鹅瘟仅发生于鹅与番鸭的幼雏,其他禽类均无易感性。小鹅瘟的发生及其危害程度与日龄密切相关。雏鹅的易感性随年龄的增长而减弱。其主要侵害5~25日龄的雏鹅与雏番鸭。10日龄以内的雏鹅与雏番鸭的发病率和死亡率可达95%~100%,以后随日龄增大而逐渐减少。1月龄以上的雏鹅和雏番鸭较少发病,成年禽可带毒、排毒而不发病。

病雏及带毒成年禽是本病的传染源。在自然情况下,与病禽直接接触或采食被污染的饲料、饮水是本病传播的主要途径。一旦在易感的成年鹅群中传入小鹅瘟病毒,就可通过垂直传播,易感雏鹅群严重暴发本病。

小鹅瘟的暴发与流行具有明显的周期性。在每年全部更新种鹅的地区,大流行后的一二年内都不会再次流行本病。有些地区并不是每年更新全部种鹅。本病的流行不表现出明显的周期性,每年均有发病,但死亡率较低,为20%~50%。

(三)临床症状

小鹅瘟的潜伏期与感染时雏鹅的日龄有关,1日龄感染的潜伏期为3~5 d,2~3周龄感染的潜伏期为5~10 d。

1周龄内的发病者常呈最急性型,往往无前期症状,一经发现即极度衰弱或倒地乱划,不久即死亡。其发病率可达100%,死亡率高达95%以上。第2周内发生的病例多为急性型,病鹅表现为全身委顿,食欲减少,常离群,打瞌睡,随后腹泻,排出灰白色或黄绿色带有气泡的稀粪。其在临死前出现两腿麻痹或抽搐。病程为1~2 d。2周龄以上的病例病程稍长,一部分转为亚急性型,以委顿消瘦和拉稀为主要症状,少数幸存者在一段时间内生长不良。病死率一般为 50%以下。雏番鸭的临床症状与鹅相似。

（四）病理变化

1. 最急性型

最急性型病例除肠道有急性卡他性炎症外，其他器官一般无明显病变。

2. 急性型

急性病例表现为全身性败血症变化，全身脱水，皮下组织显著充血。心脏变圆，心房扩张，心壁松弛，心肌晦暗无光泽。肝脏肿大，呈深紫色或黄红色，胆囊肿大，充满暗绿色胆汁。本病的特征性变化是小肠发生急性卡他性-纤维素性坏死性肠炎，小肠中下段的整片肠黏膜坏死脱落，与凝固的纤维素性渗出物形成栓子或包裹在肠内容物表面的假膜，堵塞肠腔。剖检时可见靠近卵黄与回盲部的肠段，外观极度膨大，质地坚实，状如香肠，肠管被一个淡灰或淡黄色的栓子塞满。这个变化在亚急性病例更容易看到。

二维码 4-8 小鹅瘟

（五）诊断

小鹅瘟具有特征的流行病学表现。遇有孵出不久的雏鹅群大量发病及死亡，结合症状和特有的病变，即可做出初步诊断。确诊可通过病毒分离鉴定或病毒中和试验、琼脂扩散试验、反向间接血凝试验、ELISA 试验、精子凝集抑制试验等特异抗体检查。

（六）防治

各种抗菌药物对小鹅瘟无治疗作用。除采取常规的卫生防疫措施外，本病主要依靠疫苗、高免血清和卵黄液进行防治。及早注射抗小鹅瘟高免血清能制止 80%～90%已被感染的雏鹅发病。由于病程太短，对症状严重的病雏，抗血清的治疗效果甚微。

小鹅瘟主要通过孵化室传播，因此孵化室中的一切用具设备在每次使用后必须清洗消毒，收购来的种蛋应用福尔马林熏蒸消毒。如发现分发出去的雏鹅在 3～5 d 发病，即表示孵化室已被污染，应立即停止孵化，将房舍及孵化、育雏等全部器具彻底消毒。刚出壳的雏鹅要注意不要与新进的种蛋和大鹅接触，以防感染。已污染的孵化室所孵出的雏鹅应立即注射高免血清。

严禁从疫区购进种蛋及种苗。新购进的雏鹅应隔离饲养 20 d 以上，在确认无小鹅瘟发生时，才能与其他雏鹅合群。在小鹅瘟严重流行的地区，利用弱毒苗，甚至强毒苗免疫母鹅是预防本病最经济有效的方法。在未发病的受威胁区不要用强毒免疫，以免散毒。在留种前一个月做第一次接种，肌内注射种鹅弱毒苗尿囊液原液 100 倍稀释物 0.5 mL/只，15 d 后做第二次接种，尿囊液原液 0.1 mL/只，再隔 15 d 方可留作种蛋。

项目二 家禽寄生虫病

【项目简介】

家禽寄生虫病是危害规模化养禽场的重要疾病。家禽寄生虫病是指由寄生虫引起的有一定的潜伏期和临床症状，并能传播的疾病。目前家禽寄生虫的发生率逐年升高，原因各有差异，应该具体掌握发病原因及应对措施，以控制和消灭寄生虫病。本项目主要介绍了鸡住白细胞虫病、鸡组织滴虫病、鸡蛔虫病、鸡羽虱 4 个任务。

任务一　鸡住白细胞虫病

【任务目标】

1. 了解鸡住白细胞虫病的病原特点。

2. 描述鸡住白细胞虫病的流行特点。

3. 认知鸡住白细胞虫病的临床症状和病理变化，对教师出示的典型图片能够用自己的语言进行描述。

4. 会用本课学习的内容对鸡住白细胞虫病进行诊断和防治。

(一)病原

鸡住白细胞虫病的病原是属于疟原虫科白细胞原虫属的原虫。其特征是雌雄配子体寄生在白细胞内。我国已发现鸡有 2 种住白细胞虫，即卡氏住白细胞虫和沙氏住白细胞虫。卡氏住白细胞虫的发育需要库蠓参与才能完成。其可分为 3 个阶段，即裂殖增殖、配子生殖和孢子生殖。卡氏住白细胞原虫在我国较为常见，致病力最强，常呈地方性流行。

裂殖增殖和配子体形成在鸡体内进行，而雌、雄配子体结合和孢子生殖库蠓体内完成。当含有子孢子的库蠓在叮咬鸡时，子孢子就进入鸡体内，经血液到网状内皮系统内进行裂殖增殖，产生无数的裂殖体和裂殖子。其裂殖体有 2 种类型，即肝型裂殖体和巨型裂殖体。前者是在肝实质细胞内进行裂殖生殖。所产生的肝裂殖体在成熟后释放出的裂殖子有 3 个去向：①进入肝实质的细胞内形成肝裂殖体。②被巨噬细胞吞食后，其发育为巨型裂殖体，巨型裂殖体在内脏各个器官组织内进行裂殖增殖。肝裂殖体和巨型裂殖体可重复繁殖 2～3 代。③进入血细胞内进行配子生殖，发育成雌、雄配子体。在鸡血液内的雌雄配子体进入库蠓的胃内进行配子生殖，即每个雄性配子体可产生 6 个雄性配子，雄性配子体与雌性配子体结合，形成合子，进一步发育为动合子、囊合子。囊合子在蠓胃内进行孢子生殖，形成子孢子。当蠓再吸血时，又将子孢子传入健康的鸡体，重复上述的发育史。

(二)流行病学

鸡住白细胞虫病的发生有明显的季节性，南方多发生于 4—10 月，北方多发生于 7—9 月。各个年龄的鸡都能感染，以 3～6 周龄的雏鸡的发病率较高。在肉鸡被感染后，鸡只消瘦，增重减慢。

(三)临床症状

病鸡表现出食欲不振，精神沉郁，流涎、下痢，粪便呈青绿色。贫血严重，鸡冠和肉垂苍白，有的病例可在鸡冠上出现圆形出血点，所以鸡住白细胞虫病也称为“白冠病”。严重者因咯血、出血、呼吸困难而突然死亡，死前口流鲜血。

（四）病理变化

死亡鸡剖检时的特征性病变是口流鲜血，口腔内积存血液凝块，鸡冠苍白，血液稀薄。全身皮下出血，肌肉，特别是胸肌和腿部肌肉有散在的明显的点状或斑块状出血。肝脏肿大，在肝脏表面有散在的出血斑点。肾脏周围常有大片出血，严重者的大部分或整个肾脏被血凝块覆盖。双侧肺脏充满血液，心脏、脾脏、胰脏、腺胃也有出血。肠黏膜呈弥漫性出血。在肠系膜、体腔脂肪表面、肌肉、肝脏、胰脏的表面有针尖大至粟粒大，与周围组织有明显界限的灰白色小结节。这种小结节是住白细胞虫的裂殖体在肌肉或组织内增殖形成的集落，也是本病的特征病变。

二维码 4-9　鸡住白细胞虫病

（五）诊断

根据流行病学资料、临诊症状和病原学检查即可确诊。病原学诊断是使用血片检查法，以消毒的注射针头，从鸡的翅下小静脉或鸡冠采一滴血，涂成薄片或是制作脏器的触片，再用瑞氏染色法或吉姆萨染色法染色，在显微镜下发现虫体便可做出诊断。

（六）防治

1. 治疗

复方磺胺-5-甲氧嘧啶，按 0.03％拌料，连用 5～7 d。磺胺-6-甲氧嘧啶，按 0.1％拌料，连用 4～5 d。呋喃唑酮按 0.04％拌料，连用 4～5 d。复方泰灭净的治疗量首次以 0.5％混入饲料，投药 3 d，维持量以 0.05％混料投喂 14 d。预防量以 0.025％混料，长期投服或按 0.01％拌料，连用 2 周。磺胺间二甲氧嘧啶用 0.05％饮水 2 d，然后用 0.03％饮水 2 d。克球粉按 0.025％混入饲料，连续服用。乙胺嘧啶按 0.000 4％，配合磺胺二甲氧嘧啶 0.004％混入饲料，连用 1 周。

2. 预防

(1)消灭吸血昆虫　蠓的幼虫和蛹主要孳生于水沟、池沼、水井和稻田等处，不易杀灭。但成虫多于晚间飞入鸡舍吸血，因而可用 0.1％除虫菊酯喷洒，杀灭蠓的成虫或安装细孔的纱门、纱窗防止库蠓进入。

(2)药物预防　在流行季节，可应用药物进行预防。

任务二　鸡组织滴虫病

【任务目标】

1. 了解鸡组织滴虫病的病原特点。
2. 描述鸡组织滴虫病的流行特点。
3. 认知鸡组织滴虫病的临床症状和病理变化，能够准确描述典型图片代表的症状和病变。
4. 会用本课学习的内容对鸡组织滴虫病进行诊断和防治。

鸡组织滴虫病，又名传染性盲肠肝炎或黑头病，是指由组织滴虫属的火鸡组织滴虫引起的禽类的一种急性原虫病。其特征是盲肠发炎，呈一侧或两侧肿大，肝脏有特征性坏死灶。本病多发于火鸡雏和雏鸡。成年鸡也能感染本病，但病情较轻。有时野鸡、孔雀、珠鸡、鹌鹑等也能感染本病。

(一)病原

组织滴虫属鞭毛虫纲、单鞭毛科。在盲肠寄生的虫体呈变形虫样(阿米巴阶段),直径为 5～30 μm,虫体细胞外质透明,内质呈颗粒状,核呈泡状,其邻近有一个生毛体,由此长出 1～2 根细的鞭毛。组织中的虫体(非阿米巴阶段)呈圆形或卵圆形或变形虫样,大小为 4～21 μm,无鞭毛。

(二)流行病学

鸡组织滴虫病以 2 周龄到 4 月龄的鸡最为易感。本病主要是由病鸡排出的粪便污染饲料、饮水、用具和土壤,通过消化道而感染。此种原虫对外界的抵抗力不强,不能长期存活。

组织滴虫的存在是与盲肠线虫(鸡异刺线虫)和养殖场土壤中普遍存在的几种蚯蚓密切相关。当病鸡同时有异刺线虫寄生时,此种组织滴虫则可侵入鸡异刺线虫体内,并转入其卵内,随异刺线虫卵排出体外,从而得到保护,并能在环境中生存较长时间,成为鸡组织滴虫病的感染源。其间,蚯蚓充当了转运宿主,异刺线虫的虫卵在蚯蚓体内孵化,发育为感染性虫卵。在鸡吞食了虫卵后,组织滴虫从异刺线虫虫卵内游离出来,钻入盲肠黏膜,在肠道某些细菌的协同作用下,滴虫在盲肠黏膜内大量繁殖,引起盲肠黏膜发炎、出血、坏死,进而炎症向肠壁深层发展,可涉及肌肉和浆膜,最终使整个盲肠都受到严重损伤。在肠壁寄生的组织滴虫也可进入毛细血管,随门静脉血流进入肝脏,破坏肝细胞而引起肝组织坏死。

(三)临床症状

鸡组织滴虫病的潜伏期一般为 7～12 d。病鸡表现出精神沉郁,食欲不振,闭眼缩头,羽毛松乱,翅下垂,步态僵硬。病鸡逐渐消瘦,体重下降,鸡冠、嘴角、喙、头部皮肤发绀,呈暗紫红色,故本病又称“黑头病”。病鸡排黄色或淡绿色的粪便,在急性感染时可排血便;火鸡排硫黄色的粪便。

(四)病理变化

鸡组织滴虫病的特征性病变在盲肠和肝脏。病变多发生于两侧盲肠,大约在感染后的第 8 天可见盲肠肿大增粗,肠壁充血、增厚、变硬,使去伸缩性,形似香肠。肠腔内充满的大量浆液性和出血性渗出物使肠壁扩张,渗出物发生干酪化,形成干燥、坚硬、干酪样的肠芯。如将肠管横切,则见干酪样凝固物呈同心圆层状结构,其中心为暗红色的凝血块,外围是淡黄色干酪化的渗出物和坏死物。盲肠黏膜有出血、坏死,并形成溃疡。

在感染后的第 10 天,肝脏表现出大小正常或明显肿大,变成绿色或黄褐色。在肝被膜面有散在或密布圆形或不规则形、中央稍凹陷、边缘稍隆起、呈黄绿色或黄白色的坏死灶,直径可达 1 cm。坏死灶的大小不一,其周边常环绕红晕,类似葵花样形状,有些病例的肝脏有许多散在的小坏死灶,肝脏外观呈斑驳状。若坏死灶互相融合,则可形成大片融合性坏死灶。肺、肾、脾与肠系膜处出现白色圆形的坏死区。

(五)诊断

在一般情况下,根据组织滴虫病的特异性肉眼病变和临诊症状便可诊断。在并发有球虫病、沙门菌病、曲霉菌病或上消化道毛滴虫病时，必须用实验室方法检查出病原体方可确诊。病原检查的方法是采集盲肠内容物，用加温至 40 ℃的生理盐水稀释后，做成悬滴标本镜检。在相差显微镜前放置一个白热的小灯泡加温，即可在显微镜下见到活动的火鸡组织滴虫。

(六)防治

1. 治疗

鸡组织滴虫病的治疗应从 2 个方面着手：一方面要杀死体内的组织滴虫；另一方面要驱除体内的异刺线虫。根据实际观察，治疗时甲哒唑、左旋咪唑(或阿苯达唑)、呋喃唑酮三种药同时应用，疗效较好。甲硝唑和左旋咪唑按每千克体重 20～25 mg 拌料，每天 1 次，共用 2 次，中间间隔 1 d，呋喃唑酮按 0.04%拌料，连用 5 d。硝苯砷酸是防治组织滴虫非常有效的药物。

在治疗时，应注意补充维生素 K，阻止盲肠出血，补充维生素 A 促进盲肠和肝脏组织的恢复。

二维码 4-10 鸡组织滴虫病

2. 预防

组织滴虫主要是以盲肠内的异刺线虫虫卵以及蚯蚓为传播媒介。有效的预防措施是避免鸡接触异刺线虫虫卵，因此，在进雏鸡前鸡舍应彻底消毒。加强鸡群的卫生管理，注意通风，降低舍内密度，尽量网上平养，以减少接触虫卵的机会，定期用左旋咪唑驱虫。

任务三 鸡蛔虫病

【任务目标】

1. 了解鸡蛔虫病的病原特点。
2. 描述鸡蛔虫病的流行特点。
3. 认知鸡蛔虫病的临床症状和病理变化，能够准确描述典型图片代表的症状和病变。
4. 会用本课学习的内容对鸡蛔虫病进行诊断和防治。

鸡蛔虫病是指由禽蛔科、禽蛔属的鸡蛔虫寄生于鸡的小肠内引起的一种最常见的寄生线虫病。患病的小鸡生长发育迟缓，严重者可导致大批病鸡死亡，成年鸡增重缓慢，产蛋减少。鸡蛔虫病遍及全国各地，常造成巨大经济损失，严重影响着养鸡业的发展。

(一)病原

鸡蛔虫是鸡体内最大的一种线虫，虫体粗大呈黄白色，雄虫长为 26～70 mm，雌虫长为 65～110 mm。头端有三个唇片。雄虫长为 26～70 mm，尾端向腹面弯曲，有尾翼和尾乳突，一个圆形或椭圆形的泄殖腔前吸盘，二根交合刺近等长。雌虫长为 65～110 mm，阴门开口于虫体中部，尾端钝直。虫卵呈椭圆形，灰白色，卵壳厚，表面光滑或不光滑，新排出的虫卵含一个椭圆形胚细胞。虫卵大小为(70～86)μm×(45～51)μm，属于直接发育型。雌虫在鸡的小肠中产卵，虫卵随粪便排出体外，在外界适宜的温度、湿度条件下，经 17～18 d 发育为感染性虫卵，感染性虫卵在土壤中一般可以保持 6 个月的生命力。鸡吞食被感染性虫卵污染的饲料和饮水而被感染，间或啄食带有感染性虫卵的蚯蚓而被感染。

(二)流行特点

鸡蛔虫病主要危害3～4月龄的鸡,1年以上的鸡常为带虫者。当一般幼鸡体内有15～20条蛔虫时,即可引起发病。鸡蛔虫卵对外界环境因素和常用的消毒药有很强的抵抗力,对干燥和高温(50 ℃以上)很敏感。当饲料中缺乏维生素A、B族维生素时,鸡对鸡蛔虫侵袭的抵抗力就会降低。

(三)临床症状

雏鸡和小鸡表现为生长发育不良,精神沉郁,翅膀下垂,羽毛松乱,行动迟缓,消化机能障碍,食欲减退,下痢和便秘交替,粪便中可能带血,贫血(鸡冠苍白、黏膜苍白)。成年鸡一般不表现症状。当被重度感染时,成年病鸡呈现腹泻和产蛋量减少。其他临床症状一般表现为小肠黏膜发炎、出血,肠壁上有颗粒状化脓灶或结节。当严重感染时,虫体聚集缠绕,可造成肠阻塞乃至肠破裂、腹膜炎。

(四)诊断

由于症状无明显的特征,除根据流行特点和临床症状外,诊断应进行粪便检查和尸体剖检,可采用饱和盐水浮集法检查粪便中的虫卵,发现多量蛔虫卵即可确诊;也可根据粪便中自然排出的虫体或剖检时在小肠内发现的大量虫体而确诊。诊断时,与异刺线虫的虫卵相区别。

二维码 4-11 鸡蛔虫病

(五)防治

1. 治疗

①哌嗪:配成1%的溶液让鸡自饮或按每千克体重250～300 mg拌入少量饲料中喂服。②左旋咪唑:每千克体重25～30 mg,拌入少量饲料中喂服。③阿苯达唑:每千克体重10～45 mg,拌入少量饲料中喂服。④甲苯达唑:30 mg,拌入少量饲料中喂服。⑤氟苯哒唑:按每吨饲料30 g,混匀后连喂7 d。⑥越霉素A:按每吨饲料5～10 g,混匀后连喂1个月以上。⑦驱虫净:每千克体重40～50 mg,拌料饲喂。⑧如给驱虫药后,寄生虫并未驱净,应间隔2周后,再重复用药1次。

2. 预防

保持鸡舍内外的清洁卫生,及时清扫粪便并进行堆积发酵。定期更换垫草,保持饲槽、饮水器的清洁,并定期消毒。将雏鸡和成年鸡分开饲养,防止成年鸡带虫传播给雏鸡。加强饲养管理,饲料中应有足够的维生素A、B族维生素和动物性蛋白。定期进行驱虫,幼鸡应每2个月驱虫1次,成年鸡应每年驱虫2～4次。提倡笼养,减少鸡的感染机会。

任务四 鸡 羽 虱

【任务目标】

1. 了解鸡羽虱的病原特点。
2. 描述鸡羽虱的流行特点。
3. 认知鸡羽虱的临床症状和病理变化,能够准确描述典型图片代表的症状和病变。

4. 会用本课学习的内容对鸡羽虱进行诊断和防治。

虱是哺乳动物和鸟类体表的永久性寄生虫，常具有严格的宿主特异性，虱体扁平，无翅，呈白色或灰黑色。各种动物均可寄生。虽然不同的宿主寄生的虱种不同，寄生部位也不同，但都位于体表。

(一)病原

虱体分头、胸、腹三部，头、胸、腹分界明显。头部复眼退化为一眼点或无眼，触角为 3～5 节，具有刺吸式或咀嚼式口器；胸部有粗短的足 3 对。雄虱小于雌虱，雄虱末端圆形，雌虱末端分叉，发育属不完全变态。根据其口器构造和采食方式可分为虱目和食毛目。

1. 虱

虱以吸食哺乳动物的血液为主，故通称为兽虱。体背腹扁平，头部较胸部为窄，呈圆锥状。触角短，通常由 5 节组成。口器为刺吸式，不吸血时缩入咽下的刺器囊内。胸部为 3 节，有不同程度的愈合；足为 3 对，粗短有力，肢末端以跗节的爪与胫节的指状突相对，形成握毛的有力工具；腹部由 9 节组成。

吸血虱为不全变态，发育过程包括卵、若虫和成虫 3 个阶段。吸血虱终生不离开宿主，若虫和成虫都以吸食血液为生。雌虱交配后经 2～3 d 开始产卵，一昼夜产卵 1～4 枚。卵呈长椭圆形，黄白色，大小为(0.8～1.0)mm×0.3 mm，有卵盖，有胶质黏着在毛上，卵经 9～20 d 孵出若虫。若虫分 3 期，每隔 4～6 d 蜕化一次，经 3 次蜕化后变为成虫。自卵发育到成虫需 30～40 d，每年能繁殖 6～15 个世代。雌虱一生能产 50～80 枚卵，产卵后死亡，雄虱于交配后死亡。

吸血虱主要是通过直接接触感染，也可以通过混用的管理用具和褥草等传播。在饲养管理和卫生条件不良的畜群中，虱病往往比较严重。在秋冬季节，家畜被毛厚密，皮肤湿度增加，有利于虱的生存和繁殖，因而常常促使虱病流行。

2. 食毛虱(羽虱)

多数食毛虱寄生于禽类羽毛上，故称羽虱；少数食毛虱寄生于哺乳动物的毛上，故称毛虱。食毛虱营终生寄生生活，以啮食羽毛及皮屑为生。食毛虱体长为 0.5～1.0 mm，体形扁而宽短或细长。头端钝圆，头部的宽度大于胸部。咀嚼式口器的头部有 3～5 节组成的触角。胸部分前胸、中胸和后胸。中胸、后胸常有不同程度的愈合，在每一胸节上长着 1 对足，足粗短，爪不甚发达，腹部由 11 节组成，最后的数节常变成生殖器。

每一种毛虱或羽虱均有一定的宿主，具有宿主特异性。一种动物又可寄生多种，每种又有其特定的寄生部位。在鸡体上常见的有长角羽虱科(触角由 5 节组成)的广幅长羽虱、鸡翅长羽虱、鸡圆羽虱、大角羽虱及短角羽虱科的鸡羽虱。在鸭、鹅等身上也有多种羽虱寄生。毛虱和羽虱的发育和传播方式与虱基本相似。

(二)临床症状及危害

虱在吸血时分泌有毒素的唾液，刺激神经末梢，引起皮肤发痒，病畜不安，啃咬或到处擦痒，造成皮肤损伤，有时还可继发感染。虱的骚扰影响家畜采食和休息。患畜消瘦，幼畜发育不良，降低对其他疾病的抵抗力。

虽然毛虱在寄生时不刺吸血液，但已引起畜禽痒感，精神不安，特别是禽类，常啄食寄生处，引起羽毛脱落，食欲减退，生产力下降。犬毛虱又是复殖孔绦虫的中间宿主。

(三)诊断

在畜体表面发现虱或虱卵即可确诊。

(四)防治

防治虱病可用杀虫药喷洒畜体。常用药物有菊酯类(溴氰菊酯、氰戊菊酯等)、有机磷杀虫药(敌百虫、蝇毒磷、倍硫磷等)。此外,伊维菌素、阿维菌素、20%碘硝酚等皮下注射也有很好的效果。药物灭虱要全面、彻底,畜体灭虱和外界环境灭虱相结合。只有这样,才能达到灭虱的目的。

二维码 4-12 鸡羽虱

消灭鸡体羽虱可采用这些方法:①在肉用鸡生产中,更新整个鸡群时,应对整个禽舍和饲养用具用蝇毒磷(0.06%)、甲萘威(5%)及其他除虫菊酯类药物进行灭虱。②饲养期较长的鸡可在其饲养场内建一个方形浅池或设置沙浴箱,在每 50 千克细沙内可加入 2~2.5 kg 的马拉硫磷粉或 5 kg 硫黄粉,充分混匀,铺成为 10~20 cm 厚度,让鸡自行沙浴。

项目三 家禽普通病

【项目简介】

家禽普通病是危害规模化养禽场的重要原因。家禽普通病主要是指由营养物质过剩或营养物质缺乏引起的营养代谢性疾病及某些物质摄入过多引起的中毒病。本病往往具有群发性,并且具有一定的临床表现。家禽普通病的发生率逐年升高,原因各有差异,应该具体掌握发病原因及应对措施,以控制家禽普通病的发生。本项目主要介绍了家禽营养代谢病、家禽中毒病和家禽其他疾病 3 个任务。

任务一 家禽营养代谢病

【任务目标】

1. 了解家禽营养代谢病的发病特点。
2. 描述家禽营养代谢病的流行特点。
3. 认知家禽营养代谢病的临床症状和病理变化,能够准确描述典型图片代表的症状和病变。
4. 会用本课学习的内容对家禽营养代谢病进行诊断和防治。

一、维生素 A 缺乏症

维生素 A 缺乏症是指由动物缺乏维生素 A 引起的以分泌上皮角质化和角膜、结膜、气管、食管黏膜角质化、夜盲症、眼干燥症、生长停滞等为特征的营养缺乏疾病。

(一)病因

①供给不足或需要量增加。鸡体不能合成维生素 A,必须从饲料中获取维生素 A 或其前

体类胡萝卜素。不同生理阶段的鸡对维生素 A 的需要量不同,应分别供给质量较好的成品料,否则就会引起严重的缺乏症。

②饲料加工工艺不当。维生素 A 性质不稳定,非常容易失活,在饲料加工工艺条件不当时,损失很大,造成饲料中的维生素 A 含量不足。

③饲料存放时间过长、饲料发霉、烈日暴晒等皆可造成维生素 A 和类胡萝卜素损坏。如黄玉米贮存 6 个月以上,其中 60%的胡萝卜素被破坏。脂肪酸败变质也能加速氧化分解过程。

④日粮中的蛋白质不足不能合成足够的视黄醛,结合蛋白质去运送维生素 A,脂肪不足会影响维生素 A 类物质在肠中的溶解和吸收。

⑤胃肠道吸收障碍。腹泻或其他胃肠疾病及肝胆疾病会影响对饲料中的维生素 A 的吸收、利用及储藏。

(二)临床症状

雏鸡和初开产的鸡常易发生维生素 A 缺乏症。雏鸡一般发生在 1～7 周龄。若 1 周龄的鸡发病,则其与母鸡缺乏维生素 A 有关。其症状特点为厌食,生长停滞,消瘦,嗜睡,衰弱,羽毛松乱,运动失调,瘫痪,不能站立。黄色鸡种胫、喙色素消褪,冠和肉垂苍白。病程超过 1 周仍存活的鸡的眼睑发炎或粘连,鼻孔和眼睛流出黏性分泌物,眼睑不久即肿胀,蓄积有干酪样的渗出物,角膜混浊不透明,严重者角膜软化或穿孔失明。口腔黏膜有白色小结节或覆盖一层白色的豆腐渣样的薄膜,剥离后的黏膜完整无出血和溃疡现象。食道黏膜上出现皮增生和角质化。

如果轻度缺乏维生素 A,鸡的生长、产蛋、种蛋孵化率及抗病力就会受到一定影响。患鸡表现出食欲不振、消瘦、精神沉郁、鼻孔和眼睛常有水样液体排出,眼睑常常黏合在一起,严重时可见眼内乳白干酪样物质,角膜发生软化和穿孔,最后失明。鼻孔流出大量黏稠鼻液,病鸡呈现呼吸困难。鸡群呼吸道和消化道黏膜的抵抗力降低,易诱发传染病。继发或并发由家禽通风或骨骼发育障碍所致的运动无力、两腿瘫痪,偶有神经症状,运动缺乏灵活性。成年鸡发病通常在 2～5 个月内出现症状,呈慢性经过,冠白有皱褶,爪、喙色淡。母鸡的产蛋量和孵化率降低,公鸡的性机能降低。

实验室检验可见血浆和肝脏中维生素A 和胡萝卜素的含量都有明显变化。正常动物的每 100 毫升血浆中含维生素A 10 μg 以上。如降到 5 μg,则可能出现症状。

(三)病理变化

剖检可见口腔、鼻腔、咽、食管黏膜上皮角质化脱落,黏膜有小脓包样病变,并波及嗉囊。脓包破溃后形成小的溃疡。鼻腔的阻塞物通常局限于腭裂及其相邻的上皮,易于剥离且不会出血。支气管黏膜可能覆盖一层很薄的假膜,假膜易剥离,其下无溃疡。结膜囊或鼻窦肿胀,内有黏性或干酪样的渗出物。严重时肾脏呈灰白色,有尿酸盐沉积。小脑肿胀,脑膜水肿,有微小出血点。

(四)诊断

1. 病因调查

饲料中的维生素 A 供给不足或消化吸收障碍。

2. 发病特点

①黏膜、皮肤上皮角化变质,生长缓慢,繁殖机能障碍,免疫力低下和夜盲症为主要特征的营养代谢性疾病。

②病雏鸡消瘦,喙和小腿部皮肤的黄色消退。口黏膜有白色小结节或覆盖一层白色的豆腐渣样的薄膜,剥离后黏膜完整并无出血和溃疡现象。

③成年鸡呈慢性经过,冠白有皱褶,爪、喙色淡。母鸡的产蛋量和孵化率降低,公鸡性机能降低或运动无力、两脚瘫痪。

3. 实验室化验

血浆和肝脏中的维生素 A 和胡萝卜素含量都有明显变化。正常动物的每 100 毫升血浆中维生素 A 含量为 10 μg 以上,如降到 5 μg,则可能出现症状。

(五)防治

在采食不到青绿饲料的情况下,必须保证添加含有足够维生素 A 的预混剂。推荐雏鸡与育成鸡的日粮中的维生素 A 最低需要量应为 10 000 IU/kg,产蛋鸡、种鸡的日粮中的维生素 A 最低需要量为 40 000 IU/kg。

在全价饲料中添加合成抗氧化剂,以防止维生素 A 在贮存期间氧化损失。防止饲料贮存过久,不要预先将脂溶性维生素 A 掺入饲料或存放于油脂。避免将已配好的饲料和原料长期贮存。改善饲料加工调制条件,尽可能缩短必要的加热调制时间。

已经发病的鸡只可用添加治疗剂量的饲料治疗,急性病例的治疗剂量可按正常需要量的 10～20 倍混料饲喂,连续饲喂约 2 周后,恢复正常或按 5 000 IU/kg 添加维生素 A,疗程为 1 个月。应注意的是,由于维生素 A 不易从机体内迅速排出,长期过量使用会引起中毒,对后期已经造成失明的病鸡则不可逆转。

二、维生素 D 缺乏症

维生素 D 缺乏症是鸡的钙、磷吸收和代谢障碍,骨骼、蛋壳形成等受阻,以雏鸡佝偻病和缺钙症状为特征的营养缺乏症。

(一)病因

维生素 D 缺乏症的发生主要有 2 个原因:体内合成量不足和饲料供给缺乏。维生素 D 的合成需要紫外线,适当的日照可以防止缺乏症的发生。当机体消化吸收功能障碍时,患有肾脏、肝脏疾病的鸡也会发生维生素 D 缺乏症。

在正常情况下,每千克家禽饲料中最少应含有维生素 D 200 IU,在生产应用时还应加上 10%～30%的保险系数。饲料中的维生素 A 的含量对维生素 D 的吸收有影响,大多的维生素 A 的添加量会影响鸡对维生素 D 的吸收。一般应保持维生素 A∶维生素 D=5∶1。调节饲料中的钙、磷含量的比例。钙、磷缺乏或比例失调等会增加维生素 D 的需要量。一般钙磷应保持为 2∶1。增加日光照射时间。散养家禽(鸭、鹅等)日照充足而不易发生缺乏症。

(二)临床症状

维生素 D 的缺乏症主要表现为骨骼损害。雏鸡佝偻病易发生于 1 月龄左右的雏鸡。发生时间与雏鸡饲料及种蛋情况有关。最初症状为腿软弱,步态不稳,喙和爪软而容易弯曲,以后用跗关节着地,常蹲坐,平衡失调。骨骼柔软或肿大,肋骨和肋软骨的结合处可摸到圆形结节(念珠状肿)。胸骨侧弯,胸骨正中内陷,胸腔变小。脊椎在荐部和尾部向下弯曲。长骨质脆易骨折。生长发育不良,羽毛松乱,无光泽,有时下痢。

如果产蛋母鸡缺乏维生素 D,则 2～3 个月后才开始表现出缺钙症状。早期表现为薄壳蛋和软壳蛋数量增加,以后产蛋量下降,最后停产。种蛋的孵化率下降,胚胎多在 10～16 日龄时死亡。喙、爪、龙骨变软,龙骨弯曲,慢性病例则见到明显的骨骼变形,胸廓下陷。胸骨和椎骨结合处内陷,所有肋骨沿胸廓呈向内弧形弯曲的特征。后期关节肿大,母鸡呈现身体坐在腿上"企鹅式"蹲着的特殊姿势,也能观察到缺钙症状的周期性发作。长骨质脆,易骨折。

(三)病理变化

剖检可见甲状旁腺和骨骼的变化。甲状旁腺肥大,骨骼变软易于折断。肋骨与软骨连接处的肋骨内侧面出现十分明显的结节。雏鸡肋骨与脊柱连接处呈串珠状,肋骨向下向后弯曲。胫骨或股骨的骨骺钙化不全。慢性维生素 D 缺乏表现为荐椎与尾椎区向下弯曲,胸骨出现明显的侧向弯曲,并在近胸端急剧内陷。喙变软,易于折断。

(四)防治

保证饲料中含有足够量的维生素 D_3。在每千克日粮中,雏鸡、育成鸡的需要量为 200 IU,产蛋鸡、种鸡的需要量为 500 IU。防止饲料中的维生素 D_3 氧化,应添加合成抗氧化剂。为防止饲料发霉,维生素 D_3 被破坏,可添加防霉剂。已经发生缺乏症的鸡可补充维生素 D_3。在饲料中使用维生素 D_3 粉或在饮水中使用速溶多维,其剂量可为 1 500 IU/kg。当雏鸡缺乏维生素 D 时,每只雏鸡可喂服 2～3 滴鱼肝油,每天 3 次。患佝偻病的雏鸡每只每次喂给 10 000～20 000 IU 的维生素 D_3 油或胶囊疗效较好。多晒太阳以保证足够的日照时间。

三、维生素 E 缺乏症

维生素 E 缺乏症是指以脑软化症、渗出性素质、白肌病和成禽繁殖障碍为特征的营养缺乏性疾病。

(一)病因

维生素 E 缺乏症的发生在很大程度上与饲料有关。维生素 E 不稳定,极易被氧化。饲料中的其他成分也会影响维生素 E 的营养状态,造成维生素 E 缺乏症的发生。

当配方不当或加工失误的情况下,饲料中的维生素 E 含量不足常会发生。矿物质被破坏,多不饱和脂肪酸的存在,饲料酵母、硫酸铵制剂等拮抗物质刺激的脂肪过氧化,制粒工艺不当等均会造成维生素 E 的损失。籽实饲料在一般条件下保存 6 个月,其中维生素 E 的损失达 30%～50%。饲料中的维生素 A、B 族维生素等其他营养成分的缺乏也会导致维生素 E 需要量的增加。当饲料中的硒不足时，维生素 E 缺乏症就会发生。

(二)临床症状

成鸡的主要临床症状为生殖能力的损害，产蛋率和种蛋孵化率降低，公鸡精子形成不全，繁殖力下降，受精率低。维生素 E 缺乏会导致脑软化症的发生。本病多发生于 3～6 周龄的雏鸡，表现为精神沉郁，瘫痪，常倒于一侧，出壳后的弱雏增多，站立不稳，脐带愈合不良及曲颈，头插向两腿之间等。

当维生素 E 和硒同时缺乏时，雏鸡会表现出渗出性素质，病鸡翅膀、颈胸腹部等部位水肿，皮下血肿，小鸡叉腿站立。当维生素 E 和硒、含硫氨基酸同时缺乏时，病鸡表现出消瘦，站立不稳，肌肉松弛无力，翅下垂，运动失调，消化不良，运动失调，贫血。

(三)病理变化

剖检可见小脑软化，脑膜水肿，有出血点和坏死灶，坏死灶呈黄绿色或灰白色斑点。当维生素 E、硒和含硫氨基酸同时缺乏时，则表现为白肌病。胸肌和腿肌色浅，苍白，有淡白色条纹。皮下水肿有蓝绿色黏性水肿液。心包扩张，胸部、腿部肌肉有轻度出血，血液中的白蛋白和球蛋白的比值下降。

(四)防治

在饲料中添加足量的维生素 E，每千克鸡日粮应含有 10～15 IU，每千克鹌鹑日粮应含有 15～20 IU。在饲料中添加抗氧化剂，防止饲料贮存时间过长或受到无机盐、不饱和脂肪酸所氧化及拮抗物质的破坏。饲料的硒含量应为 0.25 mg/kg。在临床实践中，脑软化、渗出性素质和白肌病常交织在一起，若不及时治疗可造成病鸡的急性死亡。通常，在每千克饲料中添加维生素 E 20 IU，连用 2 周，同时用硒制剂。

当发生渗出性素质病时，每只禽可以肌内注射 0.1%亚硒酸钠生理盐水 0.05 mL 或每千克饲料添加 0.05 mg 硒添加剂。当发生白肌病时，每千克饲料加入亚硒酸钠 0.2 mg、蛋氨酸 2～3 g，可收到良好疗效。当发生脑软化症时，可用维生素 E 油或胶囊治疗，按每只鸡喂 250～350 IU/次。在饮水中供给速溶多维。在饲料中混有 0.5%的植物油也可达到治疗维生素 E 缺乏症的效果。

四、家禽痛风

家禽痛风，也称尿酸盐沉积症，是指由体内蛋白质代谢障碍和肾功能障碍所引起的营养代谢性疾病综合征。其主要病理特征为血液尿酸水平增高，尿酸盐在关节囊、关节软骨、内脏、肾小管及输尿管中沉积。临床表现为运动迟缓，腿、翅关节肿胀，厌食、衰弱和腹泻。根据病理变化及机理的差异，痛风可分为内脏型、关节型、混合型痛风。其本病主要见于鸡、火鸡、水禽，鸽偶尔见之。

(一)病因

1. 饲料因素

饲料中的蛋白质过高。富含核蛋白和嘌呤碱的蛋白质饲料，尤其是添加鱼粉，动物内脏(肝、脑、肾、胸腺、胰腺)、肉屑、鱼粉、大豆、豌豆等会导致尿酸量过大。这是造成禽痛风的主要原因。

由于禽摄入蛋白质的代谢终产物是尿酸。如血液中的尿酸浓度升高，经肾排出，肾的负担加重，肾功能受到损害，造成尿酸的排泄受阻，在体内形成尿酸盐，尿酸盐沉积于肾脏、输尿管、内脏等器官，引起痛风。另外，饲料变质，盐分过高，维生素A缺乏，饲料中的钙、磷过高或比例不当等都是其诱因。用含钙或镁高的蛋鸡料喂肉鸡会引起痛风。用石灰石粉作为补充矿物质也会引起痛风，这是由其中含镁量过高所导致的。病禽血清经化验分析，含钙为8～11 mg/100 mL，无机磷为6～11 mg/100 mL，而镁为4～12 mg/100 mL(正常为1.8～3 mg/100 mL)。

日粮中长期缺乏维生素A可发生痛风性肾炎。病鸡呈现明显的痛风症状。若是种鸡，所产蛋孵化出的雏鸡往往易患痛风。雏鸡在20日龄时即提前出现病症。而病鸡一般是在110～120日龄时出现症状。如母鸭缺乏维生素A，喂以多量的动物性饲料后，其鸭胚就呈现明显的痛风病变。

2. 疾病因素

肾型传染性支气管炎、传染性法氏囊病、鸡白痢、鸡蓝冠病、鸡球虫病、鸡滑液囊支原体、盲肠肝炎等都能引起本病。家禽患淋巴性白血病、单核细胞增多症和长期消化紊乱等疾病都可能继发或并发痛风。凡是能引起肾功能不全(肾炎、肾病等)的因素皆可使尿酸排泄障碍，导致痛风。

3. 管理因素

育雏温度过高或过低、缺水、运动不足、长途运输等。家禽被饲养在潮湿和阴暗的畜舍、密集的管理、运动不足、日粮中维生素的缺乏和衰老等皆可能成为促进家禽痛风发生的诱因。

4. 遗传因素

某些品系的鸡存在对关节痛风的遗传易感性。如新汉普夏鸡就有关节痛风的遗传因子。

5. 中毒性因素

中毒性因素包括一些嗜肾性的化学毒物、药物、霉菌毒素。如由磺胺类药中毒引起的肾损害和结晶的沉淀。慢性铅中毒，苯酚、升汞、草酸、霉玉米等中毒也会引起肾病。其中，霉菌毒素的中毒更为重要。值得指出的是，家禽痛风发生的原因尚不完全清楚，有必要在今后进行深入的研究。

(二)临床症状

内脏型痛风的患禽开始无明显症状，逐渐表现为精神萎靡，食欲不振，消瘦，贫血，鸡冠萎缩、苍白。排白色稀粪，开始水样便，后期呈石灰样。泄殖腔松弛，收缩无力，不自主地排白色稀便，污染泄殖腔下部的羽毛。有时产蛋鸡无明显症状，在产蛋高峰期突然死亡，体况良好或消瘦，冠小且苍白，泄殖腔周围的羽毛有白色物质黏附。关节型痛风一般为慢性经过，表现出食欲下降，生长迟缓，羽毛松乱，衰弱，关节肿胀，换腿站立，行走困难，瘫痪。幼雏表现为痛风，出壳数日至10日龄的死亡率为10%～80%，排白色粪便。

(三)病理变化

内脏型痛风，也称尿酸盐沉积，在病禽的肾脏、心脏、肝脏、脾脏的浆膜表面，腹膜、气囊及肠系膜等覆盖一层白色尿酸盐，似石灰样白膜。同时其可见肾脏肿大，颜色变浅，表面有白色斑点；输尿管变粗，变硬，内含有大量的白色尿酸盐；血液中的尿酸、钾、钙、磷的浓度升高，钠的浓度降低。关节型痛风可见到关节内充满白色黏稠半流质的尿酸盐沉积。在严重时,关节的组织会发生溃疡、坏死。

(四)诊断

根据家禽痛风的临床症状和剖检变化,可做出初步诊断。结合化验室化验,血清中的尿酸水平正常值为2～5 mg/100 mL。如尿酸值为10 mg/100 mL以上即可确诊。

注意家禽痛风与其他疾病的鉴别:肾型传染性支气管炎有一过性呼吸道症状,腿干瘪,皮肤发绀,肾脏呈斑驳状;由内脏通风及高钙引起的痛风表现为肾脏呈槟榔状。

(五)防治

①加强饲养管理,保证饲料的质量和营养的全价,尤其不能缺乏维生素A,钙、磷比例适当,提供的钙应以沙砾形式为好。沙砾形态的钙因缓慢溶解而维持一种较为恒定的血钙水平。应保证水的供应。不喂含霉菌毒素的饲料。日粮中应添加高水平的甲硫氨酸(0.3%～0.6%),以保护性未成熟小母鸡的肾脏。

②做好诱发家禽痛风的其他疾病的防治。

③不要长期或过量使用对肾脏有损害的药物及消毒剂。如磺胺类药物、庆大霉素、卡那霉素、链霉素等。

④降低饲料中蛋白质的水平,特别是限制动物性蛋白的摄入。增加维生素的含量,给予充足的饮水,停止使用对肾脏有损害作用的药物和消毒剂。在饲料和饮水中添加有利于尿酸盐排出的药物,并在饮水中加入0.05%的碘化钾,连饮3～5 d或取车前草1 kg,煎汁后用凉开水15 kg稀释,供鸡饮水,严重的病例口服2～3 mL,每天2次,连服3 d。另外,氢氯噻嗪 、阿托品、肾肿解毒药、维生素A等都可应用。

五、家禽脂肪肝综合征

家禽脂肪肝综合征,又称脂肪肝出血综合征,是指由脂肪代谢障碍引起的一种营养代谢障碍性和伴有出血特征的疾病。其多见于笼养的高产或产蛋高峰期鸡群。其特征是鸡体肥胖、产蛋减少,常因肝脏破裂大量出血而突然死亡。

(一)病因

①长期饲喂高能量、低蛋白的饲料,摄入能量过多,而动物性蛋白质饲料、胆碱、B族维生素和维生素E含量不足可造成脂肪在肝脏中的蓄积,引起脂肪肝综合征,如玉米或其他谷物等碳水化合物过多。

②饲料中的蛋白质含量过高,过剩的蛋白质可转化为脂肪,并沉积,引发本病或高产蛋品系鸡、笼养和环境温度高等;高产蛋鸡对脂肪肝综合征较敏感;高产蛋量与高雌激素活性相关,而雌激素可刺激肝脏合成脂肪。

③饲养管理因素。环境温度过高、光照、饮水不足等应激因素,缺乏运动都能促使本病的发生。笼养鸡活动空间少,采食过量,啄食不到粪便而缺乏B族维生素,刺激脂肪肝的发生。环境温度高使新陈代谢旺盛,失去原有的平衡,故本病多发生于高温。在产蛋高峰期,光照突然减少,饮水不足或应激因素,产蛋下降,营养过剩并转化为脂肪。当鸡发生黄曲霉毒素或油

菜籽饼中芥子酸中毒时，也会引起肝脏脂肪变性而引起本病。

（二）临床症状

本病多发生于笼养产蛋鸡，且多数肥胖，体重比正常水平高出25%左右，病初无明显的症状，精神、食欲无异常。产蛋率突然下降10%～40%，病鸡喜卧，腹大下垂，冠、肉髯苍白，贫血。病鸡多在夜间、午后突然死亡，特别是在应激时的死亡率增高。其一般从出现症状到死亡需要1～2 d，有的病鸡甚至在数小时内或突然死亡。

二维码4-13　家禽营养代谢病

（三）病理变化

死亡病鸡皮下及腹腔内有大量脂肪沉积，肝脏明显肿大，呈浅黄褐色，质地松软易碎，体表有出血点和坏死灶，有时可见由肝包膜破裂引起的出血，腹腔内有大量凝血块。其他器官无明显变化。镜下可见肝细胞索紊乱，肝细胞肿大，胞浆内有大量的脂肪滴，胞核位于中央或被挤于一侧，有的肝细胞坏死，间质内也充满脂肪组织。

（四）诊断

根据本病的症状和病理剖检特征，结合饲料成分分析，即可做出诊断。

（五）防治

1. 治疗

针于发病鸡群，积极寻找病因，并加以消除。如果是饲料问题，应调整饲料配方，降低能量饲料的含量，增加蛋白质1%～2%，并于每100千克饲料中添加氯化胆碱100 g，维生素E 1 000 IU，维生素B_{12} 1.2 mg、肌醇100 mg，连用2～3周。

2. 预防

其主要预防措施是科学配合饲料，防止饲料能量水平过高。在饲料里加入胆碱、蛋氨酸、维生素E和维生素B_{12}等对本病的预防均有一定的作用。在育成鸡阶段严格控制体重，防止过肥。在鸡开产后，加强饲养管理，控制光照时间，保持鸡舍内的环境安静，温度适宜，不喂发霉变质饲料，尽量减少噪声等一切应激因素。

任务二　家禽中毒病

【任务目标】

1. 了解家禽中毒病的病原特点。
2. 描述家禽中毒病的流行特点。
3. 认知家禽中毒病的临床症状和病理变化，能够准确描述典型图片代表的症状和病变。
4. 会用本课学习的内容对家禽中毒病进行诊断和防治。

一、磺胺类药物中毒

(一)病因

磺胺类药物是防治家禽传染病和某些寄生虫病时最常用的合成化学药物。磺胺药物的治疗剂量与中毒量接近。用药时间过大或过长就会造成中毒;用药剂量过大或连续使用超过7 d,即可造成中毒。据报道,如果给鸡饲喂含0.5% SM_2 或 SM_1 的饲料8 d,就可引起鸡脾出血性梗死和肿胀,饲喂至第11天即开始死亡。在饲料中添加复方敌菌净至0.036%,第6天即引起死亡。如果复方新诺明混饲用量超过3倍以上,就可造成雏鸡严重的肾肿。维生素K缺乏可促使本病的发生。

(二)临床症状

1. 生长鸡

精神沉郁,食欲减退,羽毛松乱,生长缓慢或停止,虚弱,头部苍白或发绀,黏膜黄染,皮下有出血点,凝血时间延长,排酱油状或灰白色稀粪。

2. 产蛋鸡

食欲减少,产蛋下降,产薄壳、软壳或蛋壳粗糙。

(三)病理变化

特征性变化为皮下、肌肉广泛出血,尤以胸肌、大腿肌更为明显,呈点状或斑状。血液稀薄,骨髓褪色黄染。肠道、肌胃与腺胃有点状或长条状出血。肝、脾、心脏有出血点或坏死点。肾肿大,输尿管增粗,充满尿酸盐。

(四)诊断

根据鸡群有超量或连续长时间应用磺胺类药物的病史。临床症状表现以出血或溶血性贫血为特征。

1. 剖检变化

全身性广泛性出血,即可做出初步诊断。

2. 鉴别诊断

注意与鸡传染性贫血、鸡传染性法氏囊病及鸡球虫病鉴别,还要与由新城疫、传染性支气管炎和产蛋下降综合征等引起的产蛋下降的传染病予以区别。

(五)防治

平时使用该类药物时间不宜过长,一般连用不超过5 d。产蛋禽禁止使用磺胺类药物。多选用高效低毒的磺胺类药物,如复方新诺明、磺胺喹恶啉、磺胺丙氯拉嗪等。如果出现中毒可采取如下措施:①立即更换饲料,停止饲喂磺胺类药物,供给充足饮水;②在饮水中加入1%小苏打和5%葡萄糖溶液,连饮3～4 d;③每千克饲料中可加入5 mg维生素 K_3,连用3～4 d。

二、黄曲霉菌毒素中毒

黄曲霉菌广泛存在于自然界，在温暖潮湿的环境中最易生长繁殖，产生黄曲霉毒素。黄曲霉毒素及其衍生物有 20 余种。引起家禽中毒的主要毒素有黄曲霉毒素 B_1、黄曲霉毒素 B_2、黄曲霉毒素 G_1、黄曲霉毒素 G_2、黄曲霉毒素 M_1、黄曲霉毒素 M_2。其中以黄曲霉毒素 B_1 的毒性最强，以幼龄的鸡、鸭和火鸡，特别是 2～6 周龄的雏鸭最为敏感。

(一)病因

易感禽采食了被黄曲霉菌或寄生曲霉等污染的含有毒素的玉米、花生粕、豆粕、棉籽饼、麸皮、混合料和配合料等。

(二)临床症状

雏鸭对黄曲霉毒素极敏感。精神沉郁，食欲废绝，脱羽，鸣叫，趾部发紫，步态不稳，严重跛行，往往在角弓反张过程中死亡。雏鸡表现出精神沉郁，食欲不振，消瘦，鸡冠苍白，虚弱，鸣叫，排淡绿色稀粪，有时带血。腿软不能站立，翅下垂。育成鸡的精神沉郁，不愿运动，消瘦，小腿或爪部有出血斑点或融合成青紫色，如乌鸡腿。成鸭的食欲减退，消瘦，不愿活动，衰弱，贫血，生产性能低。成鸭的慢性中毒表现出恶病质，往往诱发肝癌。成鸡的耐受性稍高，病情和缓，产蛋减少或开产期推迟；个别病例可发生肝癌，呈极度消瘦的恶病质而死亡。

二维码 4-14 家禽中毒病

(三)病理变化

1. 急性中毒

肝脏充血、肿大、出血及坏死，色淡呈黄白色，胆囊充盈。肝细胞弥漫脂肪变性，变成空泡状，肝小叶周围胆管上皮增生形成条索状。肾苍白肿大。有时胸部皮下、肌肉出血。肠道出血。

2. 慢性中毒

常见肝硬化，体积缩小，颜色发黄，并呈白色点状或结节状病灶，肝细胞大部分消失，大量纤维组织和胆管增生，个别可见肝癌结节，伴有腹水；心包积水；胃和嗉囊有溃疡，肠道充血、出血。

(四)诊断

有食入霉败变质饲料的病史，以出血、贫血和衰弱为特征的临床症状，以肝脏变性、出血、坏死等病变为特征的剖检变化。

实验室检查可取饲料样品 5 kg 分别放在几只大盘内，摊成薄层，在波长为 365 nm 的紫外线灯下观察，若有发出蓝色或黄绿色荧光，则确定饲料中含有黄曲霉毒素；若看不到，将被检样品敲碎后，再检；若仍然看不到，则为阴性样品。注意与磺胺类药物中毒、鸡传染性法氏囊病等鉴别。

(五)防治

①饲料防霉。严格控制温度、湿度，注意通风，防止雨淋。为防止饲料发霉，可用福尔马林对饲料进行熏蒸消毒或在饲料中加入防霉剂，如在饲料中加入 0.3%丙酸钠或丙酸钙；也可用

克霉唑等防霉制剂。

②污染饲料去毒。可采用水洗法，用0.1%的漂白粉水溶液浸泡4～6 h，再用清水浸洗多次，直至浸泡水无色为宜。

③立即停喂霉变饲料，更换新料，减少饲料中脂肪含量。

④饮服5%葡萄糖水、水溶性电解多维或水溶性多种维生素。

任务三　家禽其他疾病

【任务目标】

1. 了解家禽其他疾病的病原特点。
2. 描述家禽其他疾病的流行特点。
3. 认知家禽其他疾病的临床症状和病理变化，能够准确描述典型图片代表的症状和病变。
4. 会用本课学习的内容对家禽其他疾病进行诊断和防治。

一、肉鸡腹水综合征

肉鸡腹水综合征，又称心衰综合征、肺高压综合征，是一种发生于肉仔鸡的一种常见病，以腹腔内积聚大量淡黄色液体和右心室肥大与扩张为特征的肉仔鸡疾病。肉鸡腹水综合征已成为危害肉鸡饲养业的世界性严重疾病。

肉鸡腹水综合征多见于发育良好、体形较大的肉仔鸡。因品种不同，其发病率有显著差异。某些品系肉鸡易发病，同时大多于1周龄至4～6周龄时达发病高峰。冬春两季为多发季节。

(一)病因

引起肉鸡腹水综合征的病因尚不十分清楚，但大多数人认为与缺氧有关。肉鸡发育过快与内脏器官发育不平衡，在营养、环境、药物、中毒、细菌以及遗传等诸多因素作用下而致病。其中遗传因素则是引起肉鸡腹水综合征的潜在主要因素。鸡舍密度过大、通风不良，造成氧分压过低，机体长期慢性缺氧。高能饲料、高蛋白饲料等引起肠道中的氨浓度升高，营养物质过剩或缺乏均可在原发病的基础上继发肉鸡腹水综合征。

①饲料能量和蛋白质含量过高导致肉仔鸡心肺功能和肌肉的增长速度不协调，造成心肺代偿性肥大和心力衰竭，从而导致腹水。饲料中缺乏维生素E、硒会导致肝坏死，引起腹水。饲料中钠含量过高会造成血液渗透压增高，导致腹水。

②饲养环境条件不良，发病率高，如卫生条件差、密度过大、潮湿、通风不良等。舍内通风不良导致二氧化碳、氨、一氧化碳、硫化氢等有害气体增多，致使鸡舍的含氧量下降，鸡的心脏在长期慢性缺氧状态下出现过速运动，从而造成心脏疲劳、衰竭及静脉压升高。静脉血管通透性增强，形成腹水，而腹水大量聚积后又压迫心脏，加重心脏负担，鸡只的呼吸更加困难。尤其是管理不当的鸡群的肉鸡腹水综合征的发病率很高，有人又称其为“埋汰病”。

③饲喂霉败饲料或使用劣质添加剂及饲喂变质油脂均可导致慢性中毒，破坏肝功能，改变血管通透性，引起腹水。食盐中毒、煤酚类消毒剂和有毒的植物毒素、莫能菌素、含有芥子酸的菜籽油等均可引起血管损伤，血管的通透性增加，导致腹水综合征的发生。

④鸡只患呼吸系统疾病，机体缺氧就会发生腹水。当鸡患白痢、霍乱、大肠杆菌病时，肝脏功能被破坏，引起腹水。

⑤其他原因均可引发腹水综合征。例如，舍温低、饲养密度大、高海拔地区氧气稀薄、饲喂颗粒料、垫料潮湿和食盐中毒等。

(二)临床症状

病鸡表现出食欲减退、精神不振、羽毛蓬乱、缩头呆立；呼吸困难，冠和肉垂呈紫红色或苍白；腹部膨胀下垂，发紫。两腿叉开，行为迟钝，走路像鸭子，两边摇摆，触摸腹部有波动感；站立不稳、以腹部着地，如企鹅姿态。本病的死亡率和发病率为10%～35%。对呼吸系统有影响的任何因素和疾病都会增加腹水综合征的发生概率。

(三)病理变化

病鸡突出的变化是腹腔内有大量腹水，有时含有纤维素性絮状渗出物，呈黄褐色或黄红色。心包液增多、呈淡黄色或胶冻状、心肌增大，右心室明显肥大、扩张，心肌松弛。肝有2种变化：一种是高度肿大、呈紫色，质脆易碎，覆有淡黄色胶冻状薄膜、肝表面有点状或片状白色区；另一种是肝萎缩、硬化、表面凹凸不平、有弥漫性白斑。肾肿大，呈灰白色、尿酸盐沉着。肺脏苍白或淤血、水肿，肺支气管周围结缔组织增生、毛细支气管萎缩，其周围毛细血管狭窄，造成循环障碍，出现肺纤维化或肺炎。为此，有人又称肉鸡腹水综合征为“肺心病”。

(四)诊断

根据本病的发病特点、临床表现，特别是剖检变化很容易做出诊断。

(五)防治

①加强饲养管理，保证鸡舍内有良好的通风换气，保证氧气供应，保持适宜的舍温。鸡群保持足够的运动量，增强鸡只体质。保持鸡舍卫生，减少二氧化碳、氨、一氧化碳、硫化氢等有害气体的浓度。经长途运输的雏鸡禁止暴饮。

②控制饲喂，减缓肉鸡的早期生长速度。于10～15日龄起，晚间关灯，1周龄后可自由采食或5周龄前限饲，控制生长。

③更换饲料，降低饲料能量和蛋白质含量。适当降低饲料中的蛋白质和能量可降低发病率。若发病鸡群为2～3周龄，在限制饲料或改换低能料后，病鸡好转，腹水吸收，死亡率就会下降。在饲料内添加维生素C，每吨内加300～500 g，即可降低发病率。

④口服50%葡萄糖水5 mL，每天2次，连服3 d。口服氢氧噻嗪，每只鸡5 mg，每天2次，连喂3 d，即可收得预期效果。

⑤建立科学的免疫程序，预防和控制大肠杆菌病、慢性呼吸道病和传染性喉气管炎、传染性支气管炎、新城疫等的发生。冬春季节尽量不使用活毒疫苗，以免对肺组织造成损害。

⑥避免药物中毒(磺胺类等)。煤酚类消毒剂、变质鱼粉、植物毒素等都会诱发腹水综合征。

⑦对个别病鸡可以通过穿刺放出腹腔内的积液，对症治疗。

二、肉鸡猝死综合征

肉鸡猝死综合征(SDS)，又称急性死亡综合征，翻跟斗病。本病以肉鸡发病较多。肉鸡在没有任何外部症状的情况下突然死亡。本病多发生于2～8周龄的肉鸡群，一年四季都可发生。发病率为0.5%～4%或更高。死亡高峰为3～6周龄。公鸡比母鸡发病高，生长快的肉鸡比生长慢的肉鸡发病率高。肉鸡在采食、饮水等正常状态下突然平衡失调，强烈拍动翅膀，肌肉强直，蹦跳，失去平衡，短时间内死去。

(一)病因

肉鸡猝死综合征发生的原因尚无明确解释，一般认为与代谢、遗传、营养、环境等因素有关。

1. 遗传育种

目前，肉鸡培育品种逐步向快速型发展，生长速度快，体重大，而其自身的内脏系统(如心脏、肺脏、消化系统)发育不完全，导致体重发育与内脏不同步。

2. 饲养方式、营养、饲料状态

营养较好、早期采食能量高的饲料、自由采食或采食量大和吃颗粒饲料的鸡发病严重。

3. 环境因素

在温度高、潮湿大、密度大、通风不良、连续光照时间长的条件下，其死亡率高。

4. 新陈代谢

猝死综合征病鸡体膘良好，嗉囊，肌胃装满饲料，导致血液循环向消化道集中，血液循环发生障碍，导致心力衰竭。

5. 药物

当给肉鸡饲喂离子载体类抗球虫药物时(莫能菌素、盐霉素)，肉鸡猝死综合征的发生率显著高于饲喂其他的抗球虫药物。

(二)临床症状

在发病前，鸡群并无任何明显先兆症状，采食、活动、饮水等一切正常。肉鸡在正常的采食、饮水或活动中突然发病。病鸡表现为失去平衡，倒地，蹦跳，翅膀剧烈扇动和强直性肌肉痉挛，发出尖叫，1～2 min后，死亡。绝大多数病鸡在死后呈现出两脚朝天、背部着地、腹部朝上，颈部扭曲的姿势。有些病鸡在死后则表现为侧卧或俯卧状态，腿颈伸展。

任何惊扰和应激都可激发肉鸡猝死综合征的发生，特别是那些对应激敏感的鸡。其在受惊吓时的死亡率最高。

(三)病理变化

尸体丰满，体形大且肥。消化道，特别是嗉囊和肌胃充满刚采食不久的食物。肝稍肿大，质脆，色苍白，有时破裂，胆囊空虚。肾呈浅灰色或苍白色。脾、甲状腺和胸腺全部充血。胸肌、股肌湿润、苍白。肺弥漫性充血、淤血，肿大呈暗红色。气管内有泡沫状渗出物。心脏扩张，心包积液，右心房淤血扩张，心脏比正常鸡大几倍。成年鸡的泄殖腔、卵巢及输卵管严重充血。

(四)诊断

根据临床症状、病理变化进行初步判断。如死鸡的体况良好，其变化主要集中于肺脏和心脏。病鸡突然发病、尖叫、蹦跳，扑动翅膀而后死亡。在排除传染病、中毒病的可能性后，即可做出判断。

实验室检查可见死亡鸡的血清总脂含量升高，公鸡肝脏的甘油三酯和心脏花生四烯酸含量较高。

（五）防治

肉鸡猝死综合征由于发病突然、死亡快，所以并无有效的治疗办法。合理的预防则是防治本病的唯一办法。

①饲料营养水平在饲养前期不可太高，建议保持在维持水平即可。另外，可改变料型，将颗粒料换成相同成分的粉料。改变饲喂制度，即在 8～14 日龄时，每天给料时间控制在 16 h 以内，15 日龄以后恢复正常 24 h 给料。

②在本病的易发阶段，添加生物素（每千克日粮中添加 300 mg）已被证实是降低肉鸡猝死综合征死亡率的有效方法，另外，添加适量氯化胆碱 1 g/kg、维生素 E 10 IU/kg 及维生素 B_1、维生素 B_{12} 等可以降低本病的发病率。

③在饲料中添加碳酸氢钠。每只鸡用量为 0.62 g，将碳酸氢钠溶于饮水中连饮 3 d 或用碳酸氢钠以 3.6 kg/t 饲料的比例拌入料中，效果相同。

④在开食料中添加 2.5%的乳糖不仅能够增加体重，而且可以降低本病的发病率和死亡率。

⑤尽量避免噪声、光照时间过长或强光等应激因素。不可避免的免疫、更换饲料、气候变化等应激影响可先在饲料中添加抗应激药物可提高鸡只的抗应激能力，从而减少因此而诱发的肉鸡猝死综合征的发生率，如琥珀酸、延胡索酸等。

三、中暑

中暑是日射病和热射病的统称。由于散热机能极差，因而使得家禽对过高的温度非常敏感。一旦超过温度 35 ℃，就可发生热昏厥；如果环境温度超过 40 ℃，就会发生大批死亡。本病是以急性死亡为特征。

（一）病因

天气炎热，阳光强烈的直接照射。夏季气温过高，温度过大，鸡舍通风不良，鸡群过分拥挤，饮水不足等均可引起中暑。炎热季节运输家禽也是引起中暑的原因之一。

（二）临床症状

病鸡的体温升高，呼吸急促，张口喘气，两翅张开，鸡冠、肉髯先充血鲜红，后发绀，饮水增加，食欲下降。严重时窒息或衰弱而死亡。病鸡死亡多发生在下午和晚上。

（三）病理变化

其主要表现出脑膜充血或出血，心外膜出血，卵泡充血，产蛋的鸡堵蛋现象常常发生。肺脏淤血、水肿，喉头、气管充血。

（四）诊断

当天气炎热时，体格健康的鸡发生突然死亡，有的蛋尚未产出就滞留在输卵管。

(五)防治

①降低舍内温度和湿度。

②加强饲养管理,供给新鲜清洁的饮水。

③在日粮中补加抗热应激添加剂。每千克饲料加入 200～400 mg 维生素 C,混饲。每千克饲料加入 35 g 氯化钾,混饲或每升水加入 1.5～2.2 g 氯化钾,混饮。每千克饮料加入 2～5 g 碳酸氢氧化钠,混饲或每升水加入 1～2 g 碳酸氢氧化钠,混饮(夏季混饮用量不宜超过 0.2%)。口服补液盐及可溶性多种维生素,混饮。

④一旦发现鸡只卧地不起呈昏迷状态,尽快将其移至通风阴凉处,对鸡体用冷水喷雾,用小苏打水或 0.9%盐水饮喂,一般会迅速康复。

四、啄癖症

啄癖症是指鸡群中的鸡只互相啄食或自啄,造成鸡创伤,甚至啄死。本病易发生于雏鸡、肉种鸡的限饲期,笼养蛋鸡的初产期、高产期。临床常见有啄肛癖、啄肉癖、啄羽癖、啄头癖、啄趾癖和异食癖等。

(一)病因

1.饲料因素

①饲料粉碎得过细使鸡采食后缺乏饱满感。

②蛋白质含量过低(动物蛋白)或必需氨基酸含量不足及缺乏,尤其是硫氨基酸含量不足及缺乏。

③饲料中食盐供给量不足。

④钙、磷比例不当。

⑤维生素 A、维生素 D、维生素 E、维生素 B_2 和泛酸缺乏。

⑥微量元素(锌、硒、锰、铜、钴)的缺乏。

2.饲养管理问题

①密度过大,通风不良,采食位不足。

②光照过强。

③湿度过大,温度过高,日龄和品种不同的鸡混养在一起。

④育成期的光照时间过长使鸡性成熟过早,易产双黄蛋,导致泄殖腔撕裂而引起啄肛。

⑤在育成期不控制喂料,致使鸡超重,体内脏器,特别是卵巢、输卵管沉积脂肪,使鸡产蛋后,泄殖腔复位时间延长,引起啄肛。

⑥光线、颜色的影响。鸡不喜欢黄色和青色的光线,此类光下易引起啄癖。

⑦在生理换羽期,皮肤发痒,鸡自己啄痒,别的鸡跟着学,养成恶癖。

⑧在争斗受伤流血后,鸡见血啄食,养成恶癖。

3.疾病因素

①由外寄生虫引起。

②由大肠杆菌引起的输卵管炎只是输卵管黏膜水肿,管腔狭窄,蛋通过困难,致使脱肛,造成啄癖。

③早期鸡白痢、法氏囊病易引起啄癖。

④输卵管、直肠脱垂，肛门外翻都可导致啄癖产生。

(二)临床症状

1. 啄肛

啄肛见于雏鸡和笼养的高产蛋鸡群，啄食泄殖腔或泄殖腔以下的脱出部位，造成鸡肛门的破裂出血，严重者直肠脱出，甚至死亡。

2. 啄趾

啄趾在雏鸡中多发，互相啄食脚趾，引起出血和跛行。

3. 啄毛

啄毛多发生于产蛋期的母鸡，互相啄食羽毛或自食羽毛。

4. 啄蛋

在产蛋鸡群中，母鸡刚产下蛋，鸡只就立刻互相啄食，也有的母鸡啄食自己的蛋。

5. 啄鳞癖

患突变膝螨病的鸡自啄脚上皮肤的鳞片痂皮。

6. 啄肉癖

同群鸡互相攻击，发生伤害死亡后，一部分尸体被其他鸡吃掉或在肉鸡限饲期虽然饲料给量相应，但是饲料质量差，特别是热能饲料、蛋白质饲料严重不足或舍温偏低也会发生啄肉癖。

7. 异食癖

鸡吃饲料以外的物质，如石灰渣、炉灰渣、粪便、锯末、编织绳等。

(三)防治

具体调查、分析发生啄癖的原因，采取相应措施纠正。当鸡群发生啄癖时，必须立即把被啄伤的鸡隔离饲养。若发生数量较多，要划分小群隔离饲养。受伤局部涂紫药水、止啄药膏。建议在处理被啄伤的鸡的同时，将有啄癖的鸡提走。

二维码 4-15 家禽其他疾病

1. 治疗

在饲料或饮水中添加 2%氯化钙，连用 2～4 d。

2. 预防

饲料全价，特别满足对蛋白质、蛋氨酸、色氨酸、维生素 D、B 族维生素以及钙、磷、锌、硫的需要。饲养密度合理，不采用白色光源照明，避免强烈日光或反射，勤拾蛋，对雏禽断喙。

模块五

马的疾病

【模块概要】

马的疾病是养马场的养殖生产遭受巨大损失的主要因素之一。其疫病的危害不仅造成大批马的死亡和生产性能的下降，而且一些人畜共患的疾病危害公共安全，给人类生产和生活带来严重的威胁。因此，做好马病的预防控制工作是马生产中不可忽视的问题。本模块主要包括马传染性贫血、马的寄生虫病和马的普通病。

项目一　马传染性贫血

【项目简介】

马的传染病是危害马及马属动物的重要疾病，其中以马传染性贫血为代表的病毒性传染病的危害最为严重。我国在马传染病、特别是马传染性贫血防治研究工作中取得的成就极为显著。随着赛马行业的兴起及野生马的保护逐渐深入，马传染病依然是需要重视的问题。了解和掌握发病原因及应对措施，以控制和消灭传染病。本项目主要介绍了马传染性贫血的防控。

【任务目标】

1. 了解马传染性贫血的病原特点。
2. 描述马传染性贫血的流行特点。
3. 识记马传染性贫血的临床症状和病理变化，能够准确描述典型图片代表的症状和病变。
4. 会用本课学习的内容对马传染性贫血进行诊断和防治。

马传染性贫血，简称马传贫，是指由马传贫病毒引起的马属动物的一种传染病。其临诊特征是发热、贫血、出血、黄疸、心脏衰弱、浮肿和消瘦等，并反复发作。其发热期临诊症状明显。

一、病原

马传染性贫血病毒是一种 RNA 病毒，属于逆转录病毒科慢病毒属。病毒粒子呈圆形，直径大小为 90～120 nm，外面由囊膜包裹，囊膜外有纤突，分子量为 26 000 Da。病毒粒子在高温条件下不稳定，煮沸即可死亡；对低温有较强的抵抗能力，在－20 ℃左右的条件下可保持毒力 6 个月～2 年；对乙醚敏感，在 pH 为 5.0～9.0 的时可稳定存活，而在 pH 3 以下和

pH 11 以上时存活 1 h 即可失活。

二、流行病学

只有马属动物易感，其中马的易感性最强，无品种、年龄、性别差异。发热期的病马的血液和脏器中含有大量病毒，其分泌物和排泄物可散播病毒。长期带毒的慢性和隐性型病马是危险的传染源。马传染性贫血主要通过吸血昆虫（虻、蚊、蠓等）的叮咬而机械性传染，也可经消化道、交配、污染的器械等传染，本病可通过胎盘垂直传染。马传染性贫血有明显的季节性，多发生在 7—9 月。

三、临床症状

其临床表现为急性、亚急性和慢性。共同临诊症状为发热，主要表现为稽留热和间歇热，有时也表现为不规则热型。除发热外，有时还出现温差倒转现象（即上午体温高，下午体温低），特别是慢性型病马更为明显。其临诊症状：①贫血、黄疸及出血，发热初期可视黏膜潮红，充血及轻度黄染。随着病程的发展，贫血逐渐加重，可视黏膜也随之变为黄白至苍白。舌下、眼结膜、鼻翼黏膜、齿龈、阴道黏膜有出血点。②心脏机能紊乱，表现为心搏动亢进，第一心音增强，混浊或心音分裂，心律不齐，缩期杂音。脉搏增数、减弱，每分钟达 60～100 次以上。③四肢下部、胸前、腹下、包皮、阴囊等处浮肿。④病马精神沉郁，低头奄耳，站立不动，食欲减少，逐渐消瘦，容易疲劳和出汗，后躯无力，运动时左右摇晃，步态不稳。

四、病理变化

其主要表现为①红细胞数减少、血红蛋白含量降低、血沉速度加快，病程初期变化不大，此后红细胞数显著减少，常低于 500 万个/mL。血红蛋白量常减少到 40%以下。血液稀薄，血沉显著加快。②白细胞数发生变化。在发热中后期，白细胞数常低至 400～5 000 个/mL。淋巴细胞比例增多，成年马、驴可达 50%以上。1～2 岁幼驹可达 70%以上。单核细胞增加，中性粒细胞相对减少至 20%左右。③静脉血中出现吞铁细胞。其主要病理变化表现为全身败血症变化、网状内皮细胞增生、肝细胞变性。

五、诊断

常用的诊断方法有临床综合诊断、补体结合试验和琼脂扩散试验。其中任何一种方法呈现阳性，则可判定为传染性贫血病马。必要时进行病毒学诊断和动物接种试验。临床综合诊断在排除类症的基础上，凡符合下列条件之一者，就被判为疑似病马：①体温在 39 ℃以上，呈稽留热或间歇热，并有明显的临床和血液学变化者；②体温在 38.6 ℃以上，呈稽留热、间歇热或不规则热型；③病史中体温记载不全，经系统检查，具有明显的临床及血液学变化，吞铁细胞 2‰以上或病理学检验呈阳性者；④在可疑传染性贫血病马死亡后，根据生前诊断资料，结合尸体剖检及病理组织学检查，其病理变化符合传染性贫血变化。

六、防治

1975 年，我国首创马传贫驴白细胞活疫苗。随着该病“养、检、免、隔、封、消、处”等综合性防疫措施的实施，马传染性贫血得到了有效控制。综合性防疫措施为加强饲养管理；定期检疫（补体结合反应或琼脂扩散试验检测抗体）；健康马免疫接种马传贫驴白细胞活疫苗；一旦发病，立即封锁、隔离消毒、病马集中扑杀、无害化处理等。

二维码 5-1 马传染性贫血病

项目二 马的寄生虫病

【项目简介】

马的寄生虫病是指由寄生虫引起的有一定的潜伏期和临床症状，并能传染的疾病。马的寄生虫病的发生率在偏远草场等地区依然较高。由于虫体来源较多，各有差异，应该具体掌握发病原因及应对措施，以控制和消灭寄生虫病。本项目主要介绍了马巴贝斯虫病和马媾疫 2 个任务。

任务一 马巴贝斯虫病

【任务目标】

1. 了解马巴贝斯虫病的病原特点。
2. 描述马巴贝斯虫病的流行特点。
3. 识记马巴贝斯虫病的临床症状和病理变化，能够准确描述典型图片代表的症状和病变。
4. 会用本课学习的内容对马巴贝斯虫病进行诊断和防治。

马巴贝斯虫病，又称马梨形虫病，是指由驽巴贝斯虫（旧称马焦虫）和马巴贝斯虫（旧称马纳氏焦虫）寄生于马红细胞引起的血液原虫病，是一种马的严重的寄生虫疾病。以高热、贫血、黄疸、出血和呼吸困难为其主要症状。OIE 将其列为 B 类疫病。

（一）病原

寄生于马的巴贝斯虫属于复顶亚门梨形虫纲巴贝斯科巴贝斯属。其主要有 2 个种：驽巴贝斯虫和马巴贝斯虫。

1. 形态特征

（1）驽巴贝斯虫　大型虫体，虫体长度大于红细胞半径。其形状为梨子形（单个或双个）、椭圆形、环形。典型的虫体为成对的梨子形虫体，以其尖端呈锐角相连。每个虫体内有 2 团染色质团块。在一个红细胞内一般只有 1～2 个虫体，偶见 3～4 个虫体。

（2）马巴贝斯虫　小型虫体，虫体长度不超过红细胞半径。其形状为圆形、椭圆形、单梨子形、钉子形、逗点形、短杆形、圆点形等，以圆形和椭圆形虫体多见。典型的虫体为 4 个梨子形虫体以其尖端呈十字形

二维码 5-2 马巴贝斯虫病

相连。每个虫体内只有一团染色质团块。

2.发育过程

寄生于马体内的巴贝斯虫由蜱进行传播。当成蜱吸血时，它把含有巴贝斯虫的红细胞吸入肠内，虫体被释放出，入侵蜱肠细胞和其他细胞进行进一步发育，然后虫体侵入蜱的唾液腺，发育为感染性虫体。当蜱吸血时，虫体随着蜱的唾液接种入马体，侵入马红细胞的巴贝斯虫以二分裂或出芽方式进行繁殖。

（二）流行病学

马巴贝斯虫病通过硬蜱传播，具有一定的区域性和季节性。我国已查明的传播巴贝斯虫的蜱有草原革蜱、森林革蜱、银盾革蜱、中华革蜱。驽巴贝斯虫病主要流行于东北、内蒙古东部及青海等。马巴贝斯虫病主要流行于新疆、内蒙古西部及南方各省区。驽巴贝斯虫病一般从2月下旬开始出现，3—4月达高潮，5月下旬以后逐渐停止流行。马巴贝斯虫病比驽巴贝斯虫病出现的时间稍晚。

如诊治不及时，死亡率极高。在幼驹发病后，其症状比成年马的症状更剧烈。在马匹耐过驽巴贝斯虫病后，带虫免疫可持续4年；马巴贝斯虫病带虫免疫可长达7年。疫区的马匹由于反复感染马巴贝斯虫，一般不发病或只表现轻微的临诊症状。清净区引入疫区的新马及新生的幼驹容易发病。驽巴贝斯虫与马巴贝斯虫之间无交叉免疫反应。

（三）临床症状

在驽巴贝斯虫病初期，病马体温稍升高，精神不振，食欲减退，眼结膜充血或稍黄染。随后体温逐渐升高（达39.5～41.5 ℃），呈稽留热型，呼吸、心跳加快，精神沉郁。病情发展很快，最明显的症状是黄疸，眼结膜初为潮红、黄染，以后则呈明显的黄色，其他可视黏膜，尤其是唇、舌、直肠、阴道黏膜黄染更为明显，有时黏膜上出现大小不等的出血点。病马食欲逐渐减退，甚至废绝，舌苔黄而厚；排尿淋漓，尿液黏稠、黄褐色；心搏动亢进，节律不齐；肺泡音粗粝，常流带黄色的浆液性鼻汁。在发病后期，病马显著消瘦，步态不稳，黏膜呈苍白黄染，心力衰竭，潮式呼吸，由鼻腔流出多量黄色带泡沫的液体。其病程为8～12 d。不经治疗而自愈的病例很少。

病马的血液稀薄色淡（高度脱水时的血液浓稠发黑），红细胞急剧减少（常降至200万个/mL），血红蛋白量相应减少，血沉快；白细胞数变化不大，常见单核细胞增多；静脉血液中出现吞铁细胞。常发现大小不均或有核的红细胞。

马巴贝斯虫病分为急性、亚急性和慢性。急性的症状与驽巴贝斯虫病相似，但病程稍长，多为间歇热或不定型热，病马常出现血红白蛋尿和肢体下部水肿。亚急性的症状基本与驽巴贝斯虫病相似，程度较轻，病程可达30～40 d，其间，有一定的缓解期。慢性马巴贝斯虫病在临诊上不易被发现，体温正常或在出现黄疸症状时稍高于常温，病马逐渐消瘦贫血，病程约为3个月，然后病势加剧或者成为带虫者。驽巴贝斯虫与马巴贝斯虫也可混合感染。

（四）诊断

在疫区的流行季节，如病马呈现高热、贫血、黄疸等症状，应考虑为本病。血液检查发现虫体是确诊的主要依据。根据虫体的典型形态，确诊是驽巴贝斯虫还是马巴贝斯虫病。两者区别在于驽巴贝斯虫虫体长度大于红细胞半径，而马巴贝斯虫虫体长度不超过红细胞半径。

虫体检查一般在病马发热时进行，有时体温不高也可检出虫体。如果一次未检出，就应反复检查或集虫。当无条件进行血液检查时，可进行诊断性治疗。如发现虫体而治疗二次效果不明显，就应考虑是否与马传染性贫血混合感染。

（五）防治

1. 治疗

应停止病马的使役，给予易消化的饲料和加盐的清水，仔细检查和消灭体表的蜱。根据病情，按“急则治其标、缓则治其本”的原则，制定治疗方案。初发或病势较轻的病马可立即注射下列药物，病重的病马应同时强心、补液。

①咪唑苯脲：剂量为每千克体重 2 mg；配成 10%溶液，一次肌内注射或间隔 24 h 再用一次。

②三氮脒：剂量为每千克体重 3～4 mg，配成 5%溶液深部肌内注射。根据具体情况用 1～3 次，每次间隔 24 h。病马注射后可出现出汗、流涎、肌肉震颤、腹痛等副作用，一般经 1 h 左右自行恢复。

③台盼蓝：只对驽巴贝斯虫有特效，每千克体重 5 mg 以生理盐水配成 1%溶液（过滤、灭菌），当年驹按 25～40 mL、一岁驹按 50～70 mL、两岁驹按 100～120 mL、成年马按 120～150 mL 静脉注射。

④锥黄素：每千克体重 3～4 mg，用 0.5%浓度，成年马按 120～150 mL 静脉注射。

⑤阿卡普林：每千克体重 0.6～1 mg，配成 5%水浴液，皮下或静脉注射，48 h 后重复一次。

2. 预防

在流行病区，要做好防蜱工作。在出现第一批病例后，为了防止易感马匹发病，可采取药物预防注射（与治疗同剂量）。在没有疫情，有蜱类活动的地区，外来马匹应对其进行严格的检疫，防止带虫马进入，并要消灭马匹体表的蜱。

任务二　马　媾　疫

【任务目标】

1. 了解马媾疫的病原特点。
2. 描述马媾疫的流行特点。
3. 识记马媾疫的临床症状和病理变化，能够准确描述典型图片代表的症状和病变。
4. 会用本课学习的内容对马媾疫进行诊断和防治。

马媾疫，又称交配疹，是指马匹在交配时由生殖器黏膜上感染马媾疫锥虫引起的一种寄生虫病。

二维码 5-3　马媾疫锥虫

（一）病原

马媾疫锥虫隶属于动体目锥虫科锥虫属。马媾疫锥虫在形态上与伊氏锥虫相似，主要寄生于生殖器黏膜。

(二)流行病学

仅马属动物易感,其主要在生殖器黏膜寄生,短暂地寄生于血液及其他组织器官。病马与健康马在交配时传染,未严格消毒的人工授精器械、用具也可传播该病。

马匹常为带虫者。公马尿道或母马阴道黏膜被感染后引起炎症,虫体侵入血液及各器官引起马一系列症状,特别是神经症状最为明显。该病潜伏期为8～28 d,少数病例的潜伏期可达3个月。

(三)临床症状

初期为水肿期,公马一般先从包皮前端开始发生水肿,逐渐蔓延至阴囊、阴茎、腹下及股内侧。触诊呈面团状,无热无痛。尿道黏膜潮红、肿胀,流出黏液,尿频,性欲旺盛。母马阴唇水肿,阴道流出黏液,后期可出现水疱、溃疡及无色素斑。

在生殖器感染后1个月,病例出现皮肤丘疹期。病马颈、胸、腹、臀部等,特别是两侧肩部的皮肤出现扁平丘疹,呈圆形或椭圆形,直径为5～15 cm,中间凹陷,周边隆起,称"银圆疹"。其特点是突然出现,多在中午消失迅速(数小时到1昼夜),然后再出现。

后期为神经症状期,以局部神经麻痹为主,腰神经与后肢神经麻痹,表现为步态强拘,后躯摇晃,跛行;当面神经麻痹时,嘴唇歪斜,耳及眼睑下垂;当咽麻痹时,吞咽困难。

在发病的全过程,体温一时性升高,后有稽留热。后期病马出现贫血、消瘦、精神沉郁,极度衰竭而死亡。

(四)诊断

如有以上症状,就可做出初步诊断。确诊可在尿道或阴道分泌物或丘疹部组织液发现锥虫。其形态与伊氏锥虫无明显区别。补体结合反应也可应用,补反抗体在感染3～4周出现,其可试用治疗伊氏锥虫病的药物进行诊断性治疗。

(五)防治

1.治疗

参照伊氏锥虫病的治疗。

2.预防

我国基本消灭本病。如发现病畜,除非特别名贵种马,否则应淘汰处理;开展人工授精;引进马匹先隔离检疫;公马在配种前用喹嘧胺盐进行预防;公、母马分开饲养;阉割无种用价值的公马。

项目三　马的普通病

【项目简介】

马的普通病是马最常见的疾病。马的普通病是指多种原因引起的有一定的临床症状,但不会传染的疾病。马的普通病发病原因经常与饲养环境及饲养条件不好有关。病因各有差异，应该具体掌握发病原因及应对措施，以控制和消灭普通病。本项目主要介绍了幼驹消化不良、肠变位和马属动物蹄病3个任务。

任务一　幼驹消化不良

【任务目标】

1. 了解幼驹消化不良的病因。
2. 描述幼驹消化不良的发病特点。
3. 识记幼驹消化不良的临床症状和病理变化，能够准确描述典型图片代表的症状和病变。
4. 会用本课学习的内容对幼驹消化不良进行诊断和防治。

幼驹消化不良是指幼驹由消化障碍或胃肠道感染所致的以腹泻为主要特征的疾病。本病一年四季都有发生，而以春季较多见，且易复发。

(一)病因

1. 饲养不当

饲养不当是幼驹腹泻的主要原因。如果孕马不采取全价饲料饲养，幼驹不仅衰弱，而且容易发生消化不良。当饲料中的硒含量低于0.1 mg/kg和维生素E含量不足时，容易引起马驹、驴驹的腹泻。如果孕马产前或产后饲喂蛋白性饲料(豆类)过多，乳汁中的蛋白质含量也过多，就易导致幼驹消化不良。当母乳不足，幼驹过早地采食饲料或人工哺乳不定时，不定量或乳温过低(当人工哺乳时，乳汁温度须加温至25～32 ℃)等均可引起幼驹消化不良。

2. 管理不当

如气温降低、大雨浇淋、厩舍潮湿阴冷以及幼驹久卧湿地等都是幼驹畜发生腹泻的常见原因。

3. 胃肠道感染

幼驹舔食粪尿、泥土以及粪尿污染的饲草等；人工哺乳的乳汁酸败、哺乳用具污染不洁；哺乳母马在患乳腺炎、胃肠炎、子宫内膜炎等经过中的母乳变质，幼驹吸吮后，容易引起胃肠道感染而发生腹泻。

4. 幼驹消化器官的结构和机能不够完善

消化液分泌少，消化酶的活力低，而胃肠黏膜柔嫩，血管丰富。在不良因素的刺激下，这些机能容易发生消化障碍或胃肠道感染，从而导致本病的发生。

(二)临床症状

腹泻是本病的主要症状。轻症患驹表现为排淡黄色、灰黄色、粥状或水样粪便，臭味不大或有酸臭味，有的粪便混有未消化的饲草。股部、肛门周围、跟骨上端及尾毛等部位常被粪汁或粪渣污染。重症或由感染所致的腹泻所排出的粪便有腥臭或有腐败臭味的粥状或水样状，内混有乳瓣、黏液、血液或肠黏膜。

在全患病初期，幼驹表现出精神稍沉郁，食欲减退，被毛蓬乱，体温、脉搏、呼吸一般无明显变化，个别的幼驹体温稍升高，尿量减少。在全患病后期多由感染或由对轻症的病驹治疗不当所引起的症状不仅腹泻剧烈，而且全身症状剧烈。病驹出现食欲大减或废绝，腹痛，不安，喜卧于地。体温升高，达 40 ℃左右，脉搏疾速，呼吸加快，黏膜潮红或暗红。由于重剧腹泻，体液大量耗失，病驹迅速消瘦，肛门松弛哆开；眼窝凹陷，皮肤干燥，弹力减退，排尿减少，口腔干燥，血液浓缩。以后，病驹逐渐瘦弱，反应迟钝，脉搏细弱无力，甚至不感于手，四肢末端发凉，有时发生痉挛抽搐。缺硒性腹泻表现出精神倦怠，步态强拘，行动迟缓，口腔，特别是舌部常有溃疡；心跳快而弱，每分钟达 180～200 次。

（三）诊断

幼驹腹泻的诊断根据病史及临诊表现，便可做出。必要时，进行粪便的细菌学检查；哺乳母畜的乳汁，特别是初乳质量的检验以及血液化验，综合判定。

（四）防治

本病的治疗原则为轻症的幼驹主要是调整胃肠机能，重症的幼驹则着重抗菌消炎和补液解毒。

1. 护理

应先除去发病原因，减少吮乳次数或不吮乳，饮温茶水或葡萄糖生理盐水，每次 300 mL。给病驹戴上口网，防止舔食褥草。

2. 调整胃肠机能

为了恢复胃肠功能，可服用帮助消化的药物。常用的有胃蛋白酶、胰酶、淀粉酶、乳酶生、酵母及稀盐酸等。如含糖胃蛋白酶 6 g、乳酶生 6 g、葡萄糖粉 30 g，制成舔剂，每天分 3 次服用或含糖胃蛋白酶 9 g、淀粉酶 6 g、酵母 6 g，适量，制成舔剂，每天分 3 次服用。排水样而无特殊腥臭味粪便的重症腹泻可用收敛止泻药，如鞣酸蛋白 3～5 g，碱式硝酸铋 1～3 g。

3. 抗菌消炎

根据病情可选用磺胺脒，每千克体重 0.1～0.3 g，每天 2～3 次分服；小檗碱 0.1～0.2 g，内服，每天 1 次；抗生素，如链霉素 200 万 IU，内服，每天 2 次；也可应用红霉素、多黏菌素、新霉素等。

4. 补液解毒

重症病畜应对其适时补液解毒，常用 5%葡萄糖生理盐水或复方氧化钠液或生理盐水等，每天 2 000～3 000 mL，分 3～4 次静脉注射。为了解除酸中毒，可静脉注射 5%碳酸氢钠液，一次 50～100 mL。

5. 缺硒性腹泻

缺硒性腹泻可用 0.2%亚硒酸钠溶液 3～5 mL，颈部皮下注射，间隔 20 d 重复 1 次，共注射 2～3 次；维生素 E 50～75 mg，分 3～4 次，肌内注射，每 5 天重复 1 次，直至痊愈。

6. 预防幼驹腹泻

预防幼驹腹泻应采取综合性措施，满足孕马各种营养物质的需要，如蛋白质、必需氨基酸、维生素以及矿物质等。产前、产后数日的母畜要防止突然增喂过多的豆类等精料，豆类以占精料的 15%左右为宜。初生幼驹应充分吮初乳，增强幼驹的免疫力；人工哺乳要定时定量，乳温要适宜，以 25～32 ℃为宜。对幼驹要加强管理，厩舍要清洁卫生，干燥通风。幼畜要适当运动，多晒太阳，防止久卧湿地。随时清扫粪便，防止幼驹舔食污物。

任务二 肠 变 位

【任务目标】

1. 了解肠变位的病因。

2. 描述肠变位的发病特点。

3. 识记肠变位的临床症状和病理变化，能够准确描述典型图片代表的症状和病变。

4. 会用本课学习的内容对肠变位进行诊断和防治。

肠变位是指肠管自然位置发生改变致使肠系膜或肠间膜受到挤压或缠绞，肠管血液循环发生障碍，肠腔陷于部分或完全阻塞的一组重剧性腹痛病。其临床特征是腹痛由剧烈狂暴转为沉重稳静，全身症状逐渐增重，腹腔穿刺液量多，红色混浊，病程短急，直肠变位肠段有特征性改变。

(一)分类

肠变位包括 20 多种病，可归纳为肠扭转、肠缠结、肠嵌闭和肠套叠等 4 种。

1. 肠扭转

肠扭转是指肠管沿自身的纵轴或以肠系膜基部为轴面做不同程度的扭转，肠腔发生闭塞、肠壁血液循环发生障碍的疾病。首先比较常见的是左侧大结肠扭转。左上大结肠和左下大结肠一起沿纵轴向左或向右做 180°～720°偏转。其次是小肠系膜根部的扭转。整个空肠连同肠系膜以前肠系膜根部为轴向左或向右做 360°～720°偏转。最后是盲肠扭转，整个盲肠以其基底部为轴向左或向右做 360°偏转。肠管沿自身的横轴而折转，则称为折叠。如左侧大结肠向前内方折叠，盲肠尖部向后上方折叠等。

二维码 5-4 马肠扭转

2. 肠缠结

肠缠结是指一段肠管以其他肠管、肠系膜基部、精索、韧带、腹腔肿瘤的根蒂等为轴心进行缠绕而形成络结，使肠腔发生闭塞、肠壁血液循环发生障碍的疾病。比较常见的是空肠缠结，其次是小结肠缠结。

3. 肠嵌闭

肠嵌闭是指一段肠管连同其肠系膜坠入与腹腔相通的天然孔或破裂口内，肠腔发生闭塞、肠壁血液循环发生障碍的疾病。比较常见的是小肠嵌闭，其次是小结肠嵌闭。如小肠或小结肠嵌入大网膜孔、腹股沟管乃至阴囊、肠系膜破裂口、肠间膜破裂口、胃肠韧带破裂口以及腹壁疝环内。

4. 肠套叠

肠套叠是指一段肠管套入其邻接的肠管内，肠腔发生闭塞、肠壁血液循环发生障碍的疾病。套叠的肠管分为鞘部(被套的)和套入部(套入的)。依据套入的层次，肠套叠可分为一级套叠、二级套叠和三级套叠。一级套叠，如空肠套入空肠、空肠套入回肠、回肠套入盲肠、盲肠套入盲肠体、小结肠套入胃状膨大部和小结肠套入小结肠等；二级套叠，如空肠套入空肠再套入回肠、小结肠套入小结肠再套入小结肠等；三级套叠，如空肠套入空肠，又套入回肠，再套入盲肠等。

(二)病因

1.导致肠管功能改变的因素

突然受凉、食冰冷的饮水和饲料、肠卡他、肠炎、肠内容物性状的改变(如由肠内积沙、酸碱度降低引起的肠弛缓;由消化不良过程引起的肠分泌、吸收和蠕动功能变化等)、肠道寄生虫、全身麻醉以及肠痉挛、肠臌气、肠便秘和肠系膜动脉血栓和(或)栓塞等腹痛病。肠管运动功能紊乱致使肠管失去固有的运动协调性,如有的肠段张力和运动性增强乃至痉挛性收缩,有的肠段张力和运动性减弱乃至弛缓性麻痹。

2.机械性因素

在跳跃、奔跑、难产、交配等腹内压急剧增加的条件下,有时小肠或小结肠可被挤入孔穴而发生嵌闭。起卧滚转,体位急剧变换(如腹痛)促使各段肠管的相对位置发生改变。

(三)临床症状

1.马肠变位

病畜食欲废绝,口腔干燥,肠音微弱或消失,排恶臭稀粪,并混有黏液和血液。腹痛由间歇性腹痛迅速转为持续性剧烈腹痛,病马出现极度不安,急起急卧,急剧滚转,仰卧抱胸,驱赶不起。即使用大剂量的镇痛药,腹痛症状也常无明显减轻或仅起到短暂的止痛作用。在疾病后期,腹痛变得持续而沉重。随着疾病的发展,体温升高,出汗,肌肉震颤;脉率增快,可达100次/min以上,脉搏细弱或脉不感于手;呼吸急促,结膜暗红或发绀,四肢及耳鼻发凉,微血管再充盈的时间显著延长(4 s以上)。

2.腹腔穿刺液检查

腹腔液呈粉红色或红色。

3.血液学检查

血沉明显减慢。

4.直肠检查

直肠空虚,内有较多的黏液。当前肠系膜扭转时,胃和空肠膨胀,空肠粗如前臂,前肠系膜呈螺旋扭转,触及时病畜剧痛不安;当左侧大结肠扭转时,盲肠臌气,有4条纵带和4列肠袋的左腹侧结肠位置在上方,较光滑的左背侧结肠位置在下方或两者平行并列,沿此肠段向前可摸到螺旋状的扭转部,触及时病畜剧痛;当空肠缠结(或小结肠缠结)时,胃和空肠膨胀(或盲肠、大结肠膨胀)、缠结处的肠管、肠系膜或韧带缠结成绳结状;当与腹腔肿瘤的根蒂缠结时,还可发现肿瘤及紧张的肿瘤蒂基部;当小肠或小结肠腹股沟嵌闭时,相应的肠管膨胀、前肠系膜(后肠系膜)向后下方腹股沟管口倾斜,小肠肠袢(或小结肠肠袢)走向腹股沟管,牵拉时病畜剧痛不安;当肠套叠时,常可在发生套叠处摸到如同前臂或上臂粗的圆柱状肉样肠段。在触压该部时,病畜剧痛。

(四)诊断

根据病史以及腹痛表现和直肠检查情况,可建立初步诊断,必要时剖腹探查,以确诊。

(五)防治

根本的治疗是在早期确诊后,进行开腹整复。为提高整复手术的疗效,应在手术前实施常规疗法,如镇痛、补液和强心,并适当纠正酸中毒。少数轻度肠套叠患畜经对症治疗就能自行恢复。当发现疑似肠套叠时,可试用镇痛解痉剂,如1%阿托品1～3 mL,皮下注射,以解除肠痉挛,缓解疼痛,有时可使病马获得治愈。

任务三　马属动物蹄病

【任务目标】

1. 了解马属动物蹄病的病因。
2. 描述马属动物蹄病的发病特点。
3. 识记马属动物蹄病的临床症状和病理变化,能够准确描述典型图片代表的症状和病变。
4. 会用本课学习的内容对马属动物蹄病进行诊断和防治。

一、蹄钉伤

在装蹄时,蹄钉从肉壁下缘、肉底外缘嵌入,损伤蹄真皮,即发生钉伤;蹄钉直接刺入蹄真皮或靠近蹄真皮穿过,持续压迫蹄真皮均能引起炎症。前者为直接钉伤,后者为间接钉伤。

(一)诊断

直接钉伤是指在下钉时就发现肢蹄有抽动表现,造钉节时再次出现抽动现象。在拔出蹄钉时,钉尖有血液附着或钉孔溢出血液。在装蹄的当时,受钉伤的肢蹄即出现跛行,2～3 d后跛行增重。间接钉伤是指由敏感的蹄真皮层受位置不正的蹄钉压挤而发病,多在装蹄后3～6 d出现原因不明的跛行。蹄部增温,指(趾)动脉亢进。在钳压钉头时,出现疼痛反应,表现出化脓性蹄真皮炎的症候。如耽误治疗,经一段时间后,可从患蹄的蹄冠自溃排脓。

(二)治疗

如果直接钉伤在装蹄过程中被发现,应立即取下蹄铁,向钉孔内注入碘酊,涂敷松馏油,再用蹄膏(等份松香与黄蜡分别加热融化,混合而成)填塞蹄负面的缺损部。在拔出导致钉伤的蹄钉后,改换钉位装蹄。如化脓性蹄真皮炎,扩大创孔以利于排脓;用3%过氧化氢溶液或0.1%高锰酸钾溶液冲洗创腔,涂敷松馏油,包扎蹄绷带。

二、蹄冠蜂窝织炎的诊断与治疗

蹄冠蜂窝织炎是指发生在蹄冠皮下、真皮和蹄缘真皮以及与蹄匣上方相邻的被毛皮肤的真皮化脓性或化脓坏疽性炎症。

(一)诊断

在蹄冠形成圆枕形肿胀、热、痛。蹄冠缘往往发生剥离。患肢表现为重度支跛,体温升高,精神沉郁。局部形成一个或数个小脓肿,脓肿破溃后,患病动物全身状况有所好转,跛行减轻，蹄冠部的急性炎症平息。如炎症剧烈、未及时治疗或治疗不当，蹄冠蜂窝织炎可并发附近的韧带、腱、蹄软骨的坏死，蹄关节化脓性炎，转移性肺炎和脓毒血症。严重病例可造成蹄匣脱落。

(二)治疗

应先将动物放在有垫草的马厩内，使动物安静，并经常给以翻身，以免发生褥疮。全身应用抗生素和支持疗法。处理蹄冠皮肤，用蹄刀切除已剥离的部分。在病初，蹄冠部使用10%樟脑酒精湿绷带，如病情未见好转，肿胀继续增大，为减缓组织内的压力和预防组织坏死，可在蹄冠上做许多长为2～3 cm和深为1～1.5 cm的垂直切口。术后包扎，浸以10%高渗氯化钠溶液的绷带，以后可按常规进行创伤治疗。当并发蹄软骨坏死时，可将蹄软骨摘除。

三、白线裂

白线裂系由白线部角质的崩坏以及变形腐败导致蹄底与蹄壁发生分离。其多发生于马、骡的前蹄蹄侧壁或蹄踵壁。

(一)病因

广蹄、弱踵蹄、平蹄等蹄壁倾斜、白线角质脆弱均为发生本病的原因。在装蹄时，过度烧烙、白线切削过多、蹄部不清洁、环境卫生不好、干湿急变、地面潮湿、钉伤、白线部的踏创均为发生白线裂的诱因。对广蹄、平蹄、丰蹄等装着铁支狭窄及斜面少的蹄铁，蹄钉过粗也是引起白线裂的原因。

(二)诊断

常在白线部充满粪、土、泥、沙。跣蹄马举肢检查，易于发现病灶；装蹄马必须取下蹄铁进行检查，多在装蹄、削蹄时发现白线裂的所在部位。白线裂只涉及蹄角质层，称为浅裂，不出现跛行；若裂开已达肉壁下缘，称为深裂，往往诱发蹄真皮炎，引起疼痛而发生跛行。由白线裂引起的蹄底下沉，易形成平蹄、丰蹄。如白线裂向深部伸展，可转变为空壁，并可引起化脓性蹄真皮炎。此时，病灶对壁真皮比底真皮的影响更大，感染可向上方深部蔓延，引起蹄冠脓肿、远籽骨滑膜囊炎和化脓性蹄关节炎，有的病例侵害到腱和腱鞘。

(三)防治

白线已分裂即难以愈合。治疗主要是防止裂缝的加大和促进白线部角质的新生。合理削蹄，不能过削白线。清除蹄底的污物，患部涂以松馏油。蹄壁向外部扩展者，即在该蹄铁部位设侧铁唇；蹄壁薄弱者，使用幅广连尾蹄铁，以使蹄叉及蹄底外缘分担体重。如继发化脓性蹄真皮类，应清理创部，涂碘酊，塞以浸有松馏油的麻丝，包扎蹄绷带或垫入橡胶片。待感染完全控制后，配合黏合剂或黄蜡封闭裂口的使用。

四、蹄叶炎

蹄真皮的弥散性、无败性炎症称为蹄叶炎。

(一)病因

蹄叶炎可广义地分为急性、亚急性或慢性。常发生在马、骡等家畜的两前蹄,四蹄也可同时发生,两后蹄或单蹄发病偶见。其确切病因仍不详。一般认为蹄叶炎属于变态反应性疾病。从疾病的发生看,其可能为多因素。多数认为精料饲喂过多,易引起消化不良,肠管吸收毒素,血液循环紊乱可导致本病的发生。动物使役过劳或骤遇寒冷也易引发本病。蹄结构异常、蹄保护不良均为本病的原因。本病也可继发于某些疾病,如传染性胸膜肺炎、流行性感冒、肺炎和疝痛等。

(二)临床症状

1. 急性

急性蹄叶炎患病动物表现出精神沉郁,食欲减少,不愿站立和运动。当两只前蹄患病,病马后肢伸至腹下,两前肢向前伸出,以蹄踵着地。当两只后蹄患病时,前肢向后屈于腹下。如四蹄均发病,站立姿势与两前蹄发病类似,病马体重尽可能落在蹄踵上。如强迫运步,患病动物运步缓慢、步样紧张、肌肉震颤。触诊病蹄增温,蹄冠处尤其明显;叩诊或压诊患蹄敏感,可视黏膜常充血,体温升高(40～41 ℃),脉搏频数(80～120 次/min),呼吸变快(50～60 次/min)。

2. 亚急性

亚急性病例的症状比急性病例轻。其仅限于姿势稍有变化,不愿运动。蹄温或指(趾)动脉亢进不明显。

3. 慢性

慢性蹄叶炎常见蹄形改变,蹄轮不规则,蹄前壁蹄轮较近,而在蹄踵壁则增宽,最后可形成芜蹄。站立时,健侧蹄与患蹄不断地交替负重。有时在 X 线摄影检查中可发现蹄骨移位及骨质疏松。严重病例的蹄骨尖端可穿透蹄底。

(三)防治

治疗急性和亚急性蹄叶炎有 4 项原则,即除去致病或促发的因素、解除疼痛、改善循环、防止蹄骨转位。

急性蹄叶炎的治疗措施包括应用止痛剂、消炎剂、抗内毒素疗法、扩血管药、抗血栓疗法;合理削蹄和装蹄;必要时的手术疗法和限制患病动物活动等。

慢性蹄叶炎的治疗措施包括限制饲料、控制运动等;清除蹄部腐烂的角质以预防感染;把刷洗后的蹄部放在硫酸镁溶液中浸泡。如蹄骨已明显移位,应在蹄踵和蹄壁广泛地削除角质,确保蹄骨回到正常的位置;如已形成芜蹄,可用装蹄疗法矫正。

二维码 5-5 马属动物蹄病

模块六

犬猫疾病

【模块概要】

犬猫疾病给伴侣动物饲养场及宠物主人带来极大的负担。其疫病的危害不仅导致了大批犬猫的死亡和它们生活质量的下降，而且一些人畜共患的疾病还能够危害公共安全，给人类生产和生活带来严重的威胁。因此，做好犬猫疾病的预防控制工作是犬猫饲养过程中不可忽视的。本模块主要包括常见的犬猫传染病的防控、犬猫寄生虫病的防控和犬猫普通病的防控。

项目一　犬猫传染病

【项目简介】

犬猫传染病是危害规模化犬猫饲养场和宠物主人的头号敌人。它是主要是由病毒引起的有一定的潜伏期和临床症状，并能传染的疾病。目前，犬猫传染病的发生率依然较高，特别是未进行免疫的犬猫及疾病流行地区的犬猫。发病原因各有差异，应该具体掌握发病原因及应对措施，以控制和消灭传染病。本项目主要介绍了犬瘟热、犬细小病毒病、犬传染性肝炎、猫泛白细胞减少症 4 个任务。

任务一　犬　瘟　热

【任务目标】

1. 了解犬瘟热的病原特点。
2. 描述犬瘟热的流行特点。
3. 识记犬瘟热的临床症状和病理变化，能够准确描述典型图片代表的症状和病变。
4. 会用本课学习的内容对犬瘟热进行诊断和防治。

犬瘟热(CD)是指由犬瘟热病毒引起的犬科、鼬科及一部分浣熊科动物的一种急性、高度接触性传染病。病犬在初期表现为双相热型、白细胞减少、急性鼻卡他，随后以支气管炎、卡他性肺炎、严重胃肠炎为特征。病犬在后期可见神经症状，如痉挛、抽搐。部分病例可出现鼻部和脚垫高度角质化(硬脚垫病)。犬瘟热已分布于全世界，它对养犬业和毛皮动物养殖业造成了极大的危害。

(一)病原

犬瘟热病毒(CDV)属于副黏病毒科麻疹病毒属成员,是单股不分节段的负链 RNA 病毒。病毒粒子呈圆形或多形性,多数直径为 150～330 nm,病毒粒子中心含有螺旋形核衣壳,核衣壳内包裹有基因组 RNA。该病毒只有一个血清型。病毒存在于肝、脾、肺、脑、肾、淋巴结等多种器官和组织。

该病毒对寒冷有较强的抵抗力,在−10 ℃的温度下存活几个月,在−70 ℃的温度下或冻干条件下可长期存活。该病毒对热和干燥敏感,在 0 ℃以上的温度下,其感染力迅速丧失。这可能也是犬瘟热多流行于冬春寒冷季节的原因。该病毒对可见光、紫外线、有机溶剂和碱性溶液敏感。在临诊上常用 3%氢氧化钠溶液、3%福尔马林、5%苯酚作为消毒剂,有较好的杀灭作用。

(二)流行病学

在自然条件下,犬科和鼬科以及浣熊科的浣熊和小熊猫等均有易感性。本病不分性别、年龄和品种,以 1 岁内的犬多发,特别是 3～6 月龄的幼犬。纯种犬的发病率高于杂种犬的发病率。犬瘟热一年四季均可发病,以冬春寒冷季节多发。

病犬和带毒犬是主要的传染源,患有本病的其他动物和带毒动物次之。传播途径主要经呼吸道感染,其次经消化道感染,也可经眼结膜、口鼻腔黏膜、阴道和直肠黏膜感染。也有人提出,犬瘟热病毒还能通过胎盘垂直传播,造成流产和死胎。耐过犬可获得坚强的免疫力。仔犬可通过初乳获得母犬 70%～80%的被动免疫。

犬瘟热流行常有一定的周期性,一般每隔 2～3 年有一次大的流行。近年来,由于养犬业发展迅猛,犬的调运交流频繁,以致犬群的免疫水平不定,发病周期已不再明显。

(三)临床症状

犬瘟热潜伏期为 3～5 d,来源于异种动物的野毒株由于需要一段时间适应,潜伏期可延长到 30～90 d。在病初,病犬表现出精神不振,食欲下降或不食,眼、鼻流出浆性分泌物,体温升至 39.5～41.0 ℃,持续约 2 d,然后消退至正常体温,此时病犬精神良好,食欲恢复。经 2～3 d,体温再次升高,并持续数周,即所谓的双相型发热,此时病情加重。

以呼吸道炎症为主的病犬可见鼻镜干裂,排出脓性鼻液。眼睑肿胀,有脓性分泌物,后期可发生角膜溃疡。病犬咳嗽、打喷嚏,肺部听诊有啰音和捻发音,出现严重的肺炎症状,腹式呼吸,呼吸急促。

以消化道炎症为主的病犬在病初可见眼、鼻流水样分泌物,几天后转为脓性,食欲废绝,呕吐,尿黄,排带有黏液的稀便或干粪,严重时排高粱米汤样的血便,病犬迅速脱水、消瘦。

以神经症状为主的病犬在开始就出现神经症状,有的病犬先表现出呼吸道或消化道症状,经 7～10 d,再呈现神经症状,轻者口唇、眼睑局部抽搐,重者表现为空嚼、转圈、口吐白沫,牙关紧闭,倒地抽搐,呈癫痫样发作。此种神经性犬瘟热多为预后不良,也有的病犬表现出四肢、后躯麻痹,行走摇摆,共济失调,甚至癫痫状惊厥和昏迷等神经症状。这样的病犬常留有麻痹后遗症,少数病犬在下腹部或股内侧出现水疱性或脓性皮疹,足垫肿胀、增生、角化,形成所谓的硬脚垫病。妊娠母犬感染本病可发生流产、死胎和仔犬成活率下降等现象。

(四)病理变化

犬瘟热病理解剖缺乏特征性变化,可见有不同程度的上呼吸道和消化道卡他性炎症,上呼吸道有黏液或脓性渗出物,肺充血、出血;胃肠黏膜肿胀、充血和出血,大肠常有过量黏液;肝脾淤血、肿大;胸腺萎缩并有胶冻样浸润;脑膜充血、出血,脑室扩张及脑脊液增多,呈非化脓性脑膜炎变化;肾上腺皮质变性;轻度间质性附睾炎和睾丸炎。

(五)诊断

根据犬瘟热的流行特点、临床症状和病理变化可做出初步诊断。如传染性强,患犬年龄多为2月龄至1岁,以3～6月龄的幼犬最易感;呈双相热型,体温为40 ℃以上;结膜充血,有眼分泌物,鼻流清涕或流黏性或脓性分泌物,有咳嗽、呼吸急促等支气管肺炎症状;病后期出现神经症状,如局部抽搐,后躯麻痹、做转圈运动等。病程长的患犬在下腹部或股内侧出现水疱性或脓性皮疹,足垫角质层增生,即硬脚垫症。确诊应进行实验室诊断,如包涵体的检查、病毒分离,此外,也可采用中和试验、补体结合试验、免疫荧光抗体技术、酶标抗体技术和CDV抗原快速检测试纸进行诊断。

(六)防治

犬瘟热的预防办法是定期进行免疫接种犬瘟热疫苗。免疫程序是首免时间为50日龄;二免时间为80日龄;三免时间为110日龄。在3次免疫后,每年免疫一次。目前市场上出售的六联苗、五联苗、三联苗均可按以上程序进行免疫。

二维码6-1 犬瘟热

为了防止疫情蔓延,一旦发生犬瘟热,必须迅速将病犬严格隔离,病舍及环境用火碱、次氯酸钠、来苏儿等彻底消毒。严格禁止病犬和健康犬接触。对尚未发病的有感染可能的假定健康犬及受疫情威胁的犬,应立即用犬瘟热高免血清进行被动免疫或用小儿麻疹疫苗做紧急预防注射,待疫情稳定后,再用犬瘟热疫苗进行免疫。在出现临诊症状之后,用大剂量的犬瘟热高免血清进行注射,可控制本病的发展。犬瘟热的临诊症状明显。出现神经症状的处于本病中后期的病犬即使注射犬瘟热高免血清,也很难治愈。

任务二 犬细小病毒病

【任务目标】

1. 了解犬细小病毒病的病原特点。
2. 描述犬细小病毒病的流行特点。
3. 识记犬细小病毒病的临床症状和病理变化,能够准确描述典型图片代表的症状和病变。
4. 会用本课学习的内容对犬细小病毒病进行诊断和防治。

犬细小病毒病又称犬传染性肠炎,是指由犬细小病毒引起的犬的一种具有高度接触性传染的烈性传染病。以剧烈呕吐、腹泻、体温升高、白细胞减少和非化脓性心肌炎为其特征,多发生于幼犬,病死率为10%～50%。

(一)病原

犬细小病毒属细小病毒科细小病毒属成员。病毒粒子呈二十面体立体对称,直径为18～26 nm,无囊膜,病毒的基因组为单股DNA。犬细小病毒与猫的泛白细胞减少症病毒(FPV)有极近的亲缘关系,抗原性也很相近,因此,FPV疫苗具有抗本病毒感染的效能。

本病毒对各种理化因素有较强的抵抗力。本病毒在室温下能存活3个月,在60 ℃的温度下,耐受1 h,在pH 3.0酸性环境中,处理1 h后仍有感染性。其对福尔马林、氧化剂和紫外线敏感,对胰蛋白酶,乙醚、氯仿等有机溶剂不敏感。

(二)流行病学

犬是犬细小病毒感染的主要宿主。其他犬科动物也可感染本病,如狼、狐等。犬细小病毒对犬具有高度的传染性。各种年龄、性别、品种的犬都有易感性,特别是断奶后至3月龄的幼犬最易感,发病率和病死率都高于其他年龄组,往往以同窝暴发为特征,纯种犬及外来犬比土种犬的发病率高。病犬的粪便中含毒量最高。

病犬、隐性带毒犬是犬细小病毒感染的主要传染源,主要通过直接或间接接触感染。在感染7～14 d及以后,可经粪便向外界排毒。康复犬也可长期带毒。多数3～4周龄犬在感染后呈急性致死性心肌炎症状;多数8～10周龄的犬呈肠炎症状。小于4周龄的仔犬和大于5岁龄的老犬发病率低,分别为2%和16%。

犬细小病毒感染一年四季均可发生,以冬春季多发。饲养管理条件骤变、长途运输、寒冷、拥挤等因素可促本病的发生。犬细小病毒病多为散发,在养犬比较集中的单位常呈地方流行性。

(三)临床症状

自然感染的潜伏期为7～14 d。根据临诊表现可分为肠炎型和心肌炎型。

1.肠炎型

在病初表现为发热(40 ℃以上)、精神沉郁、不食、呕吐,呕吐物为食物,之后为黏稠、黄绿色黏液或有血液。在发病第1天左右开始腹泻,粪便为黄色或灰黄色稀粪,常覆有多量黏液和假膜,随着病情的发展,粪便呈咖啡色或番茄酱汁样的含血稀粪,以后排便次数增加,出现里急后重,血便带有特殊的腥臭气味。在血便数小时后,病犬表现出严重的脱水症状,即眼球下陷、鼻镜干燥、皮肤弹力高度下降、体重明显减轻。肠道出血严重的病例由于其肠内容物腐败造成了内毒素中毒和弥散性血管内凝血,从而导致机体休克、死亡。病犬的白细胞数可减少至60%～90%(由正常犬的12 000个/mm^3减至4 000个/mm^3以下)。短的病程为4～5 d,长的病程为1周以上。成年犬发病一般不发热。

2.心肌炎型

心肌炎型多见于50日龄以下的幼犬。其表现为常发病突然,数小时内死亡。病犬常发无先兆性症状的心力衰竭,脉搏快而弱,心律不齐,心电图R波降低,ST波升高。有的病犬突然呼吸困难,有的病犬可见有轻度腹泻后而死亡。病死率为60%～100%。

(四)病理变化

1. 肠炎型

自然死亡的犬极度消瘦、脱水,腹部蜷缩,眼球下陷,可视黏膜苍白,肛门周围附有血样稀便或从肛门流出血便。其主要以胃肠道广泛出血性变化,可见小肠明显出血,肠腔内含有大量血液,特别是空肠和回肠的黏膜潮红、肿胀,散布有斑点状或弥漫性出血,严重时的肠管外观为紫红色。淋巴结充血、出血和水肿,切面呈大理石样,在小肠黏膜上皮细胞中可见有核内包涵体。

2. 心肌炎型

心肌炎型可见心脏扩大,心房和心室有淤血块,心肌或心内膜有非化脓性坏死灶和出血斑纹,心肌纤维严重损伤,肺水肿,局灶性充血和出血,肺表面色彩斑驳。有时在病变的心肌细胞中可发现包涵体。

(五)诊断

根据犬细小病毒感染的流行特点、临床症状和病理变化可做出初步诊断。要确诊应进行实验室诊断。实验室检测方法有病毒分离鉴定、血凝及血凝抑制试验、免疫荧光抗体技术、酶联免疫吸附试验、包涵体检查、PCR 技术和细小病毒核酸探针技术等。此外,CPV 抗原快速检测试纸也常用于诊断。

(六)防治

严格执行兽医卫生防疫措施,做好免疫接种是预防犬细小病毒病的最有效手段。目前,犬细小病毒疫苗主要有灭活疫苗、弱毒疫苗、亚单位疫苗、核酸疫苗以及重组疫苗。最为常用的是细小病毒弱毒疫苗。在本病流行的季节,严禁将个人养的犬带到犬集结的地方。

二维码 6-2 犬细小病毒病

在犬群暴发犬细小病毒病后,应及时隔离,对犬舍和饲具应反复消毒,常用 2%苛性钠或 10%~20%漂白粉等反复消毒。轻症病例应对其采取对症疗法和支持疗法(主要采用强心、补液、纠正酸中毒、止血等疗法),为了防止继发感染,应配合注射抗生素等。在病毒早期,可用犬细小病毒高免血清进行治疗。

任务三 犬传染性肝炎

【任务目标】

1. 了解犬传染性肝炎的病原特点。
2. 描述犬传染性肝炎的流行特点。
3. 识记犬传染性肝炎的临床症状和病理变化,能够准确描述典型图片代表的症状和病变。
4. 会用本课学习的内容对犬传染性肝炎进行诊断和防治。

犬传染性肝炎是指由犬传染性肝炎病毒引起的犬的一种急性、高度接触传染性败血性的传染病。其临诊上以体温升高(回归热)、严重血凝不良、肝脏受损、角膜混浊等为主要特征。

(一)病原

犬传染性肝炎病毒又称犬腺病毒,属于腺病毒科哺乳动物腺病毒属成员。犬的腺病毒分为 CAV-Ⅰ和 CAV-Ⅱ两种类型。前者是引起犬传染性肝炎的病原,称为犬传染性肝炎病毒(ICHV);后者是引起犬传染性喉气管炎的病原。两者具有 70%的基因亲缘关系,所以在免疫上能交叉保护。

犬传染性肝炎病毒与人的病毒性肝炎无关。该病毒对外界抵抗力较强,对氯仿和乙醚有抵抗力,污染的注射器和针头仅用酒精消毒仍可传播本病。紫外线照射可灭活本病毒,甲酚和有机碘类消毒剂可杀灭病毒。本病毒不耐高温,在 50～60 ℃条件下,经 5 min 即失去活力。常用消毒剂为苯酚、碘酊和 2%的苛性钠。

(二)流行病学

犬和狐狸均是自然宿主,尤其是病犬及带毒犬是本病的重要传染源。该病的传播途径主要是直接接触性传染,也可发生胎内感染从而造成新生幼犬死亡。此外,体外寄生虫也有传播本病的可能性。

犬传染性肝炎发生于任何季节,无年龄和品种的差异,常见于 1 岁以内的幼犬,尤以断奶前后的仔犬发病率最高。幼犬的病死率高达 25%～40%。成年犬很少出现症状。康复犬可产生坚强的免疫力。

(三)临床症状

自然感染犬传染性肝炎的犬潜伏期为 6～9 d,病程比犬瘟热短,大约在 2 周内能恢复或死亡。根据临床症状和感染宿主种类可分为 3 种病型。

1. 犬肝炎型

在病初,犬的体温高达 41 ℃,持续 1 d,然后降至接近常温,持续 1 d,接着又第二次体温升高,呈马鞍形体温曲线(持续 2～6 d)。在此期间,血液学检查可见白细胞减少,常在 2 500 个/mm^3 以下。随后病犬食欲不振,饮欲增加,常见呕吐、腹泻、眼和鼻流浆液性黏液性分泌物,右腹有压痛。有些病例的头颈和下腹部水肿。有些病例出现步态踉跄、过敏等神经症状,黄疸较轻。病犬凝血不良,一旦出血,往往流血不止。约有 20%的恢复期病犬出现一只眼或两只眼呈现暂时性角膜混浊,甚至呈蓝白色的角膜翳,称之为"肝炎性蓝眼病"。

2. 犬呼吸型

病犬的体温升高,呼吸加快,心跳快,节律不齐,咳嗽,流有浆性或脓性鼻液。有的病犬表现为呕吐或排稀便;有的病犬表现为扁桃体肿大,伴有咽喉炎。

3. 狐脑炎型

狐脑炎型发生于狐狸和黑熊等野生动物,潜伏期为 6～7 d。其常突然发生,呈急性经过。病初表现为发热,流鼻涕,食欲废绝,腹泻,眼球震颤,之后出现神经症状,动物过度兴奋、肌肉痉挛、共济失调,麻痹,昏迷死亡。有的病例出现截瘫和偏瘫症状。几乎所有出现症状的病狐都难免死亡。病程短促,2～3 d 即死。犬传染性肝炎一旦传入养狐场,可持续多年,呈缓慢流行,每年反复发生。

(四)病理变化

1. 犬肝炎型

剖检见有血样腹水，肝脏肿大，色淡呈黄褐色并混有多量暗红色斑点。胆囊壁水肿、出血和肥厚。肝细胞及窦状隙内皮细胞有核内包涵体，一个细胞核内只有一个包涵体。

2. 犬呼吸型

剖检呼吸型病例可见肺膨大、充血，支气管淋巴结出血，扁桃体肿大、出血等变化。

3. 狐脑炎型

剖检可见心内膜、脑膜、脑脊髓膜、唾液腺、肺脏等脏器组织点状出血。脑脊髓和软脑膜呈袖套现象。在脏器的内皮细胞和肝上皮细胞中有核内包涵体。

(五)诊断

根据流行病学、临诊症状和病理解剖可做出初步诊断。突然发病和出血时间延长是犬传染性肝炎的暗示，确诊必须进行病毒分离鉴定和血清学诊断等特异性诊断。

二维码6-3 犬传染性肝炎

犬传染性肝炎应注意与犬瘟热进行鉴别诊断。肝炎病例易出血，且出血后的凝血时间延长，而犬瘟热没有这种现象；肝炎病例在解剖时有特征性的肝和胆囊病变以及腹腔中的血样渗出液，犬瘟热无此现象；被肝炎病毒感染后，在感染组织中可发现核内包涵体。犬瘟热主要为胞质内包涵体；肝炎病毒人工感染能使犬、狐发病，不能使雪貂发病。犬瘟热极易使雪貂发病，且死亡率高达100%。

(六)防治

犬传染性肝炎治疗无特效药物，主要采取对症治疗和加强饲养管理。在患病初期，可用传染性肝炎高免血清治疗，有一定的作用。当出现明显的临诊症状时，即使使用大剂量的高免血清，也很难有治疗作用，对严重贫血的病例采用输血疗法有一定的作用。肝炎病症的犬可按急性肝炎进行治疗，患有角膜炎的犬可用0.5%利多卡因和眼药水交替点眼，同时，静脉补葡萄糖及三磷酸腺苷、辅酶A对本病康复有一定作用。全身应用抗生素及磺胺类药物可防止继发感染。

预防本病主要依靠定期进行免疫接种和实施一般的兽医卫生措施。使用的疫苗有甲醛灭活苗和弱毒苗两类。由于本病常与犬瘟热等病毒性疫病并发，故在实际工作中常将其与犬瘟热、副流感及细小病毒性肠炎等弱毒株研制成不同的弱毒联合疫苗。为防止盲目地由国外及外地引进犬导致的病毒传入，康复的犬一定要单独饲养，并最少隔离半年以上。

任务四　猫泛白细胞减少症

【任务目标】

1. 了解猫泛白细胞减少症的病原特点。
2. 描述猫泛白细胞减少症的流行特点。

3. 识记猫泛白细胞减少症的临床症状和病理变化，能够准确描述典型图片代表的症状和病变。

4. 会用本课学习的内容对猫泛白细胞减少症进行诊断和防治。

猫泛白细胞减少症，又名猫传染性肠炎或猫瘟热、猫瘟，是指由猫细小病毒引起的猫的一种急性、高度接触性、致死性传染病。其主要发生于 1 岁以内的幼猫。其临诊表现为突发高热、呕吐、腹泻、高度脱水和明显的白细胞数减少。它是家猫最常见的传染病。

(一)病原

猫泛白细胞减少症病毒(FPV)在分类学上属细小病毒科细小病毒属成员。FPV 仅有一个血清型。本病毒与犬细小病毒(CPV)、水貂肠炎病毒(MEV)有抗原相关性。

本病毒对乙醚、氯仿、胰蛋白酶、0.5%苯酚及 pH 3.0 的酸性环境具有一定抵抗力，耐热，在 50 ℃的温度下，经 1 h；在 66 ℃的温度下，经 30 min 可被灭活。本病毒在低温或甘油缓冲液内能长期保持感染性，0.2%甲醛处理 24 h 即可失活。次氯酸对其有杀灭作用。

(二)流行病学

猫泛白细胞减少症主要感染猫，猫科其他动物(野猫、虎、豹)均可感染发病。各种年龄的猫都可感染发病，主要发生于 1 岁以下的小猫，尤其是 2～5 月龄的幼猫最易感。

病猫和康复带毒猫是猫泛白细胞减少症主要传染源。本病毒随呕吐物、唾液、粪便和尿液排出体外，污染食物、食具、猫舍以及周围环境，易感猫接触后感染发病。猫泛白细胞减少症主要经消化道和呼吸道传染。

猫泛白细胞减少症一年四季均可发生，以冬末至春季多发，以 3 月的发病率最高，达 19.5%，病程多为 3～6 d。如病猫能耐过 7 d，多能康复。病死率一般为 60%～70%，高的病死率可达 90%以上。

(三)临床症状

潜伏期一般为 2～6 d。在易感猫群中，感染率高达 100%，并非所有感染猫都出现症状。有的病猫不表现任何症状而突然死亡。多数病猫在发病初期表现为精神萎顿、食欲不振，体温高达 40 ℃以上，有的病猫在 24 h 内死亡，不死的病猫在 24 h 后下降到常温，经 2～3 d，体温再度上升到 40 ℃以上，呈明显的双相热。在第 2 次发热时，症状加剧，病猫表现出高度沉郁，衰弱，伏卧，头置于前肢，并发生顽固性剧烈性呕吐，每天呕吐数十次。多数猫在 24～48 h 内发生腹泻，排带血的水样稀粪，并迅速脱水。当病猫处于高温时，白细胞数可减少到 2 000 个/mm^3 以下(正常猫为 15 000～20 000 个/mm^3)，一般减少到 5 000/mm^3 以下为重症，2 000/mm^3 以下多为预后不良。妊娠母猫在感染后可发生胚胎吸收、死胎、流产、早产或产出小脑发育不全的畸形胎儿。

(四)病理变化

病死猫可见病尸明显脱水，其主要病变在消化道。其可见小肠黏膜肿胀、炎症、充血、出血，严重的呈假膜性炎症变化，特别是空肠和回肠更为显著。其内容物呈灰黄色水样，恶臭。

肠系膜淋巴结出现肿胀、充血、出血、坏死；肝肿大呈红褐色；脾出血；肺充血、出血、水肿；长骨的红髓呈液状或冻胶样。

（五）诊断

临诊症状明显，顽固性呕吐（用止吐药无效），呕吐物呈黄绿色，双相型体温，白细胞数明显减少。确诊应进行实验室诊断。该病毒具有凝集猪红细胞的特性，可采用血凝抑制试验进行血清学诊断。

（六）防治

二维码 6-4 猫泛白细胞减少症

平时应搞好猫舍及其周围环境的卫生，新养的猫必须经过免疫接种。当隔离观察 6 d 未见异常时，方可混群饲养。病死猫应深埋或焚烧。用 1% 福尔马林溶液彻底消毒污染的料、水、用具和环境，以切断传播途径，控制疫情发展。

目前，对猫泛白细胞减少症尚无特效药物，也缺乏有效疗法，一般多采取综合措施。通常在病初注射大剂量猫瘟免疫血清，多可获得一定疗效，同时配合对症疗法和支持疗法。

项目二 犬猫寄生虫病

【项目简介】

犬猫寄生虫病是危害犬猫健康的重要疾病。犬猫寄生虫病是指由寄生虫引起的有一定的潜伏期和临床症状，并可能造成传染的疾病。犬猫寄生虫病的发生率在没有完善驱虫及消杀程序的犬猫饲养场及饲养家庭发病率依然较高。其原因各有差异，应该具体掌握发病原因及应对措施，以控制和消灭寄生虫病。本项目主要介绍了犬蛔虫病、犬钩虫病、犬恶丝虫病 3 个任务。

任务一 犬蛔虫病

【任务目标】

1. 了解犬蛔虫病的病原特点。
2. 描述犬蛔虫病的流行特点。
3. 识记犬蛔虫病的临床症状和病理变化，能够准确描述典型图片代表的症状和病变。
4. 会用本课学习的内容对犬蛔虫病进行诊断和防治。

犬猫蛔虫病是指由弓首科的犬弓首蛔虫、猫弓首蛔虫和蛔科的狮弓蛔虫寄生于肉食兽小肠内引起的常见寄生虫病。这些常见寄生虫病常引起幼犬和猫的发育不良，生长缓慢，严重可导致死亡。

(一)病原

1. 犬弓首蛔虫

虫体呈浅黄色,虫体前端两侧有向后延展的颈翼膜,呈小刀样,头端有3片唇,缺口腔,食道简单,食道与肠管连接部有小胃。雄虫长为40～60 mm,尾端弯曲,有一个小锥突和尾翼,一对不等长的交合刺。雌虫长为65～100 mm,尾端直,阴门开口于虫体前半部,虫卵呈亚球形,卵壳厚,表面有许多点状凹陷,大小为(68～85)μm×(64～74)μm。

2. 猫弓首蛔虫

外形与犬弓首蛔虫近似,颈翼膜前窄后宽,虫体前端如箭头状。雄虫长为30～60 mm,2根交合刺,大小略有差异。雌虫长为40～100 mm,阴门位于体前1/4处。虫卵短椭圆形,虫卵直径为65～75 μm,虫卵表面有点状凹陷,与犬弓首蛔虫卵相似。

3. 狮弓蛔虫

头端向背侧弯曲,颈翼发达无小胃。雄虫长为35～60 mm,2根交合刺,等长,无尾翼膜,尾端无指状突起,5对肛前乳突,21～28对肛后乳突。雌虫长为50～100 mm,阴门开口于体前1/3与中1/3交界处,尾直。虫卵近似圆形,卵壳光滑,大小为50～86 μm。

(二)生活史

1. 犬弓首蛔虫

犬弓首蛔虫的生活史是蛔科线虫中最复杂的一种。基本的生活史为典型的蛔虫生活史。随粪便排出体外的虫卵在适宜条件下经10～15 d发育为感染性虫卵,犬吞食了感染性虫卵而被感染。

①感染性虫卵被犬吞入,在小肠内孵出幼虫。幼虫随血流经肝进入肺,第二次蜕皮后变为第三期幼虫。第三期幼虫进入气管,逆行到咽,被咽下进入食道、胃到达小肠,经2次蜕皮发育为成虫,共需4～5周。此种感染方式一般只在3月龄以内的犬体发生。3月龄以上的犬幼虫经肝、肺、气管的迁移较少出现;在6月龄的犬体内,此迁移过程则完全停止。第二期幼虫则迁移至其他的组织,包括肝、肺、心、脑、骨骼肌和消化道壁,形成包囊,但不继续发育(包囊幼虫被其他肉食兽摄食后可发育为成虫)。

②妊娠母犬出现产前感染。在产前3周,母犬组织中的第二期幼虫活跃起来,迁移到胎儿肺部,出生前蜕皮变为第三期幼虫,产出的新生犬;第三期幼虫经气管逆行到咽最后被吞咽下到达小肠,再经2次蜕皮变为成虫,完成生活史。一只母犬一旦感染犬弓首蛔虫,母犬组织内活动起来的少数幼虫不进入子宫,就在母犬体内完成正常的迁移过程,形成成虫。母犬在产仔后数周内,其粪便中的虫卵数量明显增加。

③哺乳的前几周的母乳内含有的第三期幼虫可感染幼犬。其在体内不经移行,直接在小肠内发育为成虫。

④在啮齿类或鸟类吞食感染性虫卵后,第二期幼虫在它们的组织中保持存活,犬捕食到含有第二期幼虫的动物而被感染,并直接在小肠内发育为成虫。在幼犬出生后23～40 d,其小肠内已有成虫,其粪便中含有大量虫卵。

2. 猫弓首蛔虫

猫弓首蛔虫虫卵在外界环境中发育为感染性虫卵,经口感染后,幼虫在体内移行的途径和猪蛔虫相似。鼠类可以作为它的转续宿主，也可经哺乳感染。幼虫在其体内无移行过程直接在小肠内发育为成虫。猫弓首蛔虫不出现产前感染。

3. 狮弓蛔虫

狮弓蛔虫成虫寄生于小肠，虫卵在外界环境中发育为感染性虫卵。宿主吞食感染虫卵或鼠类组织中的幼虫被感染。其在体内经 3～4 周发育为成虫，以后的发育完全局限在肠壁和肠腔内，无体内移行过程。

（三）流行病学

犬弓首蛔虫寄生于犬、狼、美洲赤狐、猫、啮齿类和人（引起人的内脏幼虫移行症）。猫弓首蛔虫的主要宿主为猫，也寄生于野猫、狮、豹，偶尔寄生于人体。狮弓蛔虫寄生于猫、犬、狮、虎、美洲狮、豹等猫科及犬科的野生动物。幼虫可在人体内引起内脏幼虫移行，但不能发育为成虫。这三种虫体流行广泛，均为世界性分布，是犬、猫及野生动物的主要寄生性线虫，也是重要的人畜共患寄生虫。其主要原因是蛔虫生活史简单，蛔虫卵对外界不良因素的抵抗力强。

（四）临床症状

二维码 6-5　犬蛔虫病

临床表现随动物年龄、体质及虫体所处的发育阶段和感染强度不同而有所差异。成年动物被感染后一般症状不明显，仅表现为营养不良，渐进性消瘦，经常排出虫体。当有成虫寄生时，可引起卡他性肠炎和黏膜出血。当宿主发热、怀孕、饥饿或饲料成分改变等因素发生时，虫体可能窜入胃、胆管或胰管。当严重感染时，常在肠内集结成团，造成肠阻塞或肠扭转、套叠，甚至破裂。幼虫在移行时损伤肠壁、肺毛细血管和肺泡壁，引起肠炎或肺炎。其代谢产物对宿主有毒害作用，引起造血器官、神经系统中毒和过敏反应。

（五）病理变化

其特征是慢性的嗜酸性粒细胞增加，肝大并有肉芽性损害。肺部有细胞浸润，血液中球蛋白增加，此外，还有皮肤红疹。其他症状还有间歇性发热，食欲减退，体重减轻，咳嗽，肌病及关节病。幼虫最常侵害的器官是肝、肺、脑及眼部。幼虫侵入眼部，在视网膜上围绕幼虫形成芽肿，影响视力甚至失明。由于该病变与视网膜真性瘤极相似，医者常将眼球摘除。

（六）诊断

粪检中发现大量蛔虫卵或死后可剖检出大量虫体即可确诊。

（七）防治

1. 治疗

动物的驱虫可用左旋咪唑，按每千克体重 8～10 mg，口服；阿苯达唑按每千克体重 10～20 mg，口服；枸橼酸哌嗪按每千克体重 100 mg 内服，对成虫有效，按每千克体重 200 mg，可驱除未成熟虫体。

2. 预防

①对犬、猫进行定期虫卵检查,发现虫卵阳性者应立即驱虫。

②有计划地进行驱虫,幼畜在断奶后驱虫一次,以后每隔 2 个月驱虫一次或在断奶后 20～30 d 及配种后 20～30 d,各驱虫一次。

③注意环境卫生和个人卫生,防止感染性虫卵污染环境,犬、猫粪便及时清扫并堆积发酵。

④严防犬、猫进入动物场,对护场的犬进行定期驱虫;不玩弄犬、猫,尤其应避免儿童与犬、猫接近。

任务二 犬钩虫病

【任务目标】

1. 了解犬钩虫病的病原特点。

2. 描述犬钩虫病的流行特点。

3. 识记犬钩虫病的临床症状和病理变化,能够准确描述典型图片代表的症状和病变。

4. 会用本课学习的内容对犬钩虫病进行诊断和防治。

钩虫病是指由钩口科钩口属、板口属和弯口属的多种线虫寄生于犬、猫等肉食兽的小肠。其主要是指由十二指肠引起的疾病。本病是犬,尤其是特种犬最严重的寄生虫病之一。犬钩口线虫寄生于犬、猫、狐、浣熊、獾和其他肉食兽的小肠,偶尔寄生于人,管形钩口线虫寄生于猫的小肠。

(一)病原

1. 犬钩口线虫

虫体粗壮,淡红色。头端向背面弯曲,口囊大,腹侧口缘上有 3 对齿,口囊深部有 1 对背齿和 1 对侧腹齿。雄虫长为 9～12 mm,交合伞的各叶及腹肋排列整齐对称;2 根交合刺等长。雌虫长为 10～21 mm。阴门开口于虫体后 1/3 前部,尾端尖细。虫卵呈钝椭圆形,无色,内含数个卵细胞;大小为(65～72)μm×(39～46)μm。

2. 管形钩口线虫

虫体细小,新鲜时呈乳白色,当肠管内含有血液时,外观颜色变深,呈黄白色,固定后,虫体为灰白色,含有血液的虫体呈深褐色,甚至黑色。虫体头端向背面钩弯,口孔向背上方开口,口囊较大。口孔腹缘有 3 对角质齿,每侧的 3 对齿分布在长圆形的角质基板上,3 对齿由外向内依次变小。排泄孔呈漏斗状,开口于虫体前部腹面正中处。1 对具颈乳突,大小相等,位于虫体前部的两侧,基本在同一水平线上。雄虫大小为(9.5～11.0)mm×(0.30～0.35)mm。1 对颈乳突,交合伞较小,背肋上有 4 个分支,其他肋对称。侧腹肋、腹腹肋合并在一起分出,有一个共同的基干,侧肋粗大,并由一个共同的基干发出,前背侧肋和中侧肋的基部合并,与后侧肋分离分开发出。交合刺长为 1.10～1.47 mm。引器呈黄褐色。雌虫大小为(12.0～15.0)mm×(0.38～0.43)mm。生殖孔位于虫体后部腹面,距尾端 3.215～4.118 mm,阴道长为 0.065～0.116 mm。肛门开口在虫体尾部腹面,尾部长为 0.16～0.23 mm,宽度骤然窄小。雌虫末端有尾刺。虫卵呈椭圆形,卵壳薄,无色,大小为(55～76)μm×(34～45)μm。

(二)生活史

二维码 6-6
犬钩虫病

虫卵随犬、猫粪便排到外界，在适宜的温度和湿度条件下发育孵化。幼虫经 2 次蜕化发育为感染性幼虫。感染性幼虫随饲料或饮水被犬、猫摄食或主动地钻进皮肤而造成感染。皮肤感染是感染性幼虫通过毛囊或薄嫩的皮肤侵入宿主体内，之后幼虫经血流到肺，穿破毛细血管和肺组织，移行到肺泡和小支气管、支气管、气管和喉咽返回肠腔，发育为成虫。当经口感染时，幼虫可能经肺移行，多数为钻进胃壁或肠壁，经一段时间的发育，重返肠腔发育为成虫。

(三)临床症状

病犬或猫表现出食欲不振，异嗜，呕吐，粪便中常带血，出现贫血和稀血症，黏膜苍白，极度消瘦，毛粗干，前期便秘，后期腹泻，有时腹泻便秘交替发生，咳嗽，呼吸急促。严重者出现四肢和腹下水肿，以至浮肿部破溃，流淡黄色渗出液，口角和口腔黏膜糜烂，最后呈恶病质状态，幼犬可死亡。剖检可见贫血和稀血症，小肠肿胀，黏膜上有出血点，肠内容物混有血液，可见多量虫体吸附于黏膜上。

犬钩口线虫致病力强。当成年犬感染少量虫体时，不显症状。如营养不良或免疫力低下，幼犬即使感染少量虫体仍可能发病。成虫吸附在肠黏膜上，不停地吸血，同时不停地从肛门排出血液，造成出血、溃疡。虫体还分泌抗凝素，延长凝血时间，便于吸血。虫体有变换吸血部位的习性，以致使伤口失血更多，由于慢性失血，宿主体内蛋白和铁不断地消耗。虫体多时，使宿主出现严重的缺铁性贫血。

(四)诊断

根据临床症状和粪便检查时发现虫卵，即可确诊。在剖检发现虫体时，可进行种别鉴定。

(五)防治

1. 治疗

用左旋咪唑按每千克体重 5～10 mg、阿苯达唑按每千克体重 5～10 mg、伊维菌素 200 μg 的剂量，其用法与其他消化道线虫相似。另外，还可用碘硝酚进行治疗，按每千克体重 0.2～0.23 mg，一次皮下注射，效果非常好，目前应用得较多。

2. 预防

病犬要及时驱虫，以防散布病原。犬的运动场保持干燥，阻断钩虫的发育。犬、猫粪便应立即清除，用具应定期消毒。成年犬、猫与幼年犬、猫分开饲养。

任务三 犬恶丝虫病

【任务目标】

1. 了解犬恶丝虫病的病原特点。
2. 描述犬恶丝虫病的流行特点。

3.识记犬恶丝虫病的临床症状和病理变化，能够准确描述典型图片代表的症状和病变。

4.会用本课学习的内容对犬恶丝虫病进行诊断和防治。

犬恶丝虫病是指由双瓣科犬恶丝虫寄生于犬心脏的右心室及肺动脉引起循环障碍、呼吸困难及贫血等症状的一种丝虫病。犬恶丝虫病分布甚广，全国各地几乎均有发现。犬、猫和其他野生肉食动物均可作其终末宿主，人可偶被感染。其主要寄生于心脏、肝脏、肺脏及气管。

（一）病原

成虫体细长，微白色，口由 6 个不明显的乳突围绕。雄虫体大小为(120～200) mm×(0.7～0.9)mm。虫体后部呈螺旋状卷曲。末端有 11 对尾乳突，5 对肛前，6 对肛后，2 根交合刺，不等长，末端钝，无引带。雌虫大小为(250～310)mm×(1.0～1.3)mm。尾端钝圆，阴门开口于食道后端，约距头端 2.7 mm。微丝蚴无鞘，其活动周期性不明显，以夜间出现较多。犬恶丝虫的成虫常纠缠成几乎无法解开的团块，也可能游离或被包裹而寄生于右心室和肺动脉，个别的成虫寄生于肺动脉和肺组织，此外，还见于皮下和肌肉间组织中。犬恶丝虫的多数幼虫寄生于血液中，在新鲜血液中做蛇行或环行运动，经常与血细胞相碰撞。

（二）生活史

寄生于右心室内的成虫在雌雄交配后，受精卵在雌虫的子宫内发育和孵化，向体外排出长约 0.3 mm 的幼虫——微丝蚴。微丝蚴释放入血液后可生存一年或一年以上。当中间宿主(中华按蚊、朝鲜伊蚊、淡色库蚊等及猫蚤与犬蚤等)吸病犬体内的血液时，微丝蚴进入中间宿主体内，经约 2 周发育成为对犬有感染能力、体长约为 1 mm 的成熟子虫。当蚊等中间宿主叮咬犬体时，这些成熟子虫即从其口器逸出，于最短时间内钻进皮孔，在皮下结缔组织、肌间组织、脂肪组织和肌膜下发育，感染后 3～4 个月，体长可达 3～11 mm，然后进入静脉内，最后移行到右心室。移行到右心室的幼虫如细丝一般，被称为未成虫。未成虫在右心室或肺动脉内继续发育 3～4 个月，便成为成熟的成虫。微丝蚴经中间宿主感染在犬体内发育为成虫需 6～7 个月，并寄生于右心室和后腔静脉、肝静脉、前腔静脉到肺动脉的毗连血管内。该虫约有 5～6 年的寄生时间。其间，其不断产生微丝蚴。

（三）流行病学

由于该寄生虫的生活史中所需的中间宿主是吸血昆虫——蚊子等，因此每年蚊子最活跃的 6—10 月为该病的感染期，其中感染最强期是 7—9 月。该病的感染率与经过的夏季成正比：大约经一夏的感染率为 38%，经二夏的感染率为 89%，经三夏的感染率为 92%。犬的性别、被毛长短、毛色等与感染率无关；饲养环境与感染率有关：饲养在屋外的犬感染率高，饲养在室内的犬感染率低。

（四）临床症状

最早出现的症状是咳嗽，运动时加重，病犬在运动时易疲劳。随着病情的发展，病犬出现心悸亢进，脉细而弱，心有杂音，肝大，肝脏触诊疼痛，腹腔积水，腹围增大，呼吸困难，末期贫血增进，逐渐消瘦衰弱至死。患该病的犬常伴发结节性皮肤病，以瘙痒和倾向破溃的多发性灶状结节为特征。皮肤结节显示血管中心的化脓性肉芽肿炎症，在化脓性肉芽肿周围的血管内常见微丝蚴。

（五）病理变化

二维码 6-7 犬恶丝虫病

在病理解剖时，可见心脏肿大，右心室扩张、瓣膜病变、心内膜肥厚；肺脏贫血、扩张不全及肝脏病变，肺动脉内膜炎和栓塞、脓肿及坏死等；肝脏有肝硬化及肉豆蔻肝，肾脏实质和间质均有炎症，后期贫血，各器官发生萎缩。

此病不仅影响正常的生长发育，而且阳性犬会作为一种非常危险的传染源不断向外扩散。

（六）诊断

根据流行病学特征及临床症状的观察可做出初步诊断，最后确诊应在血液中找到犬恶丝虫的微丝蚴。该微丝蚴在新鲜血液中进行蛇行和环行运动，经常与血细胞相碰撞。具体检查方法是取血液 1 mL 加 7%醋酸溶液或 1%盐酸溶液 5 mL，常速离心 2～3 min，倾去上清液，取沉淀物镜检，易找到微丝蚴。

（七）防治

除成虫、未成熟仔虫、微丝蚴所用的药物各有不同。

1. 驱除成虫

①硫砷酰胺钠按每千克体重 2.2 mg，缓慢静脉注射，每天 2 次，连用 2 d。②盐酸二氯苯砷按每千克体重 2.5 mg，用蒸馏水稀释成 1%溶液，缓慢静脉注射，每隔 4～5 d 一次。该药驱虫作用较强。

2. 驱除微丝蚴

①锑波芬（或锑波芬钾）按每千克体重 1～1.5 mg 连日或隔日静脉注射。②倍硫磷是最有效的杀微丝蚴药物，7%倍硫磷溶液以每千克体重 0.2 mg 的剂量，皮下注射，必要时隔 2 周，重复一次。倍硫磷是一种胆碱酯酶抑制剂，在使用前后不要用任何杀虫剂或使用具有抑制胆碱酯酶活性的药物。③除选用杀微丝蚴的药物外，治疗犬恶丝虫病还应根据病情对症治疗。当发生肺病变时，一次肌内注射泼尼松 30 mg，每天注射抗生素，可获得良好的效果。当有肝症状时，应进行保肝治疗，并测定血清转氨酶，如血清中转氨酶值高达 80 以上，则预后不良。

项目三　犬猫普通病

【项目简介】

犬猫普通病是现阶段接诊的最主要疾病。犬猫普通病是多种多样的病因引起的有一定临床症状、无传染性的疾病。目前犬猫普通病的发生率逐年升高。原因各有差异，应该具体掌握发病原因及应对措施，以控制和减少普通病。本项目主要介绍了胃内异物、胃肠炎、肠梗阻、胰腺炎、肺炎、心力衰竭、贫血和尿石症 8 个任务。

任务一 胃内异物

【任务目标】

1. 了解胃内异物的常见发病原因。
2. 识记胃内异物的临诊特征，能够准确判读影像学特征及相关病变。
3. 会用本课学习的内容对胃内异物进行诊断和防治。

犬、猫胃内长期滞留的骨骼、石块、鱼钩、毛球、破布、袜子、线团和玩具等异物不能被胃液消化，又不易通过呕吐或肠道排出体外，容易使胃黏膜遭受损伤，影响胃的功能，严重时还能引起胃穿孔，继发腹膜炎。

(一)临床症状

根据异物的不同，胃内存有异物的动物在临床症状上有较大差异。虽有的胃内有异物，但不表现出临床症状，因而长期不易被发现。此种患病动物在采食固体食物时有间断性呕吐史，呈进行性消瘦。当胃内存有大而硬的异物时，动物会呈现胃炎症状。尖锐或具有刺激性异物伤及胃黏膜可引起出血或胃穿孔，此种情况较为少见。若怀疑发生胃内异物，应用X射线帮助诊断。

二维码 6-8 胃内异物

(二)防治

犬、猫可分别应用阿扑吗啡或隆朋(剂量为1.0 mg/kg)进行催吐。催吐只适用于胃内存有少量的光滑异物。当胃内异物粗大、锐利时，催吐可损伤食道，所以不宜用催吐药物。当小而尖锐异物，如钉、针、别针等存在胃内时，可投服浸泡牛奶的脱脂小棉球(装于胶囊内)或小的肉块等把异物通过肠道排出体外，此外，投予大剂量的甲基纤维素或琼脂化合物也有效。猫胃内小异物，如毛球等，投服液状石蜡(剂量为每只5～10 mL)1或2次也常能被顺利排除。

如上述方法不见奏效或大异物无法排出，应进行外科手术，切开胃壁取出。术后注意护理和对症治疗。尽量避免犬，特别是幼犬接触骨骼、石块、鱼钩、毛球、破布、袜子、线团和玩具等异物，可减少本病的发生。

任务二 胃肠炎

【任务目标】

1. 了解胃肠炎的常见发病原因。
2. 识记胃肠炎的临诊特征，能够准确判断临床特征。
3. 会用本课学习的内容对胃肠炎进行诊断和防治。

胃肠炎是指胃肠黏膜的急性或慢性炎症。胃肠炎是犬、猫常发生的一种疾病。慢性胃肠炎多见于老龄动物或由急性胃肠炎未能及时治疗发展而来。其主要原因是采食了腐败变质或不易消化食物和异物(如骨骼、破布、毛发、鱼刺、纸张、塑料、玩具等)，投服了有刺激性药物(如阿司匹林、吲哚美辛等)。胃肠炎也可并发于犬瘟热、犬细小病毒病、犬传染性肝炎、钩端螺旋体病、急性胰腺炎、肾炎、慢性肾衰竭、肝病、脓毒症、肠道寄生虫病和应激反应等。饲喂鸡蛋、牛奶、鱼肉等可引起个别犬、猫变态性胃肠炎,过食或长期滥用抗生素也可引起胃肠炎。

(一)临床症状

其临床上以精神沉郁、呕吐、腹痛和腹泻为主要症状。病犬体温升高,有渴感,饮水后易发呕吐,呕吐物中含有血液和黏膜碎片,拒食或偶有异嗜现象,腹痛,抗拒触诊前腹部,喜欢蹲坐或趴卧于凉地上。病犬的粪便稀软,水样或胶冻样,并带有难闻的臭味,体重减轻,急剧消瘦,机体脱水,电解质紊乱和碱中毒等症状。

(二)防治

①对持续性、顽固性呕吐动物应投予镇静、止吐,并具有抗胆碱能药物,如氯丙嗪、阿托品等可减少胃逆蠕动和痉挛;也可以应用甲氧氯普胺、爱茂尔等止吐药物,口服。此外,注意防止机体脱水和碱中毒,应给予等渗糖盐水,每天的剂量为每千克体重 40～60 mL,可分 2 次静脉注射;给予口服补液盐溶液(任其自由饮用)。止泻可用收敛剂,如白陶土、鞣酸蛋白、思密达等。

②对胃肠炎较重的病例可给予抗生素,如卡那霉素、庆大霉素、阿莫西林、普康素等。必要时,肌内注射地塞米松,剂量为每只犬 2～10 mg/kg,以增强机体抗炎、抗毒素等作用。

③对严重胃出血或溃疡病例应用维生素 K_1 和酚磺乙胺等止血药物,同时给予止酸药物甲脂脒胺,剂量为每千克体重 4 mL,每天 2～3 次,肌内注射,以减少胃酸分泌。

④急性胃肠炎的病例应先绝食 24 h 以上,为了防止一次大量饮水后引起呕吐,可给予少量饮水或让其舔食冰块,以缓解口腔干燥。待病情好转后,多次少量给予流质。应尽可能不经口投药,以避免对胃黏膜刺激,诱发反射性呕吐。

任务三　肠　梗　阻

【任务目标】

1. 了解肠梗阻的常见发病原因。
2. 识记肠梗阻的临诊特征,能够准确判断临床特征及病理变化。
3. 会用本课学习的内容对肠梗阻进行诊断和防治。

肠梗阻为犬的一种急腹症,发病部位主要为小肠。本病常于小肠肠腔发生机械性阻塞或在小肠正常生理位置发生不可逆变化,如套叠、嵌闭和扭转等。小肠梗阻不仅使肠腔机械性不通,而且伴随局部血液循环的严重障碍致使动物发生剧烈腹痛、呕吐或休克等变化。本病发生急剧,病程发展迅速,预后慎重。如治疗不及时,死亡率高。

(一)临床症状

小肠梗阻部位愈接近于胃,其临床症状愈急剧,病程发展愈迅速。最为显著的症状是剧烈腹痛,持续性呕吐,迅速消瘦,精神沉郁,食欲废绝。

腹痛初期表现为腹部僵硬,拒触诊腹部,小型犬多能触诊到阻塞物。当梗阻发生于前部肠管时，呕吐可成为一种早期症状。初期的呕吐物中含不消化食物和黏液，随后在呕吐物中含胆汁和肠内容物。持续呕吐导致机体脱水、电解质紊乱和伴发碱中毒，晚期发生尿毒症，最终虚脱、休克而死亡。

慢性小肠梗阻主要表现为患病动物逐渐消瘦，体重下降，粪便稀薄呈墨色或带有血丝，并有腹泻久治不愈的病史。当腹部触诊时，常能在梗阻肠段的前方触及充满气体和液体扩张肠管。

二维码 6-9 肠梗阻

（二）防治要点

当小肠梗阻确定后，应立即进行外科手术治疗，并相应补充体液和电解质，调整酸碱平衡，选用广谱抗生素控制感染等对症治疗措施。

病犬在术后应禁食 1～2 d，在此期间，需要进行营养支持，可以静脉滴注氨基酸、脂肪乳溶液，也可以滴注葡萄糖、ATP、肌苷等能量物质，此外，还需要补充维生素 C、B 族维生素等。在 3 d 后，病犬可饲喂营养膏和流质食物。

任务四 胰 腺 炎

【任务目标】

1. 了解胰腺炎的常见发病原因。
2. 识记胰腺炎的临诊特征，能够准确判断临床特征。
3. 会用本课学习的内容对胰腺炎进行诊断和防治。

胰腺炎可分为急性和慢性 2 种。实际上，虽然患胰腺炎的犬、猫较多，但表现出的临床症状则较少，多在死后剖检时才发现病变。犬的发病率比猫的发病率高。急性胰腺炎以突发性腹部剧痛、休克、腹膜炎为特征。

（一）临床症状

其临床特征为消化不良综合征。急性病例有严重的呕吐和明显腹痛，厌食，无精神，间有腹泻，粪中带血。严重者出现昏迷或休克。病犬出现消化不良，食欲异常亢进，生长停滞，明显消瘦，排粪量增加，粪便中含大量脂肪和蛋白。慢性胰腺炎的特征是反复发作，持续性呕吐和腹痛。其常见症状是不断地排出大量橙黄色或黏土色、酸臭味的粪便，粪便中含不消化食物。吸收不良或并发糖尿病导致动物表现出贪食的症状。必要时，可测定血清淀粉酶和脂肪酶（活性升高）。

二维码 6-10 用于猫胰腺炎诊断的猫特异性脂肪酶检查试纸（FPL）

（二）防治

1. 急性胰腺炎

应先禁食，以防止食物刺激胰腺分泌。为抑制其分泌，也可给予阿托品。禁食时，应静脉注射葡萄糖、复合氨基酸，进行维持营养和调节酸碱平衡等对症治疗。必要时，给予喷他佐辛、地塞米松。为控制感染，可选用青霉素、卡那霉素、氨苄西林、头孢菌素及喹诺酮类药物。

2. 慢性胰腺炎

胰腺病变难以恢复，主要靠药物维持其机能。常用食物疗法和补充缺乏的胰酶来减轻临床症状。

（1）食物疗法　少食多餐，每天至少喂3次，给予低脂肪、易消化的食物。

（2）变换消化酶疗法　胰酶制剂或胰粉制剂混于食物中连日饲喂。根据食物种类、日粮及外分泌机能的障碍程度决定其饲喂量，同时，可给予维生素K、维生素A、维生素D、B族维生素、叶酸及钙剂。当并发糖尿病时，多为预后不良。

任务五　肺　炎

【任务目标】

1. 了解肺炎的常见发病原因。
2. 识记肺炎的临诊特征，能够准确判断临床特征和掌握防治要点。
3. 会用本课学习的内容对肺炎进行诊断和防治。

肺炎是肺实质的急性或慢性炎症，以高热稽留、呼吸困难、低氧血症、肺部广泛性浊音区为主要特征。其主要由病毒（犬瘟热、腺病毒等）、细菌（肺炎球菌，链球菌等），真菌及寄生虫等侵入呼吸系统而引起的。

（一）临床症状

咳嗽，呼吸困难，体温升高，脓性或铁锈色鼻液。肺部听诊时，呼吸音粗粝并伴有啰音；X线检查可见肺纹理增粗，炎症部位呈现出大小不等的阴影。

（二）防治

二维码6-11　肺炎

抗菌消炎，止咳平喘，抑制渗出。常用的抗菌消炎药包括氨苄西林、头孢呋辛钠，头孢曲松钠、克林霉素、阿奇霉素、甲硝唑等。为缓解呼吸困难，采用氨茶碱或喘定进行治疗。为抑制渗出，采用10%葡萄糖酸钙和维生素C静脉注射。为促进支气管与肺泡渗出物吸收，可酌情选用10%安钠加和呋塞米进行治疗。

任务六　心力衰竭

【任务目标】

1. 了解心力衰竭的病因特点。
2. 描述心力衰竭的临诊特点和防治要点。
3. 识记心力衰竭的临床症状和病理变化，能够准确描述典型图片代表的症状和病变。
4. 会用本课学习的内容对心力衰竭进行诊断和防治。

心力衰竭是指由心肌收缩或舒张功能障碍、心脏泵血功能降低导致的心排血量减少，不能满足机体代谢需要的一系列症状和体征的综合征。本病表现为肺循环或体循环淤血。

(一)病因

1. 心脏负荷过重

心脏负荷过重是引起急性心力衰竭的最常见原因，包括压力负荷过重和容量负荷过重。前者见于肺动脉瓣狭窄或体、肺循环动脉高压；后者见于心脏瓣膜闭锁不全及先天性心脏畸形等。

2. 心肌病变

心肌病变见于心肌炎、心肌病、栓塞、严重贫血、甲状腺功能亢进以及维生素 B_1 缺乏等。

3. 心包疾病

心包疾病如急慢性心包炎、心包积液可使心包内压增高，心脏受压迫，心脏舒张受限制，心脏充盈不足，心排血量减少，导致冠状循环供血不足，进而发生心肌收缩力减弱。

4. 继发性因素

临床上多继发于犬瘟热、犬细小病毒病、犬弓形虫等急性传染性疾病，中毒性疾病，慢性肾炎及慢性肺水肿等。这些疾病均易伴发心肌炎、心肌变性等，致使心肌受损，心肌收缩力减弱。

5. 医源性因素

医源性因素致使外周血容量急剧增加，超出心脏的负荷，如输液速度过快或剂量过大；平时不常剧烈运动的犬、猫长时间过量运动均可直接或间接影响心脏机能，导致心力衰竭。

(二)临床症状

急性心力衰竭多为突然发生，表现为高度呼吸困难，精神沉郁，脉搏细数而微弱，可视黏膜发绀，体表静脉怒张，心搏动亢盛；精神失常，突然倒地痉挛，体温降低，并发肺水肿者胸部听诊可见广泛性湿啰音，两侧鼻孔流出泡沫样鼻汁。

慢性心力衰竭的病程发展缓慢，精神沉郁，不愿活动，易疲劳，呼吸困难，黏膜发绀；四肢末端发生水肿，运动后的水肿会减轻或消失；听心音减弱，心内杂音和心律不齐；心脏叩诊浊音区扩大。

当左心衰竭时，肺循环障碍，肺脏毛细血管内压急剧升高，易发生肺水肿，表现为呼吸困难和节律加快，听诊有各种性质的啰音，并发咳嗽，偶有干呕现象。X 射线显示左心扩大和全心肥大，心电图检查可见节律不齐，心房、心室处有异位起搏点及心房颤动。

当右心衰竭时，体循环障碍可致心、肝、肾等实质器官淤血，因而会出现各个实质脏器功能障碍的一系列症状，如少尿、水肿等。X 射线检查可见心影增大。

充血性心力衰竭常由右心或左心衰竭发展而来，呼吸困难，咳嗽，不爱运动，腹围增大，食欲废绝。精神沉郁，毛细血管充盈缓慢，黏膜发绀或苍白。心动过速或过缓，心音混浊，心律紊乱，有缩期杂音；心脏叩诊浊音区扩大，X 射线显示心脏肥大；心电图可见 QRS 综合波延长或分裂，节律不齐，心房或心室期前收缩。血清学检查可见天门冬氨酸氨基转移酶、碱性磷酸酶活性升高，尿素浓度升高。

(三)诊断

1. 症状诊断

其主要根据病因、临床症状，特别是全身血液循环障碍、静脉怒张、呼吸困难等可以做出初步诊断。

2. 实验室诊断

当伴有心肌肥大时,X 射线检查可见心影扩大;当心肌有器质性病变时,心电图检查的同时,再配合血清心脏酶谱的检测可做出确诊。本病应与肺充血和水肿相鉴别。

中暑多在盛夏,剧烈运动、环境闷热或运输过程中发病,体温显著升高,常在 42 ℃以上;充血和肺水肿多在剧烈运动或吸入刺激性气体后突然发生,呼吸困难,肺部有广泛性的湿啰音,流带泡沫的鼻液,而心音和脉搏的变化比较轻微。

二维码 6-12 心力衰竭

(四)防治

1. 防治原则

减轻心脏负担,增强心肌收缩力,缓解呼吸困难及对症治疗,加强护理。

2. 治疗措施

①减轻心脏负担,让犬、猫安静,避免剧烈运动。必要时,可给予镇静剂。饲喂易消化和吸收的食物,适当限制食盐的摄入量,也可酌情放血。

②用洋地黄类药物以增强心肌收缩力。病情不太严重的犬、猫应用洋地黄毒苷 0.2~1.0 mg,用 50%葡萄糖稀释 10~20 倍,静脉注射,以后每隔 8 h 注射 0.2 mg;毒毛花苷 K 0.25~0.5 mg,溶于 25%葡萄糖中静脉注射,必要时,经 2~4 h,以小剂量重复。

③缓解呼吸困难可采取胸部按压心脏、心室内注射肾上腺素、静脉滴注 10%氯化钙或葡萄糖酸钙,把舌拉出口腔外,以利于呼吸。必要时,进行气管插管。

④消除水肿,呋塞米按每千克体重 0.6~0.8 mg,肌内注射或静脉注射,每天 1 次或氢氯噻嗪 0.05~0.1 g,肌内注射,每天 1~2 次,连用 3~4 d,停药 1~2 d 再用。

⑤应用血管扩张剂,减轻心脏后负荷,如氢化可的松等皮质激素。

⑥对症治疗,纠正酸碱平衡失调和电解质紊乱,注意纠正低钾血症。必要时,进行氧气疗法,用三磷酸腺苷、辅酶 A、细胞色素 C、维生素 B 和葡萄糖等能量合剂进行辅助治疗。

任务七 贫 血

【任务目标】

1. 了解贫血的病因特点。
2. 识记贫血的临诊特点。
3. 会用本课学习的内容对贫血进行诊断和防治。

贫血是指单位容积的外周循环血液中红细胞数、血红蛋白含量及血细胞比容容量(比容)低于正常值以下。其临床表现以黏膜苍白、心律和呼吸加快、全身无力等为特征。根据病因,贫血可分为再生性贫血和再生障碍性贫血。再生性贫血包括出血性贫血、溶血性贫血、营养性贫血。

(一)临床症状

1. 出血性贫血

可视黏膜、皮肤苍白、心跳加快、全身肌肉无力。症状与出血量的多少成正比。出血量多可表现为虚脱、不安、血压下降，四肢和耳鼻部发凉，步态不稳，肌肉震颤；后期可见有嗜睡、昏述、休克状态。出血量少及慢性出血的犬在初期的症状不明显。病犬逐渐消瘦，可视黏膜由淡红色逐步发展到白色，精神不振，全身无力，嗜睡，不爱活动，脉搏快而弱，呼吸浅表，经常可见下颌、四肢末梢水肿。重者可导致休克，心力衰竭死亡。

二维码 6-13　贫血导致的舌苔发白

2. 溶血性贫血主

其临床症状表现为可视黏膜黄染，皮肤口角发黄，精神沉郁，运动无力，体重减轻。在症状后期，可视黏膜白黄，昏睡，血红蛋白尿。

3. 营养性贫血

其临床症状的发展较慢，主要表现为进行性消瘦，营养不良。前期表现为体质衰弱无力，腹部蜷缩，被毛粗糙，可视黏膜苍白；后期运动高度无力、摇晃、倒地起立困难直至卧地不起、全身衰竭。

4. 再生障碍性贫血

其临床症状的发展比较缓慢。除有以上三种的贫血症状外，再生障碍性贫血主要表现为血象变化，红细胞及白蛋白、红蛋白含量低，血液中的网状红细胞消失。

（二）防治

1. 出血性贫血

①止血、恢复血容量：对于外伤性出血，可结扎止血、压迫止血、止血带止血；对于四肢末端出血的症状，主人在用止血带止血后，立即送往兽医院治疗。②注射止血药：酚磺乙胺按每千克体重 25 mg，维生素 K_3 按每千克体重 0.4 mg，维生素 K_1 按每千克体重 1 mg，凝血质按每千克体重 1.5 mg。补充血容量可静脉滴注右旋糖酐、葡萄糖、复方盐水、氨基酸制剂。有条件的兽医院可进行输血疗法。

2. 溶血性贫血

除去病因，扩充血容量，对症治疗；补液、输血疗法；中毒性疾病给予解毒药；寄生虫感染给予杀虫药治疗，同时结合激素疗法，如可的松、泼尼松、地塞米松。

3. 营养性贫血

加强饲养，补充造血物质，给予蛋白丰富，含有维生素多的食物。硫酸亚铁按每千克体重 50 mg，口服，每天 2～3 次；氯化钴 0.3%溶液口服，每天 3～5 mL；维生素 B_1 按每千克体重 5～10 mg，维生素 B_{12} 按每千克体重 5～10 mL，混合，肌内注射，每天 1 次；叶酸按每千克体重 1～3 mg，口服，每天 1 次。另外，可补充葡萄糖和多种氨基酸制剂，这样有助于机体功能恢复。

4. 再生障碍性贫血

提高造血机能，补充血量。输血疗法，即经配血试验后进行输血，输血速度要缓慢，一般为每小时按每千克体重 10～15 mL。可根据患病犬的比容给予输血量，同时激素疗法，如睾酮按每千克体重（可刺激红细胞生成）1～2 mg，肌内注射，每周 1～3 次；司坦唑醇按每千克体重 0.4～0.6 mg，口服，2～3 d 一次。

任务八 尿 石 症

【任务目标】

1. 了解尿石症的病因特点。

2. 识记尿石症的临诊特点和防治要点。

3. 会用本课学习的内容对尿石症进行诊断和防治。

尿石症是指由尿中的无机盐类析出形成结石，引起尿路黏膜发炎、出血和尿路阻塞的疾病。临床上以排尿障碍，肾性腹痛和血尿为特征。根据尿结石形成和阻塞部位不同，尿石症可分为肾盂结石、输尿管结石、膀胱结石和尿道结石。不同部位的结石临诊表现完全不同，应注意鉴别。该病多发生于老龄犬。公犬以尿道结石多见，母犬以膀胱结石多见。

(一)临床症状

当尿结石的体积细小而数量较少时，一般不显任何症状；当结石体积较大或阻塞尿道时，则出现明显的临床症状。

1. 肾结石

位于肾盂的结石，称为肾结石。其多呈现肾盂肾炎的症状，并有血尿、脓尿及肾区敏感现象。结石移动时会引起短时间的急性疼痛。此时犬弓背缩腹，拉弓伸腰，运步强拘，步态紧张，大声悲叫，同时患犬常作排尿姿势。触摸肾区可发现肾肿大并有疼痛感。

2. 输尿管结石

临床不常见，仅出现急剧腹痛，呕吐。患病犬不愿走动，痛苦，步行弓背，腹部触诊疼痛。当输尿管部分阻塞时，可见尿频尿痛，血尿、蛋白尿；若两侧输尿管阻塞，无尿进入膀胱，则呈现无尿或尿闭。在腹部触诊时，发现膀胱空虚，往往导致肾盂肾炎。

3. 膀胱结石

临床最常见。当结石位于膀胱腔时，有时并不出现任何症状，多有频尿、血尿，膀胱敏感性增高，类似膀胱炎的症状。当结石位于膀胱颈部时，可出现明显的疼痛和排尿障碍，犬频频作排尿姿势，强力努责，尿量很少或无尿。腹部触诊可触到膀胱轮廓十分明显，压迫不见尿液排出。腹壁触诊可摸到膀胱内结石。

4. 尿道结石

犬的尿道结石多发生于阴茎骨的后端。当尿道不完全阻塞时，犬排尿疼痛且排尿时间延长，尿液呈断续或点滴状流出，多排出血尿；当尿道完全阻塞时，则出现尿闭或肾性腹痛现象。弓背缩腹，屡做排尿姿势而无尿液排出。在对尿道探诊时，可触及结石部位，尿道外部触诊有疼痛感。在腹壁触诊膀胱时，感到膀胱膨满，体积增大，按压也不能使尿液排出。当长期尿闭时，可引起尿毒症或发生膀胱破裂。

(二)防治

防治总体原则为加强护理，及时排除结石，控制感染。保守治疗既可采取各种排石的药物，又可采取手术方法取石。

1. 肾结石

①改变日粮，大量饮水。

②口服排石饮液，如中药排石汤；口服利尿剂，如氢氯噻嗪、醋酸甲、氨茶碱等。

③超声碎石，激光碎石等。

④肾结石一般先采取上述方法排石，必要时可摘除患肾。

2. 输尿管结石

①基本方法同肾结石。

②镇痛解痉如口服布洛芬、卓比林等镇痛剂；口服或注射阿托品以缓冲输尿管痉挛进而扩张之，利于结石排入膀胱。

③如系一侧性结石，且保守疗法无效，可执行同侧肾摘除。

3. 膀胱结石

①水洗加压排挤仅适于结石较小，尿道扩张后能够排出的膀胱结石。具体方法是先将患犬麻醉，插入导尿管，注入适量无菌生理盐水，膀胱达到中等以上充盈，然后使患犬直立，挤压膀胱，以使结石随尿液一起经尿道排出，如此反复几次，直至膀胱内结石排完为止(可通过 X 射线确定)。

②超声或激光碎石。

③手术取石，即在确定结石较大无法从尿道排出或已继发较重的膀胱炎时，宜及早手术，切开膀胱取出结石。如发现膀胱炎症较重，可先闭合膀胱切口，再给膀胱插管，以利于直接对膀胱使用抗菌、收敛和防腐药物。

④抗菌消炎。结石被刺激后，膀胱有炎性反应，此时用一些敏感的抗菌药物，如阿莫西林、氨苄西林等。

4. 尿道结石

①注水逆向冲挤适用于尿道不全阻塞或结石为沙砾状。具体方法是在麻醉状态下，插入导尿管，捏紧尿道口，逆向注入无菌生理盐水，尿道可部分扩张，结石可随水流一起进入膀胱，在膀胱不太充盈的情况下，易成功。如膀胱过度充盈，可先行穿刺，导尿后进行。采用此法成功后仍须采用改变日粮、加量饮水、排石利尿等方法，以使进入膀胱内的结石能随尿液排出而不致再次堵塞尿道。

②鉴于尿道结石多伴有膀胱结石，较彻底而有效的方法是手术切开膀胱，然后利用上述方法将尿道内的结石逆向冲入膀胱，再连同膀胱内的结石一并取出。

二维码 6-14 尿石症

③手术疗法，即对阻塞严重或结石较大，且形状不规整的结石可采用尿道切开术，取出结石；对阻塞严重导致尿道炎，甚至已经坏死的情况可采用尿道造口术。

④控制感染，局部(防腐尿道冲洗)和全身应用抗菌药物(如氨苄西林，呋喃坦啶等)。

综上所述，在对各类结石治疗的同时，应弄清结石的成分(草酸盐、磷酸盐、胱氨酸盐、鸟粪石等)、结石的成因等，再采用相应预防措施，如饲用兽医处方粮，改变尿液的 pH 等。

模块七

兔的疾病

【模块概要】

兔的疾病给兔场的养殖生产造成了巨大的损失。其疫病的危害不仅造成了大批兔的死亡和生产性能的下降，而且一些人畜共患的疾病还能够危害公共安全，给人类生产和生活带来严重的威胁。因此，做好兔病的预防控制工作是养兔生产过程中不可忽视的。本模块主要包括常见的兔的传染病的防控、兔的癣病的防控和兔的普通病的防控。

项目一 兔的传染病

【项目简介】

兔的传染病是危害规模化养禽场的最重要传染病。兔传染病是指由病原微生物引起的有一定的潜伏期和临床症状，并能传染的疾病。目前，兔传染病的发生率依然较高。原因各有差异，应该具体掌握发病原因及应对措施，以控制和消灭传染病。本项目主要介绍了兔病毒性出血症、兔梭菌性腹泻病、兔密螺旋体病 3 个任务。

任务一 兔病毒性出血症

【任务目标】

1. 了解兔病毒性出血症的病原特点。
2. 描述兔病毒性出血症的流行特点。
3. 识记兔病毒性出血症的临床症状和病理变化，能够准确描述典型图片代表的症状和病变。
4. 会用本课学习的内容对兔病毒性出血症进行诊断和防治。

兔病毒性出血症俗称“兔瘟”或称兔出血症，是指由兔病毒性出血症病毒引起的兔的一种急性、高度接触性传染病。具体特征为呼吸系统出血、肝坏死、实质脏器水肿、淤血及出血性变化。

(一)病原

兔病毒性出血症病毒属杯状病毒科杯状病毒属成员。本病毒颗粒无囊膜，直径为 25～35 nm，表面有短的纤突。本病毒有 VP1、VP2 和 VP3 三条结构多肽，VP2 为主要多肽。本病毒能凝集人的O型红细胞，不凝集马、牛、羊、犬、猪、鸡、鸭、兔、大鼠、豚鼠、棕鼠和仓鼠等的红细胞。凝集特性较稳定，除被抗RHDV血清特异性抑制外，其一般在一定范围内不受温度、pH、有机溶剂及某些无机离子的影响。本病毒存在于病兔所有的器官组织、体液、分泌物和排泄物中，以肝、脾、肺、肾及血液的含量最高。

本病毒对氯仿和乙醚不敏感。含毒病料(如肝)被保存于－80 ℃冰箱中50～60 d和室内污染环境，经135 d仍有致病性。本病毒对紫外线和干燥等不良环境的抵抗力较强。用1%氢氧化钠4 h，1%～2%甲醛、1%漂白粉3 h，2%农乐1 h，才被灭活。生石灰水和草木灰水对本病毒几乎无作用。

(二)流行病学

兔病毒性出血症只发生于家兔和野兔，不分品种、性别均可感染，以长毛兔、60日龄以上的青年兔和成年兔的易感性为最高。未断乳的幼兔很少发病死亡。本病常呈暴发性流行，发病率及病死率极高。病兔、带毒兔是主要的传染源。其可通过呼吸道、消化道、皮肤等多种途径传播病毒。

兔病毒性出血症一年四季都可发生，北方一般以冬春寒冷季节为多发，这可能与气候寒冷、饲料单一、兔体抵抗力下降有关。本病在新疫区多呈暴发性流行。

(三)临床症状

自然感染的潜伏期为2～3 d，人工接种的潜伏期为38～72 h。根据症状，兔病毒性出血症可分最急性型、急性型和慢性型。最急性型和急性型多发生于青年兔和成年兔。

1. 最急性型

最急性型多发生在流行初期。无任何明显症状即突然死亡。病兔在死前表现为短暂兴奋，如尖叫、挣扎、抽搐、狂奔等。有些患兔在死前的鼻孔流出泡沫状的血液。一般病兔在感染后10～12 h，体温升高到41 ℃，稽留，经6～8 h死亡。有的病兔在死前还在吃食，突然抽搐几下，即刻死亡。

2. 急性型

急性型多在流行中期发生。病兔在感染后24～40 h，体温升高到41 ℃以上。病兔表现为食欲减退，渴欲增加，精神萎顿，被毛无光泽，迅速消瘦。病兔在死前表现为短期兴奋、挣扎、狂奔、咬笼架，继而前肢俯伏，后肢支起，全身颤抖，倒向一侧，四肢划动，惨叫几声而死。少数病死兔的鼻孔中流出泡沫样血液。其病程为1～2 d。

以上两型的病兔在死前肛门常松弛，肛门四周被毛、粪球附有淡黄色黏液。

3. 慢性型

慢性型多见于老疫区或流行后期。潜伏期和病程较长。病兔的体温升高到41 ℃左右，精神萎顿，食欲不振，爱喝凉水，被毛杂乱无光泽，最后消瘦、衰弱而死。病程为2 d以上，耐过者的生长发育迟缓，粪便排毒至少1个月之久。

(四)病理变化

剖检可见鼻腔、喉头和气管黏膜淤血和出血；气管和支气管内有泡沫状血液；肺有不同程度的充血，一侧或两侧有数量不等的粟粒至绿豆大的出血斑点；切面多汁，流红色泡沫状液体；

肝淤血、肿大、质脆，表面呈淡黄或灰白色条纹，切面粗糙，流出大量暗红色血液；胆囊胀大，充满稀薄胆汁。有的脾变化不明显，有的脾充血增大 2～3 倍；肾皮质有散在的针尖状出血点；心脏扩张淤血，少数心内外膜有出血点；胸腺肿大，常出现水肿，并有散在的针尖至粟粒大出血点；胃肠充盈，胃黏膜脱落，小肠黏膜充血、出血。怀孕母兔子宫充血、淤血和出血。多数雄性病例出现睾丸淤血。肠系膜淋巴结水样肿大，其他淋巴结多数充血；脑和脑膜血管淤血，松果体和脑下垂体常有血肿。此外，有些病例的眼球底部常有血肿，胸腔积液增多。

(五)诊断

在疫区根据流行病学特点、典型的临诊症状和病理变化，一般可以做出诊断。确诊应在新疫区可进行病原学检查和血清学试验。此外，间接血凝试验、琼脂扩散试验、ELISA 及免疫荧光抗体技术等对本病也有诊断价值。

(六)防治

有效的预防措施是定期预防，注射脏器组织灭活苗。一年免疫 2 次，剂量为 1 mL/只。注射后 4 d，即能产生高滴度的内源性干扰素，以阻止病毒复制；注苗后 7～10 d，产生免疫力，保护力可靠。仔兔于 20 日龄开始初免。平时坚持自繁自养，认真执行兽医卫生防疫措施，定期消毒，禁止外人进入兔场，更不准兔及兔毛商贩进兔舍购兔、剪毛。新引进的兔至少需要隔离饲养观察 2 周，无病时方可入群饲养。

二维码 7-1 兔病毒性出血症

在发生疫情时，应立即封锁疫点，停止兔及兔产品交易。在疫群中，未病的兔应紧急接种疫苗。轻病兔应对其注射高免血清，剂量为成年兔 3～4 mL，仔兔及青年兔 2～3 mL，疗效较好。重病兔应扑杀，尸体和病死兔深埋。被病死兔污染的环境和用具等要彻底消毒。

任务二 兔梭菌性腹泻

【任务目标】

1. 了解兔梭菌性腹泻的病原特点。
2. 描述兔梭菌性腹泻的流行特点。
3. 识记兔梭菌性腹泻的临床症状和病理变化，能够准确描述典型图片代表的症状和病变。
4. 会用本课学习的内容对兔梭菌性腹泻进行诊断和防治。

兔梭菌性下痢是指由 A 型魏氏梭菌引起的兔的一种以消化道为主的全身性疾病。其发病特征为水样腹泻和脱水死亡。

(一)病原

A 型魏氏梭菌属梭状芽孢杆菌属成员，革兰氏阳性，有荚膜，产芽孢，一般为单个或成双存在。在羊血琼脂平板厌氧培养 20～24 h，菌落圆形，边缘整齐，表面光滑隆起，直径为 2 mm，四周有双溶血圈；内圈为透明溶血，直径为 4～5 mm；外圈较暗为 α 溶血，直径为 4～6 mm。本菌为厌氧菌，接种在 37 ℃厌氧肉汤中培养，培养基很快出现一致性混浊，产生气体。

本菌在动物机体或培养基中产生强烈的外毒素。根据抗毒素中和试验，本菌主要产生α毒素，具有坏死、溶血和致死作用。

(二)流行病学

各个品种和年龄的兔均易感，以1～3月龄的仔兔发病率最高，一般在冬春季节和青饲料缺乏时容易发病。这与青饲料显著减少，饲喂过多的谷类饲料有关。

(三)临床症状

较短的潜伏期为2～3 d，长的潜伏期为10 d。急剧腹泻是本病特征性的临诊症状。病初排灰褐色软便，随后出现水泻。粪便呈黄绿、黑褐或腐油色，水样或呈胶冻样，具特殊的腥臭味。病兔表现为萎顿、拒食、消瘦、脱水，大多于出现水泻的当天或翌日死亡，少数病兔可拖1周，极个别的病兔拖1个月最终死亡。发病率为90%，病死率几乎达100%。

(四)病理变化

尸体肛门附近和后肢关节下端被毛染粪，剖开腹腔可嗅到特殊臭味。胃多充满饲料，胃底黏膜脱落，常见出血或黑色溃疡点，小肠和盲结肠充满气体。小肠卡他性炎症，管壁菲薄透明。盲结肠内容物稀薄，呈黑绿色，具腐败味，肠黏膜弥漫性充血或出血。肝质脆，脾呈深褐色，膀胱积有茶色尿。

(五)诊断

根据流行病学特点、临诊症状和病理变化的特征，可以做出初步诊断。确诊则需要做微生物学诊断或血清学试验。

(六)防治

平时加强兔场的饲养管理，减少应激因素，做好兽医防疫卫生工作，以减少发病。有兔梭菌性腹泻史的兔场可用A型魏氏梭菌甲醛氢氧化铝灭活苗，肌内注射2次，间隔1周，其剂量为成兔2 mL，青年兔1.5 mL，仔兔1 mL，在第二次注苗后的1～2周可产生免疫力，免疫期为6个月。因此，预防本病应在每年春秋两季预防接种2次。乳兔在15～30日龄时每7天注射1次抗血清，剂量为5 mL，断乳后立即接种疫苗。

二维码7-2　兔梭菌性腹泻

一旦发现病兔，就应及早使用抗血清配合抗菌药物(如抗生素、磺胺类、小檗碱等)、收敛药和补液治疗，方可收到良好的效果。

任务三　兔密螺旋体病

【任务目标】

1. 了解兔密螺旋体病的病原特点。
2. 描述兔密螺旋体病的流行特点。
3. 识记兔密螺旋体病的临床症状和病理变化，能够准确描述典型图片代表的症状和病变。

4.会用本课学习的内容对兔密螺旋体病进行诊断和防治。

兔密螺旋体病又称兔梅毒病，是指由兔类梅毒密螺旋体所致的成年家兔和野兔的一种常见的慢性传染病。其特征为外生殖器、肛门和颜面等部位的皮肤和黏膜发生炎症、结节和溃疡。本病在世界各地兔群中都有发生，我国也很普遍。

（一）病原

兔类梅毒密螺旋体属螺旋体科密螺旋体属成员，在形态上和人梅毒苍白密螺旋体相似，很难区别。暗视野显微镜检查可见其呈旋转运动。病原主要存在于病兔的外生殖器官病灶中，不能在人工培养基、鸡胚和组织培养中培养。

本病毒抵抗力不强，3%来苏儿、1%～2%烧碱和1%～2%甲醛都可使之在短时间内失去感染性。其在厌氧条件，4 ℃的温度下可存在4～7 d，在－2 ℃的温度下可存活24 d。

（二）流行病学

病兔和痊愈带菌兔是主要传染源。交配是主要的传染途径，因此，绝大多数发病兔都是成年兔。本病间或也可由污染的垫料、笼架和饲料传播，所以也有少数6月龄以内未配过种的兔发病。其具体的传播途径尚不清楚。其发病率虽然较高，但几乎无死亡。

（三）临床症状

二维码7-3 兔密螺旋体病

潜伏期为2～10周。最早的症状是阴茎包皮、阴囊皮肤以及阴户边缘和肛门四周红肿，继而形成小结节和溃疡，偶尔见有微细的小水泡和浆液性渗出，其上盖有紫红色、棕色痂皮。剥去痂皮，溃疡面凹陷，高低不平，边缘不整齐，易出血。因局部疼痒，故兔多用爪擦搔或舔咬患部，引起自家接种，从而使感染扩散到颜面、下颌、鼻部等部位，但不引起内脏变化，一般无全身症状。有时腹股沟淋巴结和腘淋巴结肿大，有时病孕兔会流产、产弱仔兔以及无乳症。其一般无全身症状，间或可以见病原侵入脊髓引发的麻痹，可自愈。康复兔无免疫力，可复发或再度感染。

（四）诊断

根据流行病学和临诊症状特点可以做出初步诊断。如要进一步确诊，则应采取病变部的汁液或溃疡面的渗出液，用暗视野显微镜检查或做涂片用吉姆萨染色镜检密螺旋体。另外，免疫荧光技术、玻片沉淀试验及快速血浆反应素凝集试验等均可诊断兔密螺旋体病。

（五）防治

兔密螺旋体病尚无疫苗。预防主要靠加强兽医卫生防疫措施。健康兔群自繁自养；新购进的种兔应采取严格的检疫措施来隔离饲养和观察，阴性者方可合群。病场定期或在配种前详细检查公母兔的外生殖器。如果发现病兔和疑似病兔，就停止其配种，隔离饲养，治疗观察。重病兔坚决淘汰。彻底清除污染物、消毒场地和用具。

一旦发病，可用新胂凡钠明(914)40～60 mg/kg，以灭菌蒸馏水配成5%溶液，静脉注射。必要时，隔2周重复一次，同时配合青霉素进行治疗，效果更佳，青霉素每天50万IU，分2次肌内注射，连用 5 d。除全身治疗外，局部可涂搽碘酊甘油或青霉素油膏。

任务四 兔黏液瘤病

【任务目标】

1. 了解兔黏液瘤病的病原特点。
2. 描述兔黏液瘤病的流行特点。
3. 识记兔黏液瘤病的临床症状和病理变化，能够准确描述典型图片代表的症状和病变。
4. 会用本课学习的内容对兔黏液瘤病进行诊断和防治。

兔黏液瘤病是指由兔黏液瘤病毒引起的一种高度接触传染性和高度致死性传染病。其特征为全身皮肤，尤其是面部和天然孔周围发生黏液瘤样肿胀。

(一)病原

兔黏液瘤病毒属痘病毒科兔痘病毒属成员。本病毒粒子呈砖形，有囊膜。兔黏液瘤病病毒为 DNA 病毒。本病毒包括几个不同毒株，具有代表性的是南美毒株和美国加州毒株。各毒株间的毒力和抗原性互有差异，这与病毒基因组大小有关。

本病毒不耐 pH 4.6 以下的酸性环境，对热敏感，在 55 ℃温度下，经 10 min 灭活；在 60 ℃以上的温度下，经几分钟内灭活，但病变部皮肤中的病毒可在常温下活好几个月，如置于 50%甘油盐水中，更可长期保持其活力。对乙醚敏感，但能抵抗去氧胆酸盐和胰蛋白酶是本病毒的特有性质。

(二)流行病学

兔黏液瘤病只侵害家兔和野兔，其他动物无易感性。病兔和带毒兔是本病的主要传染源。兔黏液瘤病的主要传染方式是与病兔或带毒兔的直接接触或与其污染物的间接接触。在自然界中最主要的传播方式是通过节肢动物作媒介，如蚊和蚤。本病毒在媒介昆虫体内并不繁殖，仅起单纯的机械传播作用。黏液瘤病毒在蚊体内可越冬，在兔蚤体内能存活 105 d 以上，在蚊体内可存活达 7 个月之久。

兔黏液瘤病多呈季节性发生。蚊虫大量滋生的夏秋季为发病的高峰季节，尤其是在湿洼地域发病最多。蚊、蝇等多在夏季传播，蚤、蜱等则可越冬传播。近年来，在一些集约化养兔业较发达的疫区，常为接触传染，无媒介昆虫参与，一年四季都可发生。兔黏液瘤病的流行还有周期性趋向，每 8～10 年流行一次。

(三)临床症状

潜伏期为 4～11 d，平均潜伏期约为 5 d。由于病毒不同，毒株间的毒力差异较大和兔的不同品种及品系间对病毒的易感性高低不同，所以本病的临诊症状比较复杂。

二维码 7-4 兔耳肿胀、耳部和头部黏液瘤结节

感染了强毒力的南美毒株的易感兔在 3～4 d 即可看到最早的肿瘤，在第 6～7 天才出现全身性肿瘤。病兔出现眼睑水肿，黏脓性结膜炎和鼻漏，头部肿胀呈“狮子头”状。耳根、会阴、外生殖器和上下唇

显著水肿。身体的大部分、头部和两耳，偶尔在腿部出现肿块。初硬而凸起，边界不清楚，进而充血，破溃流出淡黄色的浆液。病兔在死前仍有食欲。病程一般为 8～15 d，在死前出现惊厥，病死率达 100%。感染了毒力较弱的南美毒株或澳大利亚毒株的病兔出现轻度水肿、少量鼻漏、眼垢以及界限明显的结节，病死率低。

(四)病理变化

其特征性的病变是皮肤肿瘤。皮肤和皮下组织出现显著水肿，尤其颜面和天然孔周围的皮下组织水肿，切开病变皮肤见有黄色胶冻液体流出。液体中含有处于分裂期的黏液瘤细胞和白细胞，皮肤可见出血，胃肠浆膜和黏膜下有淤血斑点，心内外膜下出血，有时脾肿大，淋巴结水肿出血，偶尔可见肺气肿。肝可呈花斑状或含黄色斑点。脾正常或增大，在增大的脾内有突起的脾小体，脾可见黑色软化。

(五)诊断

根据兔黏液瘤病的特征性症状和病变，结合流行病学资料不难做出诊断。确诊需要做实验室诊断。我国科学家研究证明，琼脂凝胶双向扩散试验无论用是已知的病毒检测病兔体内的特异性抗体还是用标准阳性血清检测病毒抗原，都可在 12～24 h 内判定结果，准确率极高。这种方法不仅可用于临诊诊断，而且适用于口岸检疫。

(六)防治

严禁从有黏液瘤病发生和流行的国家或地区进口兔及兔产品。当毗邻国家发生本病流行时，应封锁国境。新引进的兔须在防昆虫动物房内隔离饲养 14 d，检疫合格者方可混群饲养。在发现疑似兔黏液瘤病发生时，应向有关业务单位报告疫情，并迅速做出确诊。目前，兔黏液瘤病无特效的治疗方法，对其的预防主要靠注射疫苗。国外使用的疫苗有纤维瘤病毒疫苗，预防注射 3 周龄以上的兔，4～7 d 产生免疫力，免疫保护期为 1 年，免疫保护率达 90%以上。近年来，推荐使用的 MSD/S 株和 Ml6005 株疫苗都安全可靠，免疫效果更好。

项目二　兔的癣病

【项目简介】

兔的癣病是危害规模化养兔场，特别是以获取毛皮为主要目的饲养场的重要疾病。兔的癣病是指由病原微生物引起的有一定的潜伏期和临床症状，并能传染的疾病。目前本病在饲养条件不好的饲养场或者家庭发病率依然较高。原因有所差异，应该具体掌握发病原因及应对措施，以控制和消灭癣病。本项目主要介绍了兔毛癣病的防控。

【任务目标】

1. 了解兔毛癣病的病原特点。
2. 描述兔毛癣病的流行特点。
3. 识记兔毛癣病的临床症状和病理变化，能够准确描述典型图片代表的症状和病变。
4. 会用本课学习的内容对兔毛癣病进行诊断和防治。

兔毛癣病(真菌癣)是指由小孢霉菌和真菌霉感染皮肤及毛囊、毛干所引起的一种人畜共患的真菌性皮肤病(传染病)。本病在个别卫生条件差的场所容易发生,特别是高温、高湿季节容易发生。其表现特征为感染皮肤呈不规则的块状或圆形脱毛、断毛、脱毛,皮肤红肿,继而呈现糠麸状,蔓延至兔的全身各个部位。仔兔、幼兔容易感染此病。

(一)病原

本病原主要为半知菌亚门发癣菌属和小孢霉属的霉菌。两属霉菌的孢子对外环境抵抗力很强,在干燥环境中可存活 3~4 年。制霉菌素、两性霉素 B、灰黄霉素和克霉唑对本菌有抑制作用。

(二)流行病学

多种动物及人都可感染本病。病兔是主要的传染源。本病主要的传播方式是健康兔与病兔的直接接触,也可通过用具及人员间接接触。潮湿、多雨、污秽的环境条件,兔舍及兔笼卫生不好都可促使本病的发生。本病多呈散发,幼兔比成年兔易感。

(三)临床症状

病状开始出现在头及头部附近,继而感染肢端和其他部位。其患部以环形、突起、带灰色或黄色痂为特征。痂皮脱落后形成小的溃疡造成毛根和毛囊的破坏。并发金黄葡萄球菌或链球菌感染常引起毛囊脓肿,有时皮肤可出现环形、被覆珍珠灰(闪光鳞屑)的秃毛斑。

二维码 7-5 兔癣病引起的面部与眼周脱毛

(四)诊断

根据特征性临床症状,可以做出初步诊断;应注意与兔疥癣相区分。如果确诊,应刮取病变部位病料进行镜检。

(五)防治

1.治疗

①灰黄霉素:按每千克体重 25 mg,制成悬浮液,内服,每天 1 次,连服 14 d。

②水杨酸软膏:苯甲酸 12 g、水杨酸 12 g、凡士林 100 g,温热混匀,涂擦患部,每 3 天 1 次,共用 3 次。

③克霉唑癣药水:涂擦患部,每天 1 次,连用 2 d。

④食醋敌百虫合剂:食醋 100 mL、敌百虫 5 g,混匀,涂擦患部,每天 1 次,连用 2~3 d。

⑤林丹乳油:按 500 倍稀释,涂擦患部。

⑥克霉唑软膏:患部剪毛,温肥皂水清洗去痂,涂 1%克霉唑软膏,每天 1 次,连用 3~5 d。

⑦硫黄碘酊软膏:硫黄 50 g、5%碘酊 10 mL、凡士林 300 g,混匀配成软膏,涂抹患部,5 d 后,再涂抹 1 次。

2.预防

一旦发现癣病兔,就应隔离治疗或淘汰,以防蔓延。兔舍、兔笼、用具应进行消毒,耐火的用具使用喷灯或火焰消毒。

项目三　兔的普通病

【项目简介】

兔的普通病是在有效进行传染病防控及相关环境管理的前提下最常见的疾病。兔的普通病的病因较多，临床症状较为复杂，但不会造成传染。目前兔的普通病的发生率依然较高，应该具体掌握发病原因及应对措施，以控制和减少普通病。本项目主要介绍了兔的普通病的防控。

【任务目标】

1. 了解兔的普通病的病因特点。
2. 掌握常见治疗方法及与预防手段。

一、臌胀

（一）概述

兔多吃了易发酵、易膨胀的饲料，霉败、变质的饲料，含露水的豆科饲料等都可引起臌胀。患兔出现食欲废绝，腹部膨大，呼吸困难，心跳加快。

（二）预防

喂料定量、定时；精粗饲料合理搭配；不喂霉败、变质的饲料。

（三）治疗

①食醋 5～10 mL，1 次内服。
②硫酸镁 5 g，1 次内服。
③大黄苏打片 1～2 片，内服。
④植物油 15 mL，内服。
⑤十滴水 5 滴，薄荷油 1 滴，加水适量，内服。
⑥姜酊 2 mL，大黄酊 1 mL，内服。

二、便秘

（一）概述

便秘是由饲养管理不当，精粗饲料比例不合理，缺乏青绿饲料，饮水不足，缺乏运动等引起。患兔出现食欲废绝，粪球细小，干燥坚硬，几天不排粪，精神不安，回顾腹部，嘴啃肛门等。

（二）治疗

①液状石蜡或蓖麻油按成年兔 16 mL，幼兔 8 mL，加等量水，内服，每天 1～2 次，连服 2 d，便秘消失，立即停药。

②花生油或菜籽油 25 mL、蜂蜜 10 mL，加水适量，内服，每天 1 次，便秘消失停药。

③人工盐或硫酸钠按成年 5 g，幼龄 2.5 g，加水适量，内服，每天 1～2 次，便秘消失停药。

④大黄苏打片 1～2 片，内服。

⑤果导(每片含酚酞 0.1 g)按成年兔 2 片，幼龄兔 1 片，内服，每天 2 次，便秘消失停药。

三、腹泻

(一)概述

兔吃了霉败、腐烂、变质的饲料，饲喂不定时定量，贪食过多，饲料突然改变，饮水不清洁，吃了化学药品、农药等，圈舍潮湿，阴雨天气等都可发生腹泻。

(二)治疗

①土霉素 0.2 g，内服，每天 2 次，连服 2 d。

②大蒜 2～4 g，捣碎，内服，每天 2 次，连服 2 d。

③痢菌净按每千克体重 8 mg，内服；注射剂按每千克体重 4 mg，肌内注射，每天 2 次，连用 2～3 d。

④2%诺氟沙星注射液按每千克体重 20 mg，肌内注射，每天 2 次，连用 2 d。口服剂按每千克体重 30 mg，内服，每天 2 次，连服 2 d。

⑤杀痢王透皮剂 0.5～1 mL，涂擦背部或腹部皮肤。重症者隔日再涂擦 1 次。

四、有机磷中毒

(一)概述

兔误食喷洒过有机磷农药的青菜、青草、牧草等而发生中毒。病兔表现为精神沉郁，反应迟钝，食欲废绝，流涎，流泪，瞳孔缩小，呼吸急促，痉挛，衰竭，昏迷，窒息死亡。

(二)治疗

①解磷定对乙硫磷中毒解毒效果好，按每千克体重 20～40 mg，缓慢静脉注射。病情严重者在 2 h 后，重复 1 次。本药对敌敌畏、敌百虫、乐果等中毒的解毒效果差，不可用。

二维码 7-6　兔的普通病

②0.1%硫酸阿托品注射液，0.5～1 mL，皮下注射，重病者在 2 h 后，重复注射 1 次。

③双解磷粉针用水配制成 5%溶液，肌内注射；用 5%葡萄糖盐水溶解成 5%的溶液，静脉注射，用药量为 0.1 g。

④氯解磷定注射液按每千克体重 20 mg，静脉注射。

⑤绿豆 20 g、甘草 5 g，加水适量，煎汤，内服，每天 2 次。

五、乳腺炎

(一)概述

新生乳兔在吮乳时咬破母兔的乳头,兔笼、箱的铁丝、铁钉及锐利物损伤乳房而被细菌感染。该病还一种是内源性的,没有损伤,细菌通过循环系统而来。

(二)治疗

①在患乳腺炎初期,把乳汁挤出,用毛巾或布沾冷水在局部冷敷,并涂擦10%鱼石脂软膏。

②0.25%普鲁卡因30 mL,青霉素10万IU,局部分4~6个点,皮下注射。

③青霉素10万IU、链霉素10 mg,肌内注射,每天2次,连用2~3 d。

④体温升高者,阿尼利定1 mL或安乃近1 mL,肌内注射。

⑤2.5%恩诺沙星注射液0.5 mL,肌内注射,每天1次,连用2~3 d;口服剂,按每只兔20 mg,拌饲料中服用,连服3 d。

(三)预防

清除兔笼、兔箱内的尖锐物,防止损伤乳房。每天细致观察母兔,早发现、早治疗。在产前3 d,适当减少精料。

参 考 文 献

[1]蔡宝祥.家畜传染病学[M].4版.北京:中国农业出版社,2001

[2]吴清民.兽医传染病学[M].北京:中国农业大学出版社,2002

[3]朴范泽.家畜传染病学[M].北京:中国科学文化出版社,2004

[4]赵德明,张促秋,沈建忠.猪病学[M].9版,北京:中国农业大学出版社,2008

[5]塞弗.禽病学[M].11版.苏敬良,高福,索勋,译.北京:中国农业出版社,2005

[6]李金岭.禽病防治技术[M].北京:中国轻工业出版社,2012

[7]邵明东,李金岭.动物疫病与动物食品卫生[M].哈尔滨:东北林业大学出版社,2003

[8]杨慧芳.养禽与禽病防治[M].北京:中国农业出版社,2006

[9]李生涛.禽病防治[M].北京:中国农业出版社.2008

[10]张进国.牛羊病防治[M].北京:中国农业出版社,2006

[11]邓同炜,王宝英.禽病防治[M].2版,北京:高等教育出版社,2010

[12]陆承平,刘永杰.兽医微生物学[M].6版.北京:中国农业出版社,2021

[13]张树芳,岳文斌.牛病防控与治疗技术[M].北京:中国农业出版社,2004